中国机械工业教育协会"十四五"普通高等教育规划教材
普通高等教育机器人工程专业系列教材

机器人技术

李团结　段清娟　等编著

机 械 工 业 出 版 社

本书是结合编者所从事的教学与研究工作，吸收国内外同行最新研究成果，为适应新时期高等院校机电类工程教育机器人技术教学要求而编写的。

全书共10章，主要内容包括：绪论、机器人系统及设计方法、机器人运动学、机器人动力学、运动规划、并联机器人、康复机器人、移动机械臂、多机器人系统和机器人的空间应用。本书的内容循序渐进、由浅入深，语言简洁、通俗易懂，并附有典型的工程例题。

本书可作为高等院校机器人工程、机械工程及其他工程类专业的教材，也可供从事机器人技术研究和应用的工程技术人员学习和参考。

本书配有授课电子课件、教学大纲等配套资源，需要的教师可登录www.cmpedu.com免费注册，审核通过后下载，或联系编辑索取（微信：18515977506，电话：010-88379753）。

图书在版编目（CIP）数据

机器人技术/李团结等编著．—北京：机械工业出版社，2024.5
普通高等教育机器人工程专业系列教材
ISBN 978-7-111-75333-9

Ⅰ.①机…　Ⅱ.①李…　Ⅲ.①机器人技术-高等学校-教材　Ⅳ.①TP24

中国国家版本馆CIP数据核字（2024）第054455号

机械工业出版社（北京市百万庄大街22号　邮政编码100037）
策划编辑：汤　枫　　责任编辑：汤　枫　章承林
责任校对：张雨霏　张　征　　责任印制：常天培
北京机工印刷厂有限公司印刷
2024年6月第1版第1次印刷
184mm×260mm · 15.75印张 · 388千字
标准书号：ISBN 978-7-111-75333-9
定价：69.00元

电话服务	网络服务
客服电话：010-88361066	机　工　官　网：www.cmpbook.com
010-88379833	机　工　官　博：weibo.com/cmp1952
010-68326294	金　书　网：www.golden-book.com
封底无防伪标均为盗版	机工教育服务网：www.cmpedu.com

前　言

作为“制造业皇冠顶端的明珠”，机器人技术是衡量一个国家科技创新和高端制造业水平的重要标志。目前，机器人技术正面临从 R（robotics）向 RT（robotics technology）和 IRT（information and robotics technology）的过渡，即机器人的概念、智能化技术、信息系统，将以始料不及的速度迅速向各个领域渗透。比尔·盖茨曾预测，智能机器人即将重复个人计算机崛起的道路，成为人们日常生活的一部分，并彻底改变当今人们的生活方式。

机器人经过短短几十年的发展，已经广泛应用于国民经济的各个领域，在现代化工业生产中，从事焊接、喷漆、搬运、装配等工作，已成为人类生产中不可或缺的好帮手。在服务、娱乐、医疗康复等行业，以及深海、外太空等人类极限能力以外的应用领域，机器人正发挥着巨大的、不可替代的作用。

机器人既是先进制造业的关键支撑装备，也是改善人类生活方式的重要切入点。机器人的广泛应用，极大地提高了劳动生产率和产品质量，降低了产品成本，减轻了人的劳动强度，改善了劳动条件，扩大了人类认知活动的范围。因此，世界上许多国家将机器人产业作为战略性产业进行重点部署，并投入巨资发展机器人前沿技术。

机器人是现代一种典型的光机电一体化产品，机器人技术建立在多学科发展的基础之上，具有应用领域广、技术新、学科综合与交叉性强等特点。传统的机器人技术涉及机械学、电子学、自动控制等学科；现代机器人技术则综合了更加广泛的学科和技术领域，如计算机技术、仿生学、生物工程、人工智能、材料、微机械、信息工程、遥感等。各种各样的机器人不但已经成为现代高科技的应用载体，而且自身也迅速发展成为一个相对独立的研究与交叉技术领域，形成了特有的理论研究和学术发展方向，具有鲜明的学科特色。

目前，很多高等学校设立了机器人工程专业，机械工程及机电类专业也增设了有关机器人的课程。我们在从事机器人教学的过程中，深刻体会到一本合适的教材是非常重要的。为此，我们编著了这本机器人技术教材。本书在内容编排方面，注重理论教学与工程实际的融合、基础知识与现代技术及应用的有机结合。

本书以机器人技术基本概念、基本理论、基本方法、典型工程实例为主线，介绍了机器人的基本参数、系统组成及设计方法、机器人的运动学及动力学分析、运动规划、并联机器人、康复机器人、移动机械臂、多机器人系统以及机器人的空间应用等内容。全书共 10 章，第 1 章概述了机器人的应用和发展现状，描述了机器人的基本性能参数；第 2 章讲述了机器人系统的组成及设计方法；第 3 章讲述了机器人运动学知识；第 4 章讲述了机器人动力学常用的分析方法；第 5 章讲述了机器人的路径规划和轨迹规划方法；第 6 章讲述了并联机器人的一些基本知识；第 7 章讲述了康复机器人的分类及应用实例；第 8 章讲述了移动机械臂的系统组成及研究内容；第 9 章讲述了多机器人系统的分类及前沿技术；第 10 章介绍了机器人的空间应用。

本书适合作为机器人工程、机械工程及机电类专业本科生、大专生的教材。作为研究生用书时，部分章节内容应适当加深。

本书主要由李团结和段清娟编著，王建平、祁广利、宁宇铭和唐雅琼参加了编写工作。其中，李团结编写了第 1 章、第 9 章和第 10 章，段清娟编写了第 2 章、第 6 章和第 7 章，祁广利编写了第 3 章，王建平编写了第 4 章，唐雅琼编写了第 5 章，宁宇铭编写了第 8 章，全书由李团结统稿。

在本书编写过程中，我们参考并引用了大量有关机器人方面的论著和资料，限于篇幅，不能在文中一一注明来源，只能在此一并对其作者致以衷心的谢意。

本书得到“**西安电子科技大学教材建设基金资助项目**”“**西安电子科技大学研究生精品建设教材**”资助，在此表示感谢。

由于智能机器人技术的发展日新月异，加之撰写时间有限，书中难免存在不足和错误之处，望读者给予批评指正。最后，我们对支持本书编写和出版的所有业者表示衷心的感谢。

编　者

目　录

第1章　绪　　论

机器人的诞生和机器人学的建立与发展是20世纪自动控制领域最具有说服力的成就，也是人类科学技术进步的重大成果。目前，全世界约有350万台机器人，销售额每年增长20%以上，现代化工业得到了前所未有的发展。机器人技术是现代科学与技术的交叉和综合体现，先进机器人的发展代表着国家的综合科技实力和水平。目前许多国家都已将机器人技术列入本国的21世纪高技术发展计划。随着机器人的应用领域不断扩大，机器人已从传统的制造业进入到人类工作和生活领域。此外，随着需求范围的扩大，机器人的结构和形态呈现出多样化发展趋势，其系统已出现明显的仿生和智能特征，其性能和功能得到不断扩展和完善，各种机器人系统逐步向更高智能化和与人类社会更密切的融合方向发展。

1.1　机器人概述

1.1.1　机器人的产生与发展

几千年前人类就渴望制造一种像人一样的机器，以便将人类从繁重的劳动中解脱出来。例如，古希腊诗人Homeros的长篇叙事诗《伊利亚特》中的冶炼之神赫菲斯托斯用黄金铸造出的侍女，希腊神话《阿鲁哥探险船》中的青铜巨人泰洛斯（Taloas），我国西周时代（公元前1046年—公元前771年）流传的巧匠偃师献给周穆王一个歌舞机器人的故事等，这些美丽的神话时刻激励着人们将其变为现实。

1920年，捷克作家卡雷尔·恰佩克在他的科幻小说《罗萨姆的机器人万能公司》中，根据Robota（捷克文，原意为“劳役、苦工”）和Robotnik（波兰文，原意为“工人”），创造出Robot（机器人）这个词。1940年，美国著名科幻小说家阿西莫夫在他的小说《我是机器人》中，首次使用了Robotics（机器人学）来描述与机器人有关的科学，并提出了著名的“机器人三原则”：

1）机器人不得伤害人类，或看到人类受到伤害而袖手旁观。

2）机器人必须服从人类的命令，除非这条命令与第一条相矛盾。

3）机器人必须保护自己，除非这种保护与以上两条相矛盾。

虽然这三条原则是小说里的创作，但是目前已成为机器人研究人员与研制厂家共同遵守的设计原则。

现代机器人的研究始于第二次世界大战之后。1954年，美国人乔治·德沃尔制造出世界上第一台可编程的机器人，并注册了专利。这种机械手能按照不同的程序从事不同的工作，因此具有通用性和灵活性。1959年，德沃尔与美国发明家约瑟夫·英格伯格联手制造出第一台工业机器人 Unimate，随后，成立了世界上第一家机器人制造工厂——Unimation 公司。由于英格伯格对工业机器人的研发和宣传，他也被称为“工业机器人之父”。1962 年，美国 AMF 公司生产出 VERSTRAN（意思是万能搬运），与 Unimation 公司生产的 Unimate 一样成为真正商业化的工业机器人，并出口到世界各国，掀起了全世界对机器人和机器人研究的热潮。

1998 年，丹麦乐高公司推出机器人 Mind-storms 套件，让机器人制造变得像搭积木一样，相对简单又能任意拼装，使机器人开始走入个人世界。2002 年，丹麦 iRobot 公司推出了吸尘器机器人 Roomba，它能避开障碍，自动设计行进路线，还能在电量不足时，自动驶向充电座，是当时全球销量最大、最商业化的家用机器人。

现在，不同功能的机器人相继出现并且活跃在不同领域，从天上到地下，从工业拓广到寻常百姓家。机器人种类之多、应用之广、影响之深，令人始料未及。

我国对于现代机器人的研究始于 20 世纪 70 年代后期，在 80 年代进入快速发展时期，特别是 1986 年，国家启动了“863 计划”，将机器人技术作为一个重要的研究主题，并投入几十亿元的资金开始进行机器人的研究，使得我国在机器人这一领域得到迅速发展，相继研制出示教再现型的搬运、点焊、弧焊、喷漆、装配等门类齐全的工业机器人及水下作业、军用和特种机器人等。其中，示教再现型机器人技术已基本成熟，并在工厂中推广应用。自主研发的机器人喷漆流水线在长春第一汽车厂及东风汽车厂投入使用。

21 世纪以后，世界强国的发展迎来了一个全新的时代。在这个全球化、科技驱动的时代，国家的强大不再仅仅依赖于传统的经济和军事实力，而更多地取决于科技创新和机器人技术的应用。我国作为世界第二大经济体，正在积极推动科技创新和机器人技术的发展。我国机器人产业在过去几年取得了巨大的进步，目前已成为世界领先的机器人制造和应用国家之一。现如今，我国的机器人技术已经广泛应用于制造业、农业、医疗保健和服务行业等领域，在提高生产率、改善人民生活质量、解决社会服务等方面做出了重要贡献。世界强国的发展离不开科技创新和机器人技术的应用，我国机器人的崛起为世界提供了新的机遇和挑战，我们应当充分利用科技创新的力量，积极推动机器人技术的可持续发展，实现人类社会的繁荣与进步。

1.1.2 机器人的定义

机器人有如此悠久的历史，但是究竟什么是机器人，科技界并没有明确的定义。其实并不是人们不想给机器人一个完整的定义，自机器人诞生之日起人们就不断地尝试着说明到底什么是机器人，但随着机器人技术的飞速发展和信息时代的到来，机器人所涵盖的内容越来越丰富，机器人的定义也在不断充实和创新。此外，由于机器人涉及人的概念，因此机器人的定义成了一个难以回答的哲学问题。

1967 年，在日本召开的第一届机器人学术会议上，提出了两个有代表性的定义。一个是森政弘与合田周平提出的：“机器人是一种具有移动性、个体性、智能性、通用性、半机械半人性、自动性、奴隶性 7 个特性的柔性机器”。从这一定义出发，森政弘又提出了用自动性、智能性、个体性、半机械半人性、作业性、通用性、信息性、柔性、有限性、移动性 10 个特性来表示机器人的形象。另一个是加藤一郎提出的，具有如下 3 个条件的机器称为机器人：

1）具有脑、手、脚等三要素的个体。

2）具有非接触传感器（用眼、耳接收远方信息）和接触传感器。

3）具有平衡觉和固有觉的传感器。

上述定义强调了机器人应当仿人的特点，即它靠手进行作业，靠脚实现移动，由脑来完成统一指挥的作用。接触式和非接触式传感器相当于人的五官，使机器人能够识别外界环境，而平衡觉和固有觉则是机器人感知本身状态所不可缺少的传感器。

美国机器人工业协会（RIA）对工业机器人的定义：机器人是一种用于移动各种材料、零件、工具或专用装置的，通过可编程序动作来执行各种任务的，并具有编程能力的多功能机械手（manipulator）。

日本工业机器人协会（JIRA）对工业机器人的定义：工业机器人是一种装备有记忆装置和末端执行器（end-effector）的，能够转动并通过自动完成各种移动来代替人类劳动的通用机器。

1988年，法国的埃斯皮奥将机器人定义为：机器人是指能够根据传感器信息实现预先规划好的作业系统，并以此系统的使用方法作为研究对象。

目前，机器人的定义仍在不断发展和演变。美国斯坦福大学根据机器人当前的研究进展和发展趋势，将机器人定义为：机器人是一种具有自主性、感知能力、智能决策和学习能力的人造系统。它可以在现实或虚拟环境中执行任务，与环境进行交互，并根据任务需求和环境变化进行自适应。机器人可以是物理实体，如工业机器人、服务机器人和家庭机器人，也可以是软件实体，如聊天机器人和虚拟助手。机器人的设计和功能旨在模仿或超越人类或其他生物的能力，以提高生产率、减轻人类劳动负担或提高生活质量。

我国科学家对机器人的定义是：机器人是一种自动化的机器，所不同的是这种机器具备一些与人或生物相似的智能能力，如感知能力、规划能力、动作能力和协同能力，是一种具有高度灵活性的自动化机器。

国际标准化组织（ISO）给出的机器人定义较为全面和准确，其含义为：

1）机器人的动作机构具有类似于人或其他生物体某些器官（肢体、感官等）的功能。

2）机器人具有通用性，工作种类多样，动作程序灵活易变。

3）机器人具有不同程度的智能性，如记忆、感知、推理、决策、学习等。

4）机器人具有独立性，完整的机器人系统在工作中可以不依赖于人类的干预。

对于仍在迅速发展中的机器人技术，上述定义能否准确概括其科学内涵和工程特征，仍然是一个值得继续探讨的问题。不过认识上的不统一对于机器人自身发展来说并不是一件坏事，它表明了这一领域是充满活力而不是僵化的，是年轻而不是古老的。目前，机器人已经在制造业中获得了广泛应用，在非制造业的应用开发也开展得如火如荼，而且已经产生了巨大的社会影响。

1.2 机器人的应用

经过数十年的发展，机器人已经广泛应用于农业、工业、科技、国防等各个领域，按照应用领域，机器人可以分为民用机器人和军用机器人两类。

1.2.1 民用机器人

民用机器人包括工业机器人、农业机器人、服务机器人、仿人机器人等。

1. 工业机器人

工业机器人是指在工业制造领域中应用的具有可重复编程、多自由度、多用途的一类机械臂，其能够搬运材料、工件或操持工具，用以完成各种作业。这类机械臂的机座不仅可以固定在生产线上，也可以安装在移动平台上使用。

在制造业中，应用工业机器人最广泛的领域是汽车及汽车零部件制造业。近年来，投入制造业的工业机器人很多，包括焊接机器人（见图 1.1）、装配机器人（见图 1.2）、喷涂机器人（见图 1.3）、搬运机器人（见图 1.4）、检测机器人（见图 1.5、图 1.6）等。工业机器人在汽车制造中发挥了重要的作用，其可以实现高精度、快响应和大负载的操作，从而显著提高生产率和产品质量的一致性，并降低生产成本。随着制造技术的进步和智能机器人的发展，预计工业机器人在汽车制造业中的应用将进一步扩大。

图 1.1　大众汽车工厂汽车焊接机器人

图 1.2　华北中控的装配机器人

图 1.3　中通客车引入的 ABB 喷涂机器人

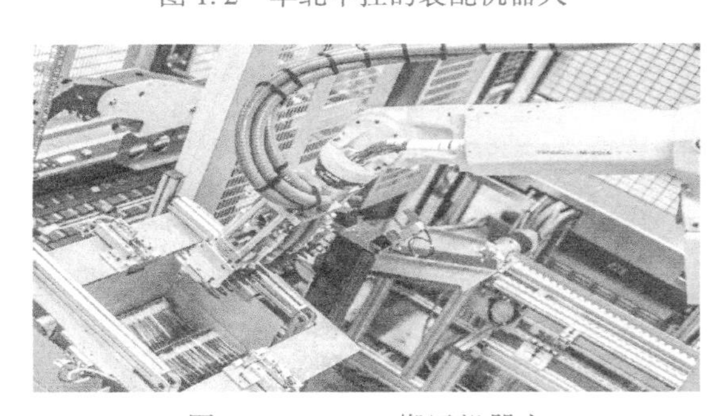

图 1.4　FANUC 搬运机器人

图 1.5　工业视觉检测机器人

图 1.6　ABB 的 3D 质量检测机器人

2. 农业机器人

农业机器人是应用于农业生产的机器人的总称。由于机械化、自动化程度比较落后，"面朝黄土背朝天，一年四季不得闲"曾一度成为我国农民的象征，随着农业机器人的问世，这一劳作方式有望被彻底改变。近年来，已经投入应用的农业机器人很多，包括农药喷洒机器人（见图1.7）、蔬菜水果采摘机器人（见图1.8、图1.9）、嫁接机器人（见图1.10）、伐木机器人（见图1.11）、收割机器人等。随着农业机械化的发展，农业机器人正发挥着越来越大的作用，也将农民从繁重的田间劳作中解放出来。

图1.7 农药喷洒机器人

图1.8 摘西红柿机器人

图1.9 蔬菜采摘机器人

图1.10 嫁接机器人

图1.11 伐木机器人

3. 服务机器人

服务机器人是一种以自主或半自主方式运行，能为人类健康提供服务的机器人，或者是能对设备运行进行维护的一类机器人。这里的服务工作指的不是为工业生产物品而从事的服务活动，而是指为人和单位完成的服务工作。服务机器人通过移动平台实现移动，并搭配机械臂进行操作。同时，服务机器人通常配备了力传感器、视觉传感器、超声测距传感器等，可对周边的环境进行识别，从而更好地完成某种工作，这是服务机器人的一个基本特点。

服务机器人主要从事维护、保养、修理、运输、清洗、保安、救援、监护等工作，如图1.12~图1.14所示。

4. 仿人机器人

仿人机器人，作为一种结合了机械工程、电子技术、人工智能等多个领域的高新技术产物，一直备受各界瞩目。1969年，日本早稻田大学加藤一郎实验室研发出第一台以双脚走路的机器人，加藤一郎因此被誉为"仿人机器人之父"。随着科学技术的不断发展，仿人机器人的研究也取得了更多的成果。2013年，美国波士顿动力公司研制了一款仿人机器人

Atlas（见图 1. 15），其可以在各种复杂的地形上行走和攀爬，并实现各种高难度的动作。2022 年，美国特斯拉公司成功推出了 Optimus 仿人机器人（见图 1. 16），其使用了特斯拉汽车上的一些技术，比如电池组、冷却系统、全自动驾驶系统等。2023 年，宇树科技发布了旗下首款仿人机器人产品 H1（见图 1. 17），其采用轻量化材料设计，整体质量只有 47 kg，整身拥有 19 个自由度，行走姿态轻盈稳健。目前，仿人机器人的发展已经走过了早期的概念验证阶段，越来越多的公司开始将仿人机器人引入商业领域，如服务机器人、医疗机器人、教育机器人等，其具有广阔的应用前景。

图 1. 12　导游机器人

图 1. 13　墙面清洗机器人

图 1. 14　演奏机器人

图 1. 15　仿人机器人 Atlas

图 1. 16　Optimus 仿人机器人

图 1. 17　仿人机器人 H1

1. 2. 2　军用机器人

军用机器人是应用于军事目的（侦察、监视、排爆、攻击、救援等）的机器人，按其工作的环境可以分为水下军用机器人、地面军用机器人、空中军用机器人和空间机器人等。

1. 水下军用机器人

水下军用机器人又称为水下无人潜水器，可分为遥控、半自主及自主型三类，在海战中有着不可替代的作用。为了争夺制海权，各国都在开发各种用途的水下机器人，有探雷机器人、扫雷机器人、侦察机器人等，如图 1. 18 和图 1. 19 所示。

图 1.18 中国自制的万米深潜水下机器人

图 1.19 水下扫雷机器人

2. 地面军用机器人

地面军用机器人是指在地面上使用的机器人系统，在和平时期可以帮助民警排除炸弹、完成要地保安任务，在战场上可以代替士兵执行运输、扫雷、侦察和攻击等各种任务。地面军用机器人种类繁多，包括作战机器人（见图 1.20）、防爆机器人（见图 1.21）、扫雷车、安防巡逻机器人（见图 1.22）、侦察机器人（见图 1.23）等。

图 1.20 作战机器人

图 1.21 防爆机器人

图 1.22 安防巡逻机器人

图 1.23 侦察机器人

图 1.24 所示的四足机器人是 2021 年美国机器人公司 Ghost Robotics 发布的 Vision 60。Vision 60 有四只腿和多个关节，能够在不同地形上灵活并稳定地移动，能够轻松应对非结构化环境。其有效载荷高达 30lb（约 13.6kg），可以根据特定的应用要求携带各种设备、传感器或工具。

3. 空中军用机器人

空中军用机器人又称为无人机（见图 1.25）。在军用机器人家族中，无人机领域是科研活动最活跃、技术进步最大、研究及采购经费投入最多、实战经验最丰富的领域，其广泛应用于侦察、监视、预警、目标攻击等领域。随着科技的发展，无人机的体积越来越小，产生了微机电系统集成的产物——微型飞行器。微型飞行器（见图 1.26、图 1.27）被认为是未来战场上的重要侦察和攻击武器，其能够传输实时图像或执行其他功能，具有足够小的尺寸（小于 20 cm）、足够的巡航范围（不小于 5 km）和飞行时间（不小于 15 min）。

图 1.24 四足军用机器人 Vision 60

图 1.25 “全球鹰”无人机

图 1.26 “黑色大黄蜂”微型无人机

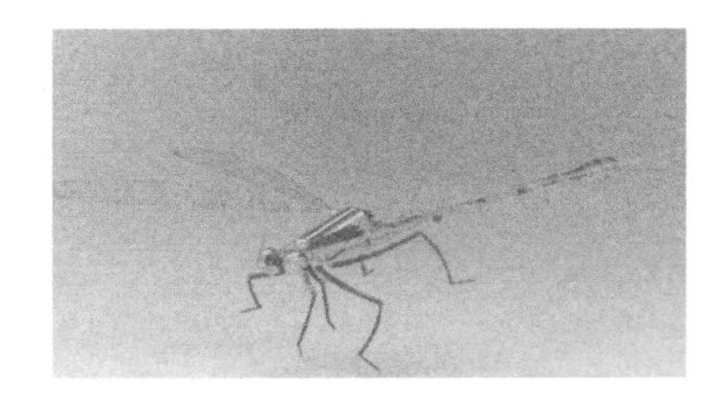

图 1.27 机器蜻蜓

4. 空间机器人

在未来的空间活动中，将有大量的空间加工、空间生产、空间装配、空间科学实验和空间维修等工作要做，这些大量的工作不可能仅仅靠宇航员去完成，还必须充分利用空间机器人。空间机器人一直是先进机器人的重要研究领域。目前，美国、俄罗斯、加拿大等国已研制出各种空间机器人，如美国 NASA 的“毅力号”火星车（见图 1.28），其主体长约 3 m、宽 2.7 m、高 2.2 m、质量为 1050 kg、有 6 个车轮，是全世界首个配备探地雷达的火星车，可以绘制地下深达 10 m 的岩石、水和冰的分层图。2013 年 12 月，我国自主研制的“玉兔号”月球车顺利抵达月球表面（见图 1.29），其设计质量为 137 kg，能源为太阳能，能够耐受月球表面真空、强辐射、-180~150℃极限温度等极端环境。“玉兔号”月球车具备 20°爬坡、20 cm 越障能力，并配备有全景相机、红外成像光谱仪、测月雷达、粒子激发 X 射线谱仪等科学探测仪器。2021 年 4 月，我国空间站核心舱“天和”成功发射并实现在轨运行。其核心模块有一个 7 自由度冗余机械臂，包括 3 个腕关节、3 个肩关节和 1 个肘关节，可以自主或协助宇航员完成太空舱外的在轨操作或维护工作，如图 1.30 所示。2021 年 5 月，我国自主研制的“祝融号”火星车安全驶离着陆平台，到达火星表面，并开始巡视探测（见图 1.31）。2021 年 8 月 23 日，

“祝融号”火星车平安在火星度过 100 天，更是行驶里程突破 1 km 的关键一天。

图 1.28　美国制造的“毅力号”火星车

图 1.29　我国自主研制的“玉兔号”月球车

图 1.30　我国自主研制的“天和”机械臂

图 1.31　我国自主研制的“祝融号”火星车

1.3　机器人的分类

机器人有多种分类方法，国际上没有制定统一的标准，这里介绍几种分类方法，分别按机器人发展时期、几何结构、驱动方式、应用环境以及控制方式进行分类。

1. 按机器人发展时期分类

按照从低级到高级的发展时期，机器人可分为四代。

第一代机器人可以追溯到 20 世纪 70 年代，那时的机器人是固定的、非程序控制的、无感应器的电子机械设备，主要以示教再现方式工作。示教内容包括机器人操作结构的空间轨迹、作业条件和作业顺序等。示教可由操作员手把手进行，或者通过控制面板完成。

第二代机器人诞生于 20 世纪 80 年代，内置了感应器和由程序控制的控制器，通过反馈控制，机器人能在一定程度上适应环境的变化。例如，焊缝跟踪技术，通过机器人上的传感器感知焊缝的位置，通过反馈控制，机器人自动跟踪焊缝，从而对示教轨迹进行修正，以高质量地完成焊接工作。

第三代机器人是 20 世纪 90 年代到 21 世纪初发明的机器人。这种机器人带有多种传感器，可以进行复杂的逻辑推理、判断及决策。它们既有固定的，也有移动的；既有自动化的（自动化机器人拥有独立的控制系统，能独立完成工作），也有昆虫类的（昆虫类机器人通常是整排站在一起由一个控制器指挥作业，这一说法源自它与昆虫群体社会的相似性，群体社会里的个体虽然职能简单，但是整个群体的社会职能却很复杂），由复杂的程序设计出来并且能辨认声音，此外还具备其他高级功能。第三代机器人能够根据获得的信息进行逻辑推理、判断和决策，在变化的内部状态与外部环境中，自主决定自身的行为，具有一定的适应性和自给能力。

当前，机器人已经发展到了第四代。现阶段的机器人注重人-机-环境共融能力，它们被设计为能够更好地与人类互动，理解人类的需求，并与人类一起协同完成任务。这些机器人具备更高级的感知决策能力，能够进行自然语言交流、情感识别和情感表达，能够在家庭、医疗、教育等领域提供帮助，如家庭助理和教育辅助。此外，现阶段的机器人具备语音和图像识别、自主导航、人机交互等功能，并具有一定的社交合作能力。

2. 按几何结构分类

机器人最常见的结构形式是用其坐标特性来描述的，按坐标形式的不同可分为直角坐标机器人、圆柱坐标机器人、极坐标机器人和关节型机器人。

直角坐标机器人由三个线性关节组成，如图 1.32 所示。这三个关节可确定末端执行器的位置，通常还带有附加的旋转关节用来确定末端执行器的姿态。这一类机器人的位置精度高，控制简单、无耦合，但结构复杂，占地面积大。

圆柱坐标机器人由两个滑动关节和一个旋转关节来确定末端执行器的位置，如图 1.33 所示。也可再附加一个旋转关节来确定部件的姿态。其位置精度仅次于直角坐标机器人，控制简单，但结构庞大，移动轴的设计复杂。

极坐标机器人采用球坐标系，由一个滑动关节和两个旋转关节来确定末端执行器的位置，如图 1.34 所示。也可再附加一个旋转关节来确定部件的姿态。这类机器人占地面积较小，结构紧凑，但有平衡问题，位置误差与臂长有关。

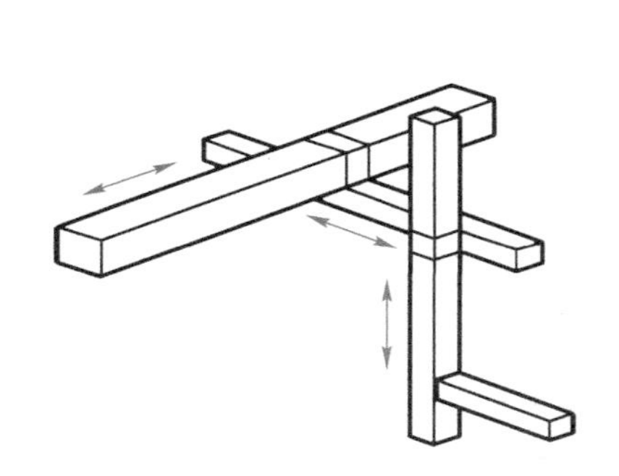

图 1.32　直角坐标机器人

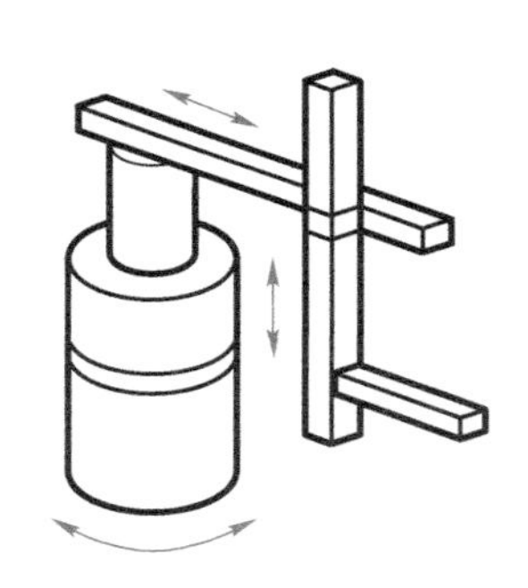

图 1.33　圆柱坐标机器人

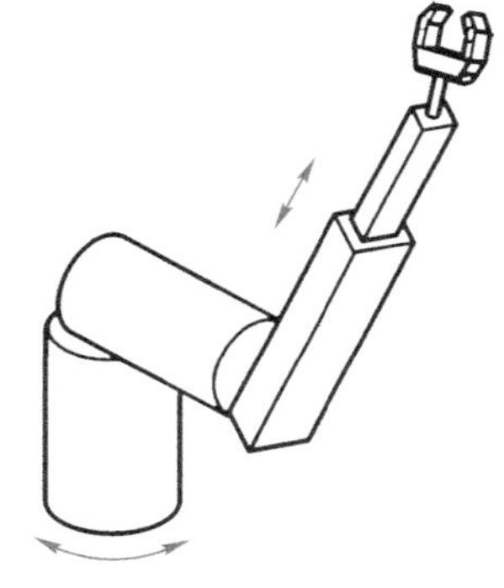

图 1.34　极坐标机器人

关节型机器人的关节全都是旋转的，类似于人的手臂，是工业机器人中最常见的构型，如图 1.35 所示。该类机器人结构紧凑，占地面积小，工作空间大，但是位置精度较差，控制存在耦合，结构比较复杂。

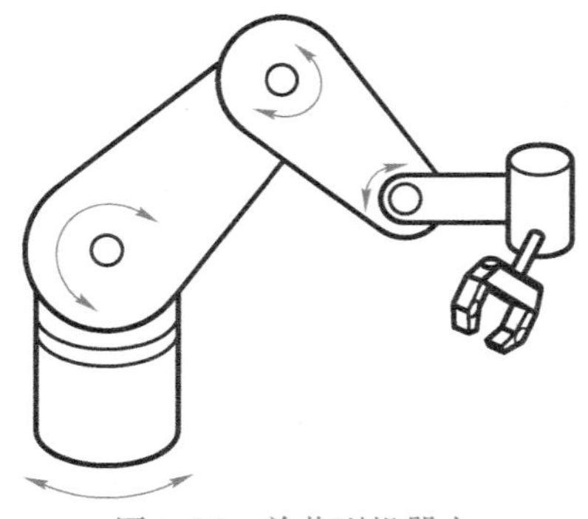

图 1.35　关节型机器人

3. 按驱动方式分类

机器人按驱动方式可以分为电力驱动、液压驱动、气压驱动及新型驱动。

电力驱动的驱动元件有步进电动机、直流伺服电动机和交流伺服电动机。电力驱动是目前采用最多的一种驱动方式，具有无环境污染、运动精度高、成本低等特点。

液压驱动可以获得很大的抓取能力（高达上千牛力），传动平稳，结构紧凑，防爆性好，动作也较灵敏，但对密封性要求高，不宜在高、低温现场工作，需配备一套液压系统，成本较高。

气压驱动的机器人结构简单、动作迅速、空气来源方便、价格低，但由于空气可压缩而导致工作速度稳定性差、抓取力小（一般只有几十牛力至百牛力）。

随着应用材料科学的发展，一些新型材料开始应用于机器人的驱动，如形状记忆合金驱动、压电效应驱动、磁致伸缩驱动、人工肌肉驱动及光驱动等。

4. 按应用环境分类

从应用环境出发，机器人可以分为工业机器人和特种机器人两大类。

工业机器人就是面向工业领域的多关节机械手或多自由度机器人，一般指用于机械制造业中代替人完成具有大批量、高质量要求的工作，如汽车制造、摩托车制造、舰船制造、某些家电产品（电视机、电冰箱、洗衣机）、化工等行业自动化生产线中的点焊、弧焊、喷漆、切割、电子装配及物流系统的搬运、包装、码垛等作业的机器人。

工业机器人的优点在于它可以通过更改程序，方便迅速地改变工作内容或方式，以满足生产要求的变化，如改变焊缝轨迹或喷涂位置、变更装配部件或位置等。随着对工业生产线越来越高的柔性化要求，对各种工业机器人的需求也越来越广泛。

特种机器人则是除工业机器人之外的、用于非制造业并服务于人类的各种先进机器人，又可分为服务机器人和特种作业机器人等。服务机器人通常是可移动的，为人们提供服务和安全保障，如清洁、护理、娱乐、医疗和精神慰藉等。特种作业机器人是工作在人类无法进入或对人体有害的环境以及各种极端条件与环境下的机器人，如海底探测机器人、核电站检修机器人、消防机器人、建筑机器人等。在特种机器人中，有些分支发展很快，有独立成体系的趋势，如服务机器人、水下机器人、军用机器人、微操作机器人等。

5. 按控制方式分类

按照控制方式可把机器人分为非伺服控制机器人和伺服控制机器人。

非伺服控制机器人按照预先编好的程序进行工作，使用定序器、插座、终端限位开关、制动器来控制机器人的运动。

与非伺服控制机器人相比，伺服控制机器人具有较为复杂的控制器、计算机和机械结构，带有反馈传感器，拥有较大的记忆存储容量，即能存储较多点的地址，运行也更为复杂平稳，编制和存储的程序可以超过一个，因而可以有不同用途，并且转换程序所需的停机时间极短。

伺服控制机器人又可分为点位伺服控制机器人和连续轨迹伺服控制机器人。点位伺服控制机器人一般只对其一段路径的端点进行示教，而且机器人以最快和最直接的路径从一个端点移到另一个端点，点与点之间的运动总是有些不平稳。这种控制方式简单，适用于上下料、点焊等作业。连续轨迹伺服控制机器人能够平滑地跟随某个规定的轨迹，能较准确复原示教路径。

无论哪一类，都要对有关位置和速度（以及可能的其他一些物理量）的信息进行连续监测并反馈到与机器人各关节有关的控制系统中去。因此，各轴都是闭环的。闭环控制的应用使机械手的构件能按指令在各轴行程范围内的任何位置移动。此外，还可以控制不同轴上的运动在运动端点之间的速度、加速度、负加速度和冲击（即加速度对时间的导数），因此，可以大大降低机械手的振动。

1.4 机器人的参考坐标系

参考坐标系是用来表示机器人旋转、移动等运动的坐标系。通常使用的有三种：全局参考坐标系、关节参考坐标系和工具参考坐标系。

全局参考坐标系是一种通用的坐标系，由 X、Y 和 Z 轴定义。其中机器人的所有运动都是通过沿三个主轴方向的同时运动产生的。这种坐标系下，不管机器人处于何种位姿，运动均由三个坐标轴表示而成。这一坐标系通常用来定义机器人相对于其他物体的运动、与机器人通信的其他部件以及机器人运动路径。如图 1.36 所示，在全局参考坐标系中，无论末端执行器处于何种位姿，x、y、z 轴的正方向总是与 X、Y、Z 轴的正方向一致。

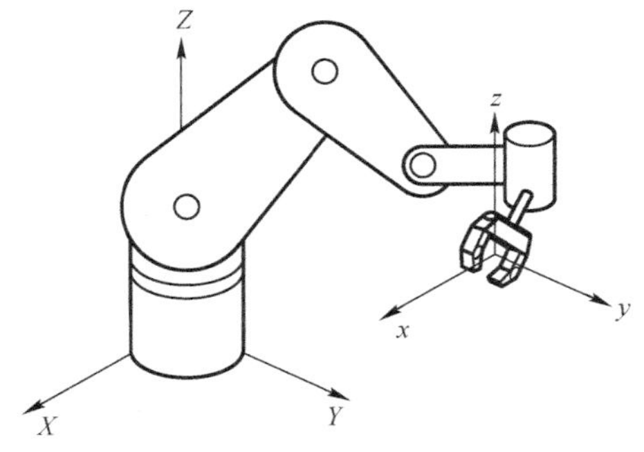

图 1.36　全局参考坐标系

关节参考坐标系是用来表示机器人每一个独立关节运动的坐标系。机器人的所有运动都可以分解为各个关节单独的运动，这样每个关节可以单独控制，每个关节的运动可以用单独的关节参考坐标系表示。如图 1.37 所示，假设希望将机器人末端执行器运动到某一特定位置，可以每次只运动一个关节，每个关节的运动则用单独的关节参考坐标系表示，通过对每个关节的单独控制，从而把末端执行器引导到目标位置。

工具参考坐标系是用来描述机器人末端执行器相对于固连在末端执行器上的坐标系的运动。如图 1.38 所示，固连在末端执行器上的 x'、y'和 z'轴定义了末端执行器相对于本地坐标系的运动。因为本地坐标系是随着机器人一起运动的，所以工具参考坐标系是一个活动的坐标系，它随着机器人的运动而不断改变，其所表示的运动也不相同，这取决于机器人手臂的位置以及工具参考坐标系的姿态。

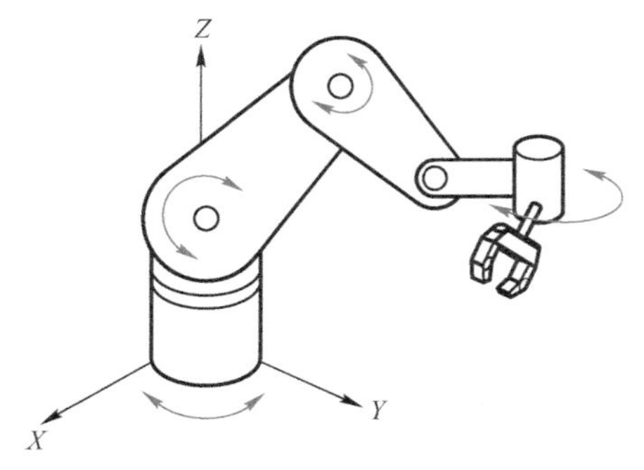

图 1.37　关节参考坐标系

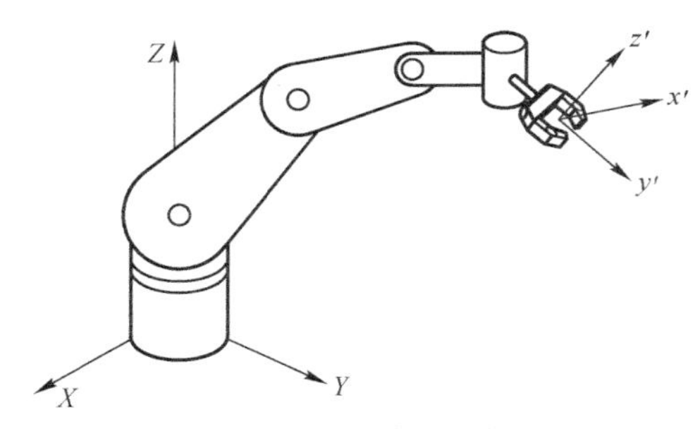

图 1.38　工具参考坐标系

1.5 机器人的技术参数

1. 自由度

机器人的自由度（degree of freedom，DoF）是指其末端执行器相对于参考坐标系能够独立运动的关节数目，但并不包括末端执行器的开合自由度。每一个自由度可表示一个独立的变量，而利用所有的自由度就可以完整描述所研究机器人的位置和姿态。自由度是机器人的一个重要技术指标，它是由机器人的结构决定的，并直接影响机器人是否能完成与目标作业相适应的动作。如图1.39所示的机器人，臂部在xO_1y平面内有三个独立运动：升降（L_1）、伸缩（L_2）和转动（ϕ_1），腕部在xO_1y面内有一个独立运动：转动（ϕ_2），机器人手部位置有一个独立变量：手部绕自身轴线的旋转（ϕ_3）。这种用来确定手部相对机架（或其他参照系统）位置的独立变化的参数（L_1、L_2、ϕ_1、ϕ_2、ϕ_3）即可表示为机器人的自由度。

一般来说，机器人的自由度是根据其用途来设计的。机器人自由度越多，其机构运动的灵活性越大、通用性越强，但结构更复杂、刚性差。当机器人的自由度多于为完成生产任务所必需的自由度时，多余的自由度称为冗余自由度。设置冗余自由度可使机器人具有一定的避障能力，在进行运动逆解时使各关节的运动具有优选的条件。如图1.40所示，在三维空间中若需要确定D点的位置，那么关节C在理论上就是冗余的。对于这种情况，冗余的自由度是无法控制的，因此机器人可以有无穷多种方法来给D点定位。为了从无数不确定的位置上到达所要求的位姿，必须有附加的决策程序使机器人能够从无数种方法中只选择一种。例如，可以采用最优程序来选择最快或最短路径到达目的地。为此，计算机必须检验所有的解，从中找出最短或最快的响应并执行。由于这种额外的要求会耗费许多计算时间，因此这种具有冗余自由度的机器人在需要快速响应的场合是需要注意的。

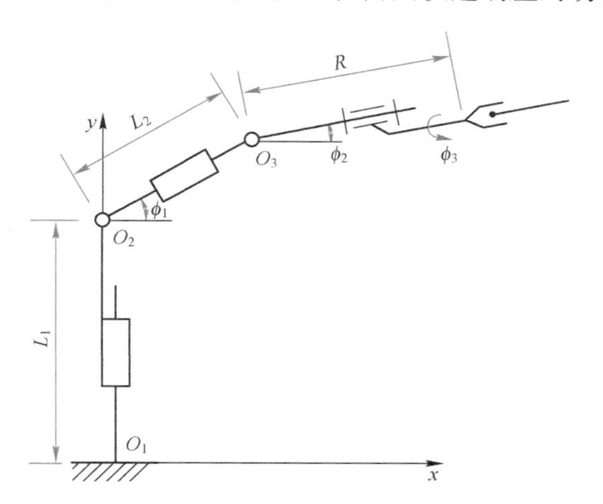

图1.39　五自由度机器人简图

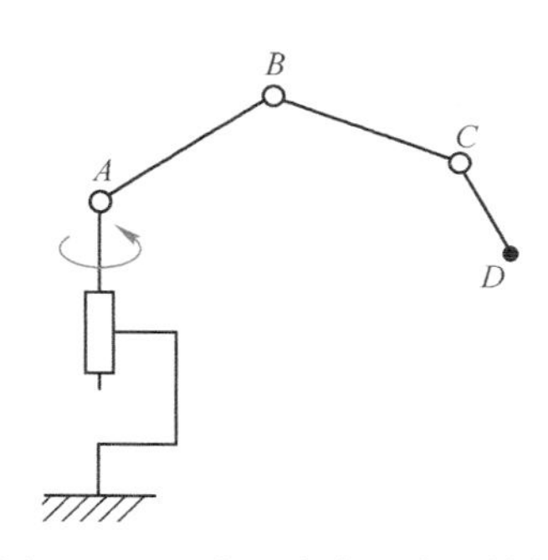

图1.40　具有冗余自由度的结构

2. 工作空间

机器人的工作空间（working space）可分别从数学意义和几何意义进行定义。在数学意义上，是指由机器人工作空间变量组成的空间集合。在几何意义上，是指机器人末端上参考点所能达到的所有空间区域。由于末端执行器的形状尺寸是多种多样的，为真实反映机器人的特征参数，工作空间是指不安装末端执行器时的工作区域。

每个机器人的工作空间形状都与机器人的特性指标密切相关。一般情况，工作空间是通过列写数学方程来确定的，这些方程规定了机器人连杆和关节的约束条件，这些约束条件则确定了每个关节的运动范围。如果数学方程不容易列出，也可以凭经验确定每一个关节的运动范围，然后将所有关节可到达的区域连接起来，再除去机器人无法到达的区域。图1.41

所示为常见机器人构型的大致工作空间。

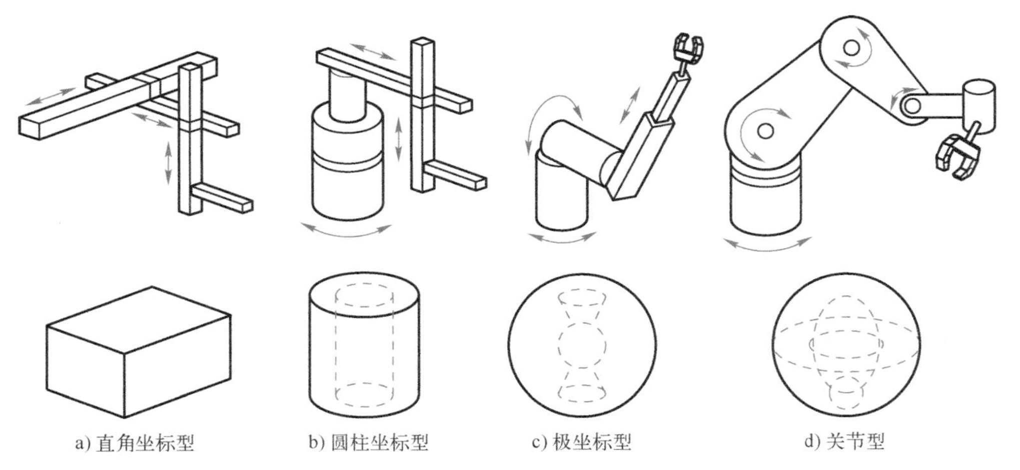

图 1.41 常见机器人构型的大致工作空间

3. 机器人额定速度与额定负载

机器人在保持运动平稳性和位置精度的前提下所能达到的最大速度称为额定速度(rated velocity)。其某一关节运动的速度称为单轴速度，由各轴速度分量合成的速度称为合成速度。

机器人在额定速度和规定性能范围内，末端执行器所能承受负载的允许值称为额定负载(rated load)。在作业条件限制下，保证机械结构不损坏，末端执行器所能承受负载的最大值称为极限负载（limit load)。

对于结构固定的机器人，其最大行程为定值，因此额定速度越高运动循环时间越短，工作效率也就越高。机器人每个关节的运动过程一般包括起动加速、匀速运动和减速制动三个阶段。如果机器人负载过大，则会产生较大的加速度，造成起动、制动阶段时间增加，从而影响机器人的工作效率。对此就要根据实际工作周期来平衡机器人的额定速度与额定负载。

4. 机器人的分辨率、定位精度和重复定位精度

机器人的分辨率（resolution）是指机器人每个移动/转动关节能够实现的最小移动距离/最小转动角度。机器人的分辨率由系统设计检测参数决定，并受到位置反馈检测单元性能的影响。分辨率可分为编程分辨率与控制分辨率。编程分辨率是指程序中可以设定的最小距离单位，又称基准分辨率。控制分辨率是指位置反馈回路能检测到的最小位移量。当编程分辨率与控制分辨率相等时，系统性能达到最高。

机器人的定位精度（position accuracy）是指机器人多次执行同一位姿指令，其末端执行器在指定坐标系中实到位姿与指令位姿之间的偏差，主要依存于机械误差、控制算法误差和分辨率系统误差。机械误差主要产生于传动误差、关节间隙和连杆机构的挠性等。控制算法误差主要是由一些算法的数值解法或数据精度的舍入造成的。分辨率系统误差则是因小于基准分辨率的变位既无法编程也无法检测而产生的误差。

在相同的条件下，用同一方法操作机器人时，重复多次所测得的同一位姿散布的不一致程度称为重复定位精度。因其不受工作载荷变化的影响，故通常用重复定位精度这一指标作为衡量示教再现工业机器人水平的重要指标。

5. 响应时间

机器人的响应时间（response time）是指机器人从接收指令到开始执行任务所需的时间。响应时间反映机器人快速响应指令并开始执行任务的能力，是衡量机器人系统性能和效率的重要指标之一。它可以分为以下几个方面。

1）感知时间（perception time）：这是机器人感知外部环境和接收指令的时间。感知时间包括传感器的数据采集和处理阶段，例如通过摄像头、激光雷达、声呐等传感器获取环境信息，并将其转换为机器可理解的数据。此外，感知时间还包括对指令的解析和理解，机器人需要将接收到的指令转化为可执行的任务或动作。

2）规划时间（planning time）：一旦机器人感知到环境并接收到指令，它需要进行任务规划和路径规划。在规划时间内，机器人根据接收到的指令和感知到的环境信息，确定执行任务所需的运动轨迹、姿态调整、避障路径等。这可能涉及路径搜索算法、运动规划算法和避障算法等，以确保机器人能够高效、安全地完成任务。

3）控制时间（control time）：控制时间是指机器人执行规划好的任务和运动所需的时间。在控制时间内，机器人根据规划得到的结果，通过执行相应的动作控制系统来实际完成任务。这涉及控制系统的计算和实际执行动作的时间，如机器人的关节控制、运动执行等。控制时间还包括实时监测机器人状态和环境变化，以便进行调整和反馈。

响应时间的重要性在于它直接影响机器人系统的实时性和即时性能。较短的响应时间可以提高机器人系统的灵敏度和快速反应能力，使其能够更准确、高效地执行任务。相反，较长的响应时间可能导致任务执行的延迟和偏差，降低系统的实时性和用户体验。

6. 机器人感知能力

机器人的感知能力（perception）是指机器人对外界环境进行感知和理解的能力，包括视觉、触觉、听觉等。它涉及机器人所使用的传感器和感知算法，以及机器人对感知数据进行处理和解释的能力。以下是与机器人感知能力相关的技术参数。

1）传感器类型：机器人可以使用多种传感器来感知环境，如摄像头、激光雷达、声呐、触觉传感器等。每种传感器都有其特定的感知范围、分辨率、采样率等参数，这些参数决定了机器人对环境的感知能力。

2）感知范围：指机器人可以感知的距离范围。不同传感器具有不同的感知范围，例如激光雷达可以感知几十米甚至更远的距离，而摄像头只能感知几米到数十米的距离。

3）分辨率：表示机器人感知数据的精细程度。传感器的分辨率决定了机器人对环境的精细感知能力。例如，高分辨率摄像头可以提供更清晰的图像，从而使机器人能够更准确地分辨和识别物体。

4）采样率：指传感器对环境数据进行采样的频率。较高的采样率可以提供实时性更好的感知数据，使机器人能够更及时地对环境变化做出响应。

5）数据处理和解释算法：机器人需要对从传感器获取的原始数据进行处理和解释，以提取有用的信息。感知算法可以帮助机器人识别物体、检测障碍物、理解场景等。这些算法的性能和效率会直接影响机器人的感知能力。

6）多模态感知：一些机器人采用多个不同类型的传感器进行感知，以获取更全面、多样化的感知信息。多模态感知可以提高机器人对环境的理解和判断能力，如结合摄像头和激光雷达同时进行视觉和距离测量。

机器人的感知能力对于其在不同应用场景中的表现至关重要。优秀的感知能力可以使机器人更准确地感知环境、识别物体、规避障碍物，并做出适应性的决策和行动。因此，提升机器人的感知能力是机器人技术研发中的重要目标之一。

7. 能耗效率

机器人的能耗效率（energy efficiency）是指机器人在执行任务时所消耗的能量与完成任务的效率之间的关系，能耗效率可以用于评估机器人的能源利用效率和性能。能源效率通常可以理解为机器人在完成特定任务时所消耗的能量与任务完成度之间的比例。一种常见的方式是将能耗效率定义为单位任务所消耗的能量，如单位时间、单位距离或单位操作次数。下面是几个常见的有关能耗效率参数在机器人中的应用。

1）动力系统和能源管理（power system and energy management）：机器人的动力系统包括电池、燃料电池、发动机等，能源管理涉及对能量的有效利用和分配。高效的动力系统和能源管理可以减少机器人能量消耗并提高使用时间，从而提高能耗效率。

2）低功耗传感器和执行器（low-power sensors and actuators）：机器人所使用的传感器和执行器对能耗的影响较大。采用低功耗的传感器和执行器可以降低能量消耗，同时保持机器人的性能和功能。

3）待机和休眠模式（standby and sleep modes）：机器人可以具备待机和休眠模式，在机器人暂时不执行任务时，降低能量消耗。这些模式可以根据任务需求智能地切换，以节省能源。

通过提高机器人的能耗效率，可以降低能源消耗、延长使用时间，同时减少对环境的负面影响。这对于延长机器人的运行时间、提高工作效率以及降低运营成本都具有重要意义。

1.6 机器人学技术

机器人学技术是集机械工程学、计算机科学、控制工程、电子技术、传感器技术、人工智能、仿生学等学科为一体的多学科和技术交叉、结合的高技术领域。每一台机器人都是一个知识密集和技术密集的高科技机电一体化产品。从某种意义上讲，一个国家机器人技术水平的高低反映了这个国家综合技术实力的高低。

1. 基础理论

机器人学是一门交叉性很强的学科，它所涉及的基础学科也很广泛，包括数学、运动学、动力学、控制理论及人工智能等。从理论应用的角度，其主要包括以下几个部分：

1）机器人基础理论与方法，包括机器人机构分析与综合、运动学和动力学建模、作业与运动规划、机器人优化设计、智能控制等。

2）机器人仿生学，包括仿生运动和动力学、仿生机构学、仿生感知和控制理论、仿生器件设计和制造等。

3）机器人系统理论与方法，包括多机器人系统理论、机器人-人交互共融，以及机器人与其他机器系统的协调和交互等。

4）微机器人学，包括微机器人的分析、设计和控制理论等。

5）移动操作机器人理论，包括复杂多链空间机器人机构学、步态规划与稳定性、多链协调与控制等。

2. 研究内容

机器人学研究的基本内容有以下几个方面。

1）空间机构学：机器人机身和臂部机构的设计、机器人手部机构设计、机器人行走机构设计、机器人关节机构设计等机器人机构的构型综合和尺寸综合。

2）机器人运动学：对组成机器人系统的各杆件之间以及系统与对象之间相互关系的数学描述方法。

3）机器人静力学：机器人与环境之间互相接触所产生的作用力/力矩与驱动装置输入力矩之间的关系。

4）机器人动力学：通过建立机器人动力学方程，研究作用于机器人各机构的力或力矩与其位置、速度、加速度的关系。

5）机器人控制技术：主要研究针对机器人耦合的、非线性的多变量控制系统的控制方式及其控制策略。

6）机器人传感器：传感器是机器人感知的主要来源，通过传感器机器人可以获得环境信息、机器人姿态等与机器人运动控制相关的信息。

7）机器人语言：机器人语言分为通用计算机语言和专用计算机语言。由于作业内容的复杂化，利用通用程序来控制机器人显得越来越复杂，为了寻求简单的方法描述作业，控制机器人动作，便产生了一些机器人专用语言。

3. 技术与方法

机器人学同时也是一门实践性很强的学科，所涉及的技术主要有机器人结构设计与制造技术、操作和执行技术、驱动和控制技术、检测和感知技术、机器人智能技术、实验和评价技术、人机交互和融合技术、通信技术、技术规范和标准等。

4. 发展趋势

目前，机器人技术已经成为一个很有发展前景的产业，机器人对国民经济和人民生活的各个方面，已产生重要影响。面对21世纪知识经济时代的机遇和挑战，未来机器人技术的主要研究内容集中在以下几个方面。

1）工业机器人操作机构/结构的优化设计技术：探索新的高强度轻质材料，进一步提高负载/自重比，同时机构向着模块化、可重构方向发展。

2）机器人控制技术：重点研究开放式、模块化控制系统，人机界面更加友好，语言、图形编程界面正在研制之中。机器人控制器的标准化和网络化，以及基于PC网络式控制器已成为研究热点。编程技术除进一步提高在线编程的可操作性之外，离线编程的实用化将成为研究重点。

3）多传感器信息融合技术：为进一步提高机器人的智能性和适应性，多种传感器的使用是解决问题的关键。其研究热点在于有效可行的多传感器融合算法，特别是在非线性及非平稳、非正态分布情形下的多传感器融合算法。

4）灵巧结构与小型控制系统：机器人的结构灵巧，控制系统微型高效，结构与控制系统将朝着一体化方向发展。

5）机器人遥操作及监控技术，机器人半自主和自主技术：多机器人和操作者之间的协调控制，通过网络建立大范围内的机器人遥操作系统。

6）虚拟机器人技术（virtual robotics）：基于多传感器、多媒体和虚拟现实以及临场感技术，实现机器人的虚拟遥操作和人机交互。

7）多智能体（multi-agent）控制技术：这是目前机器人研究的一个崭新领域。主要对多智能体的群体体系结构、相互间的通信与磋商机理、感知与学习方法、建模和规划、群体行为控制等方面进行研究。

8）微型/小型机器人技术（micro/miniature robotics）：这是机器人研究的一个新领域和重点发展方向。过去在该领域的研究几乎是空白，因此该领域研究的进展将会引起机器人技术的一场革命，并且对社会进步和人类活动的各个方面产生不可估量的影响。微型/小型机器人技术的研究主要集中在系统结构、运动方式、控制方法、传感技术、通信技术以及行走技术等方面。

9）软体机器人技术（soft robotics）：软体机器人是一种新型柔软机器人，能够适应各种非结构化环境，与人类的交互也更安全。机器人本体利用柔软材料制作，一般认为是杨氏模量低于人类肌肉的材料。此外，大多数软体机器人的设计是模仿自然界各种生物，如蚯蚓、章鱼、水母等。

10）仿生机器人技术（biomorphic robotics）：仿生机器人是模仿自然界中生物的外部形状、运动原理和行为方式的新型机器人系统。其主要包括两大类：一是仿人机器人，二是仿生物机器人。仿生机器人的主要特点是它们大多为冗余或超冗余自由度的机器人，机械结构相对复杂，并且通常是通过绳索、人造肌肉或者是形状记忆合金等驱动结构进行驱动的。

综上所述，未来的机器人将朝着以下几个方向发展。

1）知觉决策智能化：机器人将从感知智能发展到认知智能，并最终走向融知智能，实现人-机-环境之间交互共融。

2）机电系统微型化：随着超精密加工制造技术的飞速发展，当今世界已经进入微加工、微器件、微纳米技术的新时代，未来微机电系统将在机器人领域得到更广泛的应用。

3）集成管理数字化：数字孪生系统将成为机器人技术领域优化价值链和整个创新产品的重要工具。

4）应用前景广阔化：机器人技术的不断发展将赋予5G云计算应用、外科手术与医疗康复、空间在轨装配等新兴交叉领域丰富的潜在应用价值。

习　　题

1.1　机器人的发展可分为几个阶段？

1.2　机器人三原则是什么？它的重要意义是什么？

1.3　工业机器人和军用机器人的定义是什么？

1.4　什么是机器人的自由度？试举出1~3种你知道的机器人的自由度数，并阐述为什么需要这个数目。

1.5　机器人的分类方法有哪几种？是否还有其他的分类方法？

1.6　用一两句话定义下列术语：定位精度、重复定位精度、响应时间和能耗效率。

1.7　人工智能与机器人学的关系是什么？试举例说明人工智能技术已在机器人学上的应用。试分析哪些人工智能技术将在机器人学上得到应用。

1.8　随着“智能制造”的逐步升级，工业机器人特别是智能机器人的应用受到了高度重视。你认为在制造业大量应用机器人应考虑和注意哪些问题?

参考文献

[1] CRAIG J J. 机器人学导论 [M]. 负超，王伟，译. 4 版. 北京：机械工业出版社，2018.

[2] 熊有伦，李文龙，陈文彬，等. 机器人学：建模、控制与视觉 [M]. 2 版. 湖北：华中科技大学出版社，2020.

[3] 蔡自兴，谢斌. 机器人学 [M]. 3 版. 北京：清华大学出版社，2015.

[4] 日本机器人协会. 新版机器人技术手册 [M]. 宗光华，程君实，等译. 北京：科学出版社，2007.

[5] CORKE P. 机器人学、机器视觉与控制：MATLAB 算法基础 [M]. 刘荣，等译. 北京：电子工业出版社，2017.

[6] 战强. 机器人学：机构、运动学、动力学及运动规划 [M]. 北京：清华大学出版社，2019.

[7] GOEL R, GUPTA P. Robotics and Industry 4.0. a roadmap to Industry 4.0: smart production, sharp business and sustainable development [M]. Berlin: Springer, 2020: 157-169.

[8] VICENTINI F. Collaborative robotics: a survey [J]. Journal of mechanical design, 2021, 143(4): 040802.

[9] NESS S, SHEPHERD N J, XUAN T R. Synergy between AI and robotics: a comprehensive integration [J]. Asian journal of research in computer science, 2023, 16(4): 80-94.

[10] ORTENZI V, COSGUN A, PARDI T, et al. Object handovers: a review for robotics [J]. IEEE transactions on robotics, 2021, 37(6): 1855-1873.

[11] 麦泳锋. 现代机器人技术在农业机械化中的应用与前景 [J]. 南方农机，2024，55(2)：91-93.

[12] 降晨星，姚其昌，许鹏，等. 新技术形势下四足、双足机器人技术的变革 [J]. 兵工学报，2023，44(2)：84-89.

[13] 杜壮. 未来五年机器人发展十大焦点 解读《机器人产业发展规划（2016—2020 年）》 [J]. 中国战略新兴产业，2016(11)：44-45.

[14] 崔朝宇，伍国梁. 协作机器人性能标准研究与发展趋势 [J]. 品牌与标准化，2024(11)：51-53+57.

[15] MACRORIE R, MARVIN S, WHILE A. Robotics and automation in the city: a research agenda [J]. Urban geography, 2021, 42(2): 197-217.

[16] HARTMANN F, BAUMGARTNER M, KALTENBRUNNER M. Becoming sustainable, the new frontier in soft robotics [J]. Advanced materials, 2021, 33(19): 2004413.

[17] VRONTIS D, CHRISTOFI M, PEREIRA V, et al. Artificial intelligence, robotics, advanced technologies and human resource management: a systematic review [J]. The international journal of human resource management, 2022, 33(6): 1237-1266.

[18] FENG S, WHITMAN E, XINJILEFU X, et al. Optimization based full body control for the atlas robot [C]. 2014 IEEE-RAS International Conference on Humanoid Robots, Madrid, 2014.

[19] QIAO H. Robotic intelligence and automation [J]. Robotic intelligence and automation, 2023, 43(1): 1-2.

[20] ACKERMAN E. Year of the humanoid: legged robots from eight companies vie for jobs [J]. IEEE spectrum, 2024, 61(1): 44-48.

第 2 章　机器人系统及设计方法

机器人根据所能完成的任务随特定结构设计的不同而有很大的区别。在机器人系统设计中，首先应考虑的是机器人的整体性，然后进行细节分析。设计方法以及对一个设计的评价都是设计的局部问题，很难用一些固定的设计规则来对设计方法的选择进行限制。

2.1　机器人系统的组成

机器人系统主要包括执行机构、感知系统、驱动系统、控制系统、决策系统、人机交互系统这 6 大部分。如果用人来比喻机器人的组成，那么决策系统相当于人的“大脑”，感知系统相当于人的“视觉与感觉器官”，驱动系统相当于人的“肌肉”，执行机构相当于人的“身躯和四肢”。整个机器人运动功能的实现，是通过人机交互系统、用工程的方法控制实现。

2.1.1　机器人机构

机器人的机构由传动部件和机械构件组成，可仿照生物的形态将其分成臂、手、足、翅膀、鳍、躯干等相当的部分。臂和手主要用于操作环境中的对象；足、翅膀、鳍主要用于使机器人身体“移动”；躯干是连接各个器官的基础结构，同时参与操作和移动等运动功能。

1. 臂和手

臂是由杆件及关节构成，关节则是由内部装有电动机等驱动器的运动副来实现。关节及其自由度的构成方法会极大影响臂的运动范围和可操作性等指标。如果机构像人的手臂那样，将杆件与关节以串联的形式连接起来，则称为开式链机械手。如果机构像人的手部那样，将杆件与关节并联配置起来，则称为闭式链机械手，如并联机器人机构作为机械臂的机构。

机械臂具有改变对象位置和姿态的参数（在三维空间中有 6 个参数），或者对对象施加力的作用，因此最少具有 3 个自由度。若考虑移动、转动（关节的旋转轴沿着杆件长度的垂直方向，称转动）、旋转（关节的旋转轴沿着杆件长度方向，称旋转）3 种机构的不同组合可有 27 种形式，在此给出代表性的四类：①圆柱坐标型机械臂（见图 2.1a），②极坐标型机械臂（见图 2.1b），③直角坐标型机械臂（见图 2.1c），④关节型机械臂（见图 2.1d）。

手部是抓握对象并将机械臂的运动传递给对象的机构。如果能将机器人的手部设计得如人手一样具有通用性、灵活性，则使用起来较为理想。但由于目前在机械和控制上存在诸多困难，且机械手在生产实际中随现场具体情况而各不相同，因此机械手不具有普适性。如果

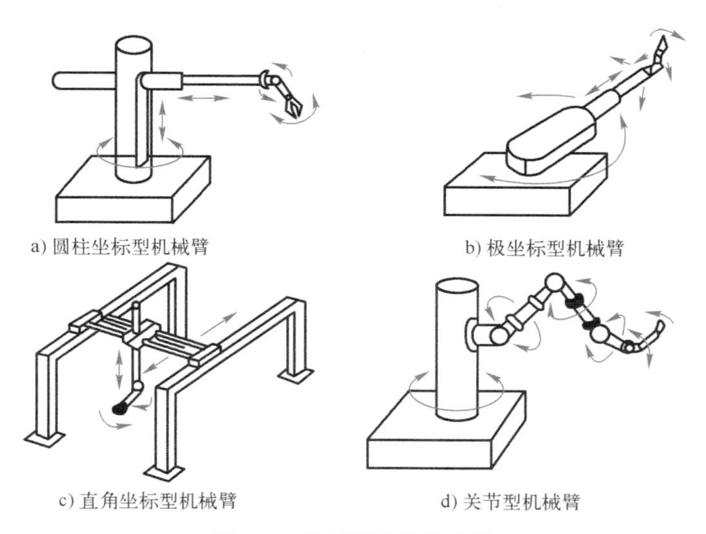

图 2.1　机械臂结构示意图

任务仅仅是用手臂末端简单地固定对象，那么手部可以设计成单自由度的夹钳机构。我们把抓取特定形状物体、具有特制刚性手指的手部，叫作机械手（mechanical hand 或 mechanical gripper）。如果手臂不运动，那么就需要使用手部来操纵对象，此时多自由度多指型机构就大有用武之地。

2. 移动机构

移动机构是机器人的移动装置。因为在机器人出现以前，人类就已发明移动装置，如车辆、船舶、飞机等。所以在机器人中也借鉴了相关的成熟技术，如车轮、螺旋桨、推进器等。实用的移动机器人几乎都采用车轮，不过它的弱点是只限于平坦的地面环境。

为了实现人和动物所具备的对地形及环境的高度适应性，人们正在积极地开展对多种移动机理的研究。现就目前已研制出的部分移动机构进行分类（详见表 2.1）介绍。

表 2.1　移动机构分类

移动机构应用环境	移动机构分类
陆地	车轮式移动机构
	履带式移动机构
	双足式移动机构
	多足式移动机构
	蛇形移动机构
	壁面吸附式移动机构
	混合式移动机构
空中	螺旋桨移动机构
	翅膀移动机构
水下	推进器移动机构
	鳍移动机构

(1) 车轮式移动机构　车轮式移动机构在陆地表面等移动环境中控制车轮的滚动运动，使移动体本体相对于移动面产生相对运动。该机构特点是，在平坦的环境下移动效率较履带式移动机构和足式移动机构要高，结构简单，可控性好。

车轮式移动机构由车体、车轮、处于轮子和车体之间的支撑机构组成。车轮依据有无驱动力可分为主动轮和从动轮两大类；依据单个车轮的自由度，可分为圆板形的一般车轮、球形车轮、合成形全方位车轮。

(2) 履带式移动机构　履带式移动机构所用的履带（crawler、track）是一种循环轨道，采用沿车轮前进方向边铺设移动面、边移动的方式。该机构可在有台阶、壕沟等障碍物的空间中移动，比车轮式移动机构应用范围广，但结构更复杂。

履带式移动机构一般由履带、支撑履带的链轮、滚轮及承载这些零部件的支撑框架构成，最后将支撑框架安装在车体上。

(3) 双足式移动机构　双足机器人（biped robot）是用双足来移动的移动机器人机构。双足式移动机构主要是模仿人或动物的移动机理，因此大多数双足式移动机构的结构类型与人类腿脚的旋转关节机构相似。

(4) 多足式移动机构　多足式移动机构是除双足以外的所有足类机器人的总称。这种移动机构环境适应性强，能够任意选择着地点（平面、不平整地面、一定高度的障碍物、平缓斜坡地面、陡急斜坡地面等）进行移动。

(5) 混合式移动机构　为了发挥车轮式移动机构在平整地面上高速有效性移动的优点，且在某种程度上适应不平整地面，一种可行的途径就是将车轮与其他形式的机构组合起来，有效地发挥两者的优点。

目前已研发出来的组合机构有：轮腿式火星探测机器人、轮腿双足移动机器人、体节躯干移动机器人、履带与躯干、腿脚与履带、躯干与腿脚的组合等。

(6) 其他移动机构

1) 蛇形移动机构。串联连接多个能够主动弯曲的单元体，构成索状超冗余功能体的结构称为蛇形移动机构。由蛇形移动机构构成的机器人能产生类似蛇一样的运动，如穿过头部能通过的弯曲狭窄的路径，爬越凹凸地形或翻越障碍物，在沙地等松软地面移动等。该机构具有易于密封、冗余可靠性高等优点。蛇形移动机构的每一个独立单元体都是由驱动器、行走结构、前后搭接结构（与前面单元体和后续单元体连接的结构）组成。

2) 壁面吸附式移动机构。壁面吸附式移动机构是将移动机构（车轮、履带、足）与将它吸附在壁面上的吸附机构（磁铁或吸盘）组合起来实现的，主要应用在结构物壁面检查或不便于搭脚手架之处。壁面吸附式移动机构主要是由移动机构、吸附机构和悬吊钢丝绳等安全装置构成。

另外，现在人们还在研究基于仿生学原理的人工设计和制造各种机器人，来实现人类或动物灵巧的动作和运动。

2.1.2 机器人驱动器

驱动器是驱动机器人动力机构完成动作的控制器，如果把连杆和关节比作机器人的骨骼，则驱动器就如同人身上的肌肉，因此驱动器的选择和设计在研发机器人时至关重要。常见的驱动器主要有电动机驱动器、液压驱动器和气动驱动器。随着技术的发展，又涌现出许多新型驱动器，如压电元件、超声波电动机、形状记忆元件、橡胶驱动器、静电驱动器、氢气吸留合金驱动器、磁流体驱动器、ER 流体驱动器、高分子驱动器和光学驱动器等。下面主要介绍常见的驱动器及其特点。

1. 电动机驱动器

用于机器人的电动机主要有步进电动机（stepping motor）、直流（DC）伺服电动机、交流（AC）伺服电动机等，对应的机器人驱动器为步进电动机驱动器、直流伺服电动机驱动器以及交流伺服电动机驱动器。

（1）步进电动机　步进电动机是一种把开关激励的变化变换成精确的转子位置增量运动的执行机构，它将电脉冲转化为角位移。当步进驱动器接收到一个脉冲信号时，它就驱动步进电动机按设定的方向转动一个固定的角度（即步距角）。可以通过控制脉冲个数来控制角位移量，从而达到准确定位的目的。同时，可以通过控制脉冲频率来控制电动机转动的速度和加速度，从而达到调速的目的。步进电动机的转矩大、惯性小、响应频率高，因此具有瞬间起动与急速停止的优点。使用步进电动机的控制系统，通常不需要反馈就能对位置或速度进行控制。步进电动机常在对过载能力、调速范围以及平稳性要求不高的情况下使用。

（2）直流伺服电动机　直流伺服电动机驱动器具有调速范围宽、低速特性好、响应速度快及过载能力强的优点，因此直流伺服电动机最适合工业机器人的试制阶段或竞技用机器人。

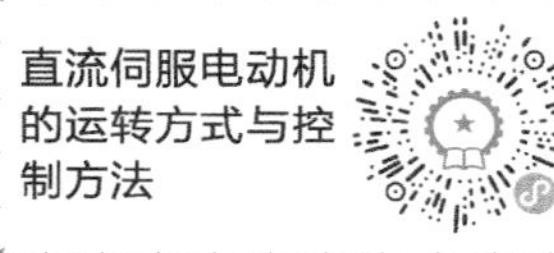

直流伺服电动机通过电刷和换向器产生的整流作用，使磁场磁动势和电枢电流磁动势正交，从而产生转矩。其电枢大多为永磁体。

与交流伺服电动机相比，直流伺服电动机具有起动转矩大，调速范围广且不受频率及极对数限制（特别是电枢控制的），机械特性线性度好，从零转速至额定转速具备可提供额定转矩的性能，功率损耗小，具有较高的响应速度、精度和频率，优良的控制特性等优点。

因为直流伺服电动机要产生额定负载下恒定转矩的性能，则电枢磁场与转子磁场必须维持在 90°，这就要借助电刷及换向器。电刷和换向器的存在增大了摩擦转矩，换向火花带来了无线电干扰，除了会造成组件损坏之外，使用场合也会受到限制，寿命较短，需要定期维修，使用维护较麻烦。

若使用要求频繁起停的随动系统，则要求直流伺服电动机起动转矩大；在连续工作制的系统中，则要求伺服电动机寿命较长。使用时要特别注意先接通磁场电源，然后加电枢电压。

（3）交流伺服电动机　交流伺服系统按其采用的驱动电动机的类型来分，主要有两大类：同步电动机和异步电动机。

采用永磁体磁场的同步电动机不需要磁化电流控制，只要检测永磁转子的位置即可。由于它不需要磁化电流控制，故比异步型伺服电动机容易控制，转矩产生机理与直流伺服电动机相同。其中，永磁同步电动机交流伺服系统在技术上已趋于完全成熟，具备了十分优良的低速性能，并可实现弱磁高速控制，拓宽了系统的调速范围，适应了高性能伺服驱动的要求。随着永磁材料性能的大幅度提高和价格的降低，其在工业生产自动化领域中的应用将越来越广泛，目前已成为交流伺服系统的主流。

交流异步伺服电动机即感应式伺服电动机，由于其结构坚固、制造容易、价格低廉，因而具有很好的发展前景，是将来伺服技术的方向之一。因为该系统采用矢量变换控制，相对永磁同步电动机伺服系统来说控制比较复杂，而且电动机低速运行时还存在着效率低、发热严重等有待克服的技术问题，所以目前并未得到普遍应用。

机器人的性能取决于伺服驱动控制系统。因此对伺服系统提出了较高的性能要求，可以归纳为起动速度快、动态性能好、适应频繁起停并且可以最大转矩起动、调速范围要求宽并且在整个调速范围内平滑连续、抗干扰能力强等。

随着相关技术进步和材料成本的降低，交流伺服系统继承了直流伺服系统的优点，克服了其缺点，并取得了比直流伺服系统更优良稳定的控制性能。高精度的交流伺服系统能满足机器人的控制要求，目前已成为机器人驱动电动机的首选。

(4) 直接驱动电动机　在齿轮、传送带等减速机构组成的驱动系统中存在间隙、回差、摩擦等问题，解决这些问题的手段是借助直接驱动（direct drive，DD）电动机。DD电动机被广泛地应用于装配SCARA机器人、自动装配机、加工机械、检测机器及印刷机械等中。

对DD电动机的要求是没有减速器，但仍要提供大输出转矩（推力），可控性好。

DD电动机的工作原理从特性上看，基于电磁铁原理的VR（可变磁阻，variable reluctance）电动机及基于永磁体的混合（hybrid，HB）电动机，在相同质量的条件下能够提供大转矩。在低速运转时，DD电动机的问题不多。世界上第一台关节型DD机器人中使用的是直流电动机，其后又开发了交流电动机，在商用机器中，大多使用VR或HB电动机。

但是，VR电动机的磁路具有非线性，控制性能比较差。基于永磁体的HB电动机存在转速波动大的缺点。

目前，DD电动机分为3类：直线型DD电动机、平面型DD电动机、转动型DD电动机，如图2.2所示。

a) 直线型DD电动机(横河)

b) 平面型DD电动机(海威)

c) 转动型DD电动机(安川)

图2.2　DD电动机的分类

实际使用中，选择机器人电动机时有必要从多个角度进行考虑。四类电动机的性能比较见表2.2。

表2.2　四类电动机的性能比较

性　能	步进电动机	直流电动机	交流电动机	直接驱动电动机
基本性质	转速与脉冲信号同步，与脉冲频率成正比	转矩与电流成比例，无负载转速与电压成比例	与DC电动机相似	可控性依磁路产生方式差异而不同，精度高，尚未普及

（续）

性　能	步进电动机	直流电动机	交流电动机	直接驱动电动机
驱动方式	驱动控制电路	加电可动，可控要相应控制电路	用逆变器将直流驱动变为交流驱动	要 DD 位置传感器与控制电路配合
逆转方法	颠倒励磁顺序	调换两个端子极性	调整位置信号与逆变元件开关顺序	—
位置控制	由脉冲序列最后脉冲的位置决定	用位置传感器反馈控制	用位置传感器反馈控制	用位置传感器反馈控制
速度控制	转速与脉冲频率成正比	反馈控制	反馈控制	反馈控制
转矩控制	使电流保持一定	转矩与电流成正比	转矩与电流成正比	由磁阻产生电动机转矩控制磁路控制转矩
可靠性与寿命	具有良好的可靠性	在长时间使用条件下可靠性将下降	具有良好的可靠性	—
效率	比直流电动机低，越是小型效率越低	有效利用反电动势，效率高，在高速区域差	与直流电动机相似	高

2. 液压驱动器

液压驱动器是一种常见的机器人驱动器，它将液体的压力转换为机械能，驱动机器人的运动，具有较高输出功率、高带宽、快响应以及一定程度上的精准性。因此，机器人在大功率的应用场合下一般采用液压驱动。

为便于理解液压驱动器构成的液压伺服系统的特点和应用范围，将电气伺服与电液伺服进行简单的比较，详见表 2.3。

表 2.3　电气伺服与电液伺服的对比

特　点	电 气 伺 服	电 液 伺 服
优点	维护简单、控制手段先进、速度反馈容易	液压系统高刚性、力保持性可靠、小型轻质、转矩惯性比大
缺点	质量大、不直接产生直线运动、需要减速器、不具有力保持性	液压系统易漏油，故必须配置液压源、阀等液压元件。具有非线性、压缩性

液压驱动主要应用在重负载下具有高速和快速响应，同时要求体积小、质量小的场合。液压驱动在机器人中的应用，以移动机器人，尤其是重载机器人为主。它用小型驱动器即可产生大的力矩/力（具有很高的功率密度）。在移动机器人中，使用液压驱动的主要缺点是需要准备液压源，其他则与电气驱动区别不大。如果选择液压缸为直动驱动器，那么实现直线驱动就变得十分简单。

随着液压技术与控制技术的发展，各种液压驱动机器人已被广泛应用。液压驱动的机器人结构简单、动力强劲、操纵方便、可靠性高，其控制方式有仿形控制、操纵控制、电液控制、无线遥控、智能控制等。在某些应用场合，液压驱动机器人仍有较大的发展空间。但是需要注意其复杂的结构和能量损失等问题。在机器人领域，液压驱动器已经逐渐被电气驱动所代替，不过目前在移动式带电布线作业机器人、水下作业机器人、娱乐机器人中仍有应用。

3. 气动驱动器

气压传动与控制技术简称气动，是以压缩空气为工作介质来进行能量与信号的传递，是实现各种生产过程、自动控制的一门技术，是流体传动与控制学科的一个重要组成部分。传递动力的系统是将压缩气体经由管道和控制阀输送给气动执行元件，把压缩气体的压力能转换为机械能而做功；传递信息的系统是利用气动逻辑元件或射流元件以实现逻辑运算等功能，也称气动控制系统。

（1）气动驱动器的特点　气动控制系统有以下优点：

1）以空气为工作介质，工作介质获得比较容易，用后的空气排到大气中，处理方便，与液压驱动相比不必设置回收的油箱和管道。

2）因空气的黏度很小（约为液压油动力黏度的万分之一），其损失也很小，所以便于集中供气、远距离输送，且不易发生过热现象。

3）与液压驱动相比，气压驱动动作迅速、反应快，可在较短的时间内达到所需的压力和速度。这是因为压缩空气的黏性小、流速大、（一般压缩空气在管路中的流速可达 180 m/s，而油液在管路中的流速仅为 2.5~4.5 m/s）、工作介质清洁、不存在介质变质等问题。

4）安全可靠，在易燃、易爆场所使用不需要昂贵的防爆设施。压缩空气不会爆炸或着火，特别是在易燃、易爆、多尘、强磁、辐射、振动、冲击等恶劣工作环境中时，比液压、电子、电气控制优越。

5）成本低，过载能自动保护，在一定的超载运行下也能保证系统安全工作。

6）系统组装方便，使用快速接头可以非常简单地进行配管，因此系统的组装、维修以及元件的更换比较简单。

7）储存方便，气压具有较高的自保持能力，压缩空气可储存在储气罐内，随时取用。即使压缩机停止运行，气阀关闭，气动系统仍可维持一个稳定的压力，故不需压缩机连续运转。

8）清洁，基本无污染，外泄漏不会像液压驱动那样严重污染环境。对于要求高净化、无污染的场合，如食品、印刷、木材和纺织工业等是极为重要的，气动驱动具有独特的适应能力，优于液压、电子、电气控制。

9）可以把驱动器做成关节的一部分，从而使机器人结构简单、刚性好、成本低。

10）通过调节气量可实现无级变速。

11）由于空气的可压缩性，气动驱动系统具有较好的缓冲作用。

总之，气动驱动系统具有速度快，系统结构简单，清洁、维修方便，价格低等特点，适用于机器人的驱动。

（2）气动技术的应用　近年来，人们在研究与人类亲近的机器人和机械系统时，气压驱动的柔软性受到格外的关注。气动机器人已经取得了实质性的进展。如何构建柔软机构，积极地发挥气压柔软性的特点是今后气动驱动器应用的一个重要方向。

在彩电、冰箱等家用电器产品的装配生产线及半导体芯片、印制电路等各种电子产品的装配流水线上，不仅可以看到各种大小不一、形状不同的气缸、气爪，还可以看到许多灵巧的真空吸盘可以将一般气爪很难抓起的显像管、纸箱等物品轻轻地吸住，运送到指定目标位置。对加速度限制十分严格的芯片搬运系统，采用了平稳加速的 SIN 气缸。

面向康复、护理、助力等与人类共存、协作型的机器人已崭露头角，在医疗、康复领域或家庭中扮演护理或生活支援的角色。所有这些研究都是围绕着与人类协同作业的柔软机器人的关键技术而展开的。在医疗领域，重要成果是内窥镜手术辅助机器人“EMARO：Endoscope MAnipulator RObot”的研制成功。EMARO 是使主刀医生通过头部动作独自操作内窥镜的系统，无须助手（把持内窥镜的医生）的帮助。

2.1.3　机器人传感器

传感器的主要作用就是给机器人输入必要的信息。例如，测量角度和位移的传感器，对于掌握手和腿的速度、移动的方向，以及被抓持物体的形状和大小都是不可缺少的。

根据输入信息源是位于机器人的内部还是外部，传感器可以分为两大类：一类是为了感知机器人内部的状况或状态的内部测量传感器（简称内传感器）。它是机器人本身控制中不可缺少的部分，与作业任务无关，在机器人制作时将其作为本体的一个组成部分，并进行组装。另一类是为了感知外部环境的状况或状态的外部测量传感器（简称外传感器）。它是机器人适应外部环境所必需的传感器。

为了便于理解机器人传感器的特征和区别，下面对传感器的检测内容、工作方式、种类和用途进行了分类，如图 2.3、表 2.4 和表 2.5 所示。

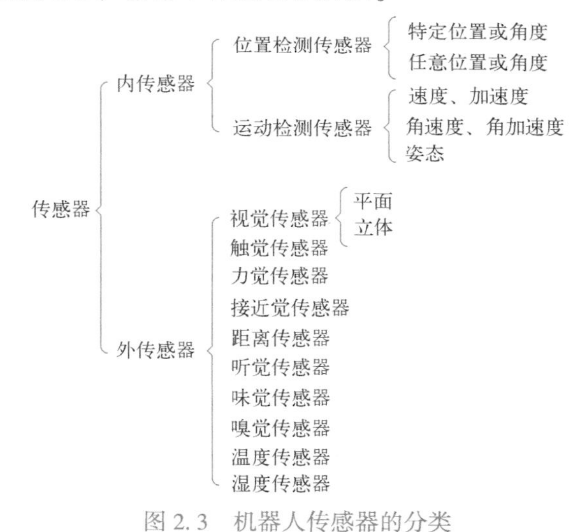

图 2.3　机器人传感器的分类

表 2.4　内传感器按功能分类

检测内容	传感器的工作方式和种类
角度	旋转编码器
角速度	内置微分电路的编码器
角加速度	压电式、振动式、光相位差式传感器
位置	电位计、直线编码器
速度	陀螺仪传感器
加速度	应变仪式、伺服式传感器
倾斜度	静电容式、导电式、铅垂振子式、浮动磁铁式、滚动球式传感器
方位	陀螺仪式、地磁铁式、浮动磁铁式传感器

表 2.5 外传感器按功能分类

检测内容	传感器的工作方式和种类
视觉	单目、双目、主动、被动、实时视觉传感器
触觉	位移、压力、速度传感器
力觉	单轴、三轴、六轴力-力矩（转矩）传感器
接近觉	接触式、电容式、电磁式、STM、AFM、流体、超声波、光学测距传感器
距离	超声波、激光和红外传感器
听觉	语音、声音传感器
味觉	基于味觉受体的仿生传感器
嗅觉	气体识别传感器
温度	电阻、热敏电阻、红外、IC 温度传感器
湿度	电阻、电容、热能式传感器

内传感器大多与伺服控制元件组合在一起使用。尤其是表 2.4 中的位置传感器和角度传感器，它们一般安装在机器人的相应部位，对满足给定位置、方向及姿态的控制不可或缺，而且大多采用数字式，以便计算机进行处理。

传感器种类很多，由于篇幅有限，以下仅对常用的传感器进行介绍。

1. 测设定位置和设定角度的传感器

对于设定位置和设定角度的检测，常用的有微型开关和光电开关。

微型开关（micro switch）通常作为限位开关（limit switch）使用，当设定的位移或力作用到它的可动部分（称为执行器）时，开关的电气触点便断开或接通。在机器人中应用的微型开关大都在开关执行器上安装滚轮，属于接触式测量。

光电开关是由 LED 光源和光电二极管或光电晶体管等光敏元件，相隔一定距离而构成的透光式开关，如图 2.4 所示。光电开关的特点是非接触测量，因此其检测精度受到一定的限制。

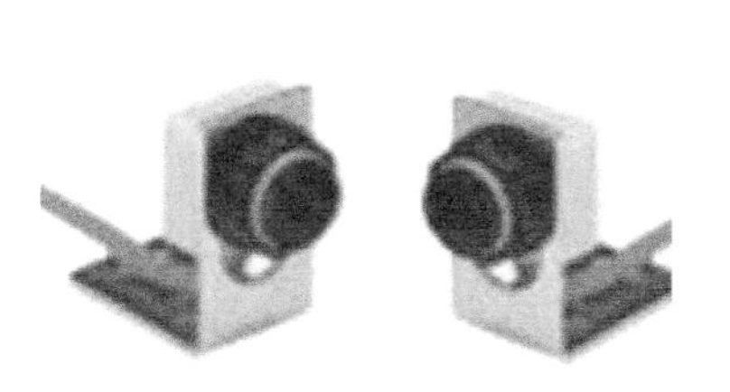

a) 光电开关(欧姆龙)

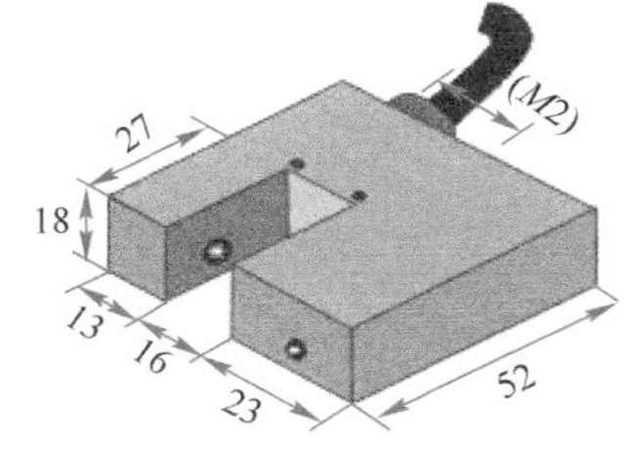

b) 光电开关(永盛电器)

图 2.4 光电开关

2. 测关节直线位移和转角位移的传感器

测量机器人关节的直线位移和转角位移的传感器有电位器、旋转变压器、编码器和关节角传感器。

电位器（potentiometer）由环状或棒状的电阻丝和滑动片（或称为电刷）组成，滑动片接触或靠近电阻丝取出电信号，电刷与驱动器连成一体，将它的直线位移或转角位移转换成电阻的变化，在电路中以电压或电流变化的形式输出。电位器可以分为滑片（接触）式和非接触式两大类，前者有导电塑料线绕式电位器、混合式电位器等，后者有磁阻式电位器、光标式电位器等。

旋转变压器（resolver）由铁心、两个定子绕组和两个转子绕组组成，是测量旋转角度的传感器。定子和转子由硅钢片和坡莫合金叠层制成，分别由互相垂直的两相绕组构成。

根据检测原理，编码器可以分为光学式、磁式、感应式和电容式。关节角传感器（articulation sensor）安装在旋转关节部位，可以测量关节的角度，当它用于人体测量时被称作测角器（goniometer）。

3. 测速度和角速度的传感器

测量速度和角速度可用测速发电机直接测量。测速发电机又称为转速计传感器或比率发电机，是基于发电机原理的速度传感器或角速度传感器。

另一种方法是间接测量，用位移传感器测量速度，即测量单位采样时间的位移量，然后用F/V变换器（频压变换器）将其转换成模拟电压。

4. 测加速度和角加速度的传感器

测量加速度和角加速度使用加速度传感器（accelerometer）。目前，人们已经开发了单轴、双轴，及同时检测3个轴方向的加速度传感器。IC压电（应变）加速度传感器，是内装微型IC–集成电路放大器的压电（应变）加速度传感器，它将传统的加速度传感器与电荷放大器集于一体，能直接与记录和显示仪器连接，简化了测试系统，提高了测试精度和可靠性。

5. 姿态传感器

姿态传感器（posture sensor）是能够检测重力方向或姿态角变化（角速度）的传感器，通常用于移动机器人的姿态控制等方面。根据检测原理可以将其分为陀螺式和垂直振子式等。

6. 固定坐标位置和绝对坐标的位置检测传感器

固定坐标位置和绝对坐标的位置检测用立体视觉捕捉物体三维位置的方法和GPS（全球定位系统，global positioning system）进行。GPS能连续、独立和精确地求出随时间变化的飞机、火箭等各种物体在地球上的任何位置，也可以计算出移动物体的速度和运动方向，因此很适合作为测量移动机器人绝对位置的方法。

7. 触觉传感器

触觉传感器是具有人体皮肤感觉功能的传感器的总称。在生理学领域，人体皮肤系统感受到的感觉分为压觉、接触觉、温度觉和痛觉等，机器人触觉的研究只集中在扩展机器人能力所必需的触觉功能上。一般地，把检测感知和外部直接接触而产生的接触、压力、滑觉的传感器，称为机器人触觉传感器，有时也把接近觉传感器广义地看作是触觉传感器中的一种。

触觉传感器可检测机器人是否接触目标或环境，用于寻找物体或感知碰撞。它可以由商品化的微型开关构成。此外，为了达到减轻质量、缩小体积、提高灵敏度的要求，人们还设计了各种其他结构的传感器。

压觉传感器可以检测传感器表面上受到的作用力，它一般由弹性体与检测弹性体位移的敏感元件或感压电阻元件构成。

机器人中的“滑动”是指机器人手部与对象物体的接触点产生相对位移，检测这个位移与速度的传感器称为滑觉传感器。

8. 力觉传感器

在机器人工程领域，力狭义的指力与力矩的总称。在这里，力是指力与力矩构成的六维向量。

力觉传感器（force sensor）是测量作用在机器人上的外力和外力矩的传感器。在力觉传感器中，不仅有测量三轴力的传感器，而且还有测量绕三轴的力矩（转矩）的传感器，称为六轴力觉传感器或力-力矩（转矩）传感器。

9. 接近觉传感器

接近觉传感器是一种能在近距离范围内获取执行器和对象物体之间空间相对关系信息的传感器。

按不同的检测原理可分为接触式传感器、电容式传感器、电磁式传感器、扫描隧道显微镜（scanning tunneling microscope，STM），原子力显微镜（atomic force microscope，AFM）、流体传感器、超声波传感器、光学测距传感器。

10. 距离传感器（融入接近觉传感器）

距离传感器用来测量机器人到目标物体的距离，对机器人避障运动和绘制环境地图非常有用。距离传感器有接触型和非接触型之分。超声波传感器、激光或红外线等光学距离传感器属于非接触型距离传感器。

与超声波相比，光学方法测量距离的优点在于测量范围大，光的直线性可以很精确地求出距离，而且能在短时间内获得二维或三维大范围的距离信息。光学方法的缺点是摄像机和光源位置及姿态的标定相当麻烦，测量范围受到摄像机视野的限制，并且无法用于不透光的环境。

11. 听觉传感器

机器人另一种必需的外传感器就是听觉传感器。机器人听觉传感器（hearing sensor）可以分为语音传感器和声音传感器两种。语音属于20 Hz~20 kHz的疏密波，工程上用空气振动检测器作为听觉器官，“话筒”就是典型实用例子之一。

语音传感器（voice sensor）是机器人和操作人员之间的重要接口，它可以使机器人按照人的“语言”执行命令，进行操作。在应用传感器之前必须经过语音合成和语音识别，语音信号转换成电信号后，要对其进行预处理，包括信号放大、滤波、频率分析等。信号放大和噪声滤波一般在模拟电路中进行，然后将信号进行模数转换，用数字信号处理的方法进行频率分析，频率分析通常借助于快速傅里叶变换（FFT）方法。

声音传感器（acoustic sensor）用于检测的物质是声波及超声波。声波及超声波虽然传播的速度比较慢（在20℃空气中为334 m/s），但由于其容易产生和检测，因此在各种测量中应用起来很方便。除特殊情况外，一般声音测量用途的均采用超声波频域（从可听频率的上限到300 kHz，个别的可达数兆赫兹）。

12. 味觉传感器

机器人一般不具备味觉传感器（taste sensor）。但是，海洋资源勘探机器人、食品分析机器人、烹调机器人等则需要用味觉传感器进行液体成分的分析。味觉传感器模拟人类的味觉，通过上皮组织中的化学感受细胞实现目标分子的捕获，使化学信号转变为电信号。

13. 嗅觉传感器

嗅觉传感器（smell sensor）并不是机器人的通用感觉传感器，不过对于火灾发现/消防机器人、救援机器人、食品检查机器人、环境保护机器人等来说是必备的。例如，对于在大量烟雾、火焰、有害气体环境中作业的火灾救援机器人，气体识别传感器特别重要。另外，在与人类共存的空间中工作的机器人，对空气状况（氧气、二氧化碳含量等），包括对温度、湿度的检测也是必不可少的。洁净室用机器人应该具备检测灰尘的功能，这也属于嗅觉范畴。

14. 温度传感器、湿度传感器

温度传感器（temperature sensor）是用来测定环境温度或机器人本体温度的传感器。根据检测的方法和使用元件的不同可以分为电阻传感器、热敏电阻传感器、红外传感器、IC 温度传感器。

湿度传感器（humidity sensor）是测定环境湿度的传感器，它有 3 种类型：①“陶瓷型”，利用吸附水分后导电率发生变化的原理制成；②“高分子型”，基于分子改变介电常数的原理制成；③“热传导型”，依据水蒸气混入气体后导热性变化的原理制成。

2.1.4　机器人视觉

机器人视觉是指，不仅把视觉信息作为输入，而且还对这些信息进行处理，并将提取出的有用信息提供给机器人。机器人视觉按功能，大致可以分为识别环境和理解人的意图两种。

过去，在车间里，机器人的视觉主要围绕检查和组装任务，即以识别环境功能为主。不过，今天的视觉技术已经能够识别人的手势和面部表情，即理解人的意图功能也已实现。

1. 机器人视觉系统的构成

机器人视觉系统的主要组成部分如图 2.5 所示。不过图 2.5 中省略了对 TV 摄像机的影像信号进行 A/D 变换的部分以及显示识别结果的部分，它仅是系统构成的一个例子。

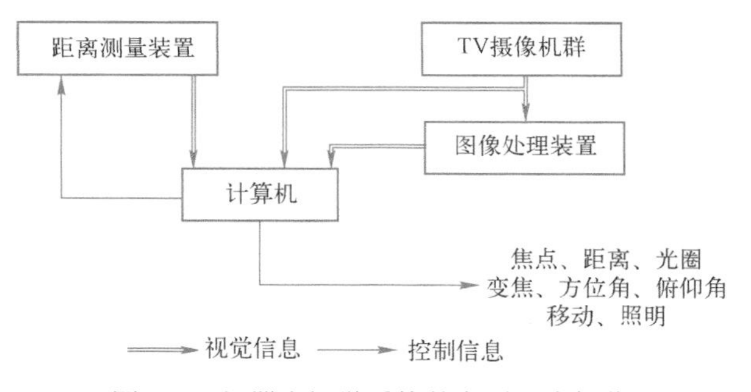

图 2.5　机器人视觉系统的主要组成部分

机器人视觉系统可以分为以下几个模块。

（1）光学成像模块　光学成像模块可以分为照明系统设计和镜头光学系统设计两部分。

照明系统设计就是通过研究被测物体的光学特性、距离、物体大小、背景特性等，合理设计光源的强度、颜色、均匀性、结构、大小，并设计合理的光路，达到获取目标相关结构信息的目的。

镜头是将物方空间信息投影到像方的主要部件。镜头光学系统设计主要是根据检测的光照条件和目标特点选好镜头的焦距，光圈范围。在确定了镜头的型号后，设计镜头的后端固定结构。

（2）图像传感器模块　图像传感器模块主要负责信息的光电转换，位于镜头后端的像平面上。目前，主流的图像传感器可分为 CCD 与 CMOS 图像传感器两类。因为是电信号的信源，所以良好稳定的电路驱动是设计这一模块的关键。

（3）图像处理模块　图像处理模块主要负责图像的处理与信息参数的提取，可分为硬件结构与软件算法两个层次。

硬件层一般是以 CPU 为中心的电路系统。基于个人计算机（PC）的机器人视觉系统使用的是 PC 的 CPU 与相关的外设；基于嵌入式系统的有独立处理数据能力的智能相机依赖于板上的信息处理芯片，如 DSP、ARM、FPGA 等。

软件层包括一个完整的图像处理方案与决策方案，其中包括一系列的算法。在高级的图像系统中，会集成数据算法库，便于系统的移植与重用。当算法库较大时，可通过图形界面调用。

（4）IO 模块　IO 模块是输出机器人视觉系统运算结果和数据的模块。基于 PC 的机器人视觉系统可将接口分为内部接口与外部接口，内部接口只负责将系统信号传到 PC 的高速通信口，外部接口完成系统与其他系统或用户通信和信息交换的功能。智能相机则一般利用通用 IO 与高速的以太网完成对应的所有功能。

（5）显示模块　显示模块可以认为是一个特殊的用户 IO，可以使用户更为直观地检测系统的运行过程。在基于 PC 的机器人视觉系统中，可以直接通过 PCI 总线将系统的数据信息传输到显卡，并通过 VGA 接口传到计算机屏幕上。独立处理的智能相机通常通过扩展液晶屏幕和图像显示控制芯片实现图像的可视化。

2. 机器人视觉系统的功能

机器人视觉系统可以完成下列功能。

1）引导和定位：视觉定位要求机器人视觉系统能够快速准确地找到被测零件并确认其位置，如上下料使用机器人视觉系统来定位，引导机械手臂准确抓取。在半导体封装领域，设备需要根据机器人视觉系统获得的芯片位置信息调整拾取头，准确拾取芯片并进行绑定，这就是视觉定位在机器视觉工业领域最基本的应用。

2）外观检测：检测生产线上的产品有无质量问题，该环节也是取代人工最多的环节。机器人视觉系统涉及的医药领域检测包括尺寸检测、瓶身外观缺陷检测、瓶肩部缺陷检测、瓶口检测等。

3）高精度检测：有些产品的精密度较高，达到 0.01~0.02 mm 甚至到 μm 级，人眼无法检测，必须使用机器完成。

4）识别：利用机器人视觉系统对图像进行处理、分析和理解，以识别各种不同模式的目标和对象。可以实现数据的追溯和采集，在汽车零部件、食品、药品等领域应用较多。

经过上述功能组合后的视觉系统，可以应用到检查、监视（对厂区内异常现象的监视或对室内外可疑人物的监视）、装配、加工、分类、移动（与地图的匹配或障碍物回避），以及对人的检查和识别等场合。

3. 视觉输入装置的构成

视觉输入装置即“视觉传感器”，它的任务是提取机器人动作所必需的外界空间的信息。在光电元件的电气信号被转换成输入到机器人控制器所需的数字信号之前，中间还要经过将受光传感器的模拟信号变换成数字信号的 A/D 变换器、暂存数字数据的图像存储器，以及访问图像存储器进一步处理图像的图像处理器。对这些功能块进行不同形式的分配和安排，将得到不同的装置结构。图 2.6 所示为视觉输入装置的构成。

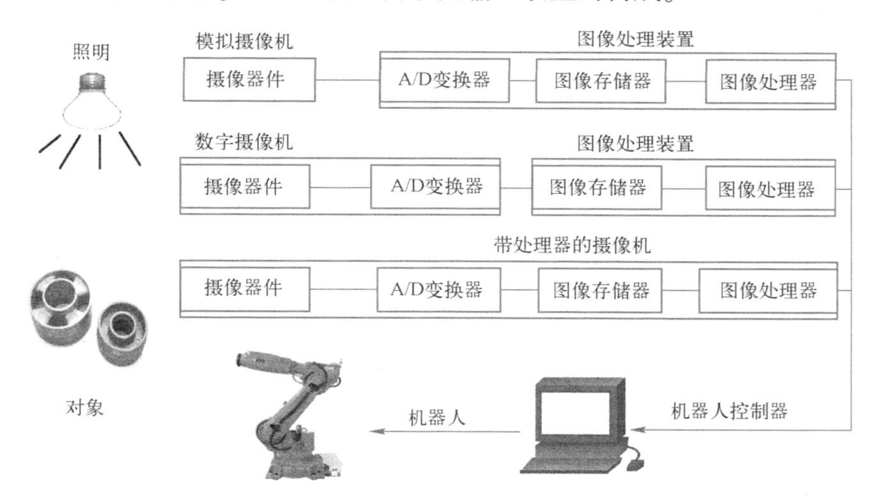

图 2.6　视觉输入装置的构成

常用的构成方式是把输出模拟影像信号的摄像机与模拟输入的图像处理装置组合在一起（见图 2.7a）。近年来，出现嵌入 A/D 变换器的数字输出摄像机产品，这种构成方式的优点是能保证影像在摄像机与图像处理装置之间传送时质量不下降。摄像机视觉输入的主要部分被内置于摄像机本体内，使它们成为完全一体化的产品（见图 2.7b），只需经由以太网把图像处理的结果以数据的形式传送出去即可。

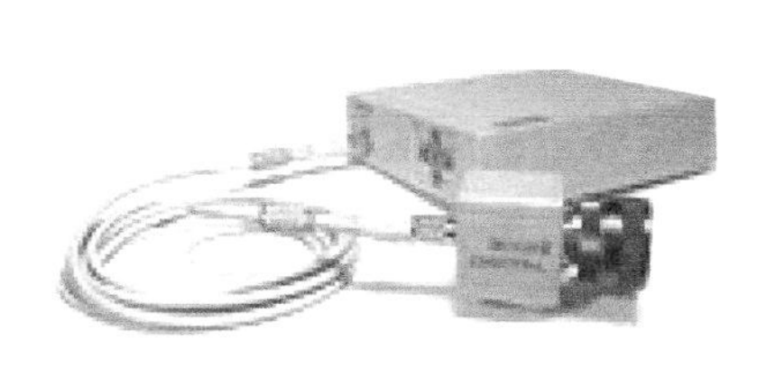

a) 3ccd分离型彩色摄像机(日立)

b) 一体机(保千里)

图 2.7　视觉输入装置

4. 机器人视觉系统的分类

依据视觉传感器的数量和特性，目前主流的移动机器人视觉系统有单目视觉系统、双目立体视觉系统、多目视觉系统、全景视觉系统和混合视觉系统。

（1）单目视觉系统　单目视觉系统只使用一个视觉传感器。单目视觉系统在成像过程中是由三维客观世界投影到二维图像上，从而损失了深度信息，这是此类视觉系统的主要缺点。尽管如此，单目视觉系统由于结构简单、算法成熟且计算量较小，在自主移动机器人中已得到广泛应用，如用于目标跟踪、基于单目特征的室内定位导航等。同时，单目视觉系统是其他类型视觉系统的基础，如双目立体视觉系统、多目视觉系统等都是在单目视觉系统的基础上，通过附加其他手段和措施而实现的。

（2）双目立体视觉系统　双目立体视觉系统由两个摄像机组成，利用三角测量原理获得场景的深度信息，并且可以重建周围景物的三维形状和位置，类似人眼的立体视觉功能。

双目立体视觉系统作为机器人视觉系统的一种重要形式，其原理是通过左右两台摄像机同时拍摄目标物的图像，计算左右图像对应点的位置差异，根据视差原理还原出目标物的三维几何信息，重建目标物的三维形状与位置。

双目立体视觉系统需要精确知道两个摄像机之间的空间位置关系，对于环境的三维信息需要两个摄像机从不同角度，同时拍摄同一场景的两幅图像，并进行复杂的匹配，才能准确地恢复视觉场景的三维信息，在移动机器人定位导航、避障和地图构建等方面得到了广泛的应用。然而，双目立体视觉系统的难点是对应点的匹配，该问题在很大程度上制约着双目立体视觉系统在机器人领域的应用前景。

（3）多目视觉系统　多目视觉系统采用 3 个或 3 个以上摄像机，主要用来解决双目立体视觉系统中匹配多义性的问题，提高匹配精度。多目视觉系统的优点是充分利用了第三个摄像机的信息，减少了错误匹配，解决了双目立体视觉系统匹配的多义性，提高了定位精度，但多目视觉系统要合理安置 3 个摄像机的相对位置，其结构配置比双目立体视觉系统更烦琐，而且匹配算法更复杂，需要消耗更多的时间，实时性更差。

（4）全景视觉系统　全景视觉系统是具有较大水平视场的多方向成像系统，突出的优点是有较大视场，可以达到 360°，这是其他常规镜头无法比拟的。全景视觉系统可以通过图像拼接的方法或者通过折反射光学元件实现。图像拼接的方法使用单个或多个相机旋转，对场景进行大角度扫描，获取不同方向上连续的多帧图像，再用拼接技术得到全景图。折反射全景视觉系统由 CCD 摄像机、折反射光学元件等组成，利用反射镜成像原理，可以观察 360°的场景，成像速度快，能达到实时要求，具有十分重要的应用前景，可以应用在机器人导航中。全景视觉系统本质上也是一种单目视觉系统，也无法得到场景的深度信息。

全景视觉系统的另一个特点是获取的图像分辨率较低，并且存在很大的畸变，从而会影响图像处理的稳定性和精度。在进行图像处理时，首先需要根据成像模型对畸变图像进行校正，这种校正过程不但会影响视觉系统的实时性，还会造成信息的损失。另外，全景视觉系统对全景反射镜的加工精度要求很高，若双曲反射镜面的精度达不到要求，利用理想模型对图像校正则会存在较大偏差。

（5）混合视觉系统　混合视觉系统吸收了各种视觉系统的优点，采用两种或两种以上的视觉系统组成复合视觉系统，多采用单目或双目立体视觉系统，同时配备其他视觉系统。

混合视觉系统由球面反射系统组成，其中全景视觉系统提供大视角的环境信息，双目立体视觉系统和激光测距仪检测近距离的障碍物。混合视觉系统具有全景视觉系统视场范围大的优点，同时又具备双目立体视觉系统精度高的长处，但是配置复杂，费用比较高。

5. 机器人视觉传感器技术的应用案例

机器人视觉传感器技术的应用案例

机器人视觉传感器的主要作用是担当机器人的“感觉器官”，使得机器人可以像人一样获得一定的感知能力，从而对环境有所感知，并通过一定的信息处理和控制，做出相应的决策，指导机器人的行为。机器人视觉传感器作为获取环境信息的重要和关键知觉形式，是机器人实现与环境直接作用的必要媒介，几乎贯穿机器人传感控制技术的发展历程。

机器人视觉传感器技术主要有识别和定位功能。识别功能是通过机器视觉和机器学习的结合，对目标特征进行提取和处理，进而对对象进行分类和识别。定位功能是在识别功能的基础上，对机器人的运动进行控制。定位包括两个方面：一方面是根据环境特征，结合输入的环境模型对机器人的整体位置进行定位；另一方面是根据操作对象的特征，对机器人的运动进行控制，如进行分拣等。机器人视觉器传感技术的主要应用领域有：移动机器人的定位导航及运动控制、焊接机器人焊接过程跟踪与控制以及分拣机器人的分类分拣等。

6. 实时视觉

（1）实时视觉的概念　所谓实时视觉，就是做到“为满足现实世界的某个目的（如开动机器人、构建人机界面等），对图像进行实时识别的在线运动图像处理”。显然，从瞬息万变的环境来看，高速处理是必要的，直到几年前，如果没有专用图像处理装置，是很难实现实时视觉的。不过近年来情况发生了变化，随着硬件（摄像装置和计算机）性能的提高和价格的降低，实时视觉得到迅速推广。

与实时视觉接近的领域还有计算机视觉和机器人视觉。计算机视觉的任务是确立“如何由视觉信息正确地构建三维世界”的理论体系，它基本上与硬件无关。机器人视觉的任务则不仅是“watch while moving”型的图像处理（运动中连续识别图像），而且一旦停下来，它仍然需要保持识别——运动交替的模式，继续对静止图像实施观察，即具有“stop and watch”型的图像识别功能。从这个意义上看，机器人视觉与实时视觉在概念上略有不同。

（2）实时视觉的特征　实时视觉并没有具体定义必须达到何等处理速度。在运动图像处理的研究初期，10 Hz 的图像处理速度就可以被认为达到了实时的要求，现在的大致标准在 30 Hz（NTSC 规格的帧速率）的数量级。不过，因为帧速率是随摄像装置的不同而变化的，所以上述标准不是绝对的。实际上，图像处理任务不同，所需要的实时性程度也有区别。

一般图像处理所谓的实时视觉特征大致是指，为确保高速性能对硬件和软件采取的有效措施。注视处理可以算是一个典型方法。这种方法把图像处理的对象限制在图像的某一个部分（即注视区域）之内，仅对该区域做高速、连续处理。例如，为了发现运动物体，如果处理间隔很短，把搜索范围（非全部画面）限制在前一帧图像位置的附近，就能节省时间。如果必须对整个画面进行处理，那么就应该适当降低图像的清晰度。这些方法都是基于“为了让机器人能运行，未必要对整个画面做细微的处理。事实上，宏观只需做粗略处理，仅仅对必需的局部，如对象物和手部周围做细微的处理就够了”。这种思路从人类的视觉处理中（视网膜中心窝部分具有很高的清晰度，而周边的清晰度较低）也可以得到印证。

（3）实时视觉系统的构成方法　近年来，随着计算机处理器的性能提高，大多数实时视觉系统可以按照下列四种形态来进行分类：①通用计算机；②通用计算机+图像处理端口；③基于 DSP 的系统；④视觉芯片。

2.1.5　机器人控制

机器人控制技术（robot control technology）指为使机器人完成各种任务和动作所执行的各种控制手段。

机器人系统通常分为机构本体和控制系统两大部分。控制系统的作用是根据用户的指令对机构本体进行操作和控制，完成作业的各种动作。机器人控制器是影响机器人性能的关键部分之一，它从一定程度上影响着机器人的发展。一个良好的控制器要有灵活、方便的操作方式和多种形式的运动控制方式，且安全可靠。机器人的控制系统主要由硬件系统、控制软件、输入/输出（I/O）设备、传感器等构成，如图 2.8 所示。硬件系统包括控制器、执行器、伺服驱动器。软件包括各种控制算法。

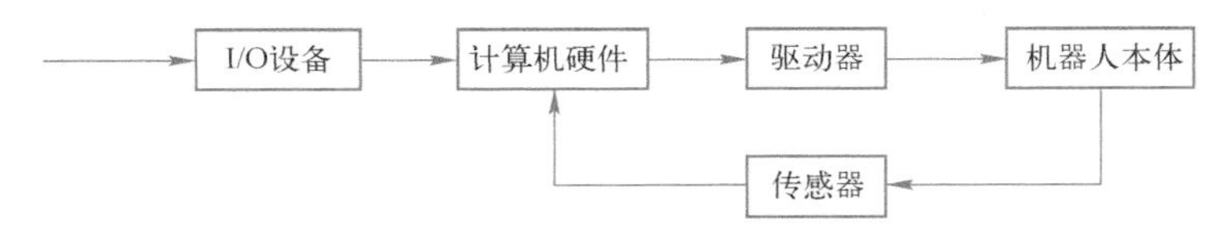

图 2.8 机器人控制系统构成要素

最早的机器人采用顺序控制，随后采用示教再现的控制方式。随着信息技术和控制技术的发展，以及机器人应用范围的扩大，机器人控制技术正朝着智能化的方向发展，出现了离线编程、任务级语言、多传感器信息融合、智能行为控制等新技术。伴随着机器人技术的进步，控制技术也由基本控制技术发展到现代、智能控制技术。

下面就常见的控制方式进行介绍。

1. 最基本的控制方法

（1）点位控制方式　点位控制方式用于实现点到点的位置控制，其运动是由一个给定点到另一个给定点，而点与点之间的轨迹无关紧要。因此，这种控制方式只能控制工业机器人末端执行器在作业空间中某些规定的离散点的位置和姿态。控制时只要求工业机器人快速、准确地实现相邻各点之间的运动，而对达到目标点的运动轨迹不做任何规定，可应用于自动插件机，在贴片机上安插元件、点焊、搬运、装配等作业。这种控制方式的主要技术指标是定位精度和完成运动所需要的时间，控制方式比较简单，但要达到较高的定位精度难度较大。

（2）连续轨迹控制方式　这种控制方式主要用于轨迹跟踪，如直线轨迹或圆弧轨迹。这种控制方式能够连续控制工业机器人末端执行器在作业空间中的位置和姿态，使其严格按照预先设定的轨迹和速度以一定的精度实现运动，一般要求速度可控、运动轨迹平滑且运动平稳，以完成作业任务。工业机器人各关节同步、连续地进行相应的运动，其末端执行器可跟踪连续的轨迹。这种控制方式的主要技术指标是机器人末端执行器的轨迹跟踪精度及平稳性。在用机器人进行弧焊、喷漆、切割等作业时，应选用连续轨迹控制方式。

（3）速度控制方式　对于机器人的运动控制，有时在实现位置控制的同时还要进行速度控制，即要求机器人在实现轨迹跟踪的同时还要满足一定的速度变化曲线。例如，在连续轨迹控制方式下，机器人按照预设的指令，控制运动部件的速度，实现加、减速，以满足运动平稳性和定位精度要求。由于工业机器人是一种工作情况（行程负载）多变、惯性负载大的运动机械，控制过程中必须处理好响应速度与平稳性的矛盾，必须注意起动后的加速和停止前的减速这两个过渡运动阶段。

（4）力/力矩控制方式　在进行抓放、去毛刺、研磨和组装等作业时，除了要求准确定位之外，还要求使用特定的力/力矩传感器对末端执行器施加在对象上的力/力矩进行控制。这种控制方式的原理与位置伺服控制原理基本相同，但输入量和输出量不是位置信号，而是力/力矩信号，因此系统中必须有力/力矩传感器。

2. 现代控制方法

机器人是一个复杂的多输入、多输出非线性系统，具有时变、强耦合和非线性的动力学特征。由于建模和测量的不精确，加上负载的变化及外部扰动的影响，实际上无法得到机器人精确完整的运动学模型。现代控制理论为机器人的发展提供了一些能适应系统变化能力的控制方法，自适应控制即是其中一种。

（1）自适应控制　当机器人的动力学模型存在非线性和不确定因素，含未知的系统因素（如摩擦力）和非线性动态特性（重力、科氏力、向心力的非线性），以及机器人在工作过程中环境与工作对象的性质和特征变化时，解决方法之一是在运行过程中不断测量受控对象的特征，根据测量的信息使控制系统按新的特性实现闭环最优控制，即自适应控制。自适应控制分为模型参考自适应控制（model reference adaptive control，MRAC）和自校正自适应控制（self tuning adaptive control，STAC），如图 2.9 和图 2.10 所示。

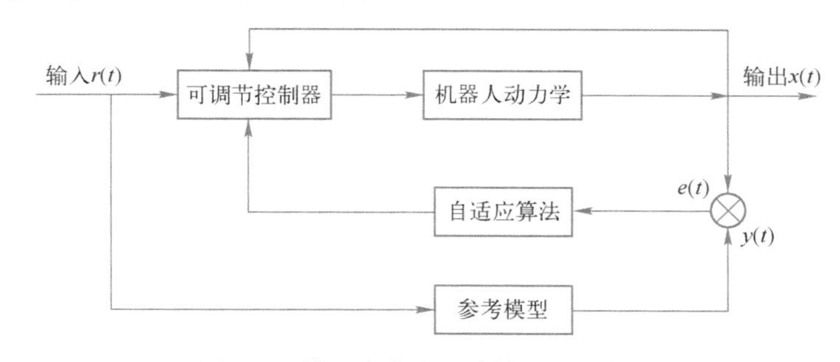

图 2.9　模型参考自适应控制系统结构

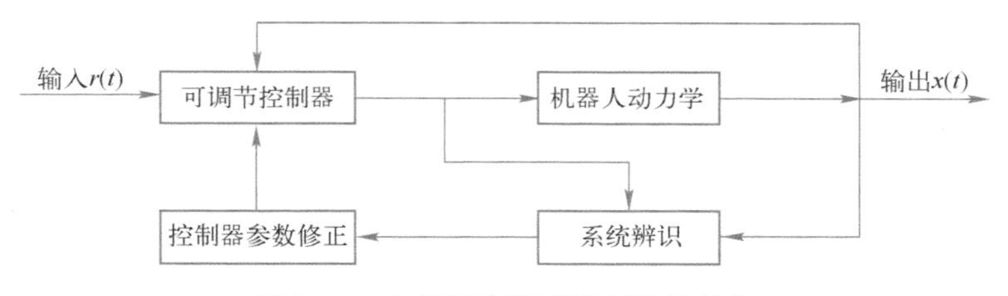

图 2.10　自校正自适应控制系统结构

自适应控制在受控系统参数发生变化时，通过学习、辨识和调整控制规律，可以达到一定的性能指标，但实现复杂，实时性要求严格。当存在非参数不确定时，自适应控制难以保证系统的稳定性。鲁棒控制是针对机器人不确定性的另一种控制策略，可以弥补自适应控制的不足，适用于不确定因素在一定范围内变化的情况，保证系统稳定和维持一定的性能指标。如果将鲁棒性与 H_∞ 控制理论相结合，所得控制器可实现对外界未知干扰的有效衰减，同时保证系统跟踪误差的渐近收敛性。

（2）智能控制技术　随着科技的进步及计算机技术、新材料、人工智能、网络技术等的发展，新出现了各种智能机器人，如类人机器人 Asimo 和 SDR-3X。智能机器人具有由多种内、外传感器组成的感觉系统，不仅能感觉内部关节的运行速度、力的大小，还能通过外部传感器，如视觉、触觉传感器等，对外部环境信息进行感知、提取、处理并做出适当的决策，在结构或半结构化环境中自主完成一项任务。

智能机器人系统具有以下特征：

1）模型的不确定性。一是模型未知或知之甚少；二是模型的结构或参数可能在很大范围内变化。智能机器人属于后者。

2）系统的高度非线性。对于高度的非线性控制对象，虽然有一些非线性控制方法可用，但非线性控制目前还不成熟，有些方法也较复杂。

3）控制任务复杂性。智能系统常要求对于复杂任务有自行规划与决策的能力，有自动躲避障碍物运动到规划目标位置的能力，这是常规控制方法所不能达到的。典型代表是自主移动机器人，其自主控制器要完成问题求解和规划、环境建模、传感器信息分析、底层的反馈控制等任务。学习控制是人工智能技术应用到机器人领域的一种智能控制方法，已提出的机器人智能控制方法有，模糊控制、神经网络控制、基于感知器的学习控制、基于小脑模型的学习控制等。

3. 其他控制方法

除了上述控制方法之外，人们也正在模仿生物体的控制机理，研究仿生型的而非模型的控制法。目前，利用动物节律运动和生物反射机理，已经实现了稳定的四足机器人、双足机器人的步行控制，基于行为的控制方法已和集中式控制方法相结合，应用到足球机器人的控制系统中。

在上述介绍的传统方法的大部分情况下，都假设杆件是刚体，其不存储应变的能量，力的生成仅靠自由度来实现。利用该方法，能够比较简单地建立具有一般性的系统设计方法。但是，由于驱动器输出有限度、响应速度也有限等原因，对机器人的具体制作带来了很大的限制。为了弥补这一缺陷，人们尝试了多种办法，如使杆件具有弹簧或阻尼功能，以便它能无时间延迟地进行能量存储及耗散；以硬件的形式引入各个自由度中的弹簧或阻尼功能，以避免时间延迟的问题，而非依靠软件（转矩控制）来实现。这是考虑控制的机构设计的一个例子。另外，也有考虑机构的因素来进行控制设计的例子。例如，有的情况下因减轻质量而导致杆件变细，结果演变成柔性机构，这时就可以尝试通过控制来补偿因此而产生的误差或振动。如上所述，今后研究中重要的一点是将机构与控制整合起来处理。

Passive Walking Robot 是一种由无驱动器的自由度组成的、具有类似人体骨骼构件机构的机器人，它能以极其自然的双足步态在向上倾斜的缓坡上行走。这表明该机器人能够巧妙地利用重力下的力学系统特性，恰当且简单地进行机构控制。可以认为，人类等生物的运动机理也与它的原理如出一辙。至今人们还在将它作为基于动态控制（dynamic-based control）的一个更一般性的问题来研究。

2.2 机器人系统的设计方法

2.2.1 机器人系统设计的基本原则

机器人系统是一个典型的完整机电一体化系统，是一个包括机械结构、控制系统、传感器等的整体。对于机器人这样一个结合了机械、电子、控制的系统，在设计时首先要考虑的是机器人的整体性、整体功能和整体参数，然后对局部细节进行设计。

机器人设计的整体性原则，首先表现在机器人系统任何一个部件或者子模块的设计都会对机器人的整体功能和性能产生重要的影响。例如，在机器人设计过程中常常会出现机器人已经加工调试完成，但却发现样机控制精度不够的问题。为了达到要求，仅仅修改控制程序或者改变控制方法可能无法解决问题，需要修改机械结构或者是更换控制硬件。这就需要在整体设计时考虑，否则可能在更换新的控制板、驱动器或传感器时出现空间不足等问题。其次，机器人的工作环境对机器人的整体设计也有较大影响。如果机器人用在宇宙空间的环境里，那么无论是机械结构还是控制系统都要考虑温度的变化、重力的影响或者电磁干扰强度等；若机器人工作在颠簸的环境中，那么机械结构及控制系统的整体抗振则是设计时要注意的；若机器人用于医疗领域，则对机器人的噪声污染有着严格的要求。这些都体现了在机器人设计过程中，应考虑各方面的因素，而不只是简单地设计机械结构，这样才能使机器人的整体性能达到预期要求。

控制系统设计优先于机械结构设计原则，又称为理论设计优先于实际设计原则。在设计机器人之初，首先考虑的是机器人要实现的功能。然后根据功能要求来设计机器人的性能参数。对于同一性能参数来说，设计者可以在不违背机械设计原则的情况下随心所欲的设计。控制系统的设计更多的是对现有资源的整合和集成，设计者只需要在市场上成千上万的控制器件和模块及其控制集成中选择一种方案，虽然这样可以大大缩短机器人的研制周期，但在考虑到成本、体积、质量、性能和功能要求后，最终适合产品的电动机、驱动器、控制板卡或者控制计算机可能只有一种。因此在总体方案设计完成之后，应先确定控制系统的基本方案，在进行理论推导及实验仿真等验证满足设计要求后，再根据控制硬件的尺寸进行机械结构设计。但是这一设计原则的缺点是总体设计周期比较长，因为机械设计部分放在最后，所以导致机械加工周期影响了机器人的总体研制进度。因此，在确定基本控制方案后，一般可以采用并行方式展开控制系统与机械结构的设计，最后再进行协调。对于有的机器人设计也可以购买成品机器人，如 ActivMedia 公司的 Pioneer 系列机器人，那么设计者只需要进行控制系统设计并编程实现即可。

2.2.2　机器人系统设计的阶段

机器人系统的设计一般可以分为以下 3 个阶段。

1. 总体方案设计

在设计之初就应当明确机器人的设计目的、面对的使用群体、应用的领域和主要应用目的等，然后根据设计目的确定机器人的功能要求。功能要求是对机器人功能特性的表述，其应该是一套彼此独立、完整表达机器人功能特性要求的最小集合，应该能明确反映机器人是用于高精度加工制造、展示成果，还是进行科学实验、理论验证等。根据已经确定的功能要求，设计者就可以明确机器人的设计参数。设计参数对机器人而言是表征设计方案的关键物理参数，其可以表示为机器人的各个子模块组件。将设计参数以集合的方式表示则可以表述为总体的设计方案。最后是进行方案比较，在初步提出的若干方案中，通过对工艺生产、技术和价值进行分析之后选择最佳方案。

2. 详细设计

在总体方案确定之后，根据控制系统设计优先于机械结构设计的原则，首先要做的就是根据总体的功能要求选择合适的控制方案。从控制器所能配置的资源来说，有两种控制方式：集中式和分布式。集中式是将所有的资源都集中在一个控制器上，而分布式则是让不同的控制器负责机器人不同的功能。设计者可以根据已有的技术和以往的控制经验选择其中的一种，然后选择控制硬件。例如，功能比较简单的循道小车可以采用集中式控制；带有视觉、声呐、陀螺仪等传感器的自主导航移动机器人可以采用分布式控制。每个传感器由单独的控制器控制，但每个控制器之间的通信可能是几百字节的文本序列，也可能是数兆字节的图像数据，因此控制器的通信媒介与带宽则是在设计时需要特别注意的。

在控制方案确定之后，根据选定的控制器方案选择驱动方式。机器人的驱动方式主要有液压驱动、气动驱动和电动驱动三种，设计者可以根据机器人的负载要求来进行选择，其中，液压驱动的负载最大、气动驱动次之、电动驱动最小。在各类驱动器中，液压缸和气动驱动器在早先常用于操作臂驱动，它们的结构相对紧凑，能产生足够的力来驱动关节而无须减速系统。其工作速度取决于泵和储能系统，通常距离操作臂较远。液压系统的位置控制原理容易理解，而且比较直观。所有的早期工业机器人以及现代大型机器人都采用液压系统驱动。然而，液压系统往往需要很多设备，如泵、储能器、管路、伺服阀等，而且其工作介质容易污染，在某些场合中不便应用。随着更加先进的机器人控制技术的出现，要求施加的驱动力必须精确，而液压系统由于其密封装置而带来的摩擦使它们不适于进行精确的力控制。气缸具有液压缸的各种优点，而且由于渗漏出的是气体而不是液体，所以比液压缸干净。然而，由于气体的可压缩性以及密封造成的较大摩擦，使得气压驱动器很难实现精确控制。电动驱动可分为伺服电动机驱动、步进电动机驱动和普通电动机驱动等。根据机器人上的电源类型选择交流电动机或者直流电动机。在确定电动机之后，可以选择相应厂家提供的配套驱动器，也可以选择通用驱动器。正确选择驱动器能够给电动机提供足够大的电流并对电动机进行保护。对于驱动器的布局有如下考虑。

最直接的办法是把驱动器布置在所驱动的关节上或者附近。如果驱动器能够产生足够的力/力矩，那么驱动器的输出轴可直接与关节相连。这种结构布局称为直接驱动。它具有设计简单、控制方便等优点，即在驱动器和关节之间没有传动元件或减速元件，因而关节运动的精度与驱动器的精度相同。

然而，大多数驱动器为高转速、低扭矩，所以需要安装减速系统。而且，驱动器通常都很重。如果驱动器能远离关节而靠近操作臂的机座安装，则操作臂的总体惯性将会明显下降，反过来也减小了驱动器的尺寸。为此，需要使用传动系统把驱动器的运动传送给关节。

在驱动器远离关节的驱动系统中，减速系统可以放置在驱动器或者关节上。有些布局方案把减速系统与传动系统的功能集成在一起。另外，除了增加机构的复杂性外，减速系统与传动系统的主要弊端之一是产生了不必要的摩擦和变形。如果减速系统安装在关节上，那么传动系统将工作在较高转速、较低扭矩状态下。低扭矩意味着变形将不是一个主要问题。但是，如果减速器的质量很大，则驱动器远离关节安装的意义就不大了。

控制系统的设计以及驱动方式确定以后就可以开始机械部分的设计，一般包括末端执行器、臂部、腕部、机座和行走机构等的设计。在设计过程中可以采用模块化设计，这样做不但可以使整个机器人的设计采用并行设计，大大缩短设计和加工时间，而且可以在机器人的某一模块损坏时单独更换，甚至可以不影响其他模块的运行，这为机器人的调试、维护和检修带来了便利。机械部分设计可以从以下几个部分进行。

（1）基于需求的设计　虽然从定义上讲机器人是“完全可编程”的并且能够执行多种工作任务的机械系统，但是从经济性与实用性的角度考虑时，操作臂则应该根据工作任务的特定类型进行设计。例如，有的大型机器人能够承受很大的负载，但通常却不能把电子元件插入电路板中。

首先考虑自由度的数目，操作臂的自由度数目应该与所要完成的任务相匹配。机器人并不是在完成任何任务时都需要6个自由度。

在大多数情况下，末端执行器均具有一个对称轴。在对这种工具端具有对称轴的操作臂进行分析时，有时可以假想存在一个虚拟关节，该虚拟关节轴与这个对称轴重合。当把末端执行器定位于任何一个特定姿态时，总的自由度数目为6。由于这6个关节中有一个关节是虚拟关节，所以实际的操作臂不必超过5个自由度。由于工具端具有对称轴的操作臂具有非常多的优点，因此相当多的工业机器人都是5自由度机器人。很多任务都可以在少于6个自由度的情况下完成，如在电路板上安装电子元件。电路板通常都是平面的，其上具有高度不同的元件。把一个元件放置于电路板平面上需要3个自由度（x,y,θ）；为了拔出和插入元件，需要有垂直于电路板平面的第四个运动（z）。如果零件自身具有对称轴，那么也会减少操作臂所需要的自由度数目。例如，在很多情况下，当取出和插入圆柱体零件时，则不需要考虑夹持器相对于圆柱体轴线的方位。然而需要注意的是，因为零件的方位不确定，所以当零件被夹持后，零件对称轴的方位与后面所有的操作无关。

在执行工作任务时，操作臂必须能够达到若干工件和夹具的位置。在某些情况下，为了适应操作臂的工作空间，应按照需要给工件和夹具定位。在另外一些情况下，机器人安装在一个有刚性工作空间要求的固定环境中。工作空间有时也被称作工作空间体积或工作空间包络。任务的规模决定了操作臂需要的工作空间。在某些情况下，工作空间的形状以及工作空间的奇异性等细节问题是非常重要的，因此必须予以考虑。操作臂自身在工作空间中发生干涉也是一个问题。根据运动学设计，在特定应用环境中，需要在夹具周围留有适当的空间以免操作臂运动时发生碰撞。但是限制严格的工作环境可能会对操作臂的运动学构型的选择产生影响。

其次在设计中要考虑操作臂的速度、重复精度及定位精度。在设计操作臂时，一个明显的目标是使其具有越来越高的速度。在许多应用场合，所提出的机器人方案必须在高度自动化或人工劳动力等方面具有经济竞争力，高速度提供了明显的竞争优势。然而，在某些应用场合，速度的大小是由操作性质决定的，而不是受操作臂本身限制的，如一些用于焊接和喷涂的机器人。对于特定的任务，操作臂末端执行器的最大速度和总体循环时间有很大区别。例如，机器人在抓持和放置物体时，操作臂必须加速并减速到达或离开抓取和放置位置，同时需要满足一定的定位精度要求。通常，加速和减速占据了大部分的循环时间。因此，除了最大速度之外，加速能力也非常重要。

在操作臂设计中希望达到很高的重复精度和定位精度，这需要很高的成本。例如，在喷涂点直径为（8 ± 2）in（1 in = 2.54 cm）的情况下，要求设计一台喷涂机器人达到0.001 in的喷涂精度是不现实的。从很大程度上讲，某种形式的工业机器人的精度与其制造的具体过程有关，而不在于操作臂的设计。全面掌握连杆（以及其他）参数可使操作臂达到很高精度。为了达到这个目的，可以在操作臂制造完成后进行精确的测量，或者在制作过程中保证加工公差。

（2）运动学构型　一旦所需要的自由度数确定之后，必须合理布置各个关节来实现这些自由度。对于串联的运动连杆，关节数目等于要求的自由度数目。大多数操作臂的设计是由最后3个关节确定末端执行器的姿态，且它们的轴相交于腕关节原点，而前面3个关节确定腕关节原点的位置。采用这种方法设计的操作臂，可以认为是由定位结构及其后部串联的定向结构或手腕组成的。这类操作臂都有封闭的运动学解。尽管也存在其他一些具有封闭运动学解的构型，但是几乎所有的工业操作臂都采用这种腕部机构布局形式。另外，定位结构无一例外地采用这样一种简单的运动学结构：连杆转角为0°或者±90°，连杆长度不同，但连杆偏距都为0。通常根据前3个关节（定位结构）的设计形式对操作臂的腕部进行简单的运动学分类，可分为笛卡儿操作臂、铰接型操作臂、SCARA操作臂、球面坐标型操作臂、圆柱面坐标型操作臂、腕关节等。

（3）工作空间属性的定量测量　操作臂设计者已经提出了几种有效的关于各种工作空间属性的定量测量方法。按照生成工作空间设计的效果，设计人员发现，当使机器人具有相似的工作空间体积时，制作笛卡儿操作臂比制作铰接型操作臂要消耗更多的材料。为了在这方面进行定量分析，首先定义操作臂的长度和为

$$L = \sum_{i=1}^{N} (a_{i-1} + d_i) \tag{2.1}$$

式中，a_{i-1}和d_i是第3章中定义的连杆长度和关节偏距。可根据操作臂的长度和粗略计算出整个运动链的“长度”。注意：对于移动关节来说，d_i必须是在关节移动范围内与移动行程相等的常量。

定义结构长度指数Q_L为操作臂长度和与工作空间体积三次方根的比值

$$Q_L = L/\sqrt[3]{V} \tag{2.2}$$

式中，L为操作臂长度和；V为操作臂工作空间的体积。因此，指数Q_L表示由不同构型生成一个给定工作空间体积时结构的（连杆长度）相对值。所以，一个好的操作臂设计应该使长度和较小的连杆具有较大的工作空间体积，即使Q_L值较小。

仅考虑笛卡儿操作臂的定位结构（因此也就得到了腕关节原点的工作空间），当3个关节行程相同时，Q_L的最小值为3.0。对于理想的铰接型操作臂，有$Q_L = \frac{1}{\sqrt[3]{4\pi/3}} \approx 0.62$。这定量地说明了前面的结论：铰接型操作臂与其他构型的操作臂相比，在工作空间内干涉最小，具有最优的结构。当然，在任何实际的操作臂结构中，由于关节运动范围的影响，从而减小了实际的工作空间体积，导致Q_L值增大了一些。

奇异点是机器人工作空间中的一个特定点，它会导致机器人失去一个或多个自由度。当机器人的工具中心点（TCP）进入或接近奇异点时，机器人将停止移动或以意想不到的方式移动，所以在该位置处某些任务将无法完成。实际上，在奇异点的附近（包括工作空间边界的奇异点）时，操作臂已不能在良好条件下工作。因此，从某种意义上讲，操作臂离奇异点越远，越能均匀地在各个方向上移动和施力。目前，已有多种方法可以定量分析这种效果。如果在设计过程中采用这些方法，将可以使操作臂的设计工作空间具有最大良好条件的子空间。奇异位形由式（2.3）给出

$$\det(\boldsymbol{J}(\Theta)) = 0 \tag{2.3}$$

式中，$\boldsymbol{J}(\Theta)$为机器人雅可比矩阵；Θ为机械臂关节角度。可以使用雅可比矩阵的行列式来判断操作臂的灵巧性，可操作度w被定义为

$$w = \sqrt{\det(\boldsymbol{J}(\Theta)\boldsymbol{J}^{\mathrm{T}}(\Theta))} \tag{2.4}$$

对于非冗余的操作臂，可简化为

$$w = |\det(\boldsymbol{J}(\Theta))| \tag{2.5}$$

一个操作臂的 w 值越大，其灵巧工作空间也越大，该操作臂的设计则越好。

尽管由速度分析可得到式（2.5），但有其他研究者提出根据加速度分析或者力的施加能力得出可操作度指标。建议把笛卡儿质量矩阵

$$\boldsymbol{M}_x(\Theta) = \boldsymbol{J}^{-\mathrm{T}}(\Theta)\boldsymbol{M}(\Theta)\boldsymbol{J}^{-1}(\Theta) \tag{2.6}$$

的特征根作为评判操作臂在各个笛卡儿方向的加速能力的方法。提出了用一个 n 维的惯性椭球的测量方法，n 维椭球方程为

$$\boldsymbol{X}^{\mathrm{T}}\boldsymbol{M}_x(\Theta)\boldsymbol{X} = 1 \tag{2.7}$$

式中，n 为 $\boldsymbol{X}$ 的维数。由式（2.7）给出的椭球，其轴线位于 $\boldsymbol{M}_x(\Theta)$ 特征向量的方向上，与特征向量对应的特征值的平方根的倒数是椭球的长半轴。操作臂工作空间中具有良好条件的点形成的惯性椭球为一球体（或者近似为球体）。

（4）微操作臂和其他冗余机构　通常空间定位只需要 6 个自由度，但是拥有更多数量的可控关节会带来一定好处。这些具有多余自由度的操作臂已在实际中得到应用，而且在微操作臂的研究领域中越来越受到人们的关注。微操作臂一般由几个安装在“传统”操作臂末端附近的快速而精确的自由度构成。传统的操作臂负责大范围的运动，而微操作臂由于关节通常具有较小的运动范围，所以主要用于完成精细的运动与力的控制。

可以利用附加的关节帮助机构避开奇异位形。例如，任何一个 3 自由度腕关节都会有奇异位形的问题（当 3 个轴线处于同一个平面时），但是 4 自由度腕关节就能够有效避免这种位形。

图 2.11 所示为两种 7 自由度的操作臂位形。

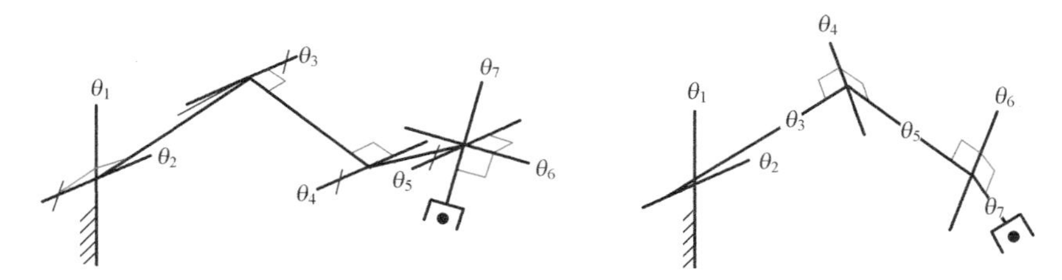

图 2.11　两种推荐的 7 自由度操作臂位形

冗余自由度机器人的一个主要用途是在杂乱的环境中工作时避免发生碰撞。6 自由度操作臂只能以有限的几种方式到达指定的位姿，但是添加了第 7 个自由度后，将会有无穷种方式到达期望位姿，以免因障碍物影响路径的选择。

（5）闭环结构　虽然在分析中只考虑了串联的操作臂，但是很多操作臂往往具有闭环结构。闭环结构有一个好处：提高了机构的刚度。但是，闭环结构通常会减小关节的运动范围，从而减小工作空间。

图 2.12 所示为一个 Stewart 机构，一种可代替 6 自由度串联操作臂的闭环机构。通过控制 6 个与基座相连的直线驱动器的行程实现其“末端执行器”的位姿。每个驱动器的一端用一个 2 自由度的万向关节与机座连接，另一端用一个 3 自由度的球关节与末端执行器相连。该机构体现了绝大多数闭环机构的共同特点：刚度好，但其连杆的运动范围与串联连杆

的运动范围相比受到更大的限制。尤其是机构的正向与逆向运动学求解特点正好相反：逆向求解很简单，然而正向求解一般很复杂，有时候甚至得不到一个封闭形式的方程。

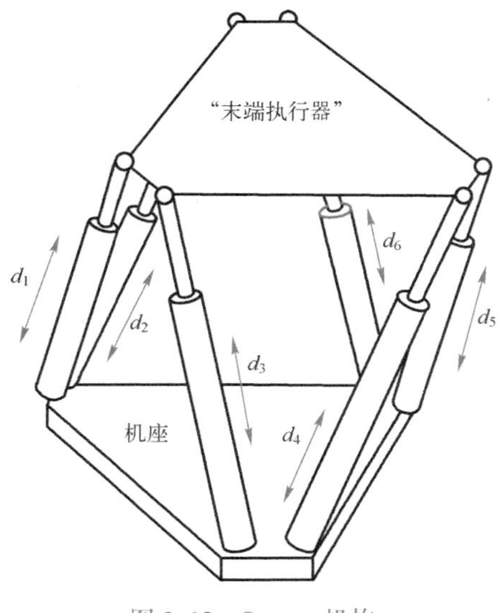

图 2.12 Stewart 机构

通常，闭环机构的自由度并不明显。可以使用 Grübler 公式来计算该类机构总的自由度数目

$$F=6(l-n-1)+\sum_{i=1}^{n}f_i \tag{2.8}$$

式中，F 是机构的总自由度数；l 是连杆数目（包括机座）；n 是总关节数；f_i是与第 i 个关节相连的自由度数。如果把式（2.8）中的 6 换成 3，就可得到平面机构的 Grübler 公式。

（6）刚度与变形　操作臂的结构与驱动系统的总体刚度是绝大多数操作臂设计时需要重点考虑的问题。刚性系统具有两个主要优点：①因为典型的操作臂都不具备能够直接测量工具坐标系位置的传感器，所以只能根据关节传感器的位置，通过正向运动学计算得到工具坐标系的位置。要想得到精确的计算结果，连杆就不能因为重力或负载作用而下垂，即我们希望在各种载荷情况下对连杆的 Denavit-Hartenberg 描述都是固定不变的。②结构与驱动系统的柔性会导致共振，这会对操作臂的性能产生不利的影响。

两个刚度为 K_1和 K_2的并联连接的柔性元件的组合刚度为

$$K=K_1+K_2 \tag{2.9}$$

如果是串联连接，则组合刚度为

$$\frac{1}{K}=\frac{1}{K_1}+\frac{1}{K_2} \tag{2.10}$$

对于轴传动，圆截面轴的扭转刚度为

$$K=\frac{G\pi d^4}{32l} \tag{2.11}$$

式中，d 为轴径；l 为轴长；G 是剪切弹性模量。

对于齿轮传动，虽然齿轮的刚度较大，但仍会在驱动系统中产生一定的柔性。近似估算

输出齿轮（假设输入齿轮固定）的刚度为

$$K=C_g br^2 \tag{2.12}$$

式中，b 为齿宽；r 为输出齿轮半径；C_g为轮齿刚度系数，钢材的 $C_g=1.34\times10^{10}\ \mathrm{N/m^2}$。

在齿轮传动中，通过参数 η 来改变驱动系统的有效刚度。如果减速之前（即输入端）传动系统的刚度是 K_i，那么减速之后的输出端刚度为 K_o，输入端刚度与输出端刚度的关系为

$$K_o=\eta^2 K_i \tag{2.13}$$

因此齿轮减速可以增大刚度 η^2倍。

（7）位置检测　实际上所有的操作臂都是伺服控制的机构，也就是说，传输给驱动器的力或力矩指令都是根据检测到的关节位置与期望位置之间的差值而给定的。这就要求每个关节都要有一定的位置检测装置。最常用的方法是把位置传感器直接安装在驱动器的轴上。如果传动系统是刚性的，而且没有回差间隙，那么便可以根据驱动器轴的位置计算得到真实的关节转角。这种并置的传感器与驱动器组合非常容易控制。

旋转光学编码器是最常用的位置反馈装置。当编码器的轴旋转时，刻有细线的圆盘会遮住光束。光电探测器把这些光脉冲转化成二进制波形。通常有两个相位差为 90°的脉冲输出通道。轴的转角通过计算脉冲数得到，转动方向由这两个方波信号的相对相位决定。此外，编码器可以在某个位置输出特征脉冲，作为计算绝对角度的零位。

感应同步器输出两个模拟信号，一个是轴转角的正弦信号，另一个是余弦信号。轴的转角由这两个信号的相对幅值计算得到。其分辨率是感应同步器的品质因数以及从电子元件和电缆中产生的噪声的函数。感应同步器一般比编码器可靠，但它的分辨率较低。通常，如果感应同步器上没有附加齿轮机构以提高分辨率的话，则不能将其直接安装在关节上。

电位计是最直接的位置检测形式。它连接在电桥中，能够产生与轴转角成正比的电压信号。然而，由于分辨率低、线性不好以及对噪声敏感，所以限制了电位计的应用范围。

转速计能够输出与轴的转速成正比的模拟信号。如果没有这样的速度传感器，可以通过对检测到的位置相对于时间的差分得到速度反馈信号。这种数值微分会产生噪声和延时。不过，即使存在这些问题，绝大多数操作臂仍然没有使用这种直接检测速度的装置。

（8）力检测　很多装置都可以用来测量操作臂末端执行器与其接触的工作环境之间的接触力。这类传感器大多数都使用了由半导体或者金属箔制作的检测元件，称为应变计。这些应变计被粘贴在金属结构上，能够产生与金属变形成正比的输出信号。在设计这种力传感器时，设计者必须考虑以下问题：

1）需要多少个传感器才能分辨出所期望的信息？

2）如何在被测量的结构上确定这些传感器的相对安装位置？

3）什么样的结构既能保证良好的灵敏度又能保证刚度？

4）如何在传感装置内部设置机械过载保护装置？

力传感器通常安装在操作臂下述 3 个位置：

1）安装在关节驱动器上。这些传感器测量驱动器/减速器自身的力/力矩的输出。这种方式在某些控制方案中是有效的，但是并不能很好地检测末端执行器与环境之间产生的接触力。

2）安装在末端执行器与操作臂的终端关节之间。这些传感器通常被称作腕力传感器。

它们是一些安装了应变计的机械装置，可以测量施加于末端执行器上的力/力矩。通常，这些传感器可以测量施加于末端执行器上的 3~6 个力/力矩分量。

3）安装在末端执行器的“指尖”上。通常，这些带有力觉的手指内置了应变计，可以测量作用在指尖上的 1~4 个分力。

例如，由 Scheinman 设计的一种常用的腕力传感器的内部结构中，8 对半导体应变计贴在这个装置的十字轴上。每对应变计按照分压器形式连线。每次查询腕力传感器的数值时，8 个模拟电压值被转换成数字信号并读入计算机。标定矩阵是一个 6×8 的常量矩阵，用于把 8 个应力测量值转换成作用在末端执行器上的力-力矩向量 $\boldsymbol{F}$。这个被检测到的力-力矩向量可以被转换到参考坐标系中。

对于力传感器的设计：使用应变计测量力是依靠测量受压后的挠曲变形来实现的。因此，在设计力传感器时，首先要权衡刚度与灵敏度之间的关系，因为刚度较高的传感器一般灵敏度较低。此外，传感器的刚度也会对其过载保护装置产生影响。应变计可能会因受到冲击载荷而损坏，所以必须具有过载保护装置。限位挡块避免传感器的损坏，且能够防止被测的挠曲变形超过某一规定点。遗憾的是，刚度好的传感器只允许万分之几英寸的变形，而制造这么小间隙的限位挡块是非常困难的。因此，很多传感器都具有一定的柔性，以实现有效的限位。在设计传感器时，消除滞后现象是一件很麻烦的事情。如果没有过载，则大多数用于产生挠曲变形的金属具有很小的滞后。然而，在发生挠曲变形的位置附近的螺栓连接、过盈配合或者焊接关节都会产生滞后。理想情况下，发生挠曲变形的部分及其附近的部分应使用同一块金属制成。

采用差分测量的办法对提高力矩传感器的线性度和抗干扰能力是非常重要的。利用传感器的不同物理构形能够消除由于温度效应和偏心力所带来的影响。

金属箔式应变计相对耐用，然而在整个量程范围内只能产生一个很小的电阻变化。因此，为了使金属箔式应变计具有良好的动态测量范围，消除应变计的电缆和放大电路中的噪声是至关重要的。

半导体应变计在过载情况下非常容易造成损坏。但它的优点是，在给定应力下，半导体应变计能够产生相当于约 70 倍的金属箔式应变计的电阻变化。对于给定的动态测量范围，半导体应变计的信号处理工作将变得十分简单。

（9）传动系统　机器人设计过程中最主要的问题之一是传动系统设计，传动系统的好坏将直接影响机器人的稳定性、快速性和精确性等性能参数。机器人的传动系统除了常见的齿轮、链轮、蜗轮蜗杆和行星齿轮传动外，还广泛采用滚珠丝杠、谐波减速装置和绳轮钢带等装置。由于传动装置对控制性能的重要影响，在条件许可的情况下，传动系统应避免自己加工制造，尽可能采用知名厂家成熟的传动产品。现在，有的电动机厂家把传动系统和电动机做成一体，这种方式十分适合研制批量小、传动精度要求高、经费允许的机器人。

机器人的机械设计与一般机械设计相比，虽然有许多方面是类似的，但是也有不少特殊之处需要设计者注意。①机器人的机械结构一般可以是由一系列连杆通过旋转关节（和移动关节）连接起来的开式空间运动链，也可以是类似并联机器人的闭式或混联空间运动链。这样的复杂空间链机构使得机器人的运动分析和静力分析十分复杂，而这样的机器人系统也是一个多输入多输出、非线性、强耦合、位置时变的动力学系统，动力学分析也异常复杂。因此，即使经过一定程度的简化，也需要建立一套区别于一般机构的专门针对机器人空间机构的运动学、静力学和动力学分析方法。②虽然机器人的链结构形式在灵巧性和空间可达性的方面有着巨大的优势，但机械误差和弹性变形会在一系列串接或并接的悬挂杆件形成积累，使机器人的刚度和精度大受影响，即这种形式的机器人在运动的传递上存在先天不足。因此，机器人的机械设计过程中除了要满足强度要求外，也要考虑刚度和精度的影响。③对于机器人的机械结构，特别是关节传动系统，由于应用目的不同，机器人的机械设计与一般机械也有较大差异。例如，一般机械对于运动部件的惯量控制只是从减少驱动功率来考虑的，而机器人的机械设计则需要从电动机时间常数和提高机器人快速响应能力这一方面来控制惯量。④与一般机械相比，机器人的机械设计在结构的紧凑性、灵巧性以及特殊要求等方面有着更高的要求，这也是设计者需要注意的。

在进行机械设计的过程中最好能够使用 Cero、NX 或者 SolidWorks 等 CAD/CAE 软件建立三维实体模型，并在计算机上进行虚拟装配，然后进行运动学仿真，检查是否存在干涉和外观的不满意。也可使用 Adams 等软件进行动力学仿真，从更深层次来发现设计中可能存在的问题。

3. 制造、安装、调试和编写设计文档

在详细设计完成之后，先筛选标准元器件，对自制零件进行检查，对外购的设备器件进行验收。然后对各子系统调试后总体安装，整机联调。最后是编写设计文档。编写设计文档是对技术的总结与积累，是企业、高校乃至机器人研究领域的一笔宝贵财富。

2.2.3 机器人系统设计中问题的解决方法

机器人系统的设计与计算机是紧密相连的，机器人系统设计中的很多困难或者问题都可以通过计算机来化简或解决。在机器人机械结构设计过程中烦琐的绘图部分现在就可以通过计算机辅助设计（CAD）技术来解决，CAD 技术不仅带来了绘图的便利，而且改变了整个设计过程。前面提到的 Cero、NX、SolidWorks 和 Adams 运动学、动力学仿真软件则提供给设计者一个计算机模拟实际的仿真环境，在这个虚拟环境中，设计者不需要制造出实际的机器人就能够仿真研究机器人的运动学、动力学等特性，以及在计算机环境下开发虚拟数字化样机。这些都使得机器人的设计时间大幅缩短，使设计者在设计阶段就能发现以后有可能出现的一些问题，从而在设计阶段就更改方案，而不是等实物做成之后再更改，无形中节约了大量的人力、物力。

在机器人系统的设计过程中，有许多可能是十分新颖的、创造性的问题，对于这类问题有一种较为普遍的解决方法：大量创造发明面临的基本矛盾是相同的，只是技术领域不同而已。同样的技术发明原则和解决方案在多年后，在不同的领域被重新使用。将这些有关的知识进行提炼和重新组织，就可以指导后来者的创新和开发。例如，由于机器人的特殊功能要求和趋向智能化，仿生设计这种最初应用在雷达等军工产品上的设计思想也开始越来越多地应用于机器人设计方面，这就是一种概念上的创新。

习　题

2.1　用一个机器人对一个激光切割装置进行定位。激光产生定点的、不发散的光束。对于一般的切割任务，机器人需要多少个自由度才能为其定位？

2.2　画出习题 2.1 中激光定位机器人的一种可能的关节位形，假定该机器人主要被用来以不固定的角度切割 1 cm 厚、8 cm×8 cm 的金属板。

2.3　机器人的驱动器有哪些？各有什么特点？

2.4　机器人的内部传感器有哪些？外部传感器有哪些？

2.5　机器人常见的控制方法有哪些？各有什么特点？

2.6　对于一个如图 2.13 所示的球面坐标机器人，如果关节 1 和关节 2 没有限制，关节 3 有下限 l 和上限 u，求出该机器人腕关节节点处的结构长度指数 Q_L。

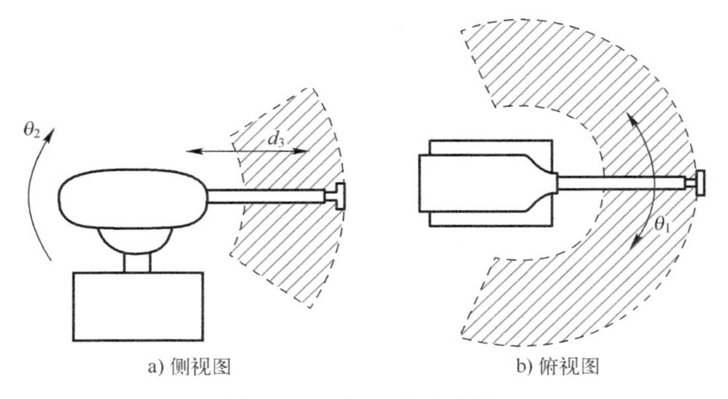

图 2.13　球面坐标机器人

参 考 文 献

[1] SICILIANO B，KHATIB O. 机器人手册. 第 1 卷　机器人基础 [M]. 于靖军，译. 2 版. 北京：机械工业出版社，2022.

[2] 张珺仪. 机器人驱动的现状及发展趋势 [J]. 工业控制计算机，2023，36(10)：7-9.

[3] SICILIANO B，KHATIB O. 机器人手册. 第 2 卷　机器人技术 [M]. 于靖军，译. 2 版. 北京：机械工业出版社，2021.

[4] 刘宇，徐文福. 机器人机构学 [M]. 北京：电子工业出版社，2022.

[5] 郭宁，郭志成. 工业机器人控制系统设计与实现 [J]. 电子制作，2023，31(14)：21-24，47.

[6] HOLLERBACH J M. Optimum kinematic design for a seven degree of freedom manipulator [J]//Proceedings of the 2nd International symposium of Robotics Reaearch, Kyoto, 1984.

[7] HUNT K. Kinematic geometry of mechanisms [M]. Cambridge：Cambridge University Press, 1978.

[8] SCHEINMAN V. Design of a computer controlled manipulator [D]. Stanford：Stanford University, 1969.

第3章　机器人运动学

本章在阐述齐次坐标变换矩阵这个数学工具的基础上，逐步建立机器人的运动学方程并对其进行求解，同时讨论机器人的微分运动，最后简述旋量在机器人运动学中的应用。

目前，工业生产中应用较多的多关节串联机器人是由若干活动关节连接在一起的杆件所组成的具有多个自由度的开式链空间连杆机构，如图3.1所示。

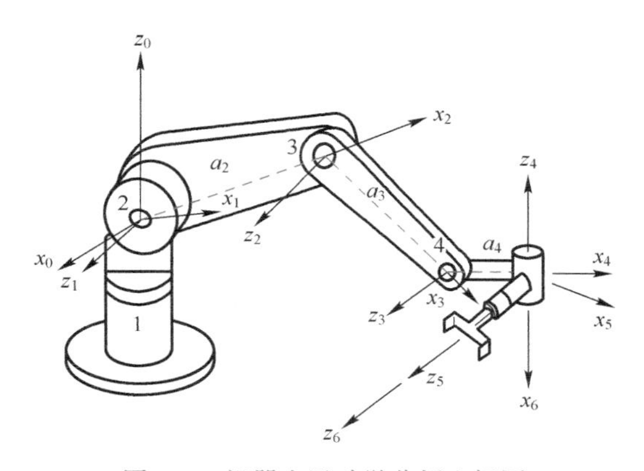

图3.1　机器人运动学分析坐标图

该机构的一端固定在机座上，另一端是机器人的手部，中间由一些杆件（刚体）用活动关节串接而成，常用的活动关节多为移动关节或转动关节。机器人运动学就是在建立各个杆件、机座、机器人手部坐标系的基础上，确定机器人各个活动关节与机器人手部空间位置、姿态之间的关系，由此为机器人运动的控制提供了分析的手段和方法。

3.1　机器人的运动特性

机器人的运动特性是为了表征与机器人运动有关的一些内容，主要有以下几个方面。

3.1.1　机器人的机构运动简图

机器人的机构运动简图是为了用简洁的线条和符号来表达机器人的各种运动及结构特征。机器人有关的各种运动功能图形符号及机构运动简图，见表3.1。

表 3.1　机器人运动功能图形符号及机构运动简图

名　称	图形符号	机构运动简图
平移副 移动关节		直角坐标型
回转副 转动关节		圆柱坐标型
手部		球坐标型
机座		关节型

除了以上表示方法，机器人机构还有棍状图式表示方法，如图 3.2 所示。

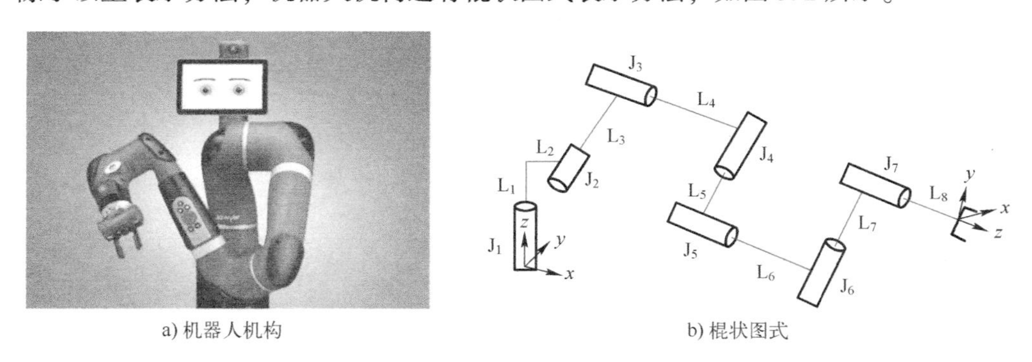

a) 机器人机构　　b) 棍状图式

图 3.2　机器人机构及其棍状图式表示

3.1.2　机器人的坐标系

由于机器人是由机座、臂部、腕部和手部以转动或移动的关节组成的空间机构，其手部和各活动杆件的位置和姿态必须在三维空间进行描述，所以引入了机器人的坐标系，如图 3.3 所示。

机器人中使用的坐标系是采用右手定则的直角坐标系，主要有以下几个：

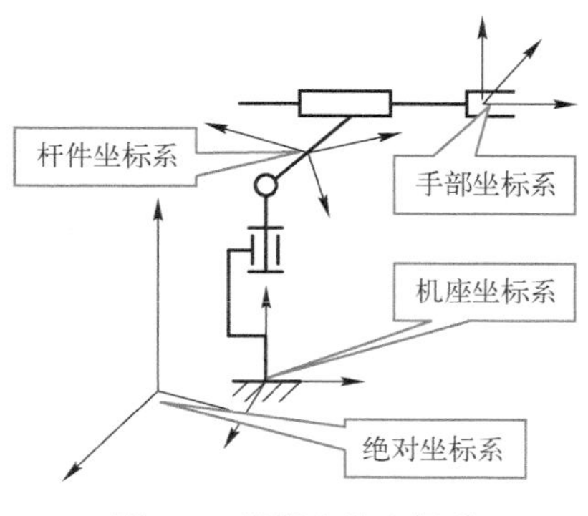

图 3.3　机器人的坐标系

1）手部坐标系——参考机器人手部的坐标系，也称机器人位姿坐标系，它表示机器人手部在指定坐标系中的位置和姿态。

2）机座坐标系——参考机器人机座的坐标系，它是机器人各活动杆件及手部中心的公共参考坐标系。

3）杆件坐标系——参考机器人指定杆件的坐标系，它是在机器人每个活动杆件上固定的坐标系，随杆件的运动而运动。

4）绝对坐标系——参考工作现场地面的坐标系，它是机器人所有构件的公共参考坐标系。

3.1.3　机器人的位姿描述

机器人的位姿主要是指机器人手部在空间的位置和姿态，有时也会用到其他各个活动杆件在空间的位置和姿态。有了机器人坐标系，机器人手部和各个活动杆件相对于其他坐标系的位置和姿态就可以用一个 3×1 的位置矩阵和一个 3×3 的姿态矩阵来描述。机器人手部的坐标系{H}相对于机座坐标系{0}的位姿关系如图 3.4 所示。

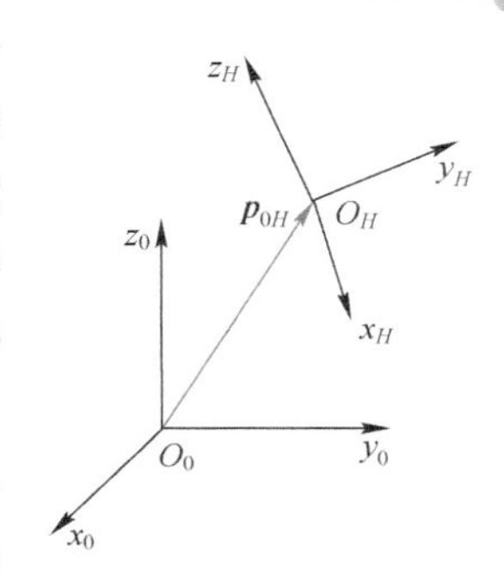

图 3.4　用坐标系描述的位姿关系

机器人手部的坐标系{H}相对于机座坐标系{0}的位置，可以用坐标系{H}的原点 O_H 在坐标系{0}的 3 个坐标分量 x_{0H}、y_{0H}、z_{0H} 组成的 3×1 的位置矩阵来表示，即

$$\boldsymbol{p}_{0H}=\begin{bmatrix}p_x\\p_y\\p_z\end{bmatrix}=\begin{bmatrix}x_{0H}\\y_{0H}\\z_{0H}\end{bmatrix} \tag{3.1}$$

机器人手部的坐标系{H}相对于机座坐标系{0}的姿态，可以用坐标系{H}的 3 个坐标轴与坐标系{0}的 3 个坐标轴之间夹角的余弦值组成的 3×3 的姿态矩阵来描述，即

$$\boldsymbol{R}_{0H}=\begin{bmatrix}\cos(x_0,x_H) & \cos(x_0,y_H) & \cos(x_0,z_H)\\ \cos(y_0,x_H) & \cos(y_0,y_H) & \cos(y_0,z_H)\\ \cos(z_0,x_H) & \cos(z_0,y_H) & \cos(z_0,z_H)\end{bmatrix} \tag{3.2}$$

式中，(x_0,x_H)表示坐标系{0}的 x 轴与坐标系{H}的 x 轴之间的夹角，其余以此类推。

由以上结论可知，已知机器人手部中心参考点 p 在参考坐标系中的坐标分量为(x,y,z)，如图 3.5 所示。

则机器人手部的位置可以用如下位置矩阵表示：

$$\boldsymbol{p}=\begin{bmatrix}p_x\\p_y\\p_z\end{bmatrix}=\begin{bmatrix}x\\y\\z\end{bmatrix} \tag{3.3}$$

要描述机器人手部的姿态，则需要在机器人手部参考中心建立机器人手部的坐标系{h}，如图 3.6 所示。

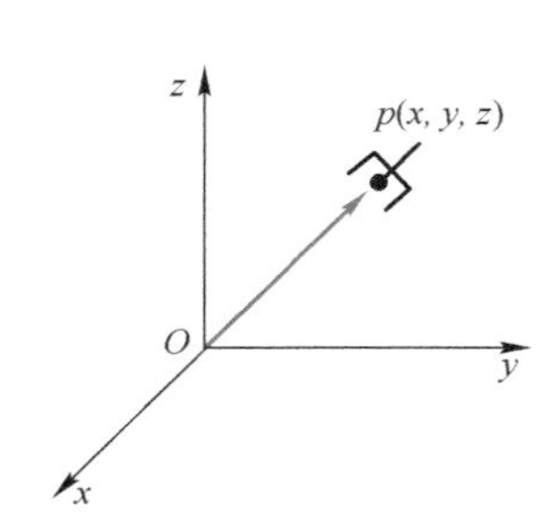

图 3.5　机器人手部的位置

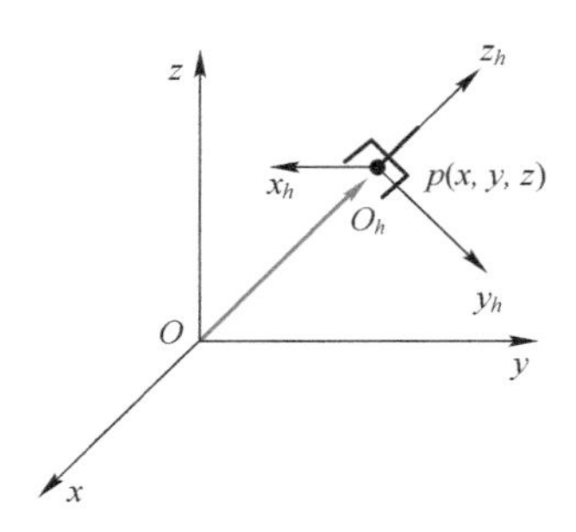

图 3.6　机器人手部的姿态

此时机器人手部的姿态，可以用手部坐标系{h}的 3 个坐标轴与参考坐标系 3 个坐标轴两两夹角的余弦值，按规律排列组成 3×3 的姿态矩阵来描述：

$$\boldsymbol{R}=\begin{bmatrix}\cos(x,x_h) & \cos(x,y_h) & \cos(x,z_h)\\\cos(y,x_h) & \cos(y,y_h) & \cos(y,z_h)\\\cos(z,x_h) & \cos(z,y_h) & \cos(z,z_h)\end{bmatrix} \tag{3.4}$$

例 3.1　已知两坐标系{0}和{1}如图 3.7 所示，试求两坐标系的姿态矩阵。

解： 根据姿态矩阵的元素构成规律，可得坐标系{1}相对于{0}的姿态矩阵为

$$\boldsymbol{R}_{01}=\begin{bmatrix}0 & 1 & 0\\-1 & 0 & 0\\0 & 0 & 1\end{bmatrix}$$

图 3.7　坐标系{0}和{1}

反过来，坐标系{0}相对于{1}的姿态矩阵为

$$\boldsymbol{R}_{10}=\begin{bmatrix}0 & -1 & 0\\1 & 0 & 0\\0 & 0 & 1\end{bmatrix}$$

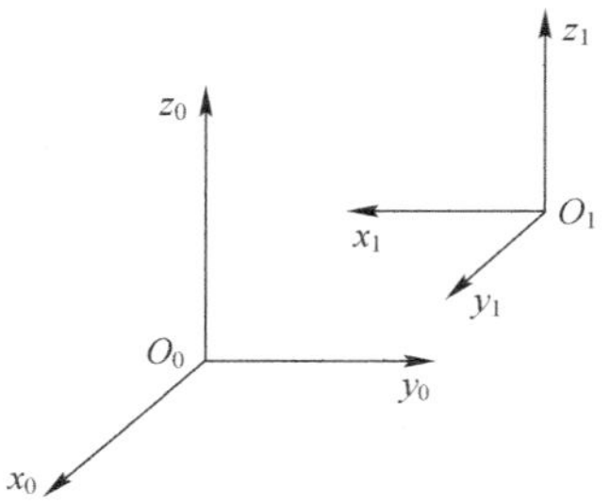

由此可见，采用空间坐标变换基本原理以及坐标变换的矩阵解析方法，就可以建立描述机器人的手部和各活动杆件之间相对位置和姿态的矩阵方程。

3.2 坐标变换

3.2.1 直角坐标变换

在机器人中建立直角坐标系后，机器人的手部和各活动杆件之间相对位置和姿态就可以看成是直角坐标系之间的坐标变换。如图 3.8 所示，杆件 2 的坐标系{2}可以看成是杆件 1 的坐标系{1}的原点 o_1 沿 z_1 轴移动 d_1 距离到达 o_1' 点，然后绕 z_1 轴旋转 θ_{12} 角，再沿 x_2 轴移动 h_2 距离到达原点 o_2，最后绕 x_2 轴旋转 α_{12} 角变换而来的。由这一系列的坐标变换，即可得到坐标系{2}在坐标系{1}中的位置和姿态。从以上变换过程可以看出，在任何坐标变换中，只有平移和旋转两个基本的坐标变换。

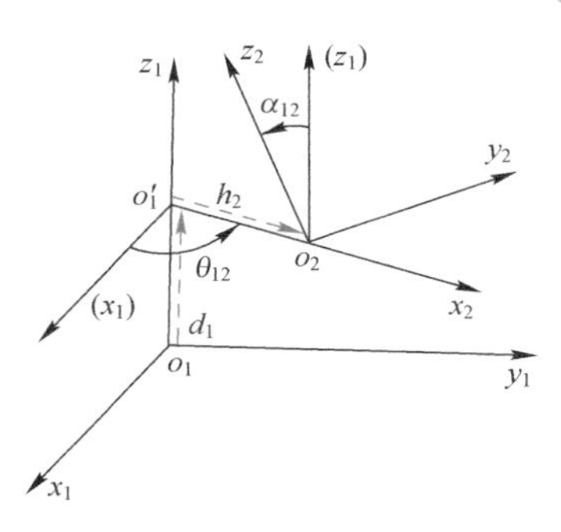

图 3.8　直角坐标变换

1. 平移变换

设坐标系{i}和坐标系{j}具有相同的姿态，但它们的坐标原点不重合，如图 3.9 所示。

若用向量 $\boldsymbol{p}_{ij}$ 表示坐标系{i}和坐标系{j}原点之间的向量，则坐标系{j}就可以看成是由坐标系{i}沿向量 $\boldsymbol{p}_{ij}$ 平移变换而来的，所以称向量 $\boldsymbol{p}_{ij}$ 为平移变换矩阵，它是一个 3×1 的矩阵，即

$$\boldsymbol{p}_{ij}=\begin{bmatrix} p_x \\ p_y \\ p_z \end{bmatrix} \tag{3.5}$$

式中，p_x、p_y、p_z 分别是坐标系{j}的原点 o_j 在坐标系{i}中的三个坐标分量。

若空间有一点在坐标系{i}和坐标系{j}中分别用向量 $\boldsymbol{r}_i$ 和 $\boldsymbol{r}_j$ 表示，如图 3.10 所示。

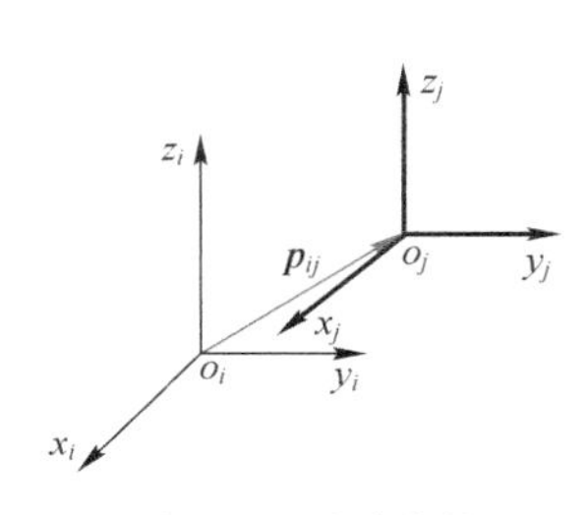

图 3.9　平移变换

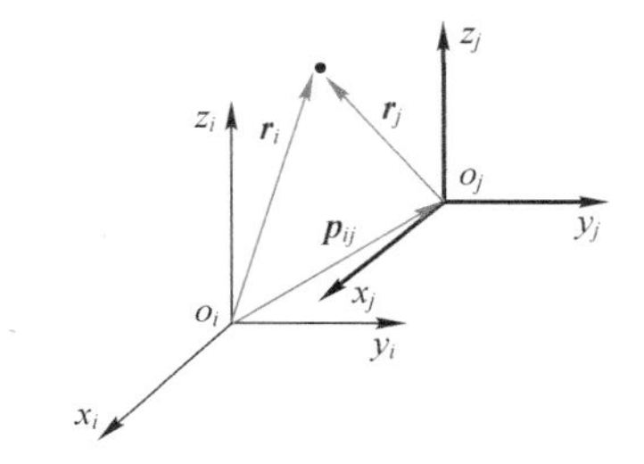

图 3.10　平移变换的坐标关系

则它们之间有以下关系：

$$\boldsymbol{r}_i=\boldsymbol{p}_{ij}+\boldsymbol{r}_j \tag{3.6}$$

式（3.6）称为坐标平移方程。

平移变换矩阵就等同于位置矩阵。有了平移变换关系，机器人手部或任意活动杆件在空间的位置变化都可以用坐标系之间的平移变换关系表示出来。

2. 旋转变换

设坐标系{i}和坐标系{j}的原点重合，但它们的姿态不同，则坐标系{j}就可以看成是

由坐标系{i}旋转变换而来的，旋转变换矩阵比较复杂，最简单的是绕一根坐标轴的旋转变换，下面以此来对旋转变换矩阵进行说明。

（1）绕一根坐标轴的旋转变换　以绕 z 轴旋转 θ 角为例，如图 3.11 所示。

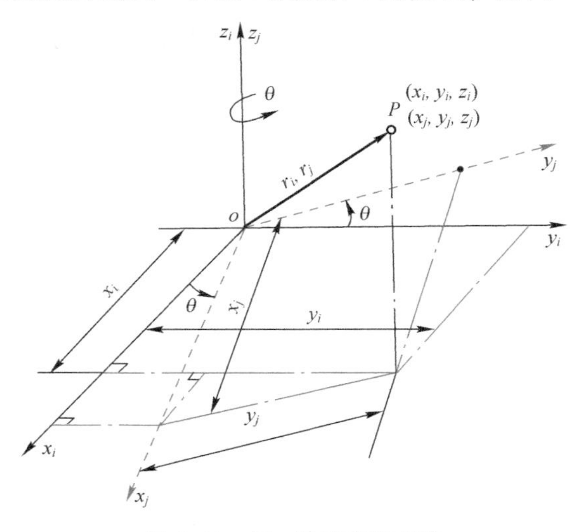

图 3.11　绕 z 轴的旋转变换

坐标系{i}和坐标系{j}的原点重合，坐标系{j}的坐标轴方向相对于坐标系{i}绕 z_i轴旋转了一个 θ 角。θ 角的正负一般按右手法则确定，即由 z_i轴的矢端看，逆时针方向旋转为正，反之为负。若空间有一点 p 在两个坐标系中的坐标分量分别为(x_i, y_i, z_i)和(x_j, y_j, z_j)，则其在坐标系{i}和坐标系{j}中的坐标分量之间就有以下关系：

$$\begin{cases} x_i = x_j \cdot \cos\theta - y_j \cdot \sin\theta \\ y_i = x_j \cdot \sin\theta + y_j \cdot \cos\theta \\ z_i = z_j \end{cases} \tag{3.7}$$

若用零补齐所缺的某些项，再进行适当变形，则有

$$\begin{cases} x_i = \cos\theta \cdot x_j - \sin\theta \cdot y_j + 0 \cdot z_j \\ y_i = \sin\theta \cdot x_j + \cos\theta \cdot y_j + 0 \cdot z_j \\ z_i = 0 \cdot x_j + 0 \cdot y_j + 1 \cdot z_j \end{cases} \tag{3.8}$$

将上式写成矩阵的形式，则有

$$\begin{bmatrix} x_i \\ y_i \\ z_i \end{bmatrix} = \begin{bmatrix} \cos\theta & -\sin\theta & 0 \\ \sin\theta & \cos\theta & 0 \\ 0 & 0 & 1 \end{bmatrix} \begin{bmatrix} x_j \\ y_j \\ z_j \end{bmatrix} \tag{3.9}$$

再将其写成向量形式，则有

$$\boldsymbol{r}_i = \boldsymbol{R}_{ij}^{z,\theta} \cdot \boldsymbol{r}_j \tag{3.10}$$

式（3.10）称为坐标旋转方程。式中，$\boldsymbol{r}_i$为 p 点在坐标系{i}中的坐标列阵（向量）；$\boldsymbol{r}_j$为 p 点在坐标系{j}中的坐标列阵（向量）；$\boldsymbol{R}_{ij}^{\theta}$为坐标系{$j$}变换到坐标系{$i$}的旋转变换矩阵，也称为方向余弦矩阵，是一个 3×3 的矩阵，其中的每个元素就是坐标系{i}和坐标系{j}

相应坐标轴夹角的余弦值，见表 3.2。它表明坐标系$\{j\}$相对于坐标系$\{i\}$的姿态（方向）。

表 3.2　方向余弦矩阵元素

坐标分量	x_j	y_j	z_j
x_i	$\cos(x_i,x_j)$	$\cos(x_i,y_j)$	$\cos(x_i,z_j)$
y_i	$\cos(y_i,x_j)$	$\cos(y_i,y_j)$	$\cos(y_i,z_j)$
z_i	$\cos(z_i,x_j)$	$\cos(z_i,y_j)$	$\cos(z_i,z_j)$

绕 3 根坐标轴的旋转变换如图 3.12 所示。

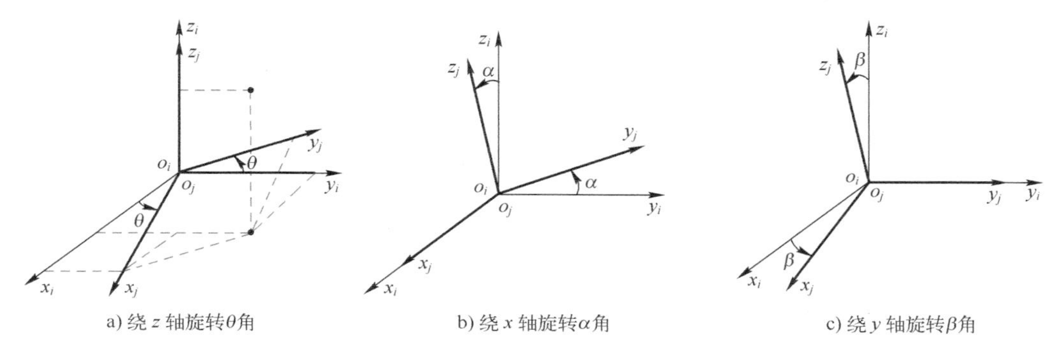

图 3.12　绕 3 根坐标轴的旋转变换

由以上结论可得，绕 z 轴旋转 θ 角的旋转变换矩阵为

$$\boldsymbol{R}_{ij}^{z,\theta}=\mathrm{Rot}(z,\theta)=\begin{bmatrix}\cos\theta & -\sin\theta & 0\\ \sin\theta & \cos\theta & 0\\ 0 & 0 & 1\end{bmatrix} \tag{3.11}$$

同理，可得绕 x 轴旋转 α 角的旋转变换矩阵为

$$\boldsymbol{R}_{ij}^{x,\alpha}=\mathrm{Rot}(x,\alpha)=\begin{bmatrix}1 & 0 & 0\\ 0 & \cos\alpha & -\sin\alpha\\ 0 & \sin\alpha & \cos\alpha\end{bmatrix} \tag{3.12}$$

绕 y 轴旋转 β 角的旋转变换矩阵为

$$\boldsymbol{R}_{ij}^{y,\beta}=\mathrm{Rot}(y,\beta)=\begin{bmatrix}\cos\beta & 0 & \sin\beta\\ 0 & 1 & 0\\ -\sin\beta & 0 & \cos\beta\end{bmatrix} \tag{3.13}$$

（2）旋转变换矩阵的逆矩阵　旋转变换矩阵的逆矩阵既可以用线性代数的方法求出，也可以用逆向的坐标变换求出。以绕 z_i轴旋转 θ 角为例，其逆向变换即为绕 z_j轴旋转$-\theta$ 角，则其旋转变换矩阵为

$$\boldsymbol{R}_{ji}^{z,-\theta}=\begin{bmatrix}\cos\theta & \sin\theta & 0\\ -\sin\theta & \cos\theta & 0\\ 0 & 0 & 1\end{bmatrix} \tag{3.14}$$

与式（3.11）相比，可得

$$\boldsymbol{R}_{ji}^{z,-\theta}=(\boldsymbol{R}_{ij}^{z,\theta})^{\mathrm{T}}，且\ \boldsymbol{R}_{ji}^{z,-\theta}\cdot\boldsymbol{R}_{ij}^{z,\theta}=\boldsymbol{I}，则有(\boldsymbol{R}_{ij}^{z,\theta})^{-1}=(\boldsymbol{R}_{ij}^{z,\theta})^{\mathrm{T}} \tag{3.15}$$

由此即可得到一个结论：旋转变换矩阵的逆矩阵等于其转置矩阵。

（3）用 RPY 旋转变换表示运动姿态　旋转变换矩阵等同于姿态矩阵。机器人手部在空间的运动姿态可以用绕坐标系 x、y、z 轴的旋转变换矩阵来表示。比较常用的一种旋转组合是用绕 z 轴旋转——横滚（roll）、绕 y 轴旋转——俯仰（pitch）和绕 x 轴旋转——偏转（yaw）来表示，将其一般简写为 RPY。假设机器人手部相对于参考坐标系绕 z 轴旋转 θ 角，绕 y 轴旋转 β 角，绕 x 轴旋转 α 角，则可得用 ***RPY*** 表示的机器人手部姿态为

$$\begin{aligned}\boldsymbol{RPY}&=\mathrm{Rot}(z,\theta)\cdot\mathrm{Rot}(y,\beta)\cdot\mathrm{Rot}(x,\alpha)\\&=\begin{bmatrix}\cos\theta&-\sin\theta&0\\\sin\theta&\cos\theta&0\\0&0&1\end{bmatrix}\begin{bmatrix}\cos\beta&0&\sin\beta\\0&1&0\\-\sin\beta&0&\cos\beta\end{bmatrix}\begin{bmatrix}1&0&0\\0&\cos\alpha&-\sin\alpha\\0&\sin\alpha&\cos\alpha\end{bmatrix}\\&=\begin{bmatrix}\cos\theta\cos\beta&\cos\theta\sin\beta\sin\alpha-\sin\theta\cos\alpha&\cos\theta\sin\beta\cos\alpha+\sin\theta\sin\alpha\\\sin\theta\cos\beta&\sin\theta\sin\beta\sin\alpha+\cos\theta\cos\alpha&\sin\theta\sin\beta\cos\alpha-\cos\theta\sin\alpha\\-\sin\beta&\cos\beta\sin\alpha&\cos\beta\cos\alpha\end{bmatrix}\end{aligned} \tag{3.16}$$

若已知机器人手部姿态为

$$\boldsymbol{R}_h=\begin{bmatrix}n_x&o_x&a_x\\n_y&o_y&a_y\\n_z&o_z&a_z\end{bmatrix}$$

由 ***RPY*** 旋转变换则可得机器人手部绕 x、y、z 轴旋转的角度。结合式（3.16），令

$$\boldsymbol{R}_h=\begin{bmatrix}n_x&o_x&a_x\\n_y&o_y&a_y\\n_z&o_z&a_z\end{bmatrix}=\begin{bmatrix}\cos\theta\cos\beta&\cos\theta\sin\beta\sin\alpha-\sin\theta\cos\alpha&\cos\theta\sin\beta\cos\alpha+\sin\theta\sin\alpha\\\sin\theta\cos\beta&\sin\theta\sin\beta\sin\alpha+\cos\theta\cos\alpha&\sin\theta\sin\beta\cos\alpha-\cos\theta\sin\alpha\\-\sin\beta&\cos\beta\sin\alpha&\cos\beta\cos\alpha\end{bmatrix}=\boldsymbol{RPY}$$

则有

$$\begin{cases}\alpha=\arctan\dfrac{o_z}{a_z}\\\beta=\arctan\dfrac{n_z}{\pm\sqrt{n_x^2+n_y^2}}\\\theta=\arctan\dfrac{n_y}{n_x}\end{cases} \tag{3.17}$$

3. 联合变换

联合变换就是平移变换加上旋转变换。设坐标系$\{i\}$和坐标系$\{j\}$之间的变换是先平移变换，后旋转变换，其对应的变换矩阵分别为 $\boldsymbol{p}_{ij}$ 和 $\boldsymbol{R}_{ij}$，则空间任一点 p 在坐标系$\{i\}$和坐标系$\{j\}$中的向量 $\boldsymbol{r}_i$ 和 $\boldsymbol{r}_j$ 之间就有以下关系：

$$\boldsymbol{r}_i=\boldsymbol{p}_{ij}+\boldsymbol{R}_{ij}\cdot\boldsymbol{r}_j \tag{3.18}$$

式（3.18）称为直角坐标系中的坐标联合变换方程。

若坐标系$\{i\}$和坐标系$\{j\}$之间是先旋转变换，后平移变换，则上述坐标方程会变化为

$$\boldsymbol{r}_i=\boldsymbol{R}_{ij}(\boldsymbol{p}_{ij}+\boldsymbol{r}_j) \tag{3.19}$$

当直角坐标系中联合变换的变换顺序不同时，其变换矩阵会出现不同的结果，这就

给联合变换的矩阵计算带来了很大的困难。为了解决这个问题，人们引入了齐次坐标及其变换。

3.2.2　齐次坐标变换

1955年，J. Denavit 和 R. S. Hartenberg 首次提出了一种采用矩阵代数的方法，即用齐次坐标变换矩阵（D-H 矩阵）来描述机构连杆之间的空间几何关系。在机器人空间机构的运动学和动力学分析方法中，齐次坐标变换是一种比较直观和方便的方法，它为机器人的运动分析和控制提供了一种有效的手段。

1. 齐次坐标

（1）齐次坐标的定义　空间中任一点在直角坐标系中的三个坐标分量用(x,y,z)表示，若有四个不同时为零的数(x',y',z',k)与三个直角坐标分量之间存在以下关系：

$$x=\frac{x'}{k},\quad y=\frac{y'}{k},\quad z=\frac{z'}{k} \tag{3.20}$$

则称(x',y',z',k)是空间该点的齐次坐标。

（2）齐次坐标的性质　由齐次坐标的定义可知齐次坐标有以下几条性质：

1）空间中的任一点都可用齐次坐标表示。

2）空间中的任一点的直角坐标是单值的，但其对应的齐次坐标是多值的。

3）k是比例坐标，它表示直角坐标值与对应的齐次坐标值之间的比例关系。

4）若比例坐标$k=1$，则空间任一点的齐次坐标为$(x,y,z,1)$，以后用到齐次坐标时，一律默认为$k=1$。

2. 齐次坐标变换与位姿矩阵

齐次坐标之间的变换就称为齐次坐标变换，若坐标系$\{j\}$是由坐标系$\{i\}$先沿向量$\boldsymbol{p}_{ij}=p_x\boldsymbol{i}+p_y\boldsymbol{j}+p_z\boldsymbol{k}$平移，再绕$z_i$轴旋转$\theta$角得到的，则空间任一点$p$，在坐标系$\{i\}$和坐标系$\{j\}$中的向量$\boldsymbol{r}_i$和$\boldsymbol{r}_j$与对应的变换矩阵$\boldsymbol{p}_{ij}$和$\boldsymbol{R}_{ij}$之间就有$\boldsymbol{r}_i=\boldsymbol{p}_{ij}+\boldsymbol{R}_{ij}\cdot\boldsymbol{r}_j$，写成矩阵形式则为

$$\begin{bmatrix} x_i \\ y_i \\ z_i \end{bmatrix}=\begin{bmatrix} p_x \\ p_y \\ p_z \end{bmatrix}+\begin{bmatrix} \cos\theta & -\sin\theta & 0 \\ \sin\theta & \cos\theta & 0 \\ 0 & 0 & 1 \end{bmatrix}\begin{bmatrix} x_j \\ y_j \\ z_j \end{bmatrix} \tag{3.21}$$

用坐标分量等式表示，则有

$$\begin{cases} x_i=p_x+\cos\theta\cdot x_j-\sin\theta\cdot y_j \\ y_i=p_y+\sin\theta\cdot x_j+\cos\theta\cdot y_j \\ z_i=p_z+z_j \end{cases} \tag{3.22}$$

引入齐次坐标，并用零补齐所缺各项，再做适当变形，则有

$$\begin{cases} x_i=\cos\theta\cdot x_j-\sin\theta\cdot y_j+0\cdot z_j+p_x\cdot 1 \\ y_i=\sin\theta\cdot x_j+\cos\theta\cdot y_j+0\cdot z_j+p_y\cdot 1 \\ z_i=0\cdot x_j+0\cdot y_j+1\cdot z_j+p_z\cdot 1 \\ 1=0\cdot x_j+0\cdot y_j+0\cdot z_j+1\cdot 1 \end{cases} \tag{3.23}$$

将其写成矩阵形式，则有

$$\begin{bmatrix} x_i \\ y_i \\ z_i \\ 1 \end{bmatrix} = \begin{bmatrix} \cos\theta & -\sin\theta & 0 & p_x \\ \sin\theta & \cos\theta & 0 & p_y \\ 0 & 0 & 1 & p_z \\ 0 & 0 & 0 & 1 \end{bmatrix} \begin{bmatrix} x_j \\ y_j \\ z_j \\ 1 \end{bmatrix} \tag{3.24}$$

由此可得联合变换的齐次坐标方程为

$$\begin{bmatrix} \boldsymbol{r}_i \\ 1 \end{bmatrix} = \boldsymbol{M}_{ij} \cdot \begin{bmatrix} \boldsymbol{r}_j \\ 1 \end{bmatrix} \tag{3.25}$$

式中，$\boldsymbol{M}_{ij}$为齐次坐标变换矩阵，它是一个 4×4 的矩阵。

由此可见，引入齐次坐标以后，直角坐标系中的联合变换就统一到一个变换关系中了。不管两个坐标系之间存在怎样的变换，都可以用一个齐次坐标变换矩阵将其表示出来。

（1）齐次坐标变换矩阵的意义　若将齐次坐标变换矩阵在第三行与第四行、第三列与第四列之间分块，则有

$$\boldsymbol{M}_{ij} = \left[\begin{array}{ccc:c} \cos\theta & -\sin\theta & 0 & p_x \\ \sin\theta & \cos\theta & 0 & p_y \\ 0 & 0 & 1 & p_z \\ \hdashline 0 & 0 & 0 & 1 \end{array}\right] = \left[\begin{array}{c:c} \boldsymbol{R}_{ij} & \boldsymbol{p}_{ij} \\ \hdashline \boldsymbol{0} & 1 \end{array}\right] \tag{3.26}$$

由此可见，在齐次坐标变换矩阵的分块阵中，左上角的 3×3 矩阵是两个坐标系之间的旋转变换矩阵，它描述了坐标系之间的姿态关系；右上角的 3×1 矩阵是两个坐标系之间的平移变换矩阵，它描述了坐标系之间的位置关系。所以，齐次坐标变换矩阵又称为位姿矩阵，其通式为

$$\boldsymbol{M}_{ij} = \left[\begin{array}{ccc:c} n_x & o_x & a_x & p_x \\ n_y & o_y & a_y & p_y \\ n_z & o_z & a_z & p_z \\ \hdashline 0 & 0 & 0 & 1 \end{array}\right] = \left[\begin{array}{c:c} \boldsymbol{R}_{ij} & \boldsymbol{p}_{ij} \\ \hdashline \boldsymbol{0} & 1 \end{array}\right] \tag{3.27}$$

式中，p_x，p_y，p_z为坐标系$\{j\}$的原点在坐标系$\{i\}$中的坐标分量；n_x，n_y，n_z为坐标系$\{j\}$的 x 轴对坐标系$\{i\}$的三个方向余弦；o_x，o_y，o_z为坐标系$\{j\}$的 y 轴对坐标系$\{i\}$的三个方向余弦；a_x，a_y，a_z为坐标系$\{j\}$的 z 轴对坐标系$\{i\}$的三个方向余弦。

（2）单独的平移或旋转齐次坐标变换矩阵　只有单独一次平移变换时，由上面的推导可得到对应的齐次坐标变换矩阵。

已知直角坐标系下的平移变换为$\boldsymbol{p}_{ij} = \begin{bmatrix} p_x \\ p_y \\ p_z \end{bmatrix}$，则可得对应的齐次坐标变换矩阵为

$$\boldsymbol{M}_p = \mathrm{Trans}(p_x, p_y, p_z) = \begin{bmatrix} 1 & 0 & 0 & p_x \\ 0 & 1 & 0 & p_y \\ 0 & 0 & 1 & p_z \\ 0 & 0 & 0 & 1 \end{bmatrix} = \begin{bmatrix} \boldsymbol{I} & \boldsymbol{p}_{ij} \\ \boldsymbol{0} & 1 \end{bmatrix} \tag{3.28}$$

式中，$\boldsymbol{I}$ 为 3×3 的单位矩阵。

同理可得，已知直角坐标系下的旋转变换为 $\boldsymbol{R}_{ij}^{z,\theta}=\begin{bmatrix}\cos\theta & -\sin\theta & 0\\ \sin\theta & \cos\theta & 0\\ 0 & 0 & 1\end{bmatrix}$，则对应的齐次坐标变换矩阵为

$$\boldsymbol{M}_{zR}=\mathrm{Rot}(z,\theta)=\begin{bmatrix}\cos\theta & -\sin\theta & 0 & 0\\ \sin\theta & \cos\theta & 0 & 0\\ 0 & 0 & 1 & 0\\ 0 & 0 & 0 & 1\end{bmatrix}=\begin{bmatrix}\boldsymbol{R}_{ij}^{z,\theta} & \boldsymbol{0}\\ \boldsymbol{0} & 1\end{bmatrix} \tag{3.29}$$

若已知直角坐标系下的旋转变换为 $\boldsymbol{R}_{ij}^{x,\alpha}=\begin{bmatrix}1 & 0 & 0\\ 0 & \cos\alpha & -\sin\alpha\\ 0 & \sin\alpha & \cos\alpha\end{bmatrix}$，则可得对应的齐次坐标变换矩阵为

$$\boldsymbol{M}_{xR}=\mathrm{Rot}(x,\alpha)=\begin{bmatrix}1 & 0 & 0 & 0\\ 0 & \cos\alpha & -\sin\alpha & 0\\ 0 & \sin\alpha & \cos\alpha & 0\\ 0 & 0 & 0 & 1\end{bmatrix}=\begin{bmatrix}\boldsymbol{R}_{ij}^{x,\alpha} & \boldsymbol{0}\\ \boldsymbol{0} & 1\end{bmatrix} \tag{3.30}$$

若已知直角坐标系下的旋转变换为 $\boldsymbol{R}_{ij}^{y,\beta}=\begin{bmatrix}\cos\beta & 0 & \sin\beta\\ 0 & 1 & 0\\ -\sin\beta & 0 & \cos\beta\end{bmatrix}$，则可得对应的齐次坐标变换矩阵为

$$\boldsymbol{M}_{yR}=\mathrm{Rot}(y,\beta)=\begin{bmatrix}\cos\beta & 0 & \sin\beta & 0\\ 0 & 1 & 0 & 0\\ -\sin\beta & 0 & \cos\beta & 0\\ 0 & 0 & 0 & 1\end{bmatrix}=\begin{bmatrix}\boldsymbol{R}_{ij}^{y,\beta} & \boldsymbol{0}\\ \boldsymbol{0} & 1\end{bmatrix} \tag{3.31}$$

通过以上分析，只有单独的平移或者旋转变换时，可以得到对应的齐次坐标变换矩阵。

(3) 联合（多步）变换与单步齐次变换矩阵的关系　观察以下三个齐次变换矩阵：

先平移后旋转的联合变换齐次变换矩阵 $\boldsymbol{M}_{ij}=\begin{bmatrix}\cos\theta & -\sin\theta & 0 & p_x\\ \sin\theta & \cos\theta & 0 & p_y\\ 0 & 0 & 1 & p_z\\ 0 & 0 & 0 & 1\end{bmatrix}=\begin{bmatrix}\boldsymbol{R}_{ij}^{z,\theta} & \boldsymbol{p}_{ij}\\ \boldsymbol{0} & 1\end{bmatrix}$；

单独的平移变换齐次变换矩阵 $\boldsymbol{M}_p=\begin{bmatrix}1 & 0 & 0 & p_x\\ 0 & 1 & 0 & p_y\\ 0 & 0 & 1 & p_z\\ 0 & 0 & 0 & 1\end{bmatrix}$；

单独的绕 z 轴旋转 θ 角的旋转变换齐次变换矩阵 $\boldsymbol{M}_{zR}=\begin{bmatrix}\cos\theta & -\sin\theta & 0 & 0\\ \sin\theta & \cos\theta & 0 & 0\\ 0 & 0 & 1 & 0\\ 0 & 0 & 0 & 1\end{bmatrix}$。

通过比较分析可得

$$\begin{bmatrix} \cos\theta & -\sin\theta & 0 & p_x \\ \sin\theta & \cos\theta & 0 & p_y \\ 0 & 0 & 1 & p_z \\ 0 & 0 & 0 & 1 \end{bmatrix} = \begin{bmatrix} 1 & 0 & 0 & p_x \\ 0 & 1 & 0 & p_y \\ 0 & 0 & 1 & p_z \\ 0 & 0 & 0 & 1 \end{bmatrix} \begin{bmatrix} \cos\theta & -\sin\theta & 0 & 0 \\ \sin\theta & \cos\theta & 0 & 0 \\ 0 & 0 & 1 & 0 \\ 0 & 0 & 0 & 1 \end{bmatrix}$$

即

$$\boldsymbol{M}_{ij} = \boldsymbol{M}_p \cdot \boldsymbol{M}_{zR} \tag{3.32}$$

任何一个齐次坐标变换矩阵均可分解为一个平移变换矩阵与一个旋转变换矩阵的乘积，即

$$\begin{aligned} \boldsymbol{M}_{ij} &= \begin{bmatrix} n_x & o_x & a_x & p_x \\ n_y & o_y & a_y & p_y \\ n_z & o_z & a_z & p_z \\ 0 & 0 & 0 & 1 \end{bmatrix} = \begin{bmatrix} 1 & 0 & 0 & p_x \\ 0 & 1 & 0 & p_y \\ 0 & 0 & 1 & p_z \\ 0 & 0 & 0 & 1 \end{bmatrix} \begin{bmatrix} n_x & o_x & a_x & 0 \\ n_y & o_y & a_y & 0 \\ n_z & o_z & a_z & 0 \\ 0 & 0 & 0 & 1 \end{bmatrix} \\ &= \mathrm{Trans}(p_x, p_y, p_z) \cdot \mathrm{Rot}(\boldsymbol{k}, \theta) \end{aligned} \tag{3.33}$$

式中，$\mathrm{Trans}(p_x, p_y, p_z)$为平移齐次坐标变换矩阵，平移向量为$\boldsymbol{p} = \{p_x, p_y, p_z\}$；$\mathrm{Rot}(\boldsymbol{k}, \theta)$为旋转齐次坐标变换矩阵，也称为一般旋转变换矩阵，$\boldsymbol{k}$为等效旋转轴，是一个向量，$\theta$为等效旋转角。

注意： 由于$\mathrm{Trans}(p_x, p_y, p_z) \cdot \mathrm{Rot}(\boldsymbol{k}, \theta) \neq \mathrm{Rot}(\boldsymbol{k}, \theta) \cdot \mathrm{Trans}(p_x, p_y, p_z)$，即矩阵相乘是不可交换的，所以齐次坐标变换矩阵是由先平移后旋转得到的。

由此可见，只有平移变换时，齐次坐标变换矩阵为

$$\boldsymbol{M}_p = \mathrm{Trans}(p_x, p_y, p_z) = \begin{bmatrix} 1 & 0 & 0 & p_x \\ 0 & 1 & 0 & p_y \\ 0 & 0 & 1 & p_z \\ 0 & 0 & 0 & 1 \end{bmatrix} \tag{3.34}$$

同理，只有旋转变换时，若旋转向量为$\boldsymbol{k} = k_x\boldsymbol{i} + k_y\boldsymbol{j} + k_z\boldsymbol{k}$，则齐次坐标变换矩阵为

$$\begin{aligned} \boldsymbol{M}_R &= \mathrm{Rot}(\boldsymbol{k}, \theta) \\ &= \begin{bmatrix} k_xk_xv\theta+\cos\theta & k_yk_xv\theta-k_z\sin\theta & k_zk_xv\theta+k_y\sin\theta & 0 \\ k_xk_yv\theta+k_z\sin\theta & k_yk_yv\theta+\cos\theta & k_zk_yv\theta-k_x\sin\theta & 0 \\ k_xk_zv\theta-k_y\sin\theta & k_yk_zv\theta+k_x\sin\theta & k_zk_zv\theta+\cos\theta & 0 \\ 0 & 0 & 0 & 1 \end{bmatrix} \\ &= \begin{bmatrix} n_x & o_x & a_x & 0 \\ n_y & o_y & a_y & 0 \\ n_z & o_z & a_z & 0 \\ 0 & 0 & 0 & 1 \end{bmatrix} \end{aligned} \tag{3.35}$$

式中，$v\theta = Vers\mathrm{in}\theta = 1-\cos\theta$，称为正交函数或正矢。若将旋转向量$\boldsymbol{k}$换为各坐标轴的单位向量$\boldsymbol{z} = 0\boldsymbol{i}+0\boldsymbol{j}+1\boldsymbol{k}$、$\boldsymbol{x} = 1\boldsymbol{i}+0\boldsymbol{j}+0\boldsymbol{k}$、$\boldsymbol{y} = 0\boldsymbol{i}+1\boldsymbol{j}+0\boldsymbol{k}$，则绕一根坐标轴旋转的齐次坐标变换矩阵为

$$M_{zR}=\mathrm{Rot}(z,\theta)=\begin{bmatrix}\cos\theta & -\sin\theta & 0 & 0\\ \sin\theta & \cos\theta & 0 & 0\\ 0 & 0 & 1 & 0\\ 0 & 0 & 0 & 1\end{bmatrix} \tag{3.36}$$

$$M_{xR}=\mathrm{Rot}(x,\alpha)=\begin{bmatrix}1 & 0 & 0 & 0\\ 0 & \cos\alpha & -\sin\alpha & 0\\ 0 & \sin\alpha & \cos\alpha & 0\\ 0 & 0 & 0 & 1\end{bmatrix} \tag{3.37}$$

$$M_{yR}=\mathrm{Rot}(y,\beta)=\begin{bmatrix}\cos\beta & 0 & \sin\beta & 0\\ 0 & 1 & 0 & 0\\ -\sin\beta & 0 & \cos\beta & 0\\ 0 & 0 & 0 & 1\end{bmatrix} \tag{3.38}$$

此结果与前面推导的结果完全一致。

通过上述分析，我们可以得到一个结论，即联合（多步）变换的齐次变换矩阵就等于多次变换对应的单步齐次变换矩阵的乘积。但矩阵的乘法不满足交换律，因此单步齐次变换矩阵的相乘顺序不同将会出现不同的结果。

（4）齐次坐标变换的相对变换　当两个坐标系之间存在连续多次变换时，其既可以是相对于共同参考坐标系的变换，也可以是相对于变换过程中不同的当前坐标系的变换，这样，就产生了坐标系的相对变换问题。两个坐标系之间总的齐次坐标变换矩阵，等于每次单独变换的齐次坐标变换矩阵的乘积，而相对变换则决定这些矩阵相乘的顺序，称其为左乘和右乘原则：

1）若坐标系之间的变换是始终相对于同一公共参考坐标系，则齐次坐标变换矩阵左乘。

2）若坐标系之间的变换是相对于前次变换得到的当前坐标系，则齐次坐标变换矩阵右乘。

例 3.2　已知坐标系 $\{B\}$ 是绕坐标系 $\{A\}$ 的 z_A 轴旋转 90°，再绕 $\{A\}$ 的 x_A 轴旋转 90°，最后沿向量 $\boldsymbol{p}_A=3\boldsymbol{i}-5\boldsymbol{j}+9\boldsymbol{k}$ 平移得到的，求坐标系 $\{A\}$ 与坐标系 $\{B\}$ 之间的齐次坐标变换矩阵 $\boldsymbol{M}_{AB}$。

解：由题意可知，坐标变换始终是相对于同一公共参考坐标系变换的，所以满足左乘原则，即有

$$\begin{aligned}M_{AB}&=\mathrm{Trans}(3,-5,9)\cdot\mathrm{Rot}(x_A,90°)\cdot\mathrm{Rot}(z_A,90°)\\&=\begin{bmatrix}1&0&0&3\\0&1&0&-5\\0&0&1&9\\0&0&0&1\end{bmatrix}\begin{bmatrix}1&0&0&0\\0&\cos90°&-\sin90°&0\\0&\sin90°&\cos90°&0\\0&0&0&1\end{bmatrix}\begin{bmatrix}\cos90°&-\sin90°&0&0\\\sin90°&\cos90°&0&0\\0&0&1&0\\0&0&0&1\end{bmatrix}\\&=\begin{bmatrix}0&-1&0&3\\0&0&-1&-5\\1&0&0&9\\0&0&0&1\end{bmatrix}\end{aligned}$$

若例 3.2 中的变换是相对于每次变换后新的当前坐标系，其就满足右乘原则，即有

$$
\begin{aligned}
\boldsymbol{M}_{AB} &= \mathrm{Rot}(z_A,90°)\cdot \mathrm{Rot}(x_A,90°)\cdot \mathrm{Trans}(3,-5,9) \\
&= \begin{bmatrix} \cos 90° & -\sin 90° & 0 & 0 \\ \sin 90° & \cos 90° & 0 & 0 \\ 0 & 0 & 1 & 0 \\ 0 & 0 & 0 & 1 \end{bmatrix}
\begin{bmatrix} 1 & 0 & 0 & 0 \\ 0 & \cos 90° & -\sin 90° & 0 \\ 0 & \sin 90° & \cos 90° & 0 \\ 0 & 0 & 0 & 1 \end{bmatrix}
\begin{bmatrix} 1 & 0 & 0 & 3 \\ 0 & 1 & 0 & -5 \\ 0 & 0 & 1 & 9 \\ 0 & 0 & 0 & 1 \end{bmatrix} \\
&= \begin{bmatrix} 0 & 0 & 1 & 9 \\ 1 & 0 & 0 & 3 \\ 0 & 1 & 0 & -5 \\ 0 & 0 & 0 & 1 \end{bmatrix}
\end{aligned}
$$

比较以上两个结果可以看出，相对不同的坐标系变换，最终的齐次坐标变换矩阵是不同的，这也从另一方面也印证了矩阵乘法不满足交换律。所以，在计算联合（连续多次）变换的齐次变换矩阵时，一定要注意左乘和右乘原则。

（5）齐次坐标变换的逆变换——逆矩阵　当齐次坐标变换矩阵可逆时，就存在齐次坐标变换矩阵的逆矩阵。已知齐次变换矩阵，其逆矩阵存在时，可以用线性代数中学过的方法加以求解，也可以用齐次变换的逆变换得到逆矩阵。

已知坐标系$\{i\}$通过先平移、后旋转变成了坐标系$\{j\}$，如图 3.13 所示。

则对应的齐次变换矩阵为

$$
\boldsymbol{M}_{ij} = \begin{bmatrix} \cos\theta & -\sin\theta & 0 & p_x \\ \sin\theta & \cos\theta & 0 & p_y \\ 0 & 0 & 1 & p_z \\ 0 & 0 & 0 & 1 \end{bmatrix} \tag{3.39}
$$

若将上面的变换过程逆过来，就会发生下面两个变化：

1）变换顺序颠倒。先平移，后旋转→先旋转，后平移。

2）变换参数取反。旋转：$(\theta)\rightarrow(-\theta)$；平移：$(p_x,p_y,p_z)\rightarrow(-p_x,-p_y,-p_z)$。

逆变换过程如图 3.14 所示。

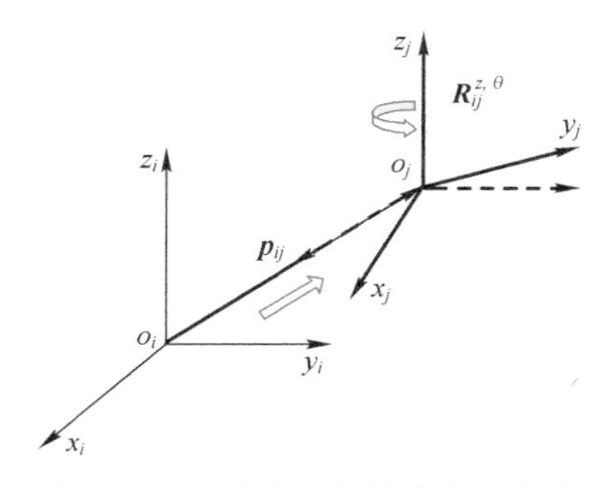

图 3.13　先平移后旋转的联合变换

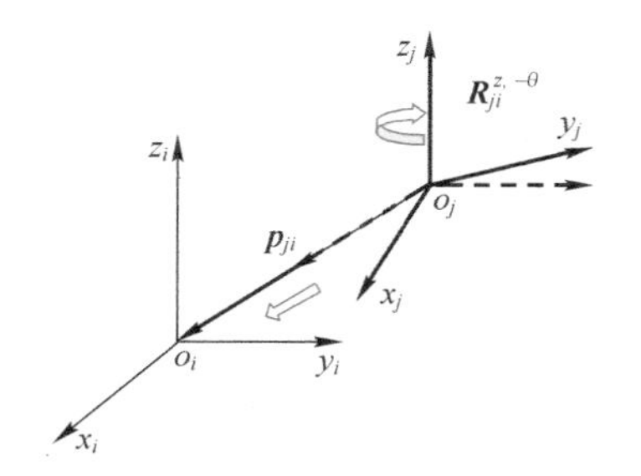

图 3.14　先平移后旋转的逆变换

则坐标系$\{j\}$到坐标系$\{i\}$的变换矩阵为

$$\boldsymbol{M}_{ji}=\mathrm{Rot}(z,-\theta)\cdot\mathrm{Trans}(-p_x,-p_y,-p_z)$$

$$=\begin{bmatrix}\cos\theta & \sin\theta & 0 & 0\\ -\sin\theta & \cos\theta & 0 & 0\\ 0 & 0 & 1 & 0\\ 0 & 0 & 0 & 1\end{bmatrix}\begin{bmatrix}1 & 0 & 0 & -p_x\\ 0 & 1 & 0 & -p_y\\ 0 & 0 & 1 & -p_z\\ 0 & 0 & 0 & 1\end{bmatrix}$$

$$=\begin{bmatrix}\cos\theta & \sin\theta & 0 & -p_x\cdot\cos\theta+(-p_y)\cdot\sin\theta\\ -\sin\theta & \cos\theta & 0 & -p_x\cdot(-\sin\theta)+(-p_y)\cdot\cos\theta\\ 0 & 0 & 1 & -p_z\\ 0 & 0 & 0 & 1\end{bmatrix}$$

再将其变形，可得

$$\boldsymbol{M}_{ji}=\begin{bmatrix}\cos\theta & \sin\theta & 0 & \cos\theta\cdot(-p_x)+\sin\theta\cdot(-p_y)+0\cdot(-p_z)\\ -\sin\theta & \cos\theta & 0 & (-\sin\theta)\cdot(-p_x)+\cos\theta\cdot(-p_y)+0\cdot(-p_z)\\ 0 & 0 & 1 & 0\cdot(-p_x)+0\cdot(-p_y)+1\cdot(-p_z)\\ 0 & 0 & 0 & 1\end{bmatrix}$$

$$=\begin{bmatrix}\boldsymbol{R}_{ij}^{\mathrm{T}} & -\boldsymbol{R}_{ij}^{\mathrm{T}}\cdot\boldsymbol{p}_{ij}\\ \boldsymbol{0} & 1\end{bmatrix}\quad(\boldsymbol{R}_{ij}^{\mathrm{T}}=\boldsymbol{R}_{ij}^{-1})$$

通过逆变换推导，最终得到一个结论，即若齐次坐标变换矩阵为

$$\boldsymbol{M}_{ij}=\begin{bmatrix}n_x & o_x & a_x & p_x\\ n_y & o_y & a_y & p_y\\ n_z & o_z & a_z & p_z\\ 0 & 0 & 0 & 1\end{bmatrix}=\begin{bmatrix}\boldsymbol{R}_{ij} & \boldsymbol{p}_{ij}\\ \boldsymbol{0} & 1\end{bmatrix}$$

则其逆矩阵为

$$\boldsymbol{M}_{ji}=\boldsymbol{M}_{ij}^{-1}=\begin{bmatrix}\boldsymbol{R}_{ij}^{-1} & -\boldsymbol{R}_{ij}^{-1}\cdot\boldsymbol{p}_{ij}\\ 0 & 1\end{bmatrix}=\begin{bmatrix}n_x & n_y & n_z & -\boldsymbol{p}\cdot\boldsymbol{n}\\ o_x & o_y & o_z & -\boldsymbol{p}\cdot\boldsymbol{o}\\ a_x & a_y & a_z & -\boldsymbol{p}\cdot\boldsymbol{a}\\ 0 & 0 & 0 & 1\end{bmatrix}\tag{3.40}$$

式中，$\boldsymbol{p}$、$\boldsymbol{n}$、$\boldsymbol{o}$、$\boldsymbol{a}$ 为齐次坐标变换矩阵 $\boldsymbol{M}_{ij}$的各列向量；“·”为向量的数量积。

若将齐次变换矩阵用分块阵表示为 $\boldsymbol{M}_{ij}=\begin{bmatrix}\boldsymbol{R}_{ij} & \boldsymbol{p}_{ij}\\ \boldsymbol{0} & 1\end{bmatrix}$，由线性代数中学习过的知识可知：

已知 $\boldsymbol{M}=\begin{bmatrix}\boldsymbol{A} & \boldsymbol{B}\\ \boldsymbol{0} & \boldsymbol{C}\end{bmatrix}$，则 $\boldsymbol{M}^{-1}=\begin{bmatrix}\boldsymbol{A}^{-1} & -\boldsymbol{A}^{-1}\cdot\boldsymbol{B}\cdot\boldsymbol{C}^{-1}\\ \boldsymbol{0} & \boldsymbol{C}^{-1}\end{bmatrix}$。

于是，也可以得到上面的结论，即

$$\boldsymbol{M}_{ji}=\boldsymbol{M}_{ij}^{-1}=\begin{bmatrix}\boldsymbol{R}_{ij}^{\mathrm{T}} & -\boldsymbol{R}_{ij}^{\mathrm{T}}\cdot\boldsymbol{p}_{ij}\\ \boldsymbol{0} & 1\end{bmatrix}\tag{3.41}$$

由此结果也印证了前面推导的结论是正确的。

3. 多级坐标的齐次坐标变换

齐次坐标变换矩阵 $\boldsymbol{M}_{ij}$描述了相邻两个坐标系之间的位置和姿态，当空间有任意多个坐

标系时，其变换如图 3.15 所示。

若已知相邻坐标系之间的齐次坐标变换矩阵 $\boldsymbol{M}_{i-1i}$，则任意两个坐标系之间的位置和姿态就可以用齐次坐标变换矩阵来表示。例如，欲知坐标系$\{n\}$在坐标系$\{0\}$中的位置和姿态，就可以用齐次坐标变换矩阵 $\boldsymbol{M}_{0n}$来表示，由坐标变换原理可知

$$\boldsymbol{M}_{0n}=\boldsymbol{M}_{01}\cdot\boldsymbol{M}_{12}\cdots\boldsymbol{M}_{i-1i}\cdots\boldsymbol{M}_{n-1n} \tag{3.42}$$

同理可知，坐标系$\{0\}$在坐标系$\{n\}$中的位置和姿态矩阵为

$$\boldsymbol{M}_{n0}=\boldsymbol{M}_{nn-1}\cdots\boldsymbol{M}_{ii-1}\cdots\boldsymbol{M}_{21}\cdot\boldsymbol{M}_{10} \tag{3.43}$$

式中，$\boldsymbol{M}_{nn-1}$、$\boldsymbol{M}_{ii-1}$、$\boldsymbol{M}_{21}$、$\boldsymbol{M}_{10}$分别是$\boldsymbol{M}_{n-1n}$、$\boldsymbol{M}_{i-1i}$、$\boldsymbol{M}_{12}$、$\boldsymbol{M}_{01}$的逆矩阵。

由此可知，建立机器人的坐标系后，就可以通过齐次坐标变换，将机器人手部在空间的位置和姿态用齐次坐标变换矩阵描述出来，从而建立机器人的运动学方程。

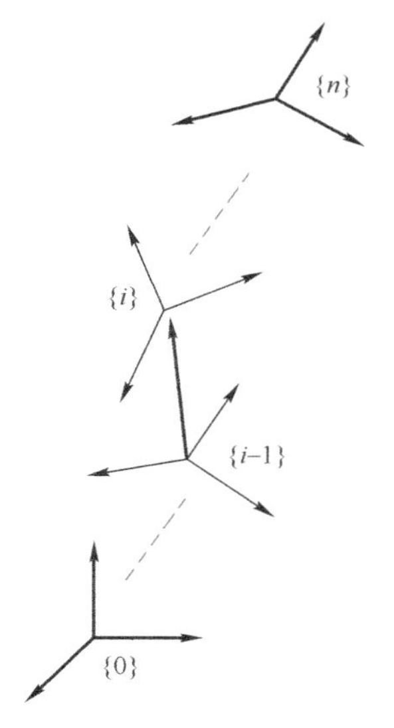

图 3.15 多级坐标系之间的变换

3.3 机器人运动学方程的建立及求解

运动学研究的问题是机器人手在空间的运动与各个关节的运动之间的关系。

一般将机器人运动学问题分为以下两种。

1）正问题：已知关节运动，求手的运动。

2）逆问题：已知手的运动，求关节运动。

要研究和解决机器人运动学问题，就要建立其数学模型。描述机器人手部在空间相对于绝对坐标系或机座坐标系的位置及姿态的数学表达式，称为机器人的运动学方程。

机器人手在空间的运动就是其手部的位置和姿态（方向）在空间的变化，将其用一个 4×4 的矩阵表示，即：手的运动→位姿变化→位姿矩阵 $\boldsymbol{M}$；机器人关节的运动是指活动关节在驱动装置的作用下产生运动，而机器人关节运动时必然会产生某个参数的变化，转动关节运动则会引起角位移变化，平移关节运动则会引起线位移变化，将引起的参数变化统称为关节变量，机器人有 n 个关节，就会有 n 个关节变量，即：关节运动→参数变化→关节变量 $q_i(i=1,2,\cdots,n)$。

将机器人手在空间的运动与各个关节的运动关系用函数关系表示出来，就由此得到机器人的运动学方程。

若用齐次坐标变换矩阵（位姿矩阵）$\boldsymbol{M}$ 表示机器人手在空间相对于机座坐标系的位置和姿态，并将机器人中 n 个活动关节抽象为关节变量 $q_i(i=1,2,\cdots,n)$，则机器人手部的位姿矩阵与关节变量之间就有一定的函数关系，即

$$\boldsymbol{M}=f(q_i)\quad(i=1,2,\cdots,n) \tag{3.44}$$

由此可将机器人运动学分为两类基本问题：一类称为机器人运动学正问题，即在已知机器人各个关节变量 q_i的情况下，求机器人手部相对于参考坐标系的位姿 $\boldsymbol{M}$；另一类称为机器人运动学逆问题，即在已知机器人手部在参考坐标系的位姿 $\boldsymbol{M}$ 的情况下，求机器人各个关节变量 q_i的取值，这是控制机器人工作时所面临的问题。利用齐次坐标变换，就可以确定机器人手部的位姿矩阵 $\boldsymbol{M}$ 与关节变量 q_i之间的函数关系。

建立了机器人运动学方程以后，根据给定的已知条件，就可以对机器人方程进行求解。机器人运动学正问题得到的解，称为机器人运动学方程的正解；机器人运动学逆问题得到的解，称为机器人运动学方程的逆解。

3.3.1　机器人运动学方程的建立

有了前面的数学基础，通过建立坐标系、确定参数和关节变量、计算相邻杆件的位姿矩阵、建立运动学方程四个步骤就可以实现机器人运动学方程的建立。

1. 建立坐标系

要用齐次坐标变换描述机器人各个杆件在空间的位姿，首先就要在机器人每个杆件上固定一个直角坐标系，对具有 n 个自由度的机器人建立的坐标系及杆件、关节编号如图 3.16 所示。机器人杆件的编号从机座开始，机座为 0 号杆件，与其相连接的杆件为 1 号杆件，其余依次为 2，3，…，n 号杆件，杆件上固结的坐标系与该杆件同号。机器人的关节编号由 1 开始，机座 0 与杆件 1 之间的关节定为 1 关节，杆件 1 与杆件 2 之间的关节定为 2 关节，其余以此类推。

机器人要建立的坐标系主要有杆件坐标系$\{i\}$、手部坐标系$\{h\}$、机座坐标系$\{0\}$。

（1）杆件坐标系$\{i\}$，$i=1,2,\cdots,n$　杆件坐标系是与任一杆件 i 相固结的坐标系，其建立原则如下：

z_i轴取与杆件 i 相连接的关节运动副的轴线，而 x_i轴则取沿相邻两关节运动副轴线的公垂线，方向指向下一个杆件，y_i轴常略去不画。

由于杆件 i 上面与杆件 i+1 相连，下面与杆件 i−1 相连，共有两个关节运动副，所以 z_i轴就有两种取法，这就导致杆件坐标系有两种：

1）第一种杆件坐标系：i 杆件坐标系$\{i\}$的 z 轴与 i+1 关节轴线重合。

第一种杆件坐标系的建立如图 3.17 所示，z_i轴取在杆件 i 与杆件 i+1 相连的关节轴线上，即关节 i+1 的轴线上。

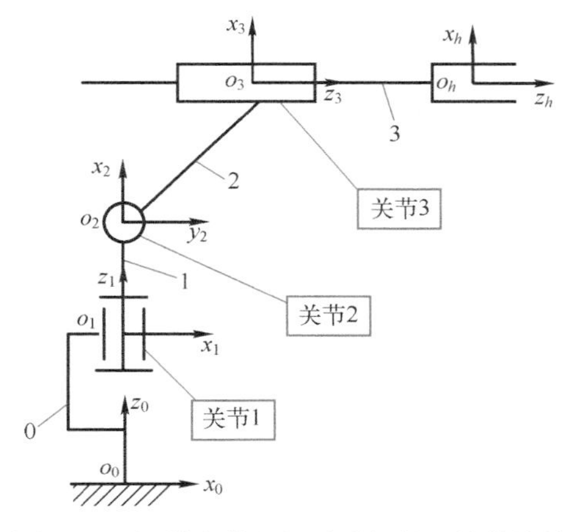

图 3.16　机器人的坐标系及杆件、关节编号

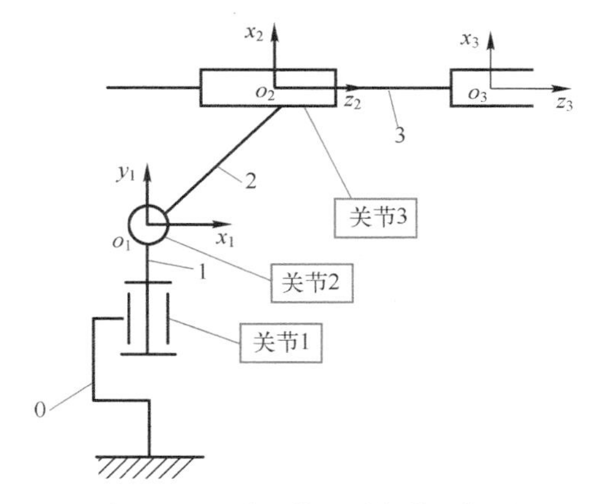

图 3.17　机器人第一种杆件坐标系

建立过程中需要注意两个特例：一个是杆件 1 的 x 轴的确定，由于关节 1 和关节 2 的轴线相交，因此就没有公垂线，此时 x_1就选取垂直于关节 1 和关节 2 轴线相交的平面的任一直线，方向指向下一个杆件。另一个是末端杆件 n，在此机器人杆件中，杆件 3 为末端杆

件。由于末端杆件 n 只有一个关节 n 的轴线，所以 z 轴和 x 轴都无法按第一种杆件坐标系的建立原则去确定，本着简化坐标系之间变换的原则，末端杆件坐标系就建立在机器人手部中心，也有的建立在机械接口中心、末端关节等处，坐标系方向与相邻杆件坐标系保持一致。

2）第二种杆件坐标系：i 杆件坐标系$\{i\}$的 z 轴与 i 关节轴线重合。

若 z_i轴取在杆件 i 与杆件 $i-1$ 相连的关节轴线，即关节 i 的轴线上，建立的坐标系则称为第二杆件坐标系，如图 3.18 所示。

建立过程与第一种杆件坐标系类似，需要注意的也是两个特例：一个是杆件 1 的 x 轴的确定，由于关节 1 和关节 2 的轴线相交，因此就没有公垂线，此时 x_1就选取垂直于关节 1 和关节 2 轴线相交的平面的任一直线，方向指向下一个杆件。另一个是末端杆件 n，在此机器人杆件中，杆件 3 为末端杆件。此时末端杆件 n 有一个关节 n 的轴线，可以将 z 轴放在该轴线上，但 x 轴无法按第二种杆件坐标系的建立原则去确定，本着简化坐标系之间变换的原则，末端杆件坐标系的 x 轴就与相邻杆件坐标系保持一致。

（2）手部坐标系$\{h\}$　机器人手部一般与末端杆件 n 固结，通过换接器可以很方便地换接。机器人手部卸下时，其手部坐标系就建立在机械接口中心。机器人装上手部时，就以手部中心为参考点建立坐标系。在不同的杆件坐标系下，手部坐标系的建立也不同。

在第一种杆件坐标系下，本着简化坐标系之间变换的原则，手部坐标系$\{h\}$与末端杆件坐标系$\{n\}$是重合的。如图 3.19 所示，末端杆件是 3，则手部坐标系$\{h\}$就是杆件坐标系$\{3\}$，两者重合。

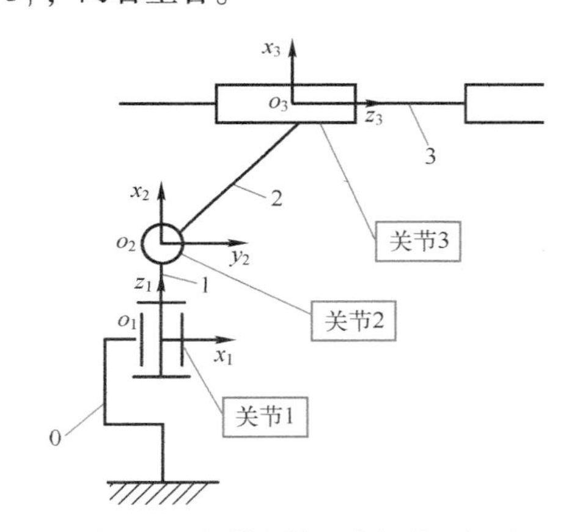

图 3.18　机器人第二种杆件坐标系

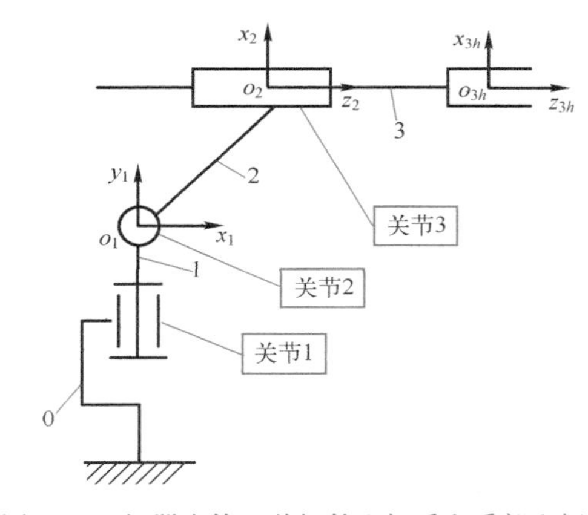

图 3.19　机器人第一种杆件坐标系和手部坐标系

在第二种杆件坐标系下，就要在手部中心参考点处建立手部坐标系$\{h\}$，本着简化坐标系之间变换的原则，手部坐标系$\{h\}$与末端杆件坐标系$\{n\}$的方向选成一致。如图 3.20 所示，机器人手部坐标系$\{h\}$就与末端杆件坐标系$\{3\}$的方向保持一致。

（3）机座坐标系$\{0\}$　固定式机座的坐标系一般情况下其 z_0轴方向朝上，x_0轴指向手部所在的位置，y_0轴按右手坐标系法则确定，常略去不画，如图 3.21 所示。大多数情况下，本着简化坐标系之间变换的原则，机座坐标系$\{0\}$也可以建立在关节 1 的轴线上，方向可参照杆件 1 的坐标系$\{1\}$来进行建立。当然也可以根据实际情况采用其他的画法。

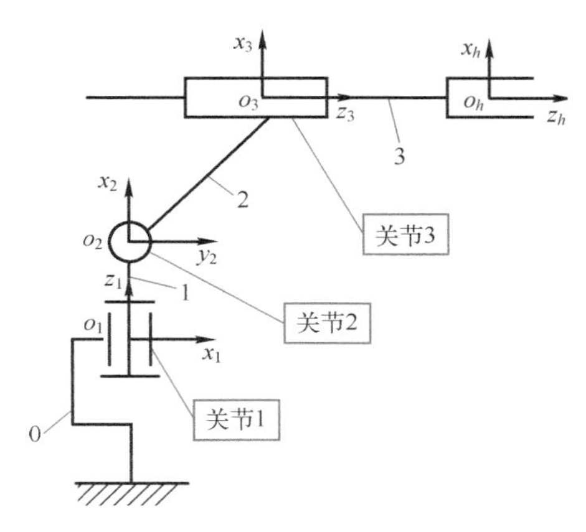

图 3.20　机器人第二种杆件坐标系和手部坐标系

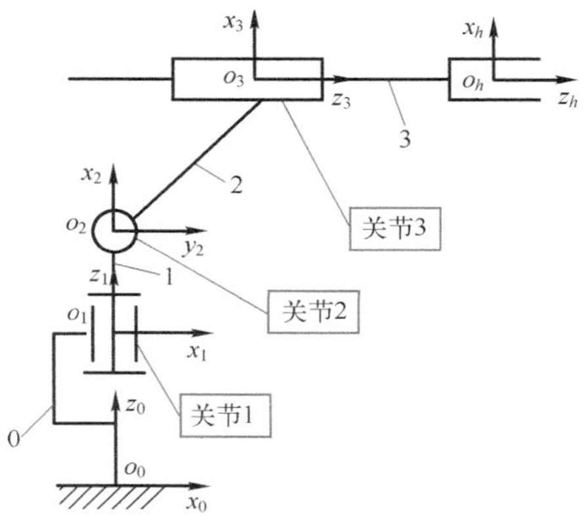

图 3.21　机座坐标系

2. 确定参数和关节变量

（1）参数的确定　在建立机器人运动学方程的过程中，需要确定以下两类参数：

1）杆件几何参数。对给定的任一杆件 i，利用两端的关节轴线就可以定义杆件的长度 l_i 和扭角 α_i，如图 3.22 所示。

杆件长度 l_i——两关节轴线之间的距离，即两关节轴线之间公垂线的长度。

杆件扭角 α_i——两关节轴线之间的夹角，即两端关节轴线沿杆长方向投影到一个平面上的夹角。

2）关节运动参数。相邻两个杆件通过关节连接起来以后，根据两个杆件与关节轴线的关系就可以定义关节的平移量和回转量。以 i 关节为例，连接的两个杆件分别是 i 杆件和 i–1 杆件，如图 3.23 所示。

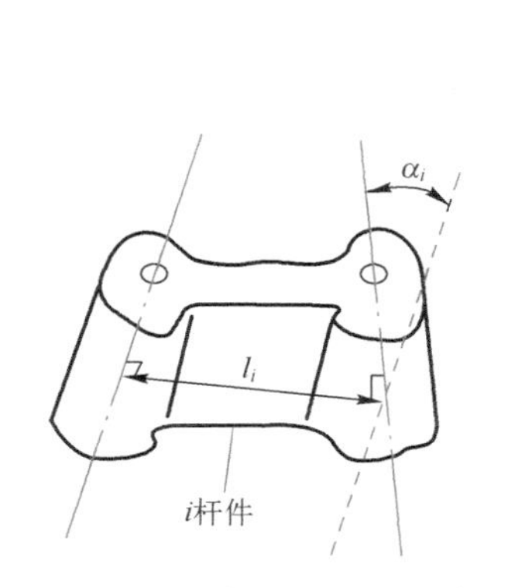

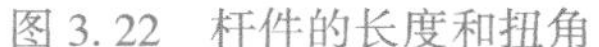
图 3.22　杆件的长度和扭角

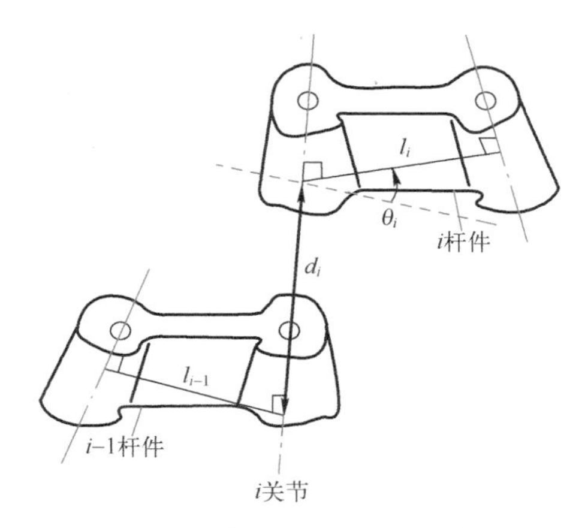

图 3.23　关节的平移量和回转量

根据 i 关节连接的两个杆件长度之间的关系，定义关节平移量和回转量如下：

关节平移量 d_i——相邻杆件的长度在关节轴线上的距离。

关节回转量 θ_i——相邻杆件的长度在关节轴线上的夹角。

（2）关节变量的确定　由于机器人关节可以活动，会导致某个参数发生变化，这个变化的参数就称为关节变量。机器人的关节主要由移动副和转动副组成，即移动副组成的平移关节产生运动时，关节平移量 d_i会发生变化，则此时关节变量就是 d_i；同理，转动副组成的回转关节产生运动时，关节回转量 θ_i会发生变化，则此时关节变量就是 θ_i，而其他参数都不随关节的运动而变化。关节 i 上的关节变量也可用广义坐标 q_i来表示，即关节变量的通式为

$$q_i=s_i\theta_i+(1-s_i)d_i \tag{3.45}$$

式中，s_i是关节的辨识符号。

$$s_i=\begin{cases}1, i \text{ 为回转关节}\\0, i \text{ 为平移关节}\end{cases} \tag{3.46}$$

当机器人的坐标系建立好以后，上述四个参数就可以用相邻的两个坐标系$\{i-1\}$和$\{i\}$之间的关系来确定。在不同的杆件坐标系中，其确定过程有所不同。

1）在第一种杆件坐标系下，四个参数用相邻两个坐标系$\{i-1\}$和$\{i\}$之间的关系确定如下：

杆件长度 l_i——杆件 i 的长度是指其两端关节轴线之间的最短距离，即两轴线之间公垂线的长度。在坐标系中是指沿 x_i轴从 z_{i-1}轴量至 z_i轴的距离，规定在坐标变换时，平移变换与 x_i轴正向一致的距离取为正。

杆件扭角 α_i——杆件 i 的扭角是指其两端关节轴线沿杆长方向投影到一个平面上的夹角。在坐标系中是指绕 x_i轴从 z_{i-1}轴量至 z_i轴的角位移，规定在坐标变换时，旋转变换从 x_i轴正方向观察逆时针方向的角位移取为正。

关节平移量 d_i——关节 i 的平移量是指通过该关节相连的两个杆件的长度在其轴线上的距离。在坐标系中是指在关节 i 上，沿 z_{i-1}轴从 x_{i-1}轴量至 x_i轴的距离，规定在坐标变换时，平移变换与 z_{i-1}轴正方向一致的距离取为正。

关节回转量 θ_i——关节 i 的回转是指通过该关节相连的两个杆件的长度沿其轴线方向投影到一个平面上的夹角。在坐标系中是指在关节 i 上，绕 z_{i-1}轴从 x_{i-1}轴量至 x_i轴的角位移，规定在坐标变换时，旋转变换从 z_{i-1}轴方向观察逆时针方向的角位移取为正。

2）在第二种杆件坐标系下，四个参数用相邻两个坐标系$\{i-1\}$和$\{i\}$之间的关系确定如下：

杆件长度 l_{i-1}——杆件 $i-1$ 的长度是指其两端关节轴线之间的最短距离，即两轴线之间公垂线的长度。在坐标系中是指沿 x_{i-1}轴从 z_{i-1}轴量至 z_i轴的距离，规定在坐标变换时，平移变换与 x_{i-1}轴正向一致的距离取为正。

杆件扭角 α_{i-1}——杆件 $i-1$ 的扭角是指其两端关节轴线沿杆长方向投影到一个平面上的夹角。在坐标系中是指绕 x_{i-1}轴从 z_{i-1}轴量至 z_i轴的角位移，规定在坐标变换时，旋转变换从 x_{i-1}轴方向观察逆时针方向的角位移取为正。

关节平移量 d_i——关节 i 的平移量是指通过该关节相连的两个杆件的长度在其轴线上相差的距离。在坐标系中是指在关节 i 上，沿 z_i轴从 x_{i-1}轴量至 x_i轴的距离，规定在坐标变换时，平移变换与 z_i轴正向一致的距离取为正。

关节回转量 θ_i——关节 i 的回转是指通过关节相连的两个杆件的长度沿该关节轴线方向投影到一个平面上的夹角。在坐标系中是指在关节 i 上，绕 z_i轴从 x_{i-1}轴量至 x_i轴的角位移，规定在坐标变换时，旋转变换从 z_i轴方向观察逆时针方向的角位移取为正。

相邻杆件坐标系之间的参数确定，不仅有大小的确定，还要注意正负的确定。根据变换

的方向和坐标系的方向就可以确定参数的正负：沿坐标轴正向移动，平移向量就取正值，反之就取负值；绕坐标轴旋转，满足右手法则就取正值，反之就取负值。

3. 计算相邻杆件的位姿矩阵

相邻杆件的位姿矩阵就是两个相邻杆件坐标系之间的齐次坐标变换矩阵，它表达了两个杆件之间的位置与姿态关系。在杆件上建立坐标系有两种方法，因而也就有两种不同形式的位姿矩阵。

（1）第一种杆件坐标系位姿矩阵　第一种杆件坐标系建立两个相邻杆件 $i-1$ 和 i 的杆件坐标系 $\{i-1\}$ 和 $\{i\}$，如图 3.24 所示，杆件坐标系都固定在每个杆件的上关节处，即杆件 $i-1$ 的坐标系 $\{i-1\}$ 设置在关节 i 上，并与杆件 $i-1$ 固结在一起，它们之间无相对运动。同理，杆件 i 的坐标系 $\{i\}$ 设置在关节 $i+1$ 上，并与杆件 i 固结在一起，它们之间也无相对运动。

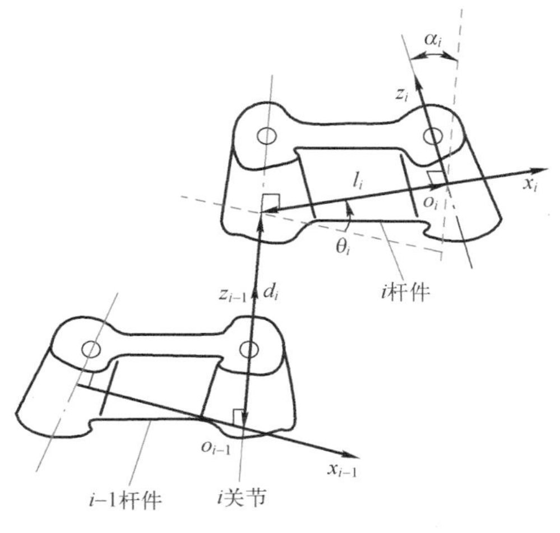

图 3.24　第一种杆件坐标系的相邻杆件坐标系

结合相邻坐标系之间的四个参数可知，坐标系 $\{i\}$ 是坐标系 $\{i-1\}$ 沿 z_{i-1} 轴平移 d_i 距离、绕 z_{i-1} 轴旋转 θ_i 角度，再沿 x_i 轴平移 l_i 距离、绕 x_i 轴旋转 α_i 角度变换而来的，由此计算相邻杆件之间的第一种杆件坐标系位姿矩阵如下。

根据单步齐次变换矩阵即可得到 $\{i-1\}$ 到 $\{i\}$ 坐标系的每一步变换矩阵。

沿 z_{i-1} 轴平移 d_i 距离：$\boldsymbol{M}_a=\mathrm{Trans}(0,0,d_i)=\begin{bmatrix}1&0&0&0\\0&1&0&0\\0&0&1&d_i\\0&0&0&1\end{bmatrix}$。

绕 z_{i-1} 轴旋转 θ_i 角度：$\boldsymbol{M}_b=\mathrm{Rot}(z_{i-1},\theta_i)=\begin{bmatrix}\cos\theta_i&-\sin\theta_i&0&0\\\sin\theta_i&\cos\theta_i&0&0\\0&0&1&0\\0&0&0&1\end{bmatrix}$。

沿 x_i 轴平移 l_i 距离：$\boldsymbol{M}_c=\mathrm{Trans}(l_i,0,0)=\begin{bmatrix}1&0&0&l_i\\0&1&0&0\\0&0&1&0\\0&0&0&1\end{bmatrix}$。

绕 x_i 轴旋转 α_i 角度：$\boldsymbol{M}_d=\mathrm{Rot}(x_i,\alpha_i)=\begin{bmatrix}1&0&0&0\\0&\cos\alpha_i&-\sin\alpha_i&0\\0&\sin\alpha_i&\cos\alpha_i&0\\0&0&0&1\end{bmatrix}$。

注意：在上述变换过程中，a、b 两步可以交换变换次序，同样 c、d 两步也可以交换变换次序，最终的变换结果不会发生变化。

根据齐次变换的运算规律，可得第一种杆件坐标系下相邻杆件之间的位姿矩阵为

$$\boldsymbol{M}_{i-1i}=\text{Trans}(0,0,d_i)\cdot\text{Rot}(z_{i-1},\theta_i)\cdot\text{Trans}(l_i,0,0)\cdot\text{Rot}(x_i,\alpha_i)$$

或

$$\boldsymbol{M}_{i-1i}=\text{Rot}(z_{i-1},\theta_i)\cdot\text{Trans}(0,0,d_i)\cdot\text{Rot}(x_i,\alpha_i)\cdot\text{Trans}(l_i,0,0)$$

则

$$\boldsymbol{M}_{i-1i}=\boldsymbol{M}_a\cdot\boldsymbol{M}_b\cdot\boldsymbol{M}_c\cdot\boldsymbol{M}_d=(\boldsymbol{M}_a\cdot\boldsymbol{M}_b)\cdot(\boldsymbol{M}_c\cdot\boldsymbol{M}_d)=(\boldsymbol{M}_b\cdot\boldsymbol{M}_a)\cdot(\boldsymbol{M}_d\cdot\boldsymbol{M}_c)$$

即

$$\boldsymbol{M}_{i-1i}=\begin{bmatrix}\cos\theta_i & -\sin\theta_i & 0 & 0\\ \sin\theta_i & \cos\theta_i & 0 & 0\\ 0 & 0 & 1 & d_i\\ 0 & 0 & 0 & 1\end{bmatrix}\begin{bmatrix}1 & 0 & 0 & l_i\\ 0 & \cos\alpha_i & -\sin\alpha_i & 0\\ 0 & \sin\alpha_i & \cos\alpha_i & 0\\ 0 & 0 & 0 & 1\end{bmatrix}$$

$$=\begin{bmatrix}\cos\theta_i & -\sin\theta_i\cdot\cos\alpha_i & \sin\theta_i\cdot\sin\alpha_i & l_i\cos\theta_i\\ \sin\theta_i & \cos\theta_i\cdot\cos\alpha_i & -\cos\theta_i\cdot\sin\alpha_i & l_i\sin\theta_i\\ 0 & \sin\alpha_i & \cos\alpha_i & d_i\\ 0 & 0 & 0 & 1\end{bmatrix} \tag{3.47}$$

若关节 i 是平移关节，上式中 d_i是关节变量，其他参数均为常量；若关节 i 是回转关节，上式中 θ_i是关节变量，则其他参数均为常量。除了关节变量以外，其他参数都不随关节的运动而变化。关节 i 上的关节变量也可以用广义坐标 q_i来表示，即 $q_i=s_i\theta_i+(1-s_i)d_i$，式中，$s_i$ 是 i 关节的标识符号：$s_i=\begin{cases}1, i\text{ 为转动关节}\\0, i\text{ 为移动关节}\end{cases}$。

（2）第二种杆件坐标系位姿矩阵　第二种杆件坐标系建立两个相邻杆件 $i-1$ 和 i 的杆件坐标系$\{i-1\}$和$\{i\}$，如图 3.25 所示，杆件坐标系都固定在每个杆件的下关节处，即杆件 $i-1$ 的坐标系$\{i-1\}$设置于关节 $i-1$ 上，并与杆件 $i-1$ 固结在一起，它们之间无相对运动。同理，杆件 i 的坐标系$\{i\}$设置于关节 i 上，并与杆件 i 固结在一起，它们之间也无相对运动。

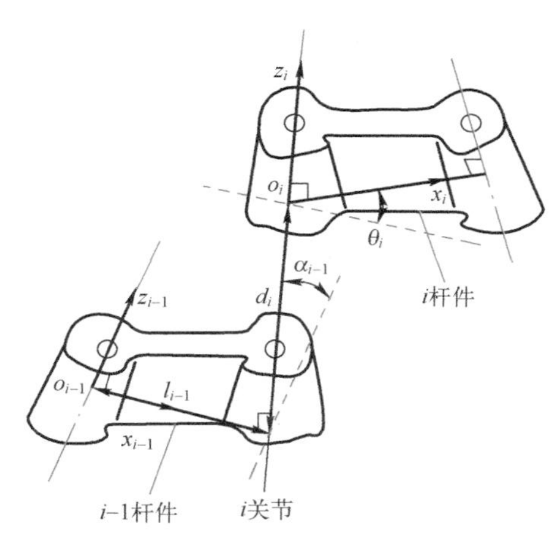

图 3.25　第二种杆件坐标系的相邻杆件坐标系

结合相邻坐标系之间的四个参数可知，坐标系$\{i\}$是坐标系$\{i-1\}$沿 x_{i-1}轴平移 l_{i-1}距离、绕 x_{i-1}轴旋转 α_{i-1}角度，再沿 z_i轴平移 d_i距离、绕 z_i轴旋转 θ_i角度变换而来的，由此计算相邻杆件之间的第二种杆件坐标系位姿矩阵如下。

根据单步齐次变换矩阵即可得到$\{i-1\}$到$\{i\}$坐标系的每一步变换矩阵。

沿 x_{i-1}轴平移 l_{i-1}距离：$\boldsymbol{M}_a=\text{Trans}(l_{i-1},0,0)=\begin{bmatrix}1 & 0 & 0 & l_{i-1}\\ 0 & 1 & 0 & 0\\ 0 & 0 & 1 & 0\\ 0 & 0 & 0 & 1\end{bmatrix}$。

绕 x_{i-1} 轴旋转 α_{i-1} 角度：$\boldsymbol{M}_b=\mathrm{Rot}(x_{i-1},\alpha_{i-1})=\begin{bmatrix}1 & 0 & 0 & 0\\ 0 & \cos\alpha_{i-1} & -\sin\alpha_{i-1} & 0\\ 0 & \sin\alpha_{i-1} & \cos\alpha_{i-1} & 0\\ 0 & 0 & 0 & 1\end{bmatrix}$。

沿 z_i 轴平移 d_i 距离：$\boldsymbol{M}_c=\mathrm{Trans}(0,0,d_i)=\begin{bmatrix}1 & 0 & 0 & 0\\ 0 & 1 & 0 & 0\\ 0 & 0 & 1 & d_i\\ 0 & 0 & 0 & 1\end{bmatrix}$。

绕 z_i 轴旋转 θ_i 角度：$\boldsymbol{M}_d=\mathrm{Rot}(z_i,\theta_i)=\begin{bmatrix}\cos\theta_i & -\sin\theta_i & 0 & 0\\ \sin\theta_i & \cos\theta_i & 0 & 0\\ 0 & 0 & 1 & 0\\ 0 & 0 & 0 & 1\end{bmatrix}$。

注意：*在上述变换过程中，a、b 两步可以交换变换次序，同样 c、d 两步也可以交换变换次序，最终的变换结果不会发生变化。*

根据齐次变换的运算规律，可得第二种杆件坐标系下相邻杆件之间的位姿矩阵为

$$\boldsymbol{M}_{i-1i}=\mathrm{Trans}(l_{i-1},0,0)\cdot\mathrm{Rot}(x_{i-1},\alpha_{i-1})\cdot\mathrm{Trans}(0,0,d_i)\cdot\mathrm{Rot}(z_i,\theta_i)$$

或

$$\boldsymbol{M}_{i-1i}=\mathrm{Rot}(x_{i-1},\alpha_{i-1})\cdot\mathrm{Trans}(l_{i-1},0,0)\cdot\mathrm{Rot}(z_i,\theta_i)\cdot\mathrm{Trans}(0,0,d_i)$$

则

$$\boldsymbol{M}_{i-1i}=\boldsymbol{M}_a\cdot\boldsymbol{M}_b\cdot\boldsymbol{M}_c\cdot\boldsymbol{M}_d=(\boldsymbol{M}_a\cdot\boldsymbol{M}_b)\cdot(\boldsymbol{M}_c\cdot\boldsymbol{M}_d)=(\boldsymbol{M}_b\cdot\boldsymbol{M}_a)\cdot(\boldsymbol{M}_d\cdot\boldsymbol{M}_c)$$

即

$$\boldsymbol{M}_{i-1i}=\begin{bmatrix}1 & 0 & 0 & l_{i-1}\\ 0 & \cos\alpha_{i-1} & -\sin\alpha_{i-1} & 0\\ 0 & \sin\alpha_{i-1} & \cos\alpha_{i-1} & 0\\ 0 & 0 & 0 & 1\end{bmatrix}\begin{bmatrix}\cos\theta_i & -\sin\theta_i & 0 & 0\\ \sin\theta_i & \cos\theta_i & 0 & 0\\ 0 & 0 & 1 & d_i\\ 0 & 0 & 0 & 1\end{bmatrix}$$

$$=\begin{bmatrix}\cos\theta_i & -\sin\theta_i & 0 & l_{i-1}\\ \cos\alpha_{i-1}\sin\theta_i & \cos\alpha_{i-1}\cos\theta_i & -\sin\alpha_{i-1} & -d_i\sin\alpha_{i-1}\\ \sin\alpha_{i-1}\sin\theta_i & \sin\alpha_{i-1}\cos\theta_i & \cos\alpha_{i-1} & d_i\cos\alpha_{i-1}\\ 0 & 0 & 0 & 1\end{bmatrix} \tag{3.48}$$

若关节 i 是移动关节，上式中 d_i 是关节变量，其他参数均为常量；若关节 i 是转动关节，上式中 θ_i 是关节变量，则其他参数均为常量。除了关节变量以外，其他参数都不随关节的运动而变化。关节 i 上的关节变量也可用广义坐标 q_i 来表示，即 $q_i=s_i\theta_i+(1-s_i)d_i$，式中，$s_i$ 是 i 关节的标识符号：$s_i=\begin{cases}1,i\ 为转动关节\\ 0,i\ 为移动关节\end{cases}$。

4. 建立运动学方程

计算出所有相邻坐标系的位姿矩阵 $\boldsymbol{M}_{01},\boldsymbol{M}_{12},\cdots,\boldsymbol{M}_{i-1i},\cdots,\boldsymbol{M}_{n-1n},\boldsymbol{M}_{nh}$ 以后，则机器人手部的位姿矩阵 $\boldsymbol{M}_{0h}$ 与各个关节变量 $q_i(i=1,2,\cdots,n)$ 之间就有了确定的函数关系，即

$$\boldsymbol{M}_{0h}=\boldsymbol{M}_{01}\cdot\boldsymbol{M}_{12}\cdots\boldsymbol{M}_{i-1i}\cdots\boldsymbol{M}_{n-1n}\cdot\boldsymbol{M}_{nh} \tag{3.49}$$

上式就称为机器人的运动学方程，它描述了机器人手部在机座坐标系中的位置和姿态与机器人所有关节变量之间的数学关系。若绝对坐标系与机座坐标系之间的位姿矩阵为 $\boldsymbol{M}_{B0}$（若两坐标系重合，则其为一个单位矩阵），而杆件 n 的坐标系与手部坐标系之间的位姿矩阵为 $\boldsymbol{M}_{nh}$（若两坐标系重合，则其为一个单位矩阵），则机器人手部在绝对坐标系中的位置和姿态与各个关节变量之间的函数关系就为

$$\boldsymbol{M}_{Bh}=\boldsymbol{M}_{B0}\cdot\boldsymbol{M}_{01}\cdot\boldsymbol{M}_{12}\cdots\boldsymbol{M}_{i-1i}\cdots\boldsymbol{M}_{n-1n}\cdot\boldsymbol{M}_{nh} \tag{3.50}$$

式（3.50）则称为机器人的完全运动学方程。一般情况下，机器人运动学方程是指式（3.49）。

例 3.3 已知三自由度平面关节机器人如图 3.26a 所示，设机器人杆件 1、2、3 的长度分别为 l_1、l_2、l_3，试用第一种杆件坐标系位姿矩阵建立机器人的运动学方程（水平向右为零位）。

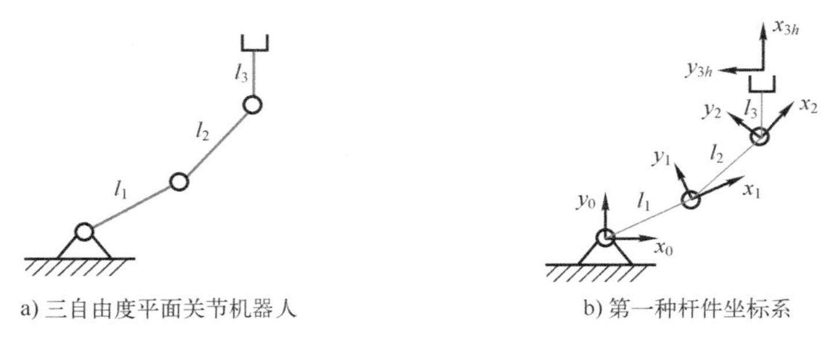

图 3.26 三自由度平面关节机器人及坐标系

解： 该机器人运动学方程建立过程如下。

（1）建立坐标系 用第一种杆件坐标系建立该机器人的坐标系如图 3.26b 所示，各杆件坐标系均设置在上关节处，各 z 轴均垂直于纸面，取向外为正向，各 x 轴均为各杆件的延长线。

（2）确定参数和关节变量 因为该机器人的每个关节轴线都处于同一平面，所以 $\alpha_1=\alpha_2=\alpha_3=0°$，而各杆件又都处于同一平面，故其坐标系的原点都在同一平面，所以 $d_1=d_2=d_3=0$，再结合坐标系之间的变换关系，由此可确定该机器人的各个参数和关节变量，见表 3.3。

表 3.3 机器人第一种杆件坐标系中各参数和关节变量

杆件或关节编号 i	d_i	θ_i	l_i	α_i	关节变量 q_i
1	0	θ_1	l_1	0	θ_1
2	0	θ_2	l_2	0	θ_2
3	0	θ_3	l_3	0	θ_3

（3）计算相邻杆件的位姿矩阵 将各参数和关节变量代入式（3.47），或用相邻坐标系之间的多步变换关系可得

$$\boldsymbol{M}_{01}=\mathrm{Rot}(z,\theta_1)\cdot\mathrm{Trans}(l_1,0,0)=\begin{bmatrix}\cos\theta_1 & -\sin\theta_1 & 0 & 0\\ \sin\theta_1 & \cos\theta_1 & 0 & 0\\ 0 & 0 & 1 & 0\\ 0 & 0 & 0 & 1\end{bmatrix}\begin{bmatrix}1 & 0 & 0 & l_1\\ 0 & 1 & 0 & 0\\ 0 & 0 & 1 & 0\\ 0 & 0 & 0 & 1\end{bmatrix}$$

$$=\begin{bmatrix}\cos\theta_1 & -\sin\theta_1 & 0 & l_1\cos\theta_1\\ \sin\theta_1 & \cos\theta_1 & 0 & l_1\sin\theta_1\\ 0 & 0 & 1 & 0\\ 0 & 0 & 0 & 1\end{bmatrix}$$

同理可得

$$\boldsymbol{M}_{12}=\mathrm{Rot}(z,\theta_2)\cdot\mathrm{Trans}(l_2,0,0)=\begin{bmatrix}\cos\theta_2 & -\sin\theta_2 & 0 & l_2\cos\theta_2\\ \sin\theta_2 & \cos\theta_2 & 0 & l_2\sin\theta_2\\ 0 & 0 & 1 & 0\\ 0 & 0 & 0 & 1\end{bmatrix}$$

$$\boldsymbol{M}_{23(h)}=\mathrm{Rot}(z,\theta_3)\cdot\mathrm{Trans}(l_3,0,0)=\begin{bmatrix}\cos\theta_3 & -\sin\theta_3 & 0 & l_3\cos\theta_3\\ \sin\theta_3 & \cos\theta_3 & 0 & l_3\sin\theta_3\\ 0 & 0 & 1 & 0\\ 0 & 0 & 0 & 1\end{bmatrix}$$

（4）建立该机器人的运动学方程　将相邻杆件位姿矩阵依次相乘，则有

$$\boldsymbol{M}_{03(h)}=\boldsymbol{M}_{01}\cdot\boldsymbol{M}_{12}\cdot\boldsymbol{M}_{23(h)}=\begin{bmatrix}c\theta_{123} & -s\theta_{123} & 0 & l_1\cos\theta_1+l_2c\theta_{12}+l_3c\theta_{123}\\ s\theta_{123} & c\theta_{123} & 0 & l_1\sin\theta_1+l_2s\theta_{12}+l_3s\theta_{123}\\ 0 & 0 & 1 & 0\\ 0 & 0 & 0 & 1\end{bmatrix}$$

此式即为该机器人的运动学方程，式中简写符号的意义为

$$c\theta_{123}=\cos(\theta_1+\theta_2+\theta_3),\quad s\theta_{123}=\sin(\theta_1+\theta_2+\theta_3),$$

$$c\theta_{12}=\cos(\theta_1+\theta_2),\quad s\theta_{12}=\sin(\theta_1+\theta_2)。$$

若用位姿矩阵 $\boldsymbol{M}_{03(h)}$ 的通式表示，则有

$$\begin{bmatrix}n_x & o_x & a_x & p_x\\ n_y & o_y & a_y & p_y\\ n_z & o_z & a_z & p_z\\ 0 & 0 & 0 & 1\end{bmatrix}=\begin{bmatrix}c\theta_{123} & -s\theta_{123} & 0 & l_1\cos\theta_1+l_2c\theta_{12}+l_3c\theta_{123}\\ s\theta_{123} & c\theta_{123} & 0 & l_1\sin\theta_1+l_2s\theta_{12}+l_3s\theta_{123}\\ 0 & 0 & 1 & 0\\ 0 & 0 & 0 & 1\end{bmatrix}$$

这是机器人运动学方程的矩阵形式。

若将位姿矩阵 $\boldsymbol{M}_{03(h)}$ 中有效元素与右边矩阵中对应元素相等的表达式列出来，即为

$$\begin{cases}n_x=c\theta_{123}\\ n_y=s\theta_{123}\\ o_x=-s\theta_{123}\\ o_y=c\theta_{123}\\ p_x=l_1\cos\theta_1+l_2c\theta_{12}+l_3c\theta_{123}\\ p_y=l_1\sin\theta_1+l_2s\theta_{12}+l_3s\theta_{123}\end{cases}$$

上式是机器人运动学方程的方程组形式。

若用第二种杆件坐标系位姿矩阵建立该机器人的运动学方程，其坐标系如图 3.27 所示，在机器人手部建立了一个坐标系 $\{h\}$，它与坐标系 $\{3\}$ 之间没有相对运动，只有一个固定的平移变换。

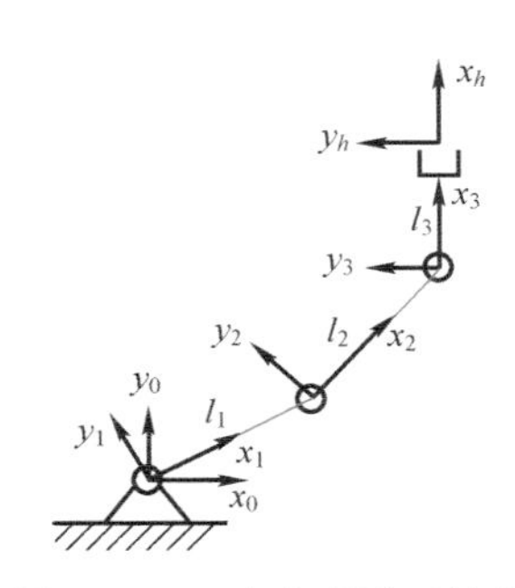

图 3.27　三自由度平面关节机器人第二种杆件坐标系

机器人的参数和关节变量见表 3.4。

表 3.4　机器人第二种杆件坐标系中各参数和关节变量

杆件或关节编号 i	l_{i-1}	α_{i-1}	d_i	θ_i	关节变量q_i
1	0	0	0	θ_1	θ_1
2	l_1	0	0	θ_2	θ_2
3	l_2	0	0	θ_3	θ_3

将参数和关节变量代入式（3.48），或用相邻坐标系之间的多步变换关系可得

$$\boldsymbol{M}_{01}=\mathrm{Rot}(z,\theta_1)=\begin{bmatrix}\cos\theta_1 & -\sin\theta_1 & 0 & 0\\ \sin\theta_1 & \cos\theta_1 & 0 & 0\\ 0 & 0 & 1 & 0\\ 0 & 0 & 0 & 1\end{bmatrix}$$

$$\boldsymbol{M}_{12}=\mathrm{Trans}(l_1,0,0)\cdot\mathrm{Rot}(z,\theta_2)=\begin{bmatrix}\cos\theta_2 & -\sin\theta_2 & 0 & l_1\\ \sin\theta_2 & \cos\theta_2 & 0 & 0\\ 0 & 0 & 1 & 0\\ 0 & 0 & 0 & 1\end{bmatrix}$$

$$\boldsymbol{M}_{23}=\mathrm{Trans}(l_2,0,0)\cdot\mathrm{Rot}(z,\theta_3)=\begin{bmatrix}\cos\theta_3 & -\sin\theta_3 & 0 & l_2\\ \sin\theta_3 & \cos\theta_3 & 0 & 0\\ 0 & 0 & 1 & 0\\ 0 & 0 & 0 & 1\end{bmatrix}$$

$$\boldsymbol{M}_{3h}=\mathrm{Trans}(l_3,0,0)=\begin{bmatrix}1 & 0 & 0 & l_3\\ 0 & 1 & 0 & 0\\ 0 & 0 & 1 & 0\\ 0 & 0 & 0 & 1\end{bmatrix}$$

将相邻杆件位姿矩阵依次相乘，则可得该机器人的运动学方程为

$$\boldsymbol{M}_{0h}=\boldsymbol{M}_{01}\cdot\boldsymbol{M}_{12}\cdot\boldsymbol{M}_{23}\cdot\boldsymbol{M}_{3h}=\begin{bmatrix}c\theta_{123} & -s\theta_{123} & 0 & l_1\cos\theta_1+l_2c\theta_{12}+l_3c\theta_{123}\\ s\theta_{123} & c\theta_{123} & 0 & l_1\sin\theta_1+l_2s\theta_{12}+l_3s\theta_{123}\\ 0 & 0 & 1 & 0\\ 0 & 0 & 0 & 1\end{bmatrix}$$

式中简写符号的意义为

$$c\theta_{123}=\cos(\theta_1+\theta_2+\theta_3),s\theta_{123}=\sin(\theta_1+\theta_2+\theta_3),$$
$$c\theta_{12}=\cos(\theta_1+\theta_2),s\theta_{12}=\sin(\theta_1+\theta_2)。$$

通过比较可以看出，在机器人机座坐标系和手部坐标系建立一致的情况下，用两种不同杆件坐标系求得的机器人运动学方程完全一样。

3.3.2　机器人运动学方程的解

1. 运动学方程的正解

针对机器人运动学正问题的求解称为运动学方程的正解。若机器人结构参数已知，当给

出机器人各个运动关节的关节变量时，就可确定机器人手部在机座坐标系中所处的位置和姿态，即可确定运动学方程中位姿矩阵 $\boldsymbol{M}_{0h}$ 的各元素值，这就是求解机器人运动学的正问题，也称直接位置求解。

机器人运动学正问题的求解方法是利用坐标变换原理得到机器人的运动学方程，代入给定的关节变量，计算出位姿矩阵中每个元素的值，它们就表示了机器人手部在机座坐标系中的位置和姿态。给定一组关节变量，位姿矩阵 $\boldsymbol{M}_{0h}$ 计算出的结果也只有一个，即机器人运动学方程的正解是唯一的。利用机器人运动学方程正解的唯一性，就可以来检验和校准机器人。

2. 运动学方程的逆解

针对机器人运动学逆问题的求解称为运动学方程的逆解。当给出机器人手部在机座坐标系中所处的位置和姿态时，即给定了运动学方程中位姿矩阵 $\boldsymbol{M}_{0h}$ 的各元素值，如何求出机器人各个运动关节的关节变量值，这就是求解机器人运动学的逆问题，也称间接位置求解。

机器人运动学逆问题的求解方法是利用机器人运动学方程两端矩阵元素应相等的原理得到一组多变量的方程组，通过求解这组方程从而确定出机器人各个关节变量的值。机器人运动学逆问题的求解方法主要有代数法、几何法和数值法三种，下面介绍代数法中的递推逆变换法。

$$
\begin{gathered}
\boldsymbol{M}_{0h}=\boldsymbol{M}_{01}\cdot\boldsymbol{M}_{12}\cdots\boldsymbol{M}_{i-1i}\cdots\boldsymbol{M}_{n-1h}\\
\boldsymbol{M}_{01}^{-1}\cdot\boldsymbol{M}_{0h}=\boldsymbol{M}_{12}\cdot\boldsymbol{M}_{23}\cdots\boldsymbol{M}_{i-1i}\cdots\boldsymbol{M}_{n-1h}\\
\boldsymbol{M}_{12}^{-1}\cdot\boldsymbol{M}_{01}^{-1}\cdot\boldsymbol{M}_{0h}=\boldsymbol{M}_{23}\cdot\boldsymbol{M}_{34}\cdots\boldsymbol{M}_{i-1i}\cdots\boldsymbol{M}_{n-1h}\\
\vdots
\end{gathered}
\tag{3.51}
$$

采用递推逆变换法，首先由式（3.51）中第一个公式（机器人运动学方程）的矩阵形式转换成方程组形式，然后在这些方程中寻找独立方程（理论上独立方程的数目最多等于关节变量的数目），如果找到的独立方程数目等于关节变量数目，则将它们联立，用求解方程组的方法求出关节变量的值，即可完成机器人运动学方程的逆解求解。

如果独立方程的数目少于关节变量的数目，则要用式（3.51）中第二个公式，即将第一个相邻杆件位姿矩阵 $\boldsymbol{M}_{01}$ 的逆阵左乘第一个公式（机器人运动学方程），然后将其矩阵形式转换成方程组形式，再在这些方程中寻找独立方程，如果找到了独立方程，与前面独立方程加起来数目等于关节变量数目，则将它们联立，用求解方程组的方法求出关节变量的值，即可完成机器人运动学方程的逆解求解。如果这次没有找到独立方程或找到的独立方程与前面独立方程加起来数目仍然少于关节变量数目，则继续左乘下一个（第二个）相邻杆件位姿矩阵 $\boldsymbol{M}_{12}$ 的逆阵，如此依次递推下去。一般递推过程不一定全部做完，就可以找到足够数量的独立方程进行联立，从而求出所需的全部待求关节变量的值。

机器人运动学方程的正解是唯一的，但机器人运动学方程的逆解却有多解、唯一解和无解三种情况。若从空间角度来理解，机器人运动学逆解的无解情况是指，给定的机器人手部在空间的位置和姿态处于机器人工作空间的外面，这时不论机器人各个关节变量取什么值，机器人手部在空间都不能达到所要求的位置和姿态，所以就无解；唯一解的情况是指，给定的机器人手部在空间的位置和姿态恰好处于机器人工作空间的边缘上，这时机器人各个关节变量只能取唯一的一组值，所以就只有唯一的一个解；多解的情况是指，给定的机器人手部在空间的位置和姿态处于机器人工作空间的里面，这时机器人各个关节变量可以取多组不同的值，所以就有多个解。

当机器人运动学逆解有多个解时，就存在一个解的选择问题，常用的判定准则是选择最接近解。当机器人手部由前一点位向后一点位运动，达到后一个点位有多个解时，就可选择最“接近”前一点位的解，即选择关节变量解中最靠近前一点位的关节变量值，这种选择方法也称为“最接近原则”。

例 3.4 已知四轴平面关节 SCARA 机器人如图 3.28a 所示，试按第一种杆件坐标系位姿矩阵完成以下计算（位移的单位为 mm）：

1）建立该机器人的运动学方程。

2）当关节变量取 $\boldsymbol{q}_i=[30° \quad -60° \quad -120° \quad 90°]^{\mathrm{T}}$时，求机器人手部的位置和姿态。

3）求机器人运动学逆解的数学表达式。

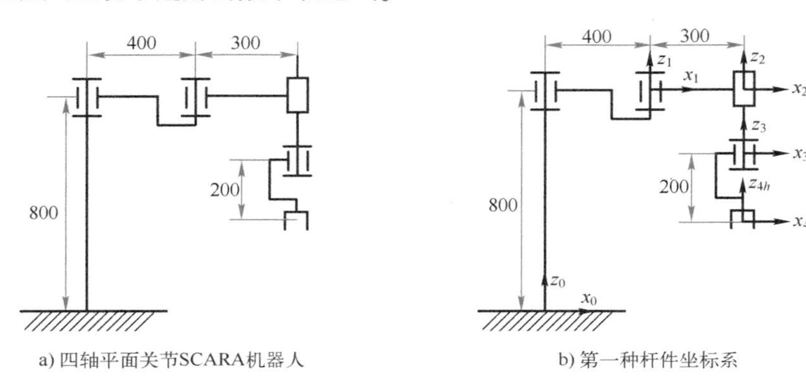

图 3.28 四轴平面关节 SCARA 机器人及坐标系

解：1）机器人运动学方程建立过程如下。

① 建立机器人坐标系（第一种杆件坐标系）如图 3.28b 所示。

② 列出参数和关节变量，见表 3.5。

表 3.5 SCARA 机器人第一种杆件坐标系中各参数和关节变量

杆件或关节编号 i	d_i	θ_i	l_i	α_i	关节变量q_i
1	800	θ_1	400	0	θ_1
2	0	θ_2	300	0	θ_2
3	d_3	0	0	0	d_3
4	−200	θ_4	0	0	θ_4

③ 计算相邻杆件的位姿矩阵

$$\boldsymbol{M}_{01}=\mathrm{Trans}(0,0,800)\cdot\mathrm{Rot}(z,\theta_1)\cdot\mathrm{Trans}(400,0,0)$$

$$=\begin{bmatrix}\cos\theta_1 & -\sin\theta_1 & 0 & 0\\ \sin\theta_1 & \cos\theta_1 & 0 & 0\\ 0 & 0 & 1 & 800\\ 0 & 0 & 0 & 1\end{bmatrix}\begin{bmatrix}1 & 0 & 0 & 400\\ 0 & 1 & 0 & 0\\ 0 & 0 & 1 & 0\\ 0 & 0 & 0 & 1\end{bmatrix}$$

$$=\begin{bmatrix}\cos\theta_1 & -\sin\theta_1 & 0 & 400\cos\theta_1\\ \sin\theta_1 & \cos\theta_1 & 0 & 400\sin\theta_1\\ 0 & 0 & 1 & 800\\ 0 & 0 & 0 & 1\end{bmatrix}$$

$$\boldsymbol{M}_{12}=\mathrm{Rot}(z,\theta_2)\cdot\mathrm{Trans}(300,0,0)$$

$$=\begin{bmatrix}\cos\theta_2 & -\sin\theta_2 & 0 & 0\\ \sin\theta_2 & \cos\theta_2 & 0 & 0\\ 0 & 0 & 1 & 0\\ 0 & 0 & 0 & 1\end{bmatrix}\begin{bmatrix}1 & 0 & 0 & 300\\ 0 & 1 & 0 & 0\\ 0 & 0 & 1 & 0\\ 0 & 0 & 0 & 1\end{bmatrix}$$

$$=\begin{bmatrix}\cos\theta_2 & -\sin\theta_2 & 0 & 300\cos\theta_2\\ \sin\theta_2 & \cos\theta_2 & 0 & 300\sin\theta_2\\ 0 & 0 & 1 & 0\\ 0 & 0 & 0 & 1\end{bmatrix}$$

$$\boldsymbol{M}_{23}=\mathrm{Trans}(0,0,d_3)=\begin{bmatrix}1 & 0 & 0 & 0\\ 0 & 1 & 0 & 0\\ 0 & 0 & 1 & d_3\\ 0 & 0 & 0 & 1\end{bmatrix}$$

$$\boldsymbol{M}_{34(h)}=\mathrm{Trans}(0,0,-200)\cdot\mathrm{Rot}(z,\theta_4)=\begin{bmatrix}\cos\theta_4 & -\sin\theta_4 & 0 & 0\\ \sin\theta_4 & \cos\theta_4 & 0 & 0\\ 0 & 0 & 1 & -200\\ 0 & 0 & 0 & 1\end{bmatrix}$$

④ 该机器人运动学方程为

$$\boldsymbol{M}_{0h}=\boldsymbol{M}_{01}\cdot\boldsymbol{M}_{12}\cdot\boldsymbol{M}_{23}\cdot\boldsymbol{M}_{34(h)}=\begin{bmatrix}c\theta_{124} & -s\theta_{124} & 0 & 400\cos\theta_1+300c\theta_{12}\\ s\theta_{124} & c\theta_{124} & 0 & 400\sin\theta_1+300s\theta_{12}\\ 0 & 0 & 1 & 600+d_3\\ 0 & 0 & 0 & 1\end{bmatrix}$$

式中，$c\theta_{124}=\cos(\theta_1+\theta_2+\theta_4)$，$s\theta_{124}=\sin(\theta_1+\theta_2+\theta_4)$，$c\theta_{12}=\cos(\theta_1+\theta_2)$，$s\theta_{12}=\sin(\theta_1+\theta_2)$。

2）将 $\boldsymbol{q}_i=[30° \quad -60° \quad -120° \quad 90°]^{\mathrm{T}}$代入机器人运动学方程，得

$$\boldsymbol{M}_{0h}=\begin{bmatrix}\frac{1}{2} & -\frac{\sqrt{3}}{2} & 0 & 350\sqrt{3}\\ \frac{\sqrt{3}}{2} & \frac{1}{2} & 0 & 50\\ 0 & 0 & 1 & 480\\ 0 & 0 & 0 & 1\end{bmatrix}$$

由此即可知道机器人手部在机座坐标系中的位置 $\boldsymbol{p}_{0h}$和姿态 $\boldsymbol{R}_{0h}$分别为

$$\boldsymbol{p}_{0h}=\begin{bmatrix}350\sqrt{3}\\50\\480\end{bmatrix},\quad \boldsymbol{R}_{0h}=\begin{bmatrix}\frac{1}{2}&-\frac{\sqrt{3}}{2}&0\\\frac{\sqrt{3}}{2}&\frac{1}{2}&0\\0&0&1\end{bmatrix}$$

3）求机器人运动学方程的逆解。

若已知机器人运动学方程，用通式表示则有

$$\begin{bmatrix}n_x&o_x&a_x&p_x\\n_y&o_y&a_y&p_y\\n_z&o_z&a_z&p_z\\0&0&0&1\end{bmatrix}=\begin{bmatrix}c\theta_{124}&-s\theta_{124}&0&l_1\cos\theta_1+l_2c\theta_{12}\\s\theta_{124}&c\theta_{124}&0&l_1\sin\theta_1+l_2s\theta_{12}\\0&0&1&d_1+d_3+d_4\\0&0&0&1\end{bmatrix}$$

由矩阵两边元素相等可知：$a_x=a_y=n_z=o_z=0, a_z=1$，它们均为常量。带有关节变量的函数方程有以下 5 个：

$$c\theta_{124}=n_x=o_y \tag{a}$$

$$s\theta_{124}=n_y=-o_x \tag{b}$$

$$l_1\cos\theta_1+l_2c\theta_{12}=p_x \tag{c}$$

$$l_1\sin\theta_1+l_2s\theta_{12}=p_y \tag{d}$$

$$d_1+d_3+d_4=p_z \tag{e}$$

由式（a）和式（b）可得

$$\theta_1+\theta_2+\theta_4=\arctan\frac{n_y}{n_x}$$

联立式（c）和式（d），先将其两边平方相加，即可解出 $\cos\theta_2$ 为

$$\cos\theta_2=\frac{p_x^2+p_y^2-l_1^2-l_2^2}{2l_1l_2}$$

于是

$$\theta_2=\pm\arccos\frac{p_x^2+p_y^2-l_1^2-l_2^2}{2l_1l_2}$$

将式（c）和式（d）中的 $c\theta_{12}$、$s\theta_{12}$ 展开可得

$$(l_1+l_2\cos\theta_2)\cos\theta_1-(l_2\sin\theta_2)\sin\theta_1=p_x$$

$$(l_2\sin\theta_2)\cos\theta_1+(l_1+l_2\cos\theta_2)\sin\theta_1=p_y$$

联立以上两式，由于 $\cos\theta_2$ 已知，则 $\sin\theta_2=\pm\sqrt{1-(\cos\theta_2)^2}$ 也已知，即可得 $\cos\theta_1$、$\sin\theta_1$ 分别为

$$\sin\theta_1=\frac{(l_1+l_2\cos\theta_2)p_y-l_2\sin\theta_2p_x}{(l_1+l_2\cos\theta_2)^2+(l_2\sin\theta_2)^2}$$

$$\cos\theta_1=\frac{(l_1+l_2\cos\theta_2)p_x+l_2\sin\theta_2p_y}{(l_2\sin\theta_2)^2+(l_1+l_2\cos\theta_2)^2}$$

由此可得

$$\theta_1=\arctan\frac{\sin\theta_1}{\cos\theta_1}=\arctan\frac{(l_1+l_2\cos\theta_2)p_y-l_2\sin\theta_2p_x}{(l_1+l_2\cos\theta_2)p_x+l_2\sin\theta_2p_y}$$

已知 θ_1 和 θ_2，则可得

$$\theta_4=\arctan\frac{n_y}{n_x}-\theta_1-\theta_2$$

最后由式（e）可得：$d_3=p_z-d_1-d_4$。

通过推导，最终可得机器人运动学逆解的四个关节变量的数学表达式为

$$\theta_1=\arctan\frac{(l_1+l_2\cos\theta_2)p_y-l_2\sin\theta_2 p_x}{(l_1+l_2\cos\theta_2)p_x+l_2\sin\theta_2 p_y}$$

$$\theta_2=\pm\arccos\frac{p_x^2+p_y^2-l_1^2-l_2^2}{2l_1l_2}$$

$$d_3=p_z-d_1-d_4$$

$$\theta_4=\arctan\frac{n_y}{n_x}-\theta_1-\theta_2$$

式中，$\cos\theta_2=\dfrac{p_x^2+p_y^2-l_1^2-l_2^2}{2l_1l_2}$，$\sin\theta_2=\pm\sqrt{1-(\cos\theta_2)^2}$。

在机器人运动学逆解计算过程中，要注意两种情况：

一种情况称为退化，即当机器人失去一个自由度，并因此不按所期望的状态运动时即称为退化。退化发生条件：①机器人达到物理极限，不能进一步运动；②两个相似关节共线。

另一种情况称为不灵巧区域，即能对机器人定位但不能确定姿态的区域。使用齐次变换矩阵（D-H 法）建立机器人运动学方程的局限性就是无法表示关于 y 轴的运动。

3.4　机器人微分运动

机器人的微分运动主要研究机器人关节变量的微小变化与机器人手部位姿的微小变化之间的微分关系。如果已知两者之间的微分关系，就可以解决机器人微分运动的两类基本问题：一类是在已知机器人各个关节变量的微小变化时，求机器人手部位姿的微小变化；另一类是在已知机器人手部位姿的微小变化时，求机器人各个关节变量相应的微小变化。机器人的微分运动对机器人控制、误差分析、动力分析和保证工作精度具有十分重要的意义。

3.4.1　机器人的微运动

设机器人运动链中某一杆件相对于机座坐标系的位姿为 $\boldsymbol{M}$，经过微运动后该杆件的位姿变为了 $\boldsymbol{M}+\mathrm{d}\boldsymbol{M}$，若位姿 $\boldsymbol{M}$ 是某个变量 q 的函数，则

$$\mathrm{d}\boldsymbol{M}=\frac{\partial \boldsymbol{M}}{\partial q}\mathrm{d}q \tag{3.52}$$

若位姿 $\boldsymbol{M}$ 是若干个变量 $q_i(i=1,2,\cdots,n)$ 的函数，则

$$\mathrm{d}\boldsymbol{M}=\sum_{i=1}^{n}\frac{\partial \boldsymbol{M}}{\partial q_i}\mathrm{d}q_i \tag{3.53}$$

3.4.2　机器人的微分变换

机器人的微运动总可以用微小的平移和旋转运动来表示，它既可以用给定的当前坐标系

描述，也可以用基础坐标系描述。设当前坐标系为$\{j\}$，基础坐标系为$\{i\}$，且两者之间的变换关系为$\boldsymbol{M}_{ij}$，经过微运动后变为$\boldsymbol{M}_{ij}+\mathrm{d}\boldsymbol{M}_{ij}$，则有如下结论。

若微运动是相对于基础坐标系$\{i\}$进行的，由左乘法则可得

$$\boldsymbol{M}_{ij}+\mathrm{d}\boldsymbol{M}_{ij}=\mathrm{Trans}(d_x,d_y,d_z)\cdot\mathrm{Rot}(\boldsymbol{k},\mathrm{d}\theta)\cdot\boldsymbol{M}_{ij}$$

则

$$\mathrm{d}\boldsymbol{M}_{ij}=[\mathrm{Trans}(d_x,d_y,d_z)\cdot\mathrm{Rot}(\boldsymbol{k},\mathrm{d}\theta)-\boldsymbol{I}]\boldsymbol{M}_{ij} \tag{3.54}$$

若微运动是相对于当前坐标系$\{j\}$进行的，由右乘法则可得

$$\boldsymbol{M}_{ij}+\mathrm{d}\boldsymbol{M}_{ij}=\boldsymbol{M}_{ij}\cdot\mathrm{Trans}(d_x,d_y,d_z)\cdot\mathrm{Rot}(\boldsymbol{k},\mathrm{d}\theta)$$

则

$$\mathrm{d}\boldsymbol{M}_{ij}=\boldsymbol{M}_{ij}[\mathrm{Trans}(d_x,d_y,d_z)\cdot\mathrm{Rot}(\boldsymbol{k},\mathrm{d}\theta)-\boldsymbol{I}] \tag{3.55}$$

式（3.54）和式（3.55）中包含一个共同项$\mathrm{Trans}(d_x,d_y,d_z)\cdot\mathrm{Rot}(\boldsymbol{k},\mathrm{d}\theta)-\boldsymbol{I}$，令

$$\boldsymbol{\Delta}=\mathrm{Trans}(d_x,d_y,d_z)\cdot\mathrm{Rot}(\boldsymbol{k},\mathrm{d}\theta)-\boldsymbol{I} \tag{3.56}$$

式（3.56）称为微分变换矩阵。

若微运动是相对于基础坐标系$\{i\}$进行的，微分变换矩阵用$\boldsymbol{\Delta}_i$表示，由此可得

$$\mathrm{d}\boldsymbol{M}_{ij}=\boldsymbol{\Delta}_i\cdot\boldsymbol{M}_{ij} \tag{3.57}$$

若微运动是相对于当前坐标系$\{j\}$进行的，微分变换矩阵用$\boldsymbol{\Delta}_j$表示，由此可得

$$\mathrm{d}\boldsymbol{M}_{ij}=\boldsymbol{M}_{ij}\cdot\boldsymbol{\Delta}_j \tag{3.58}$$

1. 微分变换矩阵

由微分变换矩阵$\boldsymbol{\Delta}=\mathrm{Trans}(d_x,d_y,d_z)\cdot\mathrm{Rot}(\boldsymbol{k},\mathrm{d}\theta)-\boldsymbol{I}$的定义可以看出，它包含了微分平移和微分旋转两个变换。

微分平移变换与一般平移变换一样，其变换矩阵为

$$\mathrm{Trans}(d_x,d_y,d_z)=\begin{bmatrix}1&0&0&d_x\\0&1&0&d_y\\0&0&1&d_z\\0&0&0&1\end{bmatrix} \tag{3.59}$$

微分旋转变换矩阵可由一般旋转变换式求出：

当$\theta\to 0$时，$\sin\theta\to\mathrm{d}\theta,\cos\theta\to 1,v\theta=1-\cos\theta\to 0$，由此可得

$$\mathrm{Rot}(\boldsymbol{k},\mathrm{d}\theta)=\begin{bmatrix}1&-k_z\mathrm{d}\theta&k_y\mathrm{d}\theta&0\\k_z\mathrm{d}\theta&1&-k_x\mathrm{d}\theta&0\\-k_y\mathrm{d}\theta&k_x\mathrm{d}\theta&1&0\\0&0&0&1\end{bmatrix} \tag{3.60}$$

该矩阵是绕旋转向量$\boldsymbol{k}$旋转一个微量角$\mathrm{d}\theta$得来的，它也可以用绕x、y、z三根坐标轴旋转δ_x、δ_y、δ_z微量角的变换矩阵$\mathrm{Rot}(x,\delta_x)\cdot\mathrm{Rot}(y,\delta_y)\cdot\mathrm{Rot}(z,\delta_z)$来表示。绕三根轴做微分旋转的变换矩阵分别为

$$\mathrm{Rot}(x,\delta_x)=\lim_{\substack{\theta\to 0\\ \sin\theta\to\delta_x}}\begin{bmatrix}1&0&0&0\\0&\cos\theta&-\sin\theta&0\\0&\sin\theta&\cos\theta&0\\0&0&0&1\end{bmatrix}=\begin{bmatrix}1&0&0&0\\0&1&-\delta_x&0\\0&\delta_x&1&0\\0&0&0&1\end{bmatrix}$$

$$\mathrm{Rot}(y,\delta_y)=\lim_{\substack{\theta\to 0\\ \sin\theta\to\delta_y}}\begin{bmatrix}\cos\theta & 0 & \sin\theta & 0\\ 0 & 1 & 0 & 0\\ -\sin\theta & 0 & \cos\theta & 0\\ 0 & 0 & 0 & 1\end{bmatrix}=\begin{bmatrix}1 & 0 & \delta_y & 0\\ 0 & 1 & 0 & 0\\ -\delta_y & 0 & 1 & 0\\ 0 & 0 & 0 & 1\end{bmatrix}$$

$$\mathrm{Rot}(z,\delta_z)=\lim_{\substack{\theta\to 0\\ \sin\theta\to\delta_z}}\begin{bmatrix}\cos\theta & -\sin\theta & 0 & 0\\ \sin\theta & \cos\theta & 0 & 0\\ 0 & 0 & 1 & 0\\ 0 & 0 & 0 & 1\end{bmatrix}=\begin{bmatrix}1 & -\delta_z & 0 & 0\\ \delta_z & 1 & 0 & 0\\ 0 & 0 & 1 & 0\\ 0 & 0 & 0 & 1\end{bmatrix}$$

上述三个微分旋转变换矩阵按任意顺序相乘，只要略去高阶微量，其结果均为

$$\mathrm{Rot}(x,\delta_x)\cdot\mathrm{Rot}(y,\delta_y)\cdot\mathrm{Rot}(z,\delta_z)=\begin{bmatrix}1 & -\delta_z & \delta_y & 0\\ \delta_z & 1 & -\delta_x & 0\\ -\delta_y & \delta_x & 1 & 0\\ 0 & 0 & 0 & 1\end{bmatrix} \tag{3.61}$$

将此式与式（3.60）比较可得

$$\delta_x=k_x\mathrm{d}\theta,\quad \delta_y=k_y\mathrm{d}\theta,\quad \delta_z=k_z\mathrm{d}\theta \tag{3.62}$$

于是微分变换矩阵就变为

$$\begin{aligned}\boldsymbol{\Delta}&=[\mathrm{Trans}(d_x,d_y,d_z)\cdot\mathrm{Rot}(x,\delta_x)\cdot\mathrm{Rot}(y,\delta_y)\cdot\mathrm{Rot}(z,\delta_z)]-\boldsymbol{I}\\&=\begin{bmatrix}0 & -\delta_z & \delta_y & d_x\\ \delta_z & 0 & -\delta_x & d_y\\ -\delta_y & \delta_x & 0 & d_z\\ 0 & 0 & 0 & 0\end{bmatrix}\end{aligned} \tag{3.63}$$

因此 $\boldsymbol{\Delta}$ 可看成是由 $\boldsymbol{\delta}$ 和 $\boldsymbol{d}$ 两个向量组成的，$\boldsymbol{\delta}$ 称为微分旋转向量，$\boldsymbol{d}$ 称为微分平移向量，分别表示为

$$\begin{cases}\boldsymbol{\delta}=\delta_x\boldsymbol{i}+\delta_y\boldsymbol{j}+\delta_z\boldsymbol{k}\\ \boldsymbol{d}=d_x\boldsymbol{i}+d_y\boldsymbol{j}+d_z\boldsymbol{k}\end{cases} \tag{3.64}$$

$\boldsymbol{\delta}$ 和 $\boldsymbol{d}$ 合称为微分运动向量，可用 $\boldsymbol{D}$ 表示

$$\boldsymbol{D}=\begin{bmatrix}d_x\\ d_y\\ d_z\\ \delta_x\\ \delta_y\\ \delta_z\end{bmatrix},\quad 或\ \boldsymbol{D}=\begin{bmatrix}\boldsymbol{d}\\ \boldsymbol{\delta}\end{bmatrix} \tag{3.65}$$

2. 两坐标系间微分运动的关系

设有任意两个坐标系 $\{i\}$ 和 $\{j\}$，且两者之间的变换关系为 $\boldsymbol{M}_{ij}$，经过微运动后变为 $\boldsymbol{M}_{ij}+\mathrm{d}\boldsymbol{M}_{ij}$。若相对于坐标系 $\{i\}$ 的微运动用微分变换矩阵 $\boldsymbol{\Delta}_i$ 表示，相对于坐标系 $\{j\}$ 的微运动用 $\boldsymbol{\Delta}_j$ 表示，由式（3.57）和式（3.58）可得 $\mathrm{d}\boldsymbol{M}_{ij}=\boldsymbol{\Delta}_i\cdot\boldsymbol{M}_{ij}=\boldsymbol{M}_{ij}\cdot\boldsymbol{\Delta}_j$，即

$$\boldsymbol{\Delta}_j=\boldsymbol{M}_{ij}^{-1}\cdot\boldsymbol{\Delta}_i\cdot\boldsymbol{M}_{ij} \tag{3.66}$$

式（3.66）说明了相对于不同坐标系的微分变换矩阵 $\boldsymbol{\Delta}_i$ 和 $\boldsymbol{\Delta}_j$ 的关系。$\boldsymbol{M}_{ij}$ 是两坐标系之间的齐次变换矩阵，可由向量 $\boldsymbol{n}$、$\boldsymbol{o}$、$\boldsymbol{a}$、$\boldsymbol{p}$ 给定，其通式为

$$\boldsymbol{M}_{ij}=\begin{bmatrix} n_x & o_x & a_x & p_x \\ n_y & o_y & a_y & p_y \\ n_z & o_z & a_z & p_z \\ 0 & 0 & 0 & 1 \end{bmatrix}$$

由式（3.63）可得

$$\boldsymbol{\Delta}_i=\begin{bmatrix} 0 & -\delta_{zi} & \delta_{yi} & d_{xi} \\ \delta_{zi} & 0 & -\delta_{xi} & d_{yi} \\ -\delta_{yi} & \delta_{xi} & 0 & d_{zi} \\ 0 & 0 & 0 & 0 \end{bmatrix}$$

所以

$$\boldsymbol{M}_{ij}^{-1}\cdot\boldsymbol{\Delta}_i\cdot\boldsymbol{M}_{ij}=\begin{bmatrix} \boldsymbol{n}\cdot(\boldsymbol{\delta}_i\times\boldsymbol{n}) & \boldsymbol{n}\cdot(\boldsymbol{\delta}_i\times\boldsymbol{o}) & \boldsymbol{n}\cdot(\boldsymbol{\delta}_i\times\boldsymbol{a}) & \boldsymbol{n}\cdot(\boldsymbol{\delta}_i\times\boldsymbol{p})+\boldsymbol{d}_i\cdot\boldsymbol{n} \\ \boldsymbol{o}\cdot(\boldsymbol{\delta}_i\times\boldsymbol{n}) & \boldsymbol{o}\cdot(\boldsymbol{\delta}_i\times\boldsymbol{o}) & \boldsymbol{o}\cdot(\boldsymbol{\delta}_i\times\boldsymbol{a}) & \boldsymbol{o}\cdot(\boldsymbol{\delta}_i\times\boldsymbol{p})+\boldsymbol{d}_i\cdot\boldsymbol{o} \\ \boldsymbol{a}\cdot(\boldsymbol{\delta}_i\times\boldsymbol{n}) & \boldsymbol{a}\cdot(\boldsymbol{\delta}_i\times\boldsymbol{o}) & \boldsymbol{a}\cdot(\boldsymbol{\delta}_i\times\boldsymbol{a}) & \boldsymbol{a}\cdot(\boldsymbol{\delta}_i\times\boldsymbol{p})+\boldsymbol{d}_i\cdot\boldsymbol{a} \\ 0 & 0 & 0 & 0 \end{bmatrix}$$

式中，$\boldsymbol{\delta}_i=\delta_{xi}\boldsymbol{i}+\delta_{yi}\boldsymbol{j}+\delta_{zi}\boldsymbol{k}$，$\boldsymbol{d}_i=d_{xi}\boldsymbol{i}+d_{yi}\boldsymbol{j}+d_{zi}\boldsymbol{k}$。利用混合积的性质

$$\begin{cases} \boldsymbol{a}\cdot(\boldsymbol{b}\times\boldsymbol{c})=-\boldsymbol{b}\cdot(\boldsymbol{a}\times\boldsymbol{c})=\boldsymbol{b}\cdot(\boldsymbol{c}\times\boldsymbol{a}) \\ \boldsymbol{a}\cdot(\boldsymbol{b}\times\boldsymbol{a})=0 \\ \cdots \end{cases}$$

可以将上式简化为

$$\boldsymbol{M}_{ij}^{-1}\cdot\boldsymbol{\Delta}_i\cdot\boldsymbol{M}_{ij}=\begin{bmatrix} 0 & -\boldsymbol{\delta}_i\cdot\boldsymbol{a} & \boldsymbol{\delta}_i\cdot\boldsymbol{o} & \boldsymbol{\delta}_i\cdot(\boldsymbol{p}\times\boldsymbol{n})+\boldsymbol{d}_i\cdot\boldsymbol{n} \\ \boldsymbol{\delta}_i\cdot\boldsymbol{a} & 0 & -\boldsymbol{\delta}_i\cdot\boldsymbol{n} & \boldsymbol{\delta}_i\cdot(\boldsymbol{p}\times\boldsymbol{o})+\boldsymbol{d}_i\cdot\boldsymbol{o} \\ -\boldsymbol{\delta}_i\cdot\boldsymbol{o} & \boldsymbol{\delta}_i\cdot\boldsymbol{n} & 0 & \boldsymbol{\delta}_i\cdot(\boldsymbol{p}\times\boldsymbol{a})+\boldsymbol{d}_i\cdot\boldsymbol{a} \\ 0 & 0 & 0 & 0 \end{bmatrix}=\boldsymbol{\Delta}_j$$

而矩阵 $\boldsymbol{\Delta}_j$ 又为

$$\boldsymbol{\Delta}_j=\begin{bmatrix} 0 & -\delta_{zj} & \delta_{yj} & d_{xj} \\ \delta_{zj} & 0 & -\delta_{xj} & d_{yj} \\ -\delta_{yj} & \delta_{xj} & 0 & d_{zj} \\ 0 & 0 & 0 & 0 \end{bmatrix} \tag{3.67}$$

将上两式比较即可得

$$\begin{cases} d_{xj}=\boldsymbol{n}\cdot[(\boldsymbol{\delta}_i\times\boldsymbol{p})+\boldsymbol{d}_i] \\ d_{yj}=\boldsymbol{o}\cdot[(\boldsymbol{\delta}_i\times\boldsymbol{p})+\boldsymbol{d}_i] \\ d_{zj}=\boldsymbol{a}\cdot[(\boldsymbol{\delta}_i\times\boldsymbol{p})+\boldsymbol{d}_i] \\ \delta_{xj}=\boldsymbol{n}\cdot\boldsymbol{\delta}_i \\ \delta_{yj}=\boldsymbol{o}\cdot\boldsymbol{\delta}_i \\ \delta_{zj}=\boldsymbol{a}\cdot\boldsymbol{\delta}_i \end{cases} \tag{3.68}$$

式（3.68）表示了相对于不同坐标系的微分运动向量之间的关系，根据此式即可由一个坐标系的微分运动求出另一个坐标系的微分运动。式（3.68）也可简写为

$$\begin{bmatrix} \boldsymbol{d}_j \\ \boldsymbol{\delta}_j \end{bmatrix} = \begin{bmatrix} \boldsymbol{R}^{\mathrm{T}} & -\boldsymbol{R}^{\mathrm{T}} \cdot \boldsymbol{S}(\boldsymbol{p}) \\ 0 & \boldsymbol{R}^{\mathrm{T}} \end{bmatrix} \begin{bmatrix} \boldsymbol{d}_i \\ \boldsymbol{\delta}_i \end{bmatrix} \tag{3.69}$$

式中，$\boldsymbol{R}$ 是旋转变换矩阵

$$\boldsymbol{R} = \begin{bmatrix} n_x & o_x & a_x \\ n_y & o_y & a_y \\ n_z & o_z & a_z \end{bmatrix}$$

$\boldsymbol{S}(\boldsymbol{p})$ 是三维向量 $\boldsymbol{p}=p_x\boldsymbol{i}+p_y\boldsymbol{j}+p_z\boldsymbol{k}$ 的反对称矩阵，它定义为

$$\boldsymbol{S}(\boldsymbol{p}) = \begin{bmatrix} 0 & -p_z & p_y \\ p_z & 0 & -p_x \\ -p_y & p_x & 0 \end{bmatrix}$$

同理，由式（3.66）也可得

$$\boldsymbol{\Delta}_i = \boldsymbol{M}_{ij} \cdot \boldsymbol{\Delta}_j \cdot \boldsymbol{M}_{ij}^{-1} = (\boldsymbol{M}_{ij}^{-1})^{-1} \cdot \boldsymbol{\Delta}_j \cdot (\boldsymbol{M}_{ij}^{-1}) \tag{3.70}$$

由此可见，只要得到 $\boldsymbol{M}_{ij}$ 的逆矩阵 $\boldsymbol{M}_{ij}^{-1}$，用同样的方法就可以在已知 $\boldsymbol{\Delta}_j$ 的情况下得到 $\boldsymbol{\Delta}_i$，即已知相对于坐标系$\{j\}$的 $\boldsymbol{d}_j$ 和 $\boldsymbol{\delta}_j$，就可以求出相对于坐标系$\{i\}$的 $\boldsymbol{d}_i$ 和 $\boldsymbol{\delta}_i$。

3.4.3　机器人的雅可比矩阵

利用机器人的微分运动关系，我们就可以得到机器人手部在空间的运动速度与各个关节运动速度之间的关系。由式（3.44）已知机器人运动学方程为 $\boldsymbol{M}=f(q_i)$，$i=1,2,\cdots,n$ 为关节编号，这代表机器人手部位姿 $\boldsymbol{M}$ 和关节变量 q_i 之间的位移关系，将其两边关于时间 t 求导，即可由微分运动关系得到机器人手部位姿 $\boldsymbol{M}$ 和关节变量 q_i 之间的速度关系。

机器人手部位姿的微分变化 $\mathrm{d}\boldsymbol{M}_{0n}$ 是由各个关节的微分运动 $\mathrm{d}q_i$ 引起的，对于转动关节，$\mathrm{d}q_i$ 就相当于微分旋转 $\mathrm{d}\theta_i$；对于移动关节，$\mathrm{d}q_i$ 就相当于微分平移 $\mathrm{d}d_i$。机器人坐标系建立方法不同时，关节运动相对的坐标系就不同，这会使坐标系之间的微分关系有所不同。

若用第一种杆件坐标系建立机器人的坐标系，关节 i 的微分运动 $\mathrm{d}q_i$ 是相对于坐标系$\{i-1\}$发生的，若设它对坐标系$\{i-1\}$产生的微分变换矩阵为 $\boldsymbol{\Delta}_{i-1}=\boldsymbol{\Delta}'_{i-1}\cdot \mathrm{d}q_i$（$\boldsymbol{\Delta}'_{i-1}$ 是单位微分旋转或平移矩阵，由关节 i 的类型确定），则它在机器人坐标系$\{n\}$中引起的微分变换矩阵 $\boldsymbol{\Delta}_{ni}$（下标中的 i 表示关节编号）由式（3.70）可得

$$\boldsymbol{\Delta}_{ni} = \boldsymbol{M}_{i-1n}^{-1} \cdot \boldsymbol{\Delta}_{i-1} \cdot \boldsymbol{M}_{i-1n} = \boldsymbol{M}_{i-1n}^{-1} \cdot \boldsymbol{\Delta}'_{i-1} \cdot \boldsymbol{M}_{i-1n} \cdot \mathrm{d}q_i = \boldsymbol{\Delta}'_{ni} \cdot \mathrm{d}q_i \tag{3.71}$$

式中，$\boldsymbol{M}_{i-1n}=\boldsymbol{M}_{i-1i}\cdot \boldsymbol{M}_{ii+1}\cdots \boldsymbol{M}_{n-1n}$ 是坐标系$\{i-1\}$和$\{n\}$之间的位姿矩阵。

当所有关节均有微分运动时，它们在机器人坐标系$\{n\}$中引起的总微分变换矩阵 $\boldsymbol{\Delta}_n$ 为

$$\boldsymbol{\Delta}_n = \sum_{i=1}^{n} \boldsymbol{\Delta}'_{ni} \cdot \mathrm{d}q_i = [\boldsymbol{\Delta}'_{n1} \quad \cdots \quad \boldsymbol{\Delta}'_{ni} \quad \cdots \quad \boldsymbol{\Delta}'_{nn}] \begin{bmatrix} \mathrm{d}q_1 \\ \vdots \\ \mathrm{d}q_i \\ \vdots \\ \mathrm{d}q_n \end{bmatrix} \tag{3.72}$$

若将微分变换矩阵用微分运动向量来表示，则式（3.72）就变化为

$$\begin{bmatrix} d_{xn} \\ d_{yn} \\ d_{zn} \\ \delta_{xn} \\ \delta_{yn} \\ \delta_{zn} \end{bmatrix} = \begin{bmatrix} d'_{xn1} & & d'_{xni-1} & d'_{xni} & & d'_{xnn} \\ d'_{yn1} & & d'_{yni-1} & d'_{yni} & & d'_{ynn} \\ d'_{zn1} & \cdots & d'_{zni-1} & d'_{zni} & \cdots & d'_{znn} \\ \delta'_{xn1} & & \delta'_{xni-1} & \delta'_{xni} & & \delta'_{xnn} \\ \delta'_{yn1} & & \delta'_{yni-1} & \delta'_{yni} & & \delta'_{ynn} \\ \delta'_{zn1} & & \delta'_{zni-1} & \delta'_{zni} & & \delta'_{znn} \end{bmatrix} \begin{bmatrix} \dot{q}_1 \\ \vdots \\ \dot{q}_i \\ \vdots \\ \dot{q}_n \end{bmatrix} \tag{3.73}$$

若用 $\boldsymbol{D}$ 表示机器人手部微分运动向量，即 $\boldsymbol{D}=\begin{bmatrix} d_{xn} \\ d_{yn} \\ d_{zn} \\ \delta_{xn} \\ \delta_{yn} \\ \delta_{zn} \end{bmatrix}$。

再令 $\boldsymbol{J}(q)$ 为

$$\boldsymbol{J}(q)=\begin{bmatrix} d'_{xn1} & & d'_{xni-1} & d'_{xni} & & d'_{xnn} \\ d'_{yn1} & & d'_{yni-1} & d'_{yni} & & d'_{ynn} \\ d'_{zn1} & \cdots & d'_{zni-1} & d'_{zni} & \cdots & d'_{znn} \\ \delta'_{xn1} & & \delta'_{xni-1} & \delta'_{xni} & & \delta'_{xnn} \\ \delta'_{yn1} & & \delta'_{yni-1} & \delta'_{yni} & & \delta'_{ynn} \\ \delta'_{zn1} & & \delta'_{zni-1} & \delta'_{zni} & & \delta'_{znn} \end{bmatrix} \tag{3.74}$$

则有

$$\boldsymbol{D}=\boldsymbol{J}(q)\cdot\dot{\boldsymbol{q}}_i \quad (i=1,2,\cdots,n) \tag{3.75}$$

式（3.75）反映了机器人手部坐标系的微分运动与各关节微分运动的关系。式中，$\boldsymbol{J}(q)$ 称为机器人的雅可比矩阵，$\dot{\boldsymbol{q}}_i$是由 n 个关节速度组成的列向量，$\dot{\boldsymbol{q}}_i=[\dot{q}_1 \quad \dot{q}_2 \quad \cdots \quad \dot{q}_n]^{\mathrm{T}}$。

如果机器人含有 n 个关节，则雅可比矩阵 $\boldsymbol{J}(q)$ 就是 $6\times n$ 阶矩阵，前 3 行代表对机器人手部线速度 $\boldsymbol{v}$ 的传递比，后 3 行代表对机器人手部角速度 $\boldsymbol{\omega}$ 的传递比，而每一列代表相应关节速度$\dot{\boldsymbol{q}}_i$对于机器人手部线速度和角速度的传递比，这样就可以把雅可比矩阵 $\boldsymbol{J}(q)$ 分块为

$$\begin{bmatrix} \boldsymbol{v} \\ \boldsymbol{\omega} \end{bmatrix}=\begin{bmatrix} \boldsymbol{J}_{l1} & \boldsymbol{J}_{l2}\cdots & \boldsymbol{J}_{ln} \\ \boldsymbol{J}_{a1} & \boldsymbol{J}_{a2}\cdots & \boldsymbol{J}_{an} \end{bmatrix}\begin{bmatrix} \dot{q}_1 \\ \vdots \\ \dot{q}_i \\ \vdots \\ \dot{q}_n \end{bmatrix} \tag{3.76}$$

由此就可以把机器人手部的线速度 $\boldsymbol{v}$ 和角速度 $\boldsymbol{\omega}$ 表示为各关节速度$\dot{\boldsymbol{q}}_i$的线性函数

$$\left.\begin{aligned} \boldsymbol{v}&=\boldsymbol{J}_{l1}\dot{q}_1+\boldsymbol{J}_{l2}\dot{q}_2+\cdots+\boldsymbol{J}_{ln}\dot{q}_n \\ \boldsymbol{\omega}&=\boldsymbol{J}_{a1}\dot{q}_1+\boldsymbol{J}_{a2}\dot{q}_2+\cdots+\boldsymbol{J}_{an}\dot{q}_n \end{aligned}\right\} \tag{3.77}$$

式中，$\boldsymbol{J}_{li}$和 $\boldsymbol{J}_{ai}$分别表示关节 i 的单位关节速度引起机器人手部的线速度和角速度。

雅可比矩阵的计算方法有向量积法和微分变换法。

（1）向量积法　对给定的机器人机构，建立坐标系后，以第一种杆件坐标系为例，机

器人手部的线速度 $\boldsymbol{v}$ 和角速度 $\boldsymbol{\omega}$ 与关节速度 $\dot{\boldsymbol{q}}_i$ 的传递关系如图 3.29 所示。

如果机器人关节 i 是平移关节，则有

$$\begin{bmatrix}\boldsymbol{v}\\ \boldsymbol{\omega}\end{bmatrix}=\begin{bmatrix}\boldsymbol{z}_{0i-1}\\ 0\end{bmatrix}\dot{\boldsymbol{q}}_i,\quad \boldsymbol{J}_i=\begin{bmatrix}\boldsymbol{z}_{0i-1}\\ 0\end{bmatrix} \tag{3.78}$$

式中，$\boldsymbol{z}_{0i-1}$ 是坐标系 $\{i-1\}$ 的 z 轴单位向量在机座坐标系 $\{0\}$ 中的表示。

如果机器人关节 i 是回转关节，则有

$$\begin{bmatrix}\boldsymbol{v}\\ \boldsymbol{\omega}\end{bmatrix}=\begin{bmatrix}\boldsymbol{z}_{0i-1}\times\boldsymbol{p}^0_{i-1n}\\ \boldsymbol{z}_{0i-1}\end{bmatrix}\dot{\boldsymbol{q}}_i,\quad \boldsymbol{J}_i=\begin{bmatrix}\boldsymbol{z}_{0i-1}\times\boldsymbol{p}^0_{i-1n}\\ \boldsymbol{z}_{0i-1}\end{bmatrix} \tag{3.79}$$

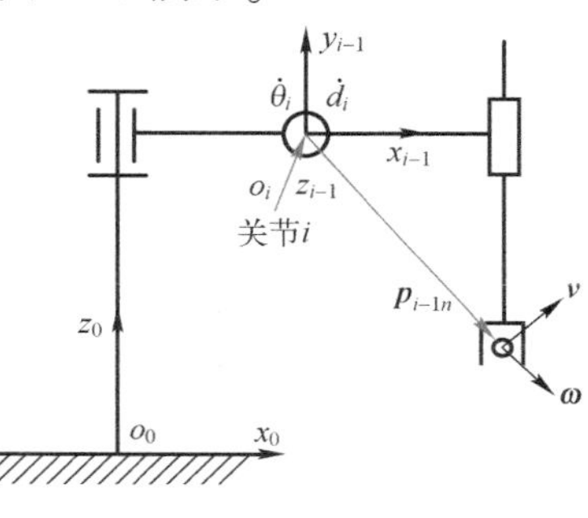

图 3.29　手部线速度和角速度与关节速度的传递关系

式中，$\boldsymbol{p}^0_{i-1n}$ 表示机器人手部坐标系原点相对坐标系 $\{i-1\}$ 的位置向量在机座坐标系 $\{0\}$ 中的表示，其计算公式为

$$\boldsymbol{p}^0_{i-1n}=\boldsymbol{R}_{0i-1}\cdot\boldsymbol{p}_{i-1n} \tag{3.80}$$

如果是第二种杆件坐标系，则将杆件坐标系的下标 $i-1$ 更换为 i，其他下标不变。注意区分关节编号和杆件编号。

(2) 微分变换法　微分变换法也是建立在机器人机构坐标系的基础上。

以第一种杆件坐标系为例，当关节 i 为平移关节时，其微分运动就是沿 z_{i-1} 轴的微分平移，则其相对于坐标系 $\{i-1\}$ 的单位微分运动向量为

$$\begin{cases}\boldsymbol{\delta}'_{i-1}=0\boldsymbol{i}+0\boldsymbol{j}+0\boldsymbol{k}\\ \boldsymbol{d}'_{i-1}=0\boldsymbol{i}+0\boldsymbol{j}+1\boldsymbol{k}\end{cases} \tag{3.81}$$

由此可得机器人手部的微分运动向量为

$$\begin{bmatrix}d'_{xni}\\ d'_{yni}\\ d'_{zni}\\ \delta'_{xni}\\ \delta'_{yni}\\ \delta'_{zni}\end{bmatrix}=\begin{bmatrix}n_z\\ o_z\\ a_z\\ 0\\ 0\\ 0\end{bmatrix}\mathrm{d}d_i \tag{3.82}$$

当关节 i 为回转关节时，其微分运动就是绕 z_{i-1} 轴的微分旋转，则其相对于坐标系 $\{i-1\}$ 的单位微分运动向量为

$$\begin{cases}\boldsymbol{\delta}'_{i-1}=0\boldsymbol{i}+0\boldsymbol{j}+1\boldsymbol{k}\\ \boldsymbol{d}'_{i-1}=0\boldsymbol{i}+0\boldsymbol{j}+0\boldsymbol{k}\end{cases} \tag{3.83}$$

由此可得机器人手部的微分运动向量为

$$\begin{bmatrix}d'_{xni}\\ d'_{yni}\\ d'_{zni}\\ \delta'_{xni}\\ \delta'_{yni}\\ \delta'_{zni}\end{bmatrix}=\begin{bmatrix}(\boldsymbol{p}\times\boldsymbol{n})_z\\ (\boldsymbol{p}\times\boldsymbol{o})_z\\ (\boldsymbol{p}\times\boldsymbol{a})_z\\ n_z\\ o_z\\ a_z\end{bmatrix}\mathrm{d}\theta_i \tag{3.84}$$

通过以上推导即可得雅可比矩阵 $\boldsymbol{J}(q)$ 的第 i 列元素计算如下：

对于平移关节 i 有

$$\boldsymbol{J}_{li}=\begin{bmatrix}n_z\\o_z\\a_z\end{bmatrix},\quad \boldsymbol{J}_{ai}=\begin{bmatrix}0\\0\\0\end{bmatrix} \tag{3.85}$$

对于回转关节 i 则有

$$\boldsymbol{J}_{li}=\begin{bmatrix}(\boldsymbol{p}\times\boldsymbol{n})_z\\(\boldsymbol{p}\times\boldsymbol{o})_z\\(\boldsymbol{p}\times\boldsymbol{a})_z\end{bmatrix},\quad \boldsymbol{J}_{ai}=\begin{bmatrix}n_z\\o_z\\a_z\end{bmatrix} \tag{3.86}$$

在以上计算公式中，四个列向量 $\boldsymbol{n}$、$\boldsymbol{o}$、$\boldsymbol{a}$ 和 $\boldsymbol{p}$ 取自位姿矩阵 $\boldsymbol{M}_{i-1n}$。

由此可以看出，只要得到机器人相邻杆件的位姿矩阵，用此方法就可以构造出机器人的雅可比矩阵，而不需要求解机器人的运动学方程等过程，其具体步骤如下：

1）计算机器人相邻杆件的位姿矩阵：$\boldsymbol{M}_{01}$，$\boldsymbol{M}_{12}$，…，$\boldsymbol{M}_{n-1n}$。

2）计算机器人各杆件相对于手部（末端）杆件的位姿矩阵：$\boldsymbol{M}_{0n}=\boldsymbol{M}_{01}\cdot\boldsymbol{M}_{12}\cdots\boldsymbol{M}_{n-1n}$；$\boldsymbol{M}_{1n}=\boldsymbol{M}_{12}\cdot\boldsymbol{M}_{23}\cdots\boldsymbol{M}_{n-1n}$；…；$\boldsymbol{M}_{n-1n}=\boldsymbol{M}_{n-1n}$。

3）计算雅可比矩阵 $\boldsymbol{J}(q)$ 的各列元素，第 i 列元素由关节 i 的类型确定，并通过式（3.85）和式（3.86）进行计算。

机器人的雅可比矩阵是其手部在空间的速度与各个关节速度之间的线性变换关系，也可认为是机器人关节速度与手部速度之间的传递比。

当工业机器人的雅可比矩阵降秩时，所处的位形称为工业机器人的奇异位形。工业机器人的奇异位形可分为两类：

① 工业机器人工作空间边界的奇异位形。

② 工作空间内部奇异位形，通常是由于两个或多个关节轴线重合造成的。两关节角度以无穷大的速度来提供端部运动的需要，即在此位置，工业机器人失去一个自由度，使端部的运动难以实现。

奇异位形有三个特点：

① 在这个位置附近，关节速度趋于无穷大。

② 此时机器人失去一个自由度。

③ 在笛卡儿坐标空间中，无论选择什么样的关节速度，都不能使机器人沿着某个方向运动。

机器人的奇异位形会出现在下列情形：

① 工作空间的边界（这时候机器人往往是完全展开或者回收的）。

② 工作空间内发生两个或者两个以上的轴关节共线的时候。

3.5 机器人运动学的旋量应用

机器人操作机是由一系列连杆和相应的运动副组合而成的空间开式或闭式链机构，旋量可以用来描述机器人操作机各个连杆之间，以及它们和操作对象（工件或工具）之间的相对运动关系。

用旋量来描述机器人运动学问题的优点在于，它只需要用两个坐标系，机座坐标系和手部坐标系，从整体上来描述机器人的运动，这样可以避免D-H参数方法采用局部坐标系描述时所造成的奇异性。旋量方法也可以将机器人运动的几何意义描述得很清楚，避免了数学符号繁杂的弊端，简化了对机构的分析。

3.5.1 数学基础

1. 李群的定义

设 G 是一个非空集合，如果 G 是一个群且是 r 维光滑流形，并且群运算是光滑的，则称 G 是一个 r 维李群。如果 r 维李群 G 的一个子集 H 对 G 的群运算构成一个李群，且 H 是 G 中的一个子流形，则称 H 是 r 维李群 G 中的一个李子群。

2. 特殊正交群的定义

特殊正交群是一般线性群的子群，定义为

$$SO(n)=\{\boldsymbol{R}\in GL(n,\boldsymbol{R}):\boldsymbol{R}\boldsymbol{R}^{\mathrm{T}}=\boldsymbol{I},\det\boldsymbol{R}=\pm 1\} \tag{3.87}$$

作为一个流形，$SO(n)$ 的维数为 $nn(n-1)/2$，对于 $n=3$，群 $SO(3)$ 也称为 $\mathbf{R}^3$ 上的旋转群。

3. 特殊欧氏群的定义

$\mathbf{R}^3$ 上的刚体变换定义为具有形式 $g(x)=R(x)+p$ 的映射的集合 $\boldsymbol{g}:\mathbf{R}^3\to\mathbf{R}^3$，其中 $\boldsymbol{R}\in SO(3)$，$\boldsymbol{p}\in\mathbf{R}^3$。$SE(3)$ 的任一元素记为 $(\boldsymbol{p},\boldsymbol{R})\in SE(3)$。$SE(3)$ 可以用具有如下形式的 4×4 矩阵空间表示：

$$\boldsymbol{g}=\begin{bmatrix}\boldsymbol{R} & \boldsymbol{p}\\ \boldsymbol{0} & 1\end{bmatrix} \tag{3.88}$$

其中，$SE(3)$ 是一个维数为6的李群。

4. $SO(3)$ 的李代数

$SO(3)$ 的李代数记为 $so(3)$，它可以用具有如下形式的 3×3 反对称矩阵形式表示：

$$\hat{\boldsymbol{\omega}}=\begin{bmatrix}0 & -\omega_3 & \omega_2\\ \omega_3 & 0 & -\omega_1\\ -\omega_2 & \omega_1 & 0\end{bmatrix} \tag{3.89}$$

其括号构造为 $[\hat{\boldsymbol{\omega}}_i,\hat{\boldsymbol{\omega}}_j]=(\boldsymbol{\omega}_i\times\boldsymbol{\omega}_j)$，$\boldsymbol{\omega}_i$、$\boldsymbol{\omega}_j\in\mathbf{R}^3$。

5. $SE(3)$ 的李代数

$SE(3)$ 的李代数记为 $se(3)$，可以用具有如下形式的 4×4 矩阵表示：

$$\hat{\boldsymbol{\xi}}=\begin{bmatrix}\hat{\boldsymbol{\omega}} & \boldsymbol{v}\\ \boldsymbol{0} & \boldsymbol{0}\end{bmatrix},\quad \boldsymbol{\omega}、\boldsymbol{v}\in\mathbf{R}^3 \tag{3.90}$$

其括号构造为 $[\hat{\boldsymbol{\xi}}_1,\hat{\boldsymbol{\xi}}_2]=\hat{\boldsymbol{\xi}}_1\hat{\boldsymbol{\xi}}_2-\hat{\boldsymbol{\xi}}_2\hat{\boldsymbol{\xi}}_1$。

3.5.2 刚体运动的旋量表示

刚体运动是物体上任意两质点之间距离始终保持不变的运动。刚体从一个位置到另外一个位置的刚体运动称为刚体位移。通常，刚体位移既包括物体的平动又包括物体的转动。以线性代数和矩阵群理论为基础，使用旋量理论就可以来描述刚体运动。

1. 指数坐标和运动旋量

$SO(3)$上的指数变换是处理空间刚体运动的有效方法，可以充分利用这种方法，并将其推广到特殊欧氏群 $SE(3)$。

以单臂旋转机器人为例，设其旋转轴为 $\boldsymbol{\omega}\in\mathbf{R}^3$，且$\|\boldsymbol{\omega}\|=1$，其上有一点 $\boldsymbol{q}\in\mathbf{R}^3$。若机器人手臂以单位速度转动，则手臂端点 $\boldsymbol{p}(t)$的速度为

$$\dot{\boldsymbol{p}}(t)=\boldsymbol{\omega}\times[\boldsymbol{p}(t)-\boldsymbol{q}] \tag{3.91}$$

引入 $se(3)$，$\hat{\boldsymbol{\xi}}=\begin{bmatrix}\hat{\boldsymbol{\omega}} & \boldsymbol{v}\\ 0 & 0\end{bmatrix}$，其中，$\boldsymbol{v}=-\boldsymbol{\omega}\times\boldsymbol{q}$。

给式（3.91）加一行后改写为矩阵形式如下：

$$\begin{bmatrix}\dot{\boldsymbol{p}}\\ 0\end{bmatrix}=\begin{bmatrix}\hat{\boldsymbol{\omega}} & -\boldsymbol{\omega}\times\boldsymbol{q}\\ 0 & 0\end{bmatrix}\begin{bmatrix}\boldsymbol{p}\\ 1\end{bmatrix}=\hat{\boldsymbol{\xi}}\begin{bmatrix}\boldsymbol{p}\\ 1\end{bmatrix}\Rightarrow\dot{\bar{\boldsymbol{p}}}=\hat{\boldsymbol{\xi}}\bar{\boldsymbol{p}}$$

上述微分方程的解为 $\boldsymbol{p}(t)=\mathrm{e}^{\hat{\boldsymbol{\xi}}t}\boldsymbol{p}(0)$。式中，$\mathrm{e}^{\hat{\boldsymbol{\xi}}t}$为 4×4 矩阵$\hat{\boldsymbol{\xi}}t$ 的矩阵指数，一般定义为

$$\mathrm{e}^{\hat{\boldsymbol{\xi}}t}=\boldsymbol{I}+\hat{\boldsymbol{\xi}}t+\frac{(\hat{\boldsymbol{\xi}}t)^2}{2!}+\frac{(\hat{\boldsymbol{\xi}}t)^3}{3!}+\cdots$$

式中，标量 t 是总的旋转角度（因为是以单位速度旋转），$\exp(\hat{\boldsymbol{\xi}}t)$是一点从起始位置到旋转 t 弧度后的位置的变换。

$se(3)$中的元素称为运动旋量，或者称为特殊欧氏群的一个无穷小生成元。引入 v(vee)运算符：$\begin{bmatrix}\hat{\boldsymbol{\omega}} & \boldsymbol{v}\\ 0 & 0\end{bmatrix}^{\vee}=\begin{bmatrix}\boldsymbol{v}\\ \boldsymbol{\omega}\end{bmatrix}$，则可将运动旋量用六维向量表示，并称 $\boldsymbol{\xi}:=(\boldsymbol{v},\boldsymbol{\omega})$为$\hat{\boldsymbol{\xi}}$的运动旋量坐标。

$\boldsymbol{p}(t)=\mathrm{e}^{\hat{\boldsymbol{\xi}}t}\boldsymbol{p}(0)$代表了空间中的一点在 0 时刻下运动了 t s 后达到新的位置。由 $\theta=\omega t$ 可知，当以单位速度运动时，$\omega=1$ 则 $t=\theta$，则可得到旋量表达式 $\boldsymbol{p}(\theta)=\mathrm{e}^{\hat{\boldsymbol{\xi}}\theta}\boldsymbol{p}(0)$，代表了空间中的这一点在旋转了 θ 角度后达到新的位置。

$\boldsymbol{g}=\exp(\hat{\boldsymbol{\xi}}\theta)$变换与传统的刚体变换有所不同。它描述的不是点在不同坐标系之间的变换，而是点由初始位置到经刚体转动后的位置坐标之间的变换 $\boldsymbol{p}(\theta)=\mathrm{e}^{\hat{\boldsymbol{\xi}}\theta}\boldsymbol{p}(0)$。

点的运动在三维空间中可以由旋转轴的单位向量和旋转速度来表达。空间中任何一点的运动 $\boldsymbol{g}\in se(3)$，都有 $\boldsymbol{g}=\mathrm{e}^{\hat{\boldsymbol{\xi}}\theta}$。通过对 $\mathrm{e}^{\hat{\boldsymbol{\xi}}\theta}$进行泰勒展开后，代入运动旋量在数学上的性质，化简可得 $\mathrm{e}^{\hat{\boldsymbol{\xi}}\theta}$的求解表达式

$$\mathrm{e}^{\hat{\boldsymbol{\xi}}\theta}=\begin{cases}\begin{bmatrix}\mathrm{e}^{\hat{\boldsymbol{\omega}}\theta} & (\boldsymbol{I}-\mathrm{e}^{\hat{\boldsymbol{\omega}}\theta})(\boldsymbol{\omega}\times\boldsymbol{v})+\theta\boldsymbol{\omega}\boldsymbol{\omega}^{\mathrm{T}}\boldsymbol{v}\\ 0 & 1\end{bmatrix}, & \boldsymbol{\omega}\neq 0\\ \begin{bmatrix}\boldsymbol{I} & \theta\boldsymbol{v}\\ 0 & 1\end{bmatrix}, & \boldsymbol{\omega}=0\end{cases} \tag{3.92}$$

式中，$e^{\hat{\omega}\theta}=\boldsymbol{I}+\hat{\boldsymbol{\omega}}\theta+\frac{(\hat{\boldsymbol{\omega}}\theta)^2}{2!}+\frac{(\hat{\boldsymbol{\omega}}\theta)^3}{3!}+\cdots=\boldsymbol{I}+\hat{\boldsymbol{\omega}}\sin\theta+\hat{\boldsymbol{\omega}}^2(1-\cos\theta)$。

指数变换反映的是刚体的相对运动，运动旋量的指数可理解为描述刚体由起始到最终位形的变换；指数变换用于描述刚体运动，每一个刚体变换都可写为某个运动旋量的指数。

2. 坐标变换与旋量运动

与旋量对应的刚体运动变换的计算可以通过先分析点 $\boldsymbol{p}\in\mathbf{R}^3$ 的运动来得到，如图 3.30 所示。

$\boldsymbol{P}$ 点最终位置坐标为

$$\boldsymbol{gp}=\boldsymbol{q}+\boldsymbol{\omega}\times e^{\hat{\xi}\theta}(\boldsymbol{p}-\boldsymbol{q})+h\theta\boldsymbol{\omega} \tag{3.93}$$

用齐次坐标表示为

$$\boldsymbol{g}\begin{bmatrix}\boldsymbol{p}\\1\end{bmatrix}=\begin{bmatrix}e^{\hat{\omega}\theta} & (\boldsymbol{I}-e^{\hat{\omega}\theta})\boldsymbol{q}+h\theta\boldsymbol{\omega}\\0 & 0\end{bmatrix}\begin{bmatrix}\boldsymbol{p}\\1\end{bmatrix} \tag{3.94}$$

因上式对任意的 $\boldsymbol{p}\in\mathbf{R}^3$ 都要成立，所以用旋量表示的刚体运动为

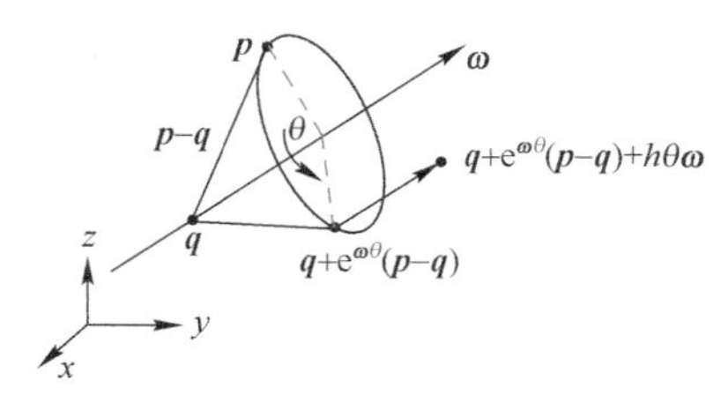

图 3.30　广义旋量运动（非零旋转 $\theta\neq0$）

$$\boldsymbol{g}=\begin{bmatrix}e^{\hat{\omega}\theta} & (\boldsymbol{I}-e^{\hat{\omega}\theta})\boldsymbol{q}+h\theta\boldsymbol{\omega}\\0 & 0\end{bmatrix} \tag{3.95}$$

对于给定的旋量，已知轴 l、节距 h 及大小 M，则存在单位旋量 $\boldsymbol{\xi}$，使得与该旋量有关的刚体运动由运动旋量 $M\boldsymbol{\xi}$ 产生。引入单位旋量，它是 $\|\boldsymbol{\omega}\|=1$ 或 $\boldsymbol{\omega}=0$ 且 $\boldsymbol{v}\ =1$ 的旋量，即单位旋量的大小为 $M\ =1$，这样可以把转动关节和移动关节的刚体运动描述为 $\boldsymbol{g}=\exp(\theta)$，其中 θ 相应于转动量或移动量。

任意刚体运动均可通过绕一轴的转动加上平行于该轴的移动实现。运动旋量的指数表示刚体的相对运动，$\exp(\hat{\boldsymbol{\xi}}\theta)$ 表示将点由起始坐标 $\boldsymbol{p}(0)\in\mathbf{R}^3$ 变换到经刚体运动后的坐标 $\boldsymbol{p}(\theta)=e^{\hat{\xi}\theta}\boldsymbol{p}(0)$，其中 $\boldsymbol{p}(0)$ 和 $\boldsymbol{p}(\theta)$ 均在同一个坐标系中表示。

如果 $\{j\}$ 坐标系固连在刚体上，经旋量运动后，$\{j\}$ 坐标系相对于固定的 $\{i\}$ 坐标系的位姿为

$$\boldsymbol{g}_{ij}(\theta)=e^{\hat{\xi}\theta}\boldsymbol{g}_{ij}(0) \tag{3.96}$$

此变换的意义是：乘上 $\boldsymbol{g}_{ij}(0)$ 表示将一点相对于 $\{j\}$ 坐标系的坐标变换为相对于 $\{i\}$ 坐标系的坐标，而指数变换则是将点变换到最终位姿。

3.5.3　机器人运动学的旋量应用

机器人的运动学是建立机器人手部（也称为末端执行器）在空间的位姿与各个关节的关节变量之间的函数关系，利用旋量运动与刚体运动的表示关系，可以将开链机构的机器人运动学方程表示成运动旋量的指数积形式。为简化起见，将所有关节变量都看作是转角。当给定一组关节变量的值时，就可以确定机器人手部坐标系相对于机座坐标系的位姿。

1. 指数积公式

给定机器人机构，建立坐标系（以第一种杆件坐标系为例），设{0}是机座坐标系，{n}是手部（或末端工具）坐标系，各关节的运动由位于各关节轴线的运动旋量$\hat{\boldsymbol{\xi}}_i$产生。关节 i 的运动旋量坐标 $\boldsymbol{\xi}$ 确定如下：

设 $\boldsymbol{\omega}_i \in \mathbf{R}^3$为运动旋量$\hat{\boldsymbol{\xi}}_i$轴线上的单位向量，$\boldsymbol{q}_i \in \mathbf{R}^3$为轴线上任意一点。

对于转动关节，运动旋量坐标 $\boldsymbol{\xi}_i$的表示形式为

$$\boldsymbol{\xi}_i = \begin{bmatrix} -\boldsymbol{\omega}_i \times \boldsymbol{q}_i \\ \boldsymbol{\omega}_i \end{bmatrix} \tag{3.97}$$

对于移动关节，$\boldsymbol{v}_i \in \mathbf{R}^3$为移动方向的单位向量，则运动旋量坐标 $\boldsymbol{\xi}_i$的表示形式为

$$\boldsymbol{\xi}_i = \begin{bmatrix} \boldsymbol{v}_i \\ 0 \end{bmatrix} \tag{3.98}$$

式中，$\boldsymbol{v}_i$是指向移动方向的单位向量。所有向量和点都是相对于机座坐标系{0}描述的。

由式（3.98）可得相邻杆件坐标系之间的指数变换计算为

$$\boldsymbol{g}_{i-1i}(\theta) = \mathrm{e}^{\hat{\boldsymbol{\xi}}_i \theta_i} \boldsymbol{g}_{i-1i}(0) \tag{3.99}$$

对于机器人开链机构，将各关节的运动加以组合，已知相邻连杆（$i-1$ 杆件和 i 杆件）坐标系的旋量表示变换为 $\boldsymbol{g}_{i-1i}(\theta_i)$，则机器人手部坐标系相对于机座坐标系的位姿可表示为

$$\boldsymbol{g}_{0n}(\theta_1, \theta_2, \cdots, \theta_n) = \boldsymbol{g}_{01}(\theta_1)\boldsymbol{g}_{12}(\theta_2)\cdots\boldsymbol{g}_{n-1n}(\theta_n) \tag{3.100}$$

将式（3.99）代入式（3.100）可得

$$\boldsymbol{g}_{0n}(\theta_1, \theta_2, \cdots, \theta_n) = \mathrm{e}^{\hat{\boldsymbol{\xi}}_1 \theta_1} \boldsymbol{g}_{01}(0) \mathrm{e}^{\hat{\boldsymbol{\xi}}_2 \theta_2} \boldsymbol{g}_{12}(0) \cdots \mathrm{e}^{\hat{\boldsymbol{\xi}}_n \theta_n} \boldsymbol{g}_{n-1n}(0) \tag{3.101}$$

应用伴随变换将所有的运动旋量从局部坐标表达形式变换到机座坐标表达形式，可写为

$$\boldsymbol{g}_{0n}(\theta_1, \theta_2, \cdots, \theta_n) = \mathrm{e}^{\hat{\boldsymbol{\xi}}_1 \theta_1} \mathrm{e}^{\hat{\boldsymbol{\xi}}_2 \theta_2} \cdots \mathrm{e}^{\hat{\boldsymbol{\xi}}_n \theta_n} \boldsymbol{g}_{0n}(0) \tag{3.102}$$

由此即可得机器人运动学方程的指数积公式 POE 为

$$\boldsymbol{g}_{0n}(\theta) = \mathrm{e}^{\hat{\boldsymbol{\xi}}_1 \theta_1} \mathrm{e}^{\hat{\boldsymbol{\xi}}_2 \theta_2} \cdots \mathrm{e}^{\hat{\boldsymbol{\xi}}_n \theta_n} \boldsymbol{g}_{0n}(0) \tag{3.103}$$

式中，$\boldsymbol{g}_{0n}(0)$为初始位置手部坐标系与机座坐标系的变换

$$\boldsymbol{g}_{0n}(0) = \begin{bmatrix} \boldsymbol{I} & \boldsymbol{p}_0 \\ \boldsymbol{0} & 1 \end{bmatrix} \tag{3.104}$$

其中，$\boldsymbol{p}_0$为初始位置手部坐标系在机座坐标系中的位置。

2. 基于旋量的运动学方程建立

对于给定的 n 关节机器人，基于旋量的指数积方法的运动学方程建立过程如下：

1）建立机座坐标系和手部（与末端执行机构固接的）坐标系。

2）对于每个关节 i，构造一个运动旋量$\hat{\boldsymbol{\xi}}_i$，$\hat{\boldsymbol{\xi}}_i$对应于除第 i 个关节外，其他关节 j 均固定于 $\theta_j=0$ 位置时的旋量运动。

3）将 n 个关节的运动组合，可得到运动学方程：$\boldsymbol{g}_{0n}(\theta) = \mathrm{e}^{\hat{\boldsymbol{\xi}}_1 \theta_1} \mathrm{e}^{\hat{\boldsymbol{\xi}}_2 \theta_2} \cdots \mathrm{e}^{\hat{\boldsymbol{\xi}}_n \theta_n} \boldsymbol{g}_{0n}(0)$ 。

例 3.5 已知机器人包括 3 个转动关节，其手部可操作工具具有清洗和喷涂功能，固连在操作机的末端，如图 3.31 所示。试用旋量的指数积方法建立该机器人的运动学方程。

解：根据已经建立的机座坐标系{0}，图 3.31 所示为各个关节 $\theta=0$ 时机器人手部的位姿，由此可得机器人手部在机座坐标系下的初始位姿为

$$
\boldsymbol{g}_{0n}(0)=\begin{bmatrix}\boldsymbol{I} & \boldsymbol{p}_0\\ \boldsymbol{0} & 1\end{bmatrix}=\begin{bmatrix}1&0&0&0\\0&1&0&l_2\\0&0&1&l_1-l_3\\0&0&0&1\end{bmatrix}
$$

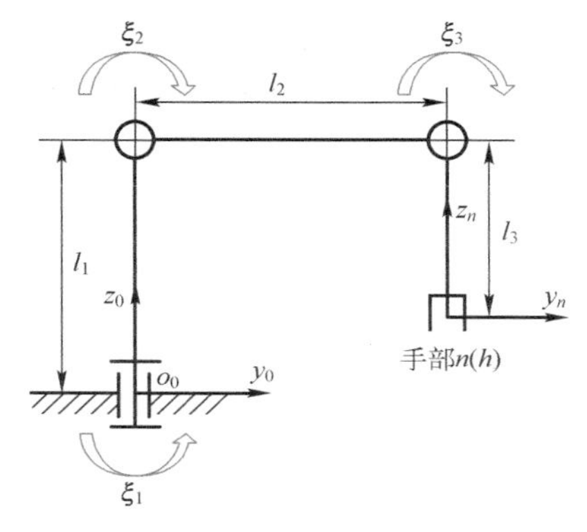

图 3.31　机器人机构及其参数

为了方便建立每个关节的运动旋量，选取轴线上的点时，尽量选择参数已知的关节上的点，由此可得

$$
\boldsymbol{q}_1=\begin{bmatrix}0\\0\\0\end{bmatrix},\quad \boldsymbol{q}_2=\begin{bmatrix}0\\0\\l_1\end{bmatrix},\quad \boldsymbol{q}_3=\begin{bmatrix}0\\l_2\\l_1\end{bmatrix}
$$

建立每个关节的运动旋量坐标，为了计算方便，旋转轴线只有 x、y、z 三个方向，则

$$
\boldsymbol{\omega}_1=\begin{bmatrix}0\\0\\1\end{bmatrix},\quad \boldsymbol{\omega}_2=\begin{bmatrix}-1\\0\\0\end{bmatrix},\quad \boldsymbol{\omega}_3=\begin{bmatrix}-1\\0\\0\end{bmatrix}
$$

由此产生的运动旋量为

$$
\boldsymbol{\xi}_1=\begin{bmatrix}-\boldsymbol{\omega}_1\times\boldsymbol{q}_1\\ \boldsymbol{\omega}_1\end{bmatrix}=\begin{bmatrix}0\\0\\0\\0\\0\\1\end{bmatrix},\quad \boldsymbol{\xi}_2=\begin{bmatrix}-\boldsymbol{\omega}_2\times\boldsymbol{q}_2\\ \boldsymbol{\omega}_2\end{bmatrix}=\begin{bmatrix}0\\-l_1\\0\\-1\\0\\0\end{bmatrix},\quad \boldsymbol{\xi}_3=\begin{bmatrix}-\boldsymbol{\omega}_3\times\boldsymbol{q}_3\\ \boldsymbol{\omega}_3\end{bmatrix}=\begin{bmatrix}0\\-l_1\\l_2\\-1\\0\\0\end{bmatrix}
$$

根据 Rodriguez 公式

$$
\mathrm{e}^{\hat{\boldsymbol{\omega}}\theta}=\boldsymbol{I}+\hat{\boldsymbol{\omega}}\sin\theta+\hat{\boldsymbol{\omega}}^2(1-\cos\theta)
$$

可得出每个关节的 $\mathrm{e}^{\hat{\boldsymbol{\omega}}_i\theta_i}$ 为

$$
\mathrm{e}^{\hat{\boldsymbol{\omega}}_1\theta_1}=\begin{bmatrix}\cos\theta_1&-\sin\theta_1&0\\ \sin\theta_1&\cos\theta_1&0\\0&0&1\end{bmatrix},\quad \mathrm{e}^{\hat{\boldsymbol{\omega}}_2\theta_2}=\begin{bmatrix}1&0&0\\0&\cos\theta_2&\sin\theta_2\\0&-\sin\theta_2&\cos\theta_2\end{bmatrix},\quad \mathrm{e}^{\hat{\boldsymbol{\omega}}_3\theta_3}=\begin{bmatrix}1&0&0\\0&\cos\theta_3&\sin\theta_3\\0&-\sin\theta_3&\cos\theta_3\end{bmatrix}
$$

由此即可得关节的 $\mathrm{e}^{\hat{\boldsymbol{\xi}}_i\theta_i}$ 为

$$
\mathrm{e}^{\hat{\boldsymbol{\xi}}_1\theta_1}=\begin{bmatrix}\cos\theta_1&-\sin\theta_1&0&0\\ \sin\theta_1&\cos\theta_1&0&0\\0&0&1&0\\0&0&0&1\end{bmatrix},\quad \mathrm{e}^{\hat{\boldsymbol{\xi}}_2\theta_2}=\begin{bmatrix}1&0&0&0\\0&\cos\theta_2&\sin\theta_2&l_1\sin\theta_2\\0&-\sin\theta_2&\cos\theta_2&l_1(1-\cos\theta_2)\\0&0&0&1\end{bmatrix}
$$

$$
\mathrm{e}^{\hat{\boldsymbol{\xi}}_3\theta_3}=\begin{bmatrix}1&0&0&0\\0&\cos\theta_3&\sin\theta_3&l_2(1-\cos\theta_3)+l_1\sin\theta_3\\0&-\sin\theta_3&\cos\theta_3&l_1(1-\cos\theta_3)-l_2\sin\theta_3\\0&0&0&1\end{bmatrix}
$$

于是可得机器人运动学方程为

$$\boldsymbol{g}_{0n}(\theta)=\mathrm{e}^{\hat{\xi}_1\theta_1}\mathrm{e}^{\hat{\xi}_2\theta_2}\cdots\mathrm{e}^{\hat{\xi}_n\theta_n}\boldsymbol{g}_{0n}(0)=\begin{bmatrix}\boldsymbol{R}(\theta) & \boldsymbol{P}(\theta)\\ \boldsymbol{0} & 1\end{bmatrix}$$

若记 $\boldsymbol{R}(\theta)=\begin{bmatrix}n_x & o_x & a_x\\ n_y & o_y & a_y\\ n_z & o_z & a_z\end{bmatrix}$，$\boldsymbol{P}(\theta)=\begin{bmatrix}p_x\\ p_y\\ p_z\end{bmatrix}$，则有

$$\begin{aligned}
&n_x=c_1\\
&o_x=-s_1c_2c_3+s_1s_2s_3\\
&a_x=-s_1c_2s_3-s_1s_2s_3\\
&n_y=s_1\\
&o_y=c_1c_2c_3-c_1s_2s_3\\
&a_y=c_1c_2c_3+c_1s_2c_3\\
&n_z=0\\
&o_z=-s_2c_3-c_2s_3\\
&a_z=-s_2s_3+c_2c_3\\
&p_x=-s_1c_2[l_2(1-c_3)+l_1s_3]-s_1s_2[l_1(1-c_2)-l_2s_3]-l_1s_1s_2+\\
&\qquad l_2(s_1s_2s_3-s_1c_2c_3)-(l_1-l_3)(s_1c_2s_3+s_1s_2s_3)\\
&p_y=c_1c_2[l_2(1-c_3)+l_1s_3]+c_1s_2[l_1(1-c_2)-l_2s_3]+l_1c_1s_2+\\
&\qquad l_2(c_1c_2c_3-c_1s_2s_3)+(l_1-l_3)(c_1c_2c_3+c_1s_2c_3)\\
&p_z=-s_2[l_2(1-c_3)+l_1s_3]+c_2[l_1(1-c_2)-l_2s_3]+l_1(1-c_2)-\\
&\qquad l_2(s_2c_3+c_2s_3)+(l_1-l_3)(c_2c_3-s_2s_3)
\end{aligned}$$

上面式中，$c_1=\cos\theta_1$，$c_2=\cos\theta_2$，$c_3=\cos\theta_3$，$s_1=\sin\theta_1$，$s_2=\sin\theta_2$，$s_3=\sin\theta_3$。

采用旋量的指数积方法建立机器人运动学方程的优点在于，定义机器人运动旋量的方法与机器人的构型无关，只需关节旋转轴的轴向量。相对于齐次坐标变换矩阵（D-H 参数法）运动学方程建立来看，其只需要机座坐标系和手部（或工具）坐标系两个坐标系，使得对机器人的描述简单化，可以对刚体进行全局性的描述，这也提供了一种对于空间机构运动分析通用的表示方法。

习　　题

3.1　机器人运动学研究什么问题？什么是机器人运动学的正问题和逆问题？

3.2　机器人可以建立哪些坐标系？如何描述机器人手在空间的位置和姿态？

3.3　如何表示直角坐标系中的平移变换和旋转变换？它们与位置矩阵和姿态矩阵有何关系？

3.4　坐标系平移变换和旋转变换以后，空间中的一个点在两个坐标系中的坐标值有何关系？

3.5　什么是齐次坐标？它与直角坐标有何区别？为什么引入齐次坐标？

3.6　齐次变换矩阵的意义是什么？如何计算其逆矩阵？

3.7　单步变换的齐次变换矩阵怎么计算？联合（多步）变换与单步变换的齐次变换矩

阵有何关系？

3.8　什么是机器人运动学方程？它的建立可分为哪四步？

3.9　机器人的坐标系有哪些？如何建立？

3.10　建立运动学方程需要确定哪些参数？如何辨别关节变量？

3.11　第一种和第二种杆件坐标系下，相邻杆件位姿矩阵计算有何区别？

3.12　机器人运动学方程的正解和逆解有何特征？各应用在什么场合？逆解如何计算？

3.13　已知空间一向量 $\boldsymbol{r}=[10\quad 20\quad 30]^{\mathrm{T}}$，相对参考系做如下齐次变换

$$\boldsymbol{M}=\begin{bmatrix} 0.5 & -0.866 & 0 & 2 \\ 0.866 & 0.5 & 0 & 7 \\ 0 & 0 & 1 & -4 \\ 0 & 0 & 0 & 1 \end{bmatrix}$$

试计算变换后该向量的坐标分量值，并写出位置矩阵和姿态矩阵。

3.14　请写出下列变换的齐次变换：

① 坐标系 $\{j\}$ 与 $\{i\}$ 沿向量 $\boldsymbol{p}_i=12\boldsymbol{i}+38\boldsymbol{j}-23\boldsymbol{k}$ 平移的齐次变换矩阵。

② 坐标系 $\{j\}$ 与 $\{i\}$ 绕 x 轴旋转 30°的齐次变换矩阵。

③ 坐标系 $\{j\}$ 与 $\{i\}$ 绕 z 轴旋转 60°的齐次变换矩阵。

④ 坐标系 $\{j\}$ 与 $\{i\}$ 先沿向量 $\boldsymbol{p}_i=3\boldsymbol{i}+8\boldsymbol{j}-2\boldsymbol{k}$ 平移，再绕 x_i 轴旋转 30°的齐次变换矩阵。

3.15　已知坐标系 $\{j\}$ 是由坐标系 $\{i\}$ 沿向量 $\boldsymbol{p}_i=3\boldsymbol{i}+5\boldsymbol{j}+8\boldsymbol{k}$ 平移后，再分别绕 x_i 轴和 z_i 轴旋转 90°得到的，求坐标系 $\{i\}$ 到坐标系 $\{j\}$ 的齐次变换矩阵 $\boldsymbol{M}_{ij}$。

3.16　已知坐标系 $\{j\}$ 是由坐标系 $\{i\}$ 先沿向量 $\boldsymbol{p}_i=6\boldsymbol{i}+8\boldsymbol{j}+12\boldsymbol{k}$ 平移，再绕新的 z 轴旋转 30°，最后绕新的 x 轴旋转 60°后得到的。若原来坐标系 $\{i\}$ 中有一向量 $\boldsymbol{r}_i=10\boldsymbol{i}+12\boldsymbol{j}+18\boldsymbol{k}$，试计算变换以后其新的向量值。若坐标系 $\{i\}$ 中现有一向量 $\boldsymbol{r}_i=20\boldsymbol{i}+40\boldsymbol{j}+60\boldsymbol{k}$，则其在坐标系 $\{j\}$ 中的坐标值是多少？

3.17　已知一个二自由度平面关节型机器人如图 3.32 所示。若杆件 1、2 的长度分别是 l_1、l_2，试建立该机器人手部的位姿矩阵。

3.18　已知三自由度平面关节型机器人如图 3.33 所示。若机器人机座高为 50 mm，杆件 1、2 的长度分别为 30 mm、30 mm，试建立该机器人手部中心的运动学方程；若关节 1、2 的旋转角度分别为 30°、60°，关节 3 向下平移的距离为 10 mm，试计算该机器人手部中心的位姿矩阵。

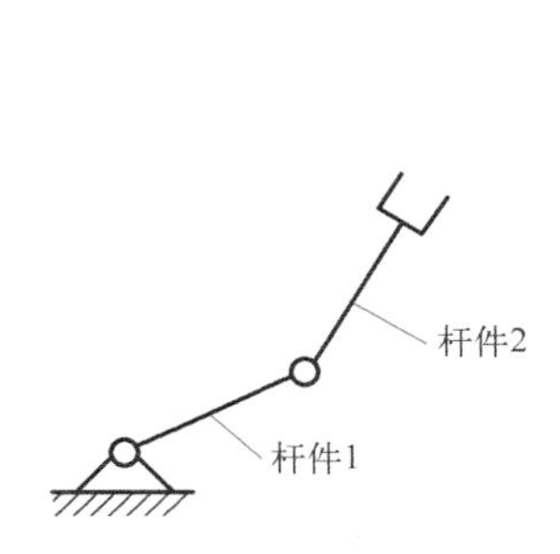

图 3.32　二自由度平面关节型机器人

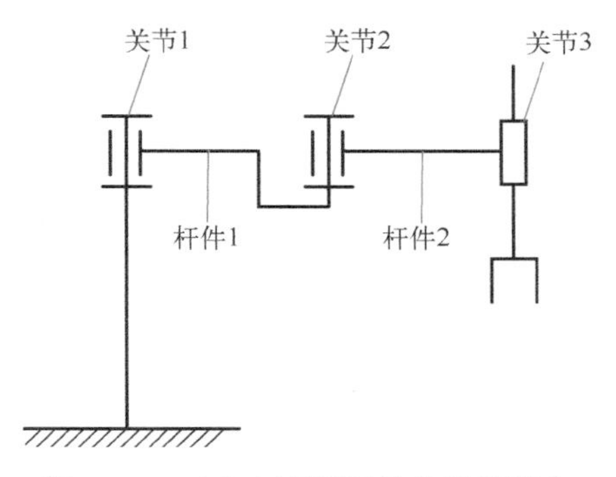

图 3.33　三自由度平面关节型机器人

3.19 已知图 3.34 所示机器人的杆长是 $l_1=30\ \mathrm{mm}$，$l_2=20\ \mathrm{mm}$，$l_3=10\ \mathrm{mm}$，试进行以下计算：

① 建立该机器人的运动学方程。

② 当关节变量取 $\boldsymbol{q}_i=[30° \quad 45° \quad 45°]^{\mathrm{T}}$时，计算机器人手部的位置和姿态。

③ 列出机器人运动学逆解的数学表达式，并用正解进行验证。

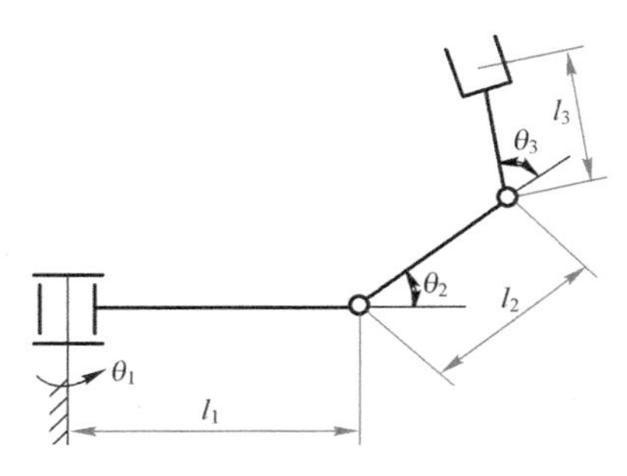

图 3.34 三自由度机器人

3.20 试用微分变化计算。习题 3.19 中的机器人关节变量误差 $\Delta\boldsymbol{q}_i=[0.03° \quad 0.05° \quad 0.04°]^{\mathrm{T}}$，在关节变量值 $\boldsymbol{q}_i=[30° \quad 45° \quad 45°]^{\mathrm{T}}$时，计算机器人的位置误差和姿态误差。

3.21 试计算习题 3.18、3.19 中的机器人的雅可比矩阵。

3.22 试用旋量的指数积方法建立习题 3.17、3.18、3.19 中机器人的运动学方程。

参考文献

[1] 李杰，杨辰光，程龙．机器人控制：运动学、控制器设计、人机交互与应用实例［M］．北京：清华大学出版社，2020.

[2] 徐元昌．工业机器人［M］．北京：中国轻工业出版社，1999.

[3] 周伯英．工业机器人设计［M］．北京：机械工业出版社，1995.

[4] 张福学．机器人技术及其应用［M］．北京：电子工业出版社，1999.

[5] 蔡自兴，谢斌．机器人学［M］．3 版．北京：清华大学出版社，2015.

[6] 白井良明．机器人工程［M］．王棣棠，译．北京：科学出版社，2001.

[7] CRAIG J J. 机器人学导论［M］．负超，等译．3 版．北京：机械工业出版社，2006.

[8] 吴振彪．工业机器人［M］．2 版．武汉：华中科技大学出版社，2006.

[9] 杨辰光，程龙，李杰．机器人控制：运动学、控制器设计、人机交互与应用实例［M］．北京：清华大学出版社，2020.

第 4 章　机器人动力学

机器人动力学是对机器人机构所受外力和产生的运动之间关系进行研究的科学。为了使机器人机构各构件能够以规定的速度和加速度运动，机器人关节驱动器必须能够提供足够的驱动力/力矩。与机器人运动学不同，机器人动力学不仅与机器人各构件的速度、加速度等运动学量有关，而且与其质量、惯量、所受外部载荷等也有关。机器人动力学是复杂的动力学系统，主要研究两类问题：正动力学问题和逆动力学问题。随着现代机械不断地向高速、精密、重载的方向发展，机器人动力学问题变得越来越重要，已经成为直接影响机器人产品性能的关键问题。

4.1　引言

机器人动力学研究的是与机器人有关的动力学问题。机器人机构一般是一个多连杆、多自由度的开式运动机构，且在每个自由度上都有驱动装置，因此它是一个复杂的多体系统。机器人机构动力学不仅与机器人本身的结构有关，如质量、惯量等，而且与机器人机构的运动学量如加速度、角加速度及负载等有关。

与机器人运动学类似，机器人动力学也有正反两个方面的问题。已知作用在机器人机构上的力/力矩，求机器人机构各关节的位移、速度、加速度，这是动力学分析问题，或称之为机器人动力学的正问题（direct problem）；已知机器人机构各关节的位移、速度和加速度，求作用在各关节上的驱动力/力矩，这是机器人动力学的逆问题（inverse problem）。

要研究机器人机构动力学问题，首先要建立机器人机构动力学模型。动力学模型是指根据机构的结构和运动学、动力学关系建立起来的一组动力学方程，即运动微分方程。机器人机构是一个复杂的多驱动的空间机构，因此建立的动力学模型必然是一个多变量的复杂的非线性系统。在实际推导及建立模型过程中，往往需要借助计算机辅助方法建立和求解机器人机构的动力学问题。

机器人机构及其工作对象可以被近似地看作是一组刚体。在研究机器人动力学问题时，首先需要对机器人机构的运动学及动力学特性进行描述，常用的数学工具包括向量方法、张量方法、旋量方法及矩阵方法等。不同的数学工具有不同的特点，其繁简程度也各不相同。每一种数学工具都可以用来描述机器人机构的运动学及动力学问题，但具体选用哪种数学工具并没有统一的见解，本章应用的是最常用也是较为容易理解的矩阵方法和向量方法。

可以应用各种力学原理来建立机器人机构的动力学模型，如能量守恒定理、达朗贝尔原理、虚功原理、拉格朗日方程、动量矩定理、哈密顿原理、牛顿-欧拉方程、凯恩方程等。本章着重介绍在机器人动力学模型中常用的建模方法：牛顿-欧拉方程法、拉格朗日方程法、凯恩方程法和李群方法。

4.2 牛顿-欧拉方程法

牛顿-欧拉方程是建立机器人机构动力学方程的常用方法。刚体的运动可以分解为刚体随其质心的平动和刚体绕其质心的转动，刚体随质心的平动和绕质心的转动可以分别用牛顿方程和欧拉方程建立力学模型。牛顿方程和欧拉方程是建立在牛顿第二定律基础之上的，即通过力/力矩、动量和动量矩等物理量来描述刚体的动力学性能。

4.2.1 惯量张量

如图 4.1 所示，设刚体的质量为 m，刚体坐标系 $Cxyz$ 下的惯量张量 $\boldsymbol{I}_C$ 由六个量组成，可用 3×3 对称矩阵表示为

$$\boldsymbol{I}_C=\begin{bmatrix} \boldsymbol{I}_x & -\boldsymbol{I}_{xy} & -\boldsymbol{I}_{xz} \\ -\boldsymbol{I}_{yx} & \boldsymbol{I}_y & -\boldsymbol{I}_{yz} \\ -\boldsymbol{I}_{zx} & -\boldsymbol{I}_{zy} & \boldsymbol{I}_z \end{bmatrix} \tag{4.1}$$

式中，$\boldsymbol{I}_x$、$\boldsymbol{I}_y$、$\boldsymbol{I}_z$ 分别为刚体对 x、y、z 轴的转动惯量；$\boldsymbol{I}_{xy}$、$\boldsymbol{I}_{yz}$、$\boldsymbol{I}_{zx}$为离心转动惯量，或称为惯量积。

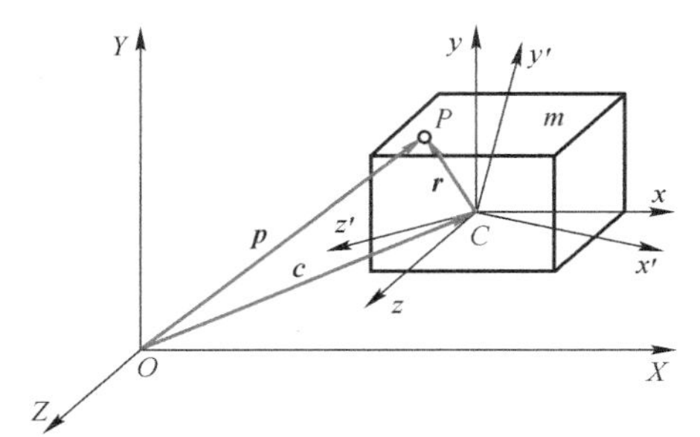

图 4.1　坐标系

设刚体内任意一个质点 P 的质量为 m_i，对质心 C 的矢径为 $\boldsymbol{r}_i=x_i\boldsymbol{i}+y_i\boldsymbol{j}+z_i\boldsymbol{k}$，其中 $\boldsymbol{i}$、$\boldsymbol{j}$、$\boldsymbol{k}$ 为三个坐标轴方向的单位向量。则惯量张量 $\boldsymbol{I}_C$ 的六个分量可计算如下：

对 x、y、z 轴的转动惯量

$$\boldsymbol{I}_x=\sum m_i(y_i^2+z_i^2)=\int(y^2+z^2)\mathrm{d}m$$

$$\boldsymbol{I}_y=\sum m_i(z_i^2+x_i^2)=\int(z^2+x^2)\mathrm{d}m$$

$$\boldsymbol{I}_z=\sum m_i(x_i^2+y_i^2)=\int(x^2+y^2)\mathrm{d}m$$

对 xy、yz、zx 轴的惯量积分别为

$$\boldsymbol{I}_{xy}=\boldsymbol{I}_{yx}=\sum m_ix_iy_i=\int xy\mathrm{d}m$$

$$\boldsymbol{I}_{yz}=\boldsymbol{I}_{zy}=\sum m_iy_iz_i=\int yz\mathrm{d}m$$

$$\boldsymbol{I}_{zx}=\boldsymbol{I}_{xz}=\sum m_iz_ix_i=\int zx\mathrm{d}m$$

已知相对于某一坐标系的惯量张量，可根据平行轴定理及相似变换，求得相对于另一坐标系的惯量张量。若两坐标系之间有平行移动关系，如图 4.1 中的 $Cxyz$ 坐标系和 $OXYZ$ 坐标系。在 $OXYZ$ 坐标系下对 X、Y、Z 轴的转动惯量分别为

$$\boldsymbol{I}_X=\boldsymbol{I}_x+m(Y_c^2+Z_c^2)$$

$$\boldsymbol{I}_Y=\boldsymbol{I}_y+m(X_c^2+Z_c^2)$$

$$\boldsymbol{I}_Z=\boldsymbol{I}_z+m(X_c^2+Y_c^2)$$

对 XY、YZ、ZX 轴的惯量积分别为

$$\boldsymbol{I}_{XY}=\boldsymbol{I}_{xy}+mX_cY_c$$

$$\boldsymbol{I}_{YZ}=\boldsymbol{I}_{yz}+mY_cZ_c$$

$$\boldsymbol{I}_{ZX}=\boldsymbol{I}_{zx}+mX_cZ_c$$

式中，X_c、Y_c、Z_c 是 $Cxyz$ 坐标系中的坐标原点 C 到 $OXYZ$ 坐标系中的坐标原点 O 的径矢 $\boldsymbol{c}$ 在 X、Y、Z 三个方向上的分量。

若通过同一原点 C 的另一坐标系为 $Cx'y'z'$，是 $Cxyz$ 经旋转变换得到的，设 3×3 旋转变换矩阵为 $\boldsymbol{R}$，则相对于 $Cx'y'z'$ 坐标系的惯量张量为

$$\boldsymbol{I}_{C'}=\boldsymbol{R}\boldsymbol{I}_C\boldsymbol{R}^{\mathrm{T}} \tag{4.2}$$

惯量张量可以相对于任何一个坐标定义，$Cxyz$ 坐标系经旋转变换后，适当选择坐标轴可以使得惯量积全为 0，即

$$\boldsymbol{I}_{xy}=\boldsymbol{I}_{yz}=\boldsymbol{I}_{zx}=0$$

此时惯量张量为

$$\boldsymbol{I}_C=\begin{bmatrix}\boldsymbol{I}_x & 0 & 0\\ 0 & \boldsymbol{I}_y & 0\\ 0 & 0 & \boldsymbol{I}_z\end{bmatrix} \tag{4.3}$$

式（4.3）中的三个转动惯量 $\boldsymbol{I}_x$、$\boldsymbol{I}_y$、$\boldsymbol{I}_z$ 称为惯量张量的三个主惯量。事实上 $\boldsymbol{I}_x$、$\boldsymbol{I}_y$、$\boldsymbol{I}_z$ 是式（4.1）所示惯量张量的三个特征值，即三个特征值的三个特征向量必然是相互正交的，定义了刚体的三个惯量主轴。

4.2.2　牛顿-欧拉方程

如图 4.1 所示，假设刚体的质量为 m，质心在 C 点，质心处的位置向量用 $\boldsymbol{c}$ 表示，质心处的加速度用 $\ddot{\boldsymbol{c}}$ 表示，绕质心的角速度用 $\boldsymbol{\omega}$ 表示，则绕质心的角加速度为 $\boldsymbol{\varepsilon}=\dot{\boldsymbol{\omega}}$，根据牛顿方程可得作用在刚体质心 C 处的力为

$$\boldsymbol{F}=m\ddot{\boldsymbol{c}} \tag{4.4}$$

根据欧拉方程，作用在刚体上的力矩为

$$\boldsymbol{M}=\boldsymbol{I}_C\boldsymbol{\varepsilon}+\boldsymbol{\omega}\times\boldsymbol{I}_C\boldsymbol{\omega} \tag{4.5}$$

以上两式中，$\boldsymbol{F}$、$\boldsymbol{M}$、$\ddot{\boldsymbol{c}}$、$\boldsymbol{\omega}$、$\boldsymbol{\varepsilon}$ 均为三维向量。式（4.4）和式（4.5）合称为牛顿-欧拉方程。

欧拉方程式（4.5）可由动量矩定理推得，在图 4.1 中，设 P 点为刚体上的任意一点，其质量为 m_i，相对于质心 C 的矢径为 $\boldsymbol{r}_i$，速度为 $\boldsymbol{v}_i=\boldsymbol{\omega}\times\boldsymbol{r}_i$，设

$$\boldsymbol{r}_i=x_i\boldsymbol{i}+y_i\boldsymbol{j}+z_i\boldsymbol{k} \tag{4.6}$$

式中，$\boldsymbol{i}$、$\boldsymbol{j}$、$\boldsymbol{k}$ 分别为 x、y、z 轴上的单位向量，刚体的角速度和角加速度分别为

$$\boldsymbol{\omega}=\omega_x\boldsymbol{i}+\omega_y\boldsymbol{j}+\omega_z\boldsymbol{k} \tag{4.7}$$

$$\boldsymbol{\varepsilon}=\frac{\mathrm{d}\boldsymbol{\omega}}{\mathrm{d}t}=\varepsilon_x\boldsymbol{i}+\varepsilon_y\boldsymbol{j}+\varepsilon_z\boldsymbol{k} \tag{4.8}$$

刚体的动量矩为

$$\boldsymbol{H}=H_x\boldsymbol{i}+H_y\boldsymbol{j}+H_z\boldsymbol{k} \tag{4.9}$$

作用力对刚体质心 C 的力矩为

$$\boldsymbol{M}=M_x\boldsymbol{i}+M_y\boldsymbol{j}+M_z\boldsymbol{k} \tag{4.10}$$

刚体相对于质心 C 的动量矩为

$$\boldsymbol{H}_C=\sum m_i\boldsymbol{r}_i\times\boldsymbol{v}_i=\sum m_i[\boldsymbol{r}_i\times(\boldsymbol{\omega}\times\boldsymbol{r}_i)] \tag{4.11}$$

由于

$$\boldsymbol{r}_i\times(\boldsymbol{\omega}\times\boldsymbol{r}_i)=(\boldsymbol{r}_i\cdot\boldsymbol{r}_i)\boldsymbol{\omega}-(\boldsymbol{r}_i\cdot\boldsymbol{\omega})\boldsymbol{r}_i \tag{4.12}$$

将式（4.12）代入式（4.11），得

$$\begin{aligned}\boldsymbol{H}_C&=\sum m_i[(\boldsymbol{r}_i\cdot\boldsymbol{r}_i)\boldsymbol{\omega}-(\boldsymbol{r}_i\cdot\boldsymbol{\omega})\boldsymbol{r}_i]\\&=\sum m_i\boldsymbol{r}_i^2\cdot\boldsymbol{\omega}-\sum m_i[(\boldsymbol{r}_i\cdot\boldsymbol{\omega})\boldsymbol{r}_i]\end{aligned} \tag{4.13}$$

将式（4.6）、式（4.7）代入式（4.13），得

$$\begin{aligned}\boldsymbol{H}_C=&(\boldsymbol{I}_x\omega_x-\boldsymbol{I}_{xy}\omega_y-\boldsymbol{I}_{xz}\omega_z)\boldsymbol{i}+\\&(-\boldsymbol{I}_{yx}\omega_x+\boldsymbol{I}_y\omega_y-\boldsymbol{I}_{yz}\omega_z)\boldsymbol{j}+(-\boldsymbol{I}_{zx}\omega_x-\boldsymbol{I}_{zy}\omega_y+\boldsymbol{I}_z\omega_z)\boldsymbol{k}\end{aligned} \tag{4.14}$$

与式（4.9）联立得

$$\begin{cases}H_x=\boldsymbol{I}_x\omega_x-\boldsymbol{I}_{xy}\omega_y-\boldsymbol{I}_{xz}\omega_z\\H_y=-\boldsymbol{I}_{yx}\omega_x+\boldsymbol{I}_y\omega_y-\boldsymbol{I}_{yz}\omega_z\\H_z=-\boldsymbol{I}_{zx}\omega_x-\boldsymbol{I}_{zy}\omega_y+\boldsymbol{I}_z\omega_z\end{cases} \tag{4.15}$$

写成矩阵形式，为

$$\begin{Bmatrix}H_x\\H_y\\H_z\end{Bmatrix}=\begin{bmatrix}\boldsymbol{I}_x&-\boldsymbol{I}_{xy}&-\boldsymbol{I}_{xz}\\-\boldsymbol{I}_{yx}&\boldsymbol{I}_y&-\boldsymbol{I}_{yz}\\-\boldsymbol{I}_{zx}&-\boldsymbol{I}_{zy}&\boldsymbol{I}_z\end{bmatrix}\begin{Bmatrix}\omega_x\\\omega_y\\\omega_z\end{Bmatrix}$$

即

$$\boldsymbol{H}=\boldsymbol{I}_C\boldsymbol{\omega} \tag{4.16}$$

根据动量矩定理可得

$$\begin{aligned}\boldsymbol{M}&=\frac{\mathrm{d}\boldsymbol{H}}{\mathrm{d}t}\\&=\left(\frac{\mathrm{d}H_x}{\mathrm{d}t}\right)\boldsymbol{i}+\left(\frac{\mathrm{d}H_y}{\mathrm{d}t}\right)\boldsymbol{j}+\left(\frac{\mathrm{d}H_z}{\mathrm{d}t}\right)\boldsymbol{k}+H_x\left(\frac{\mathrm{d}i}{\mathrm{d}t}\right)+H_y\left(\frac{\mathrm{d}j}{\mathrm{d}t}\right)+H_z\left(\frac{\mathrm{d}k}{\mathrm{d}t}\right)\end{aligned} \tag{4.17}$$

将式（4.15）代入式（4.17）中，并对各项求导可得

$$\begin{aligned}\boldsymbol{M}=&(I_x\varepsilon_x-I_{xy}\varepsilon_y-I_{xz}\varepsilon_z)\boldsymbol{i}+\\&(-I_{yx}\varepsilon_x+I_y\varepsilon_y-I_{yz}\varepsilon_z)\boldsymbol{j}+\\&(-I_{zx}\varepsilon_x-I_{zy}\varepsilon_y+I_z\varepsilon_z)\boldsymbol{k}+\\&H_x\boldsymbol{\omega}\times\boldsymbol{i}+H_y\boldsymbol{\omega}\times\boldsymbol{j}+H_z\boldsymbol{\omega}\times\boldsymbol{k}\\=&\boldsymbol{I}_C\boldsymbol{\varepsilon}+\boldsymbol{\omega}\times\boldsymbol{H}\end{aligned} \tag{4.18}$$

考虑到式（4.16），有

$$\boldsymbol{M}=\boldsymbol{I}_C\boldsymbol{\varepsilon}+\boldsymbol{\omega}\times\boldsymbol{I}_C\boldsymbol{\omega} \tag{4.19}$$

式（4.19）即为欧拉方程式（4.5）。

4.2.3 作用力和力矩

如图 4.2 所示，将第 i 个构件 L_i 作为隔离体进行分析，作用在其上的外力有：

$\boldsymbol{f}_{i-1,i}$——构件 L_{i-1} 作用在构件 L_i 上的力；

$\boldsymbol{m}_{i-1,i}$——构件 L_{i-1} 作用在构件 L_i 上的力矩；

$\boldsymbol{f}_{i+1,i}$——构件 L_{i+1} 作用在构件 L_i 上的力；

$\boldsymbol{m}_{i+1,i}$——构件 L_{i+1} 作用在构件 L_i 上的力矩；

$\boldsymbol{f}_i$——作用在第 i 个构件 L_i 上的外力化简到质心 C_i 处的合力，即外力的主矢；

$\boldsymbol{m}_i$——作用在第 i 个构件 L_i 上的外力矩化简到质心 C_i 处的合力矩，即外力的主矩。

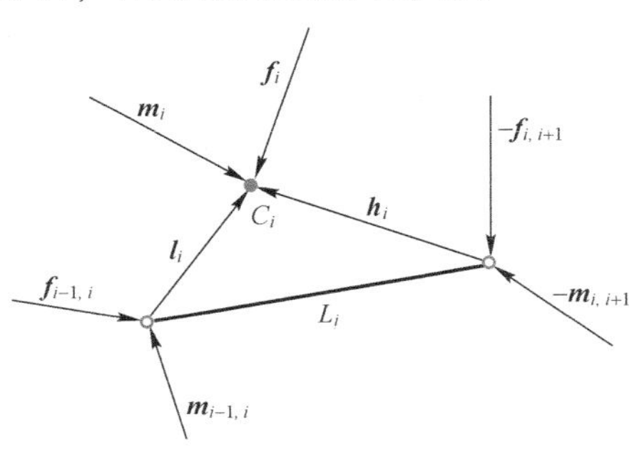

图 4.2 构件受力图

上述力和力矩包括了运动副中的约束反力、驱动力、摩擦力等引起的作用力和作用力矩。作用在第 i 个构件 L_i 上的所有力（包括约束反力、驱动力、摩擦力、重力、外力等）化简到质心 C_i 上的总的合力为 $\boldsymbol{F}_i$，即

$$\boldsymbol{F}_i=\boldsymbol{f}_{i-1,i}-\boldsymbol{f}_{i,i+1}+\boldsymbol{f}_i \tag{4.20}$$

按牛顿方程有

$$\boldsymbol{F}_i=m_i\ddot{\boldsymbol{c}}_i \tag{4.21}$$

式中，m_i 为第 i 个构件的质量。

所以

$$\boldsymbol{f}_{i-1,i}-\boldsymbol{f}_{i,i+1}+\boldsymbol{f}_i=m_i\ddot{\boldsymbol{c}}_i \tag{4.22}$$

相对于质心的总的合力矩为

$$\boldsymbol{M}_i=\boldsymbol{m}_{i-1,i}+\boldsymbol{f}_{i-1,i}\times\boldsymbol{l}_i-\boldsymbol{m}_{i,i+1}-\boldsymbol{f}_{i,i+1}\times\boldsymbol{h}_i+\boldsymbol{m}_i \tag{4.23}$$

按欧拉方程有

$$\boldsymbol{M}_i=\boldsymbol{I}_{Ci}\cdot\boldsymbol{\varepsilon}_i+\boldsymbol{\omega}_i\times\boldsymbol{I}_{Ci}\cdot\boldsymbol{\omega}_i \tag{4.24}$$

所以

$$\boldsymbol{m}_{i-1,i}+\boldsymbol{f}_{i-1,i}\times\boldsymbol{l}_i-\boldsymbol{m}_{i,i+1}-\boldsymbol{f}_{i,i+1}\times\boldsymbol{h}_i+\boldsymbol{m}_i=\boldsymbol{I}_{Ci}\cdot\boldsymbol{\varepsilon}_i+\boldsymbol{\omega}_i\times\boldsymbol{I}_{Ci}\cdot\boldsymbol{\omega}_i \tag{4.25}$$

式中，$\boldsymbol{I}_{Ci}$为构件 L_i 相对于其质心 C_i 的惯性张量

$$\boldsymbol{I}_{Ci}=\begin{bmatrix}\boldsymbol{I}_{xi} & -\boldsymbol{I}_{xyi} & -\boldsymbol{I}_{xzi}\\ -\boldsymbol{I}_{yxi} & \boldsymbol{I}_{yi} & -\boldsymbol{I}_{yzi}\\ -\boldsymbol{I}_{zxi} & -\boldsymbol{I}_{zyi} & \boldsymbol{I}_{zi}\end{bmatrix} \tag{4.26}$$

式（4.22）和式（4.25）给出了应用牛顿-欧拉方程进行机器人动力学分析的基本方程，下面以两自由度机器人机构为例进行具体的分析。

4.2.4 应用牛顿-欧拉方程法建立机器人机构动力学方程

例 4.1 如图 4.3 所示的平面两自由度机器人机构，连杆 L_1 质心为 C_1，质量为 m_1，驱动力矩为 $\boldsymbol{m}_1=[0\quad 0\quad m_{11}]^{\mathrm{T}}$，角速度为 $\boldsymbol{\omega}_1=[0\quad 0\quad \omega_1]^{\mathrm{T}}$，角加速度为 $\boldsymbol{\varepsilon}_1=[0\quad 0\quad \dot{\omega}_1]^{\mathrm{T}}$。连杆 L_2 质心为 C_2，质量为 m_2，驱动力矩为 $\boldsymbol{m}_2=[0\quad 0\quad m_{22}]^{\mathrm{T}}$，角速度为 $\boldsymbol{\omega}_2=[0\quad 0\quad \omega_2]^{\mathrm{T}}$，角加速度为 $\boldsymbol{\varepsilon}_2=[0\quad 0\quad \dot{\omega}_2]^{\mathrm{T}}$。

解：选取关节 O 和关节 A 处的转角 θ_1、θ_2 为系统的广义坐标，可以写出连杆 L_1 的牛顿-欧拉方程为

$$\boldsymbol{f}_{0,1}-\boldsymbol{f}_{1,2}+\boldsymbol{f}_1=m_1\ddot{\boldsymbol{c}}_1 \tag{4.27}$$

$$\boldsymbol{m}_{0,1}+\boldsymbol{f}_{0,1}\times\boldsymbol{l}_1-\boldsymbol{m}_{1,2}-\boldsymbol{f}_{1,2}\times\boldsymbol{h}_1=\boldsymbol{I}_{C1}\cdot\boldsymbol{\varepsilon}_1 \tag{4.28}$$

连杆 L_2 的牛顿-欧拉方程为

$$\boldsymbol{f}_{1,2}+\boldsymbol{f}_2=m_2\ddot{\boldsymbol{c}}_2 \tag{4.29}$$

$$\boldsymbol{m}_{1,2}+\boldsymbol{f}_{1,2}\times\boldsymbol{l}_2=\boldsymbol{I}_{C2}\cdot\boldsymbol{\varepsilon}_2 \tag{4.30}$$

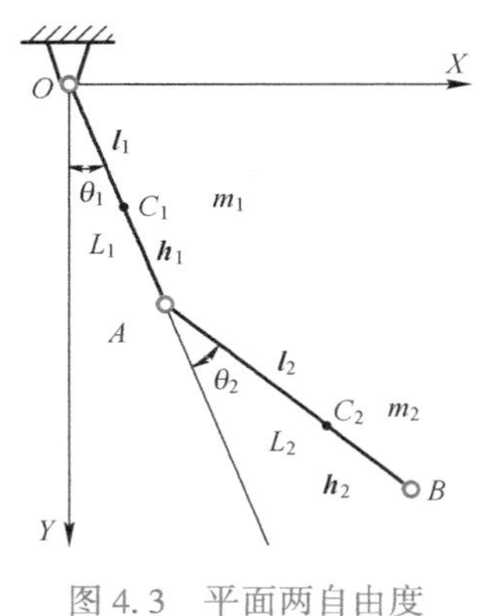

图 4.3 平面两自由度机器人机构

式（4.27）和式（4.29）中，$\boldsymbol{f}_1=m_1\boldsymbol{g}$，$\boldsymbol{f}_2=m_2\boldsymbol{g}$。考虑到 $\boldsymbol{m}_{0,1}=\boldsymbol{m}_1$，$\boldsymbol{m}_{1,2}=\boldsymbol{m}_2$，由式（4.27）~式（4.30）可解出

$$\boldsymbol{m}_2=\boldsymbol{I}_{C2}\cdot\boldsymbol{\varepsilon}_2-(m_2\ddot{\boldsymbol{c}}_2-m_2\boldsymbol{g})\times\boldsymbol{l}_2 \tag{4.31}$$

$$\boldsymbol{m}_1=\boldsymbol{I}_{C1}\cdot\boldsymbol{\varepsilon}_1-(m_1\ddot{\boldsymbol{c}}_1-m_1\boldsymbol{g}-m_2\ddot{\boldsymbol{c}}_2+m_2\boldsymbol{g})\times\boldsymbol{l}_1-(m_2\ddot{\boldsymbol{c}}_2-m_2\boldsymbol{g})\times\boldsymbol{h}_1+\boldsymbol{m}_2 \tag{4.32}$$

式（4.31）和式（4.32）中

$$\boldsymbol{\varepsilon}_1=\dot{\boldsymbol{\omega}}_1=\ddot{\theta}_1,\quad \boldsymbol{\varepsilon}_2=\dot{\boldsymbol{\omega}}_2=\ddot{\theta}_1+\ddot{\theta}_2$$

因为

$$\boldsymbol{c}_1=\begin{bmatrix} l_1\sin\theta_1 \\ l_1\cos\theta_1 \\ 0 \end{bmatrix} \tag{4.33}$$

所以

$$\dot{\boldsymbol{c}}_1=\begin{bmatrix} l_1\dot{\theta}_1\cos\theta_1 \\ -l_1\dot{\theta}_1\sin\theta_1 \\ 0 \end{bmatrix} \tag{4.34}$$

$$\ddot{\boldsymbol{c}}_1=\begin{bmatrix} l_1(-\dot{\theta}_1^2\sin\theta_1+\ddot{\theta}_1\cos\theta_1) \\ -l_1(\dot{\theta}_1^2\cos\theta_1+\ddot{\theta}_1\sin\theta_1) \\ 0 \end{bmatrix} \tag{4.35}$$

同理

$$\boldsymbol{c}_2=\begin{bmatrix} L_1\sin\theta_1+l_2\sin(\theta_1+\theta_2) \\ L_1\cos\theta_1+l_2\cos(\theta_1+\theta_2) \\ 0 \end{bmatrix} \tag{4.36}$$

所以

$$\dot{\boldsymbol{c}}_2=\begin{bmatrix} L_1\dot{\theta}_1\cos\theta_1+l_2(\dot{\theta}_1+\dot{\theta}_2)\cos(\theta_1+\theta_2) \\ -L_1\dot{\theta}_1\sin\theta_1-l_2(\dot{\theta}_1+\dot{\theta}_2)\sin(\theta_1+\theta_2) \\ 0 \end{bmatrix} \tag{4.37}$$

$$\ddot{\boldsymbol{c}}_2=\begin{bmatrix}-L_1\dot{\theta}_1^2\sin\theta_1-l_2(\dot{\theta}_1+\dot{\theta}_2)^2\sin(\theta_1+\theta_2)+L_1\ddot{\theta}_1\cos\theta_1+l_2(\ddot{\theta}_1+\ddot{\theta}_2)\cos(\theta_1+\theta_2)\\-L_1\dot{\theta}_1^2\cos\theta_1-l_2(\dot{\theta}_1+\dot{\theta}_2)^2\cos(\theta_1+\theta_2)-L_1\ddot{\theta}_1\sin\theta_1-l_2(\ddot{\theta}_1+\ddot{\theta}_2)\sin(\theta_1+\theta_2)\\0\end{bmatrix}\tag{4.38}$$

将式（4.35）、式（4.38）代入式（4.31）、式（4.32）并考虑到

$$\boldsymbol{h}_1=\begin{bmatrix}(L_1-l_1)\sin\theta_1\\(L_1-l_1)\cos\theta_1\\0\end{bmatrix}\tag{4.39}$$

于是可解得

$$\begin{aligned}m_{11}=&(\boldsymbol{I}_{z1}+\boldsymbol{I}_{z2}+2m_2L_1l_2\cos\theta_2+m_1l_1^2+m_2L_1^2+m_2l_2^2)\ddot{\theta}_1+\\&(\boldsymbol{I}_{z2}+m_2l_2^2+m_2L_1l_2\cos\theta_2)\ddot{\theta}_2-m_2L_1l_2\dot{\theta}_2^2\sin\theta_2-2m_2L_1l_2\dot{\theta}_1\dot{\theta}_2\sin\theta_2-\\&m_2gl_2\sin(\theta_1+\theta_2)-(m_1+m_2)gl_1\sin\theta_1\end{aligned}\tag{4.40}$$

$$\begin{aligned}m_{22}=&(\boldsymbol{I}_{z2}+m_2l_2^2+m_2L_1l_2\cos\theta_2)\ddot{\theta}_1+(\boldsymbol{I}_{z2}+m_2l_2^2)\ddot{\theta}_2+\\&m_2L_1l_2\dot{\theta}_1^2\sin\theta_2-m_2gl_2\sin(\theta_1+\theta_2)\end{aligned}\tag{4.41}$$

式（4.40）、式（4.41）进一步可写成

$$\begin{cases}m_{11}=D_{11}\ddot{\theta}_1+D_{12}\ddot{\theta}_2+D_{122}\dot{\theta}_2^2+D_{112}\dot{\theta}_1\dot{\theta}_2+D_1\\m_{22}=D_{21}\ddot{\theta}_1+D_{22}\ddot{\theta}_2+D_{211}\dot{\theta}_1^2+D_2\end{cases}\tag{4.42}$$

式中

$$\begin{aligned}&D_{11}=\boldsymbol{I}_{z1}+\boldsymbol{I}_{z2}+2m_2L_1l_2\cos\theta_2+m_1l_1^2+m_2L_1^2+m_2l_2^2\\&D_{12}=\boldsymbol{I}_{z2}+m_2l_2^2+m_2L_1l_2\cos\theta_2\\&D_{122}=-m_2L_1l_2\sin\theta_2\\&D_{112}=-2m_2L_1l_2\sin\theta_2\\&D_1=-m_2gl_2\sin(\theta_1+\theta_2)-(m_1+m_2)gl_1\sin\theta_1\\&D_{21}=\boldsymbol{I}_{z2}+m_2l_2^2+m_2L_1l_2\cos\theta_2\\&D_{22}=\boldsymbol{I}_{z2}+m_2l_2^2\\&D_{211}=m_2L_1l_2\sin\theta_2\\&D_2=-m_2gl_2\sin(\theta_1+\theta_2)\end{aligned}$$

当运动情况已知时，可由式（4.42）得各构件上的驱动力。值得注意的是，式（4.42）中的各系数项都是机器人机构位置的函数，所以所有系数都是变系数的，因此式（4.42）给出的是一个变系数的非线性动力学方程。

4.3　拉格朗日方程法

拉格朗日方程是基于能量项对系统变量及时间的微分而建立的。对于简单系统，拉格朗日方程法相较于牛顿-欧拉方程法更显复杂，然而随着系统复杂程度的增加，用拉格朗日方程法建立系统运动微分方程变得相对简单。

4.3.1 拉格朗日方程

拉格朗日函数 L 被定义为系统的动能 E_k 和位能 E_p 之差

$$L=E_k-E_p \tag{4.43}$$

根据拉格朗日函数 L 写出的系统拉格朗日方程为

$$Q_i=\frac{\mathrm{d}}{\mathrm{d}t}\left(\frac{\partial L}{\partial \dot{q}_i}\right)-\frac{\partial L}{\partial q_i} \quad (i=1,2,\cdots,n) \tag{4.44}$$

式中，n 为系统的广义坐标数；q_i 为广义坐标；$\dot{q}_i$ 为广义速度；Q_i 为作用在第 i 个广义坐标上的广义力或广义力矩。

4.3.2 速度分析

机器人系统一般具有结构复杂的连杆机构，在利用拉格朗日方程法建立其动力学方程之前，需要求得机器人机构各连杆上某一点的位移、速度、加速度等物理量，进而求得机构的动能和位能，从而导出机器人机构的速度、动能、位能和动力学方程的一般表达式。

为表示各构件及系统的动能、位能，需引入齐次坐标及齐次变换矩阵。引入用 4×4 变换矩阵 $\boldsymbol{T}_i$ 表示第 i 个构件 L_i 的刚体坐标系 $o_ix_iy_iz_i$ 相对于基坐标系 $OXYZ$ 的齐次线性变换矩阵。如图 4.4 所示，若 $o_ix_iy_iz_i$ 坐标系中任意一点 P 的位置向量为 $\boldsymbol{r}$，在基坐标系 $OXYZ$ 中，同一点 P 的位置向量为 $\boldsymbol{p}$，则有

$$\boldsymbol{p}=\boldsymbol{T}_i\boldsymbol{r} \tag{4.45}$$

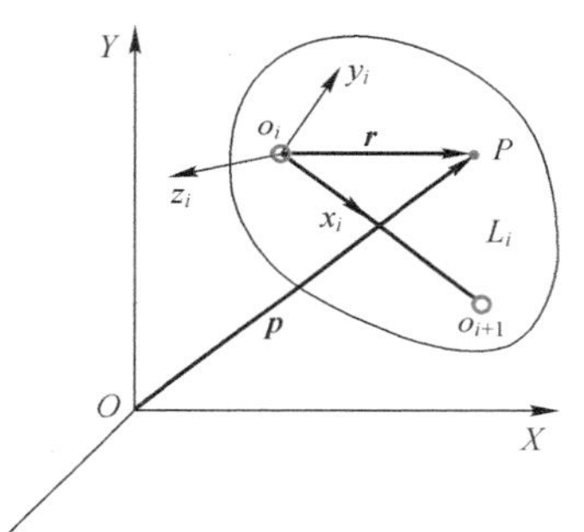

图 4.4 机器人机构

式中

$$\boldsymbol{p}=[p_1 \quad p_2 p_3 \quad 1]^{\mathrm{T}}, \quad \boldsymbol{r}=[r_1 \quad r_2 \quad r_3 \quad 1]^{\mathrm{T}}$$

点 P 在 $OXYZ$ 坐标系下的速度为

$$\boldsymbol{v}=\frac{\mathrm{d}\boldsymbol{p}}{\mathrm{d}t}=\frac{\mathrm{d}}{\mathrm{d}t}(\boldsymbol{T}_i\boldsymbol{r})=\dot{\boldsymbol{T}}_i\boldsymbol{r} \tag{4.46}$$

齐次线性变换矩阵 $\boldsymbol{T}_i$ 的元素是可导的，用 $\dot{\boldsymbol{T}}_i$ 表示 $\boldsymbol{T}_i$ 的元素对时间求一阶导建立起来的速度矩阵

$$\dot{\boldsymbol{T}}_i=\frac{\mathrm{d}\boldsymbol{T}_i}{\mathrm{d}t}=\sum_{j=1}^{i}\frac{\partial \boldsymbol{T}_i}{\partial q_j}\dot{q}_j$$

所以

$$\boldsymbol{v}=\frac{\mathrm{d}\boldsymbol{p}}{\mathrm{d}t}=\frac{\mathrm{d}}{\mathrm{d}t}(\boldsymbol{T}_i\boldsymbol{r})=\left(\sum_{j=1}^{i}\frac{\partial \boldsymbol{T}_i}{\partial q_j}\dot{q}_j\right)\boldsymbol{r} \tag{4.47}$$

加速度为

$$\begin{aligned}\boldsymbol{a}&=\frac{\mathrm{d}^2\boldsymbol{p}}{\mathrm{d}t^2}=\frac{\mathrm{d}\boldsymbol{v}}{\mathrm{d}t}=\frac{\mathrm{d}}{\mathrm{d}t}(\dot{\boldsymbol{T}}_i\boldsymbol{r})\\&=\frac{\mathrm{d}}{\mathrm{d}t}\left[\left(\sum_{j=1}^{i}\frac{\partial \boldsymbol{T}_i}{\partial q_j}\dot{q}_j\right)\boldsymbol{r}\right]\\&=\left(\sum_{j=1}^{i}\frac{\partial \boldsymbol{T}_i}{\partial q_j}\ddot{q}_j\right)\boldsymbol{r}+\left(\sum_{k=1}^{i}\sum_{j=1}^{i}\frac{\partial^2\boldsymbol{T}_i}{\partial q_k\partial q_j}\dot{q}_k\dot{q}_j\right)\boldsymbol{r}\end{aligned} \tag{4.48}$$

由式（4.47）得速度的二次方为

$$\begin{aligned}\boldsymbol{v}^2&=\boldsymbol{v}\cdot\boldsymbol{v}=\mathrm{Trace}[\boldsymbol{v}\cdot\boldsymbol{v}^{\mathrm{T}}]\\&=\mathrm{Trace}\left[\left(\sum_{j=1}^{i}\frac{\partial\boldsymbol{T}_i}{\partial q_j}\dot{q}_j\right)\boldsymbol{r}\cdot\left(\sum_{k=1}^{i}\frac{\partial\boldsymbol{T}_i}{\partial q_k}\dot{q}_k\right)^{\mathrm{T}}\boldsymbol{r}^{\mathrm{T}}\right]\\&=\mathrm{Trace}\left[\sum_{j=1}^{i}\sum_{k=1}^{i}\frac{\partial\boldsymbol{T}_i}{\partial q_j}\boldsymbol{r}\cdot\boldsymbol{r}^{\mathrm{T}}\left(\frac{\partial\boldsymbol{T}_i}{\partial q_k}\right)^{\mathrm{T}}\dot{q}_j\dot{q}_k\right]\end{aligned}\tag{4.49}$$

式中，Trace 为矩阵的迹的运算符号，对于 n 阶方阵来说，矩阵的迹就是其主对角线上的各元素之和。

4.3.3　动能

设构件 L_i 上任意一点 P 的质量为 $\mathrm{d}m$，则该点的动能为

$$\begin{aligned}\mathrm{d}E_{\mathrm{k}i}&=\frac{1}{2}\boldsymbol{v}^2\mathrm{d}m\\&=\frac{1}{2}\mathrm{Trace}\left[\sum_{j=1}^{i}\sum_{k=1}^{i}\frac{\partial\boldsymbol{T}_i}{\partial q_j}\boldsymbol{r}\cdot\boldsymbol{r}^{\mathrm{T}}\mathrm{d}m\left(\frac{\partial\boldsymbol{T}_i}{\partial q_k}\right)^{\mathrm{T}}\dot{q}_j\dot{q}_k\right]\end{aligned}\tag{4.50}$$

构件 L_i 的动能等于构件 L_i 上的所有点的动能积分，即

$$\begin{aligned}E_{\mathrm{k}i}&=\int_{L_i}\mathrm{d}E_{\mathrm{k}i}\\&=\int_{L_i}\frac{1}{2}\mathrm{Trace}\left[\sum_{j=1}^{i}\sum_{k=1}^{i}\frac{\partial\boldsymbol{T}_i}{\partial q_j}\boldsymbol{r}\cdot\boldsymbol{r}^{\mathrm{T}}\mathrm{d}m\left(\frac{\partial\boldsymbol{T}_i}{\partial q_k}\right)^{\mathrm{T}}\dot{q}_j\dot{q}_k\right]\\&=\frac{1}{2}\mathrm{Trace}\left[\sum_{j=1}^{i}\sum_{k=1}^{i}\frac{\partial\boldsymbol{T}_i}{\partial q_j}\left(\int_{L_i}\boldsymbol{r}\cdot\boldsymbol{r}^{\mathrm{T}}\mathrm{d}m\right)\left(\frac{\partial\boldsymbol{T}_i}{\partial q_k}\right)^{\mathrm{T}}\dot{q}_j\dot{q}_k\right]\\&=\frac{1}{2}\mathrm{Trace}\left[\sum_{j=1}^{i}\sum_{k=1}^{i}\frac{\partial\boldsymbol{T}_i}{\partial q_j}\boldsymbol{H}_i\left(\frac{\partial\boldsymbol{T}_i}{\partial q_k}\right)^{\mathrm{T}}\dot{q}_j\dot{q}_k\right]\end{aligned}\tag{4.51}$$

式（4.51）中 $\boldsymbol{H}_i$ 的积分称为连杆的伪惯量矩阵，记为

$$\begin{aligned}\boldsymbol{H}_i&=\int_{L_i}\boldsymbol{r}\cdot\boldsymbol{r}^{\mathrm{T}}\mathrm{d}m\\&=\begin{bmatrix}I_{xxi}&I_{xyi}&I_{xzi}&s_{xi}\\I_{yxi}&I_{yyi}&I_{yzi}&s_{yi}\\I_{zxi}&I_{zyi}&I_{zzi}&s_{zi}\\s_{xi}&s_{yi}&s_{zi}&m_i\end{bmatrix}\end{aligned}\tag{4.52}$$

其中

$$I_{xxi}=\int_{L_i}r_1^2\mathrm{d}m,\quad I_{yyi}=\int_{L_i}r_2^2\mathrm{d}m,\quad I_{zzi}=\int_{L_i}r_3^2\mathrm{d}m\tag{4.53}$$

分别为构件 L_i 相对于相应坐标平面的转动惯量。

$$I_{xyi}=I_{yxi}=\int_{L_i}r_1r_2\mathrm{d}m,\quad I_{xzi}=I_{zxi}=\int_{L_i}r_1r_3\mathrm{d}m,\quad I_{yzi}=I_{zyi}=\int_{L_i}r_2r_3\mathrm{d}m\tag{4.54}$$

分别为构件 L_i 的三个离心转动惯量。

$$s_{xi}=\int_{L_i}r_1\mathrm{d}m,\quad s_{yi}=\int_{L_i}r_2\mathrm{d}m,\quad s_{zi}=\int_{L_i}r_3\mathrm{d}m \tag{4.55}$$

分别为构件 L_i 的静矩。

从式（4.52）可以看出，构件 L_i 在其刚体坐标系中的伪惯量矩阵 $\boldsymbol{H}_i$ 是一对称矩阵，该矩阵不包含任何运动变量，因而与机构的运动特性无关，只表征构件质量分布的情况。

相对于平面的转动惯量 I_{xx}、I_{yy}、I_{zz} 与相对于轴的转动惯量 I_x、I_y、I_z 之间存在一定的变换关系

$$\begin{aligned}I_{xxi}&=\int_{L_i}r_1^2\mathrm{d}m=-\frac{1}{2}\int_{L_i}(r_2^2+r_3^2)\mathrm{d}m+\frac{1}{2}\int_{L_i}(r_1^2+r_3^2)\mathrm{d}m+\frac{1}{2}\int_{L_i}(r_1^2+r_2^2)\mathrm{d}m\\&=\frac{1}{2}(-I_x+I_y+I_z)\end{aligned} \tag{4.56}$$

$$\begin{aligned}I_{yyi}&=\int_{L_i}r_2^2\mathrm{d}m=\frac{1}{2}\int_{L_i}(r_2^2+r_3^2)\mathrm{d}m-\frac{1}{2}\int_{L_i}(r_1^2+r_3^2)\mathrm{d}m+\frac{1}{2}\int_{L_i}(r_1^2+r_2^2)\mathrm{d}m\\&=\frac{1}{2}(I_x-I_y+I_z)\end{aligned} \tag{4.57}$$

$$\begin{aligned}I_{zzi}&=\int_{L_i}r_3^2\mathrm{d}m=\frac{1}{2}\int_{L_i}(r_2^2+r_3^2)\mathrm{d}m+\frac{1}{2}\int_{L_i}(r_1^2+r_3^2)\mathrm{d}m-\frac{1}{2}\int_{L_i}(r_1^2+r_2^2)\mathrm{d}m\\&=\frac{1}{2}(I_x+I_y-I_z)\end{aligned} \tag{4.58}$$

由式（4.56）~式（4.58）即可根据相对于轴的转动惯量 I_x、I_y、I_z 求得相对于平面的转动惯量 I_{xx}、I_{yy}、I_{zz}。

整个机构所有构件的动能为

$$\begin{aligned}E_\mathrm{k}&=\sum_{i=1}^{n}E_{\mathrm{k}i}=\frac{1}{2}\sum_{i=1}^{n}\mathrm{Trace}\left[\sum_{j=1}^{i}\sum_{k=1}^{i}\frac{\partial\boldsymbol{T}_i}{\partial q_j}\boldsymbol{H}_i\left(\frac{\partial\boldsymbol{T}_i}{\partial q_k}\right)^\mathrm{T}\dot{q}_j\dot{q}_k\right]\\&=\frac{1}{2}\sum_{i=1}^{n}\sum_{j=1}^{i}\sum_{k=1}^{i}\mathrm{Trace}\left(\frac{\partial\boldsymbol{T}_i}{\partial q_j}\boldsymbol{H}_i\frac{\partial\boldsymbol{T}_i^\mathrm{T}}{\partial q_k}\right)\dot{q}_j\dot{q}_k\end{aligned} \tag{4.59}$$

此外，在机器人机构系统中还存在驱动各构件运动的驱动元件和传动元件，如驱动电动机或液压马达的转子、减速器的齿轮等，驱动电动机和传动装置的动能可以根据其广义速度写为

$$E_{\mathrm{k}ai}=\frac{1}{2}\boldsymbol{I}_{ai}q_i^2 \tag{4.60}$$

式中，$\boldsymbol{I}_{ai}$ 是第 i 个驱动电动机转子或传动装置在广义坐标上的等效转动惯量，若是移动运动副，则为等效质量；q_i 为广义坐标。

机构所有驱动电动机及传动装置的总动能为

$$E_{\mathrm{k}a}=\sum_{i=1}^{n}E_{\mathrm{k}ai}=\frac{1}{2}\sum_{i=1}^{n}\boldsymbol{I}_{ai}q_i^2 \tag{4.61}$$

所以机构总的动能为

$$
\begin{aligned}
E_{kt} &= E_{k} + E_{ka} \\
&= \frac{1}{2}\sum_{i=1}^{n}\sum_{j=1}^{i}\sum_{k=1}^{i}\mathrm{Trace}\left(\frac{\partial \boldsymbol{T}_i}{\partial q_j}\boldsymbol{H}_i\frac{\partial \boldsymbol{T}_i^{\mathrm{T}}}{\partial q_k}\right)\dot{q}_j\dot{q}_k + \frac{1}{2}\sum_{i=1}^{n}\boldsymbol{I}_{ai}\dot{q}_i^2
\end{aligned}
\tag{4.62}
$$

4.3.4　位能

若构件 L_i 上任意一点 P 的质量为 $\mathrm{d}m$，则该点的位能为

$$
\mathrm{d}E_{pi} = -\mathrm{d}m\boldsymbol{g}^{\mathrm{T}}\cdot\boldsymbol{p} = -\mathrm{d}m\boldsymbol{g}^{\mathrm{T}}\cdot\boldsymbol{T}_i\boldsymbol{r}
\tag{4.63}
$$

式中，重力加速度向量为

$$
\boldsymbol{g} = [g_1 \quad g_2 \quad g_3 \quad 0]^{\mathrm{T}}
$$

若取 z 轴为垂直向上，则

$$
\boldsymbol{g} = [0 \quad 0 \quad -9.8 \quad 0]^{\mathrm{T}}
$$

构件 L_i 的位能为

$$
E_{pi} = \int_{L_i}\mathrm{d}E_{pi} = -\int_{L_i}\boldsymbol{g}^{\mathrm{T}}\boldsymbol{T}_i\boldsymbol{r}\mathrm{d}m = -\boldsymbol{g}^{\mathrm{T}}\boldsymbol{T}_i\int_{L_i}\boldsymbol{r}\mathrm{d}m = -m_i\boldsymbol{g}^{\mathrm{T}}\boldsymbol{T}_i\boldsymbol{r}_i
\tag{4.64}
$$

式中，m_i 为构件 L_i 的质量；$\boldsymbol{r}_i$ 为构件 L_i 质心在其刚体坐标系中的矢径。系统总的位能为

$$
E_{p} = \sum_{i=1}^{n}E_{pi} = -\sum_{i=1}^{n}m_i\boldsymbol{g}^{\mathrm{T}}\boldsymbol{T}_i\boldsymbol{r}_i
\tag{4.65}
$$

4.3.5　动力学方程

拉格朗日函数

$$
\begin{aligned}
L &= E_{kt} - E_{p} \\
&= \frac{1}{2}\sum_{i=1}^{n}\sum_{j=1}^{i}\sum_{k=1}^{i}\mathrm{Trace}\left(\frac{\partial \boldsymbol{T}_i}{\partial q_j}\boldsymbol{H}_i\frac{\partial \boldsymbol{T}_i^{\mathrm{T}}}{\partial q_k}\right)\dot{q}_j\dot{q}_k + \frac{1}{2}\sum_{i=1}^{n}\boldsymbol{I}_{ai}\dot{q}_i^2 + \sum_{i=1}^{n}m_i\boldsymbol{g}^{\mathrm{T}}\boldsymbol{T}_i\boldsymbol{r}_i
\end{aligned}
\tag{4.66}
$$

式中，$n=1,2,3,\cdots$为机构的构件数。求拉格朗日函数 L 对$\dot{q}_p$ 的偏导数，得

$$
\begin{aligned}
\frac{\partial L}{\partial \dot{q}_p} = &\frac{1}{2}\sum_{i=1}^{n}\sum_{k=1}^{i}\mathrm{Trace}\left(\frac{\partial \boldsymbol{T}_i}{\partial q_p}\boldsymbol{H}_i\frac{\partial \boldsymbol{T}_i^{\mathrm{T}}}{\partial q_k}\right)\dot{q}_k + \\
&\frac{1}{2}\sum_{i=1}^{n}\sum_{j=1}^{i}\mathrm{Trace}\left(\frac{\partial \boldsymbol{T}_i}{\partial q_j}\boldsymbol{H}_i\frac{\partial \boldsymbol{T}_i^{\mathrm{T}}}{\partial q_p}\right)\dot{q}_j + \boldsymbol{I}_{ap}\dot{q}_p
\end{aligned}
\tag{4.67}
$$

式中，$p=1,2,3,\cdots,n$，考虑到 $\boldsymbol{H}_i$ 为对称矩阵，即 $\boldsymbol{H}_i=\boldsymbol{H}_i^{\mathrm{T}}$，所以有

$$
\begin{aligned}
\mathrm{Trace}\left(\frac{\partial \boldsymbol{T}_i}{\partial q_p}\boldsymbol{H}_i\frac{\partial \boldsymbol{T}_i^{\mathrm{T}}}{\partial q_k}\right) &= \mathrm{Trace}\left[\left(\frac{\partial \boldsymbol{T}_i}{\partial q_p}\boldsymbol{H}_i\frac{\partial \boldsymbol{T}_i^{\mathrm{T}}}{\partial q_k}\right)^{\mathrm{T}}\right] \\
&= \mathrm{Trace}\left(\frac{\partial \boldsymbol{T}_i}{\partial q_k}\boldsymbol{H}_i^{\mathrm{T}}\frac{\partial \boldsymbol{T}_i^{\mathrm{T}}}{\partial q_p}\right) \\
&= \mathrm{Trace}\left(\frac{\partial \boldsymbol{T}_i}{\partial q_k}\boldsymbol{H}_i\frac{\partial \boldsymbol{T}_i^{\mathrm{T}}}{\partial q_p}\right)
\end{aligned}
\tag{4.68}
$$

所以式（4.67）可化简为

$$\frac{\partial L}{\partial \dot{q}_p} = \sum_{i=1}^{n} \sum_{k=1}^{i} \mathrm{Trace}\left(\frac{\partial \boldsymbol{T}_i}{\partial q_k} \boldsymbol{H}_i \frac{\partial \boldsymbol{T}_i^{\mathrm{T}}}{\partial q_p}\right) \dot{q}_k + \boldsymbol{I}_{ap} \dot{q}_p \tag{4.69}$$

坐标转换矩阵 $\boldsymbol{T}_i$ 仅与前 i 个广义坐标有关，当 $p>i$ 时$\frac{\partial \boldsymbol{T}_i}{\partial q_p}=0$，所以式（4.69）成为

$$\frac{\partial L}{\partial \dot{q}_p} = \sum_{i=p}^{n} \sum_{k=1}^{i} \mathrm{Trace}\left(\frac{\partial \boldsymbol{T}_i}{\partial q_k} \boldsymbol{H}_i \frac{\partial \boldsymbol{T}_i^{\mathrm{T}}}{\partial q_p}\right) \dot{q}_k + \boldsymbol{I}_{ap} \dot{q}_p \tag{4.70}$$

式（4.70）对时间求导，得

$$\begin{aligned}
\frac{\mathrm{d}}{\mathrm{d}t}\left(\frac{\partial L}{\partial \dot{q}_p}\right) &= \frac{\mathrm{d}}{\mathrm{d}t}\left[\sum_{i=p}^{n} \sum_{k=1}^{i} \mathrm{Trace}\left(\frac{\partial \boldsymbol{T}_i}{\partial q_k} \boldsymbol{H}_i \frac{\partial \boldsymbol{T}_i^{\mathrm{T}}}{\partial q_p}\right) \dot{q}_k + \boldsymbol{I}_{ap} \dot{q}_p\right] \\
&= \sum_{i=p}^{n} \sum_{k=1}^{i} \mathrm{Trace}\left(\frac{\partial \boldsymbol{T}_i}{\partial q_k} \boldsymbol{H}_i \frac{\partial \boldsymbol{T}_i^{\mathrm{T}}}{\partial q_p}\right) \ddot{q}_k + \boldsymbol{I}_{ap} \ddot{q}_p + \\
&\quad \sum_{i=p}^{n} \sum_{j=1}^{i} \sum_{k=1}^{i} \mathrm{Trace}\left(\frac{\partial^2 \boldsymbol{T}_i}{\partial q_j \partial q_k} \boldsymbol{H}_i \frac{\partial \boldsymbol{T}_i^{\mathrm{T}}}{\partial q_p}\right) \dot{q}_j \dot{q}_k + \\
&\quad \sum_{i=p}^{n} \sum_{j=1}^{i} \sum_{k=1}^{i} \mathrm{Trace}\left(\frac{\partial^2 \boldsymbol{T}_i}{\partial q_j \partial q_p} \boldsymbol{H}_i \frac{\partial \boldsymbol{T}_i^{\mathrm{T}}}{\partial q_k}\right) \dot{q}_j \dot{q}_k
\end{aligned} \tag{4.71}$$

再求拉格朗日函数 L 对 q_p 的偏导数，得

$$\begin{aligned}
\frac{\partial L}{\partial q_p} = &\frac{1}{2} \sum_{i=p}^{n} \sum_{j=1}^{i} \sum_{k=1}^{i} \mathrm{Trace}\left(\frac{\partial^2 \boldsymbol{T}_i}{\partial q_j \partial q_p} \boldsymbol{H}_i \frac{\partial \boldsymbol{T}_i^{\mathrm{T}}}{\partial q_k}\right) \dot{q}_j \dot{q}_k + \\
&\frac{1}{2} \sum_{i=p}^{n} \sum_{j=1}^{i} \sum_{k=1}^{i} \mathrm{Trace}\left(\frac{\partial^2 \boldsymbol{T}_i}{\partial q_k \partial q_p} \boldsymbol{H}_i \frac{\partial \boldsymbol{T}_i^{\mathrm{T}}}{\partial q_j}\right) \dot{q}_j \dot{q}_k + \sum_{i=p}^{n} m_i \boldsymbol{g}^{\mathrm{T}} \frac{\partial \boldsymbol{T}_i}{\partial q_p} \boldsymbol{r}_i
\end{aligned} \tag{4.72}$$

式（4.72）中，将第二项的下标 j、k 对换后，可合并写为

$$\frac{\partial L}{\partial q_p} = \sum_{i=p}^{n} \sum_{j=1}^{i} \sum_{k=1}^{i} \mathrm{Trace}\left(\frac{\partial^2 \boldsymbol{T}_i}{\partial q_j \partial q_p} \boldsymbol{H}_i \frac{\partial \boldsymbol{T}_i^{\mathrm{T}}}{\partial q_k}\right) \dot{q}_j \dot{q}_k + \sum_{i=p}^{n} m_i \boldsymbol{g}^{\mathrm{T}} \frac{\partial \boldsymbol{T}_i}{\partial q_p} \boldsymbol{r}_i \tag{4.73}$$

由式（4.71）、式（4.73），得

$$\begin{aligned}
\frac{\mathrm{d}}{\mathrm{d}t}\left(\frac{\partial L}{\partial \dot{q}_i}\right) - \frac{\partial L}{\partial q_i} = &\sum_{i=p}^{n} \sum_{k=1}^{i} \mathrm{Trace}\left(\frac{\partial \boldsymbol{T}_i}{\partial q_k} \boldsymbol{H}_i \frac{\partial \boldsymbol{T}_i^{\mathrm{T}}}{\partial q_p}\right) \ddot{q}_k + \boldsymbol{I}_{ap} \ddot{q}_p + \\
&\sum_{i=p}^{n} \sum_{j=1}^{i} \sum_{k=1}^{i} \mathrm{Trace}\left(\frac{\partial^2 \boldsymbol{T}_i}{\partial q_j \partial q_k} \boldsymbol{H}_i \frac{\partial \boldsymbol{T}_i^{\mathrm{T}}}{\partial q_p}\right) \dot{q}_j \dot{q}_k - \\
&\sum_{i=p}^{n} m_i \boldsymbol{g}^{\mathrm{T}} \frac{\partial \boldsymbol{T}_i}{\partial q_p} \boldsymbol{r}_i
\end{aligned} \tag{4.74}$$

交换式（4.74）中的下标，将 p 换成 i，i 换成 j，j 换成 m，设作用在各广义坐标上的广义力为 $\boldsymbol{Q}_i$，则得

$$\begin{aligned}
\boldsymbol{Q}_i = &\sum_{j=i}^{n} \sum_{k=1}^{j} \mathrm{Trace}\left(\frac{\partial \boldsymbol{T}_j}{\partial q_k} \boldsymbol{H}_j \frac{\partial \boldsymbol{T}_j^{\mathrm{T}}}{\partial q_i}\right) \ddot{q}_k + \boldsymbol{I}_{ai} \ddot{q}_i + \\
&\sum_{j=i}^{n} \sum_{k=1}^{j} \sum_{m=1}^{j} \mathrm{Trace}\left(\frac{\partial^2 \boldsymbol{T}_j}{\partial q_k \partial q_m} \boldsymbol{H}_j \frac{\partial \boldsymbol{T}_j^{\mathrm{T}}}{\partial q_i}\right) \dot{q}_k \dot{q}_m - \sum_{j=i}^{n} m_j \boldsymbol{g}^{\mathrm{T}} \frac{\partial \boldsymbol{T}_j}{\partial q_i} \boldsymbol{r}_i
\end{aligned} \tag{4.75}$$

令

$$D_{i,j}=\sum_{p=\max(i,j)}^{n}\operatorname{Trace}\left(\frac{\partial \boldsymbol{T}_p}{\partial q_j}\boldsymbol{H}_p\frac{\partial \boldsymbol{T}_p^{\mathrm{T}}}{\partial q_i}\right)$$

$$D_{i,j,k}=\sum_{p=\max(i,j,k)}^{n}\operatorname{Trace}\left(\frac{\partial^2 \boldsymbol{T}_p}{\partial q_j\partial q_k}\boldsymbol{H}_p\frac{\partial \boldsymbol{T}_p^{\mathrm{T}}}{\partial q_i}\right)$$

$$D_i=-\sum_{p=i}^{n}m_p\boldsymbol{g}^{\mathrm{T}}\frac{\partial \boldsymbol{T}_p}{\partial q_i}\boldsymbol{r}_p$$

式（4.75）写为

$$\boldsymbol{Q}_i=\sum_{j=1}^{n}D_{i,j}\ddot{q}_k+\boldsymbol{I}_{ai}\ddot{q}_i+\sum_{j=1}^{n}\sum_{k=1}^{n}D_{i,j,k}\dot{q}_k\dot{q}_m+D_i \tag{4.76}$$

式（4.76）即为机器人机构的动力学方程。

4.3.6　应用拉格朗日方程法建立机器人机构动力学方程

例 4.2　如图 4.5 所示的平面两自由度机器人机构，集中质量 m_1、m_2 分别位于连杆 1 和连杆 2 的末端 A、B 处，连杆长度分别为 l_1、l_2，推导该机构动力学方程。

解： 该机构由两个连杆机构组成，系统的动能为两连杆动能之和，即

$$E_{\mathrm{k}}=E_{\mathrm{k1}}+E_{\mathrm{k2}}$$

连杆 1 的动能为

$$E_{\mathrm{k1}}=\frac{1}{2}m_1l_1^2\dot{\theta}_1^2$$

为了计算连杆 2 的动能，首先需要计算 B 点的运动速度，为此列出 B 点的位置方程为

$$\begin{cases}x_2=l_1\sin\theta_1+l_2\sin(\theta_1+\theta_2)\\y_2=-l_1\cos\theta_1-l_2\cos(\theta_1+\theta_2)\end{cases}$$

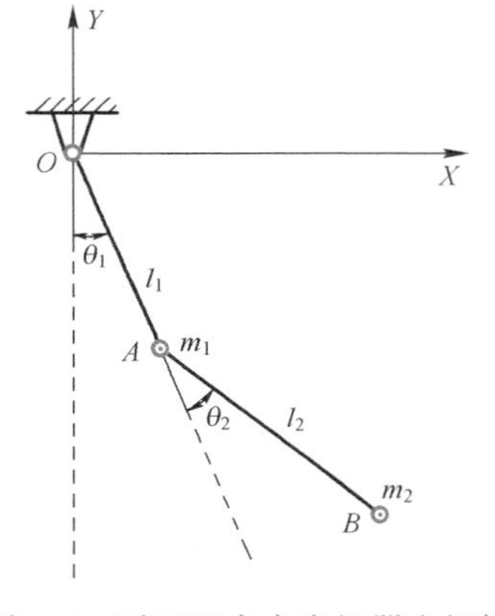

图 4.5　平面两自由度机器人机构

对上式求导，得 B 点速度

$$\begin{cases}\dot{x}_2=l_1\dot{\theta}_1\cos\theta_1+l_2(\dot{\theta}_1+\dot{\theta}_2)\cos(\theta_1+\theta_2)\\\dot{y}_2=l_1\dot{\theta}_1\sin\theta_1+l_2(\dot{\theta}_1+\dot{\theta}_2)\sin(\theta_1+\theta_2)\end{cases}$$

所以 B 点速度的平方为

$$\begin{aligned}v_2^2=&l_1^2\dot{\theta}_1^2+l_2^2(\dot{\theta}_1^2+\dot{\theta}_2^2+2\dot{\theta}_1\dot{\theta}_2)+\\&2l_1l_2(\dot{\theta}_1^2+\dot{\theta}_1\dot{\theta}_2)[\cos\theta_1\cos(\theta_1+\theta_2)+\sin\theta_1\sin(\theta_1+\theta_2)]\\=&l_1^2\dot{\theta}_1^2+l_2^2(\dot{\theta}_1^2+\dot{\theta}_2^2+2\dot{\theta}_1\dot{\theta}_2)+2l_1l_2(\dot{\theta}_1^2+\dot{\theta}_1\dot{\theta}_2)\cos\theta_2\end{aligned}$$

连杆 2 的动能为

$$E_{\mathrm{k2}}=\frac{1}{2}m_2l_1^2\dot{\theta}_1^2+\frac{1}{2}m_2l_2^2(\dot{\theta}_1^2+\dot{\theta}_2^2+2\dot{\theta}_1\dot{\theta}_2)+m_2l_1l_2(\dot{\theta}_1^2+\dot{\theta}_1\dot{\theta}_2)\cos\theta_2$$

于是系统的总动能为

$$E_k = E_{k1} + E_{k2}$$
$$= \frac{1}{2}(m_1+m_2)l_1^2\dot{\theta}_1^2 + \frac{1}{2}m_2l_2^2(\dot{\theta}_1^2+\dot{\theta}_2^2+2\dot{\theta}_1\dot{\theta}_2) + m_2l_1l_2(\dot{\theta}_1^2+\dot{\theta}_1\dot{\theta}_2)\cos\theta_2$$

连杆 1 的位能为

$$E_{p1} = -m_1gl_1\cos\theta_1$$

连杆 2 的位能为

$$E_{p2} = -m_2gl_1\cos\theta_1 - m_2gl_2\cos(\theta_1+\theta_2)$$

系统的总位能为

$$E_p = E_{p1} + E_{p2}$$
$$= -(m_1+m_2)gl_1\cos\theta_1 - m_2gl_2\cos(\theta_1+\theta_2)$$

拉格朗日函数

$$L = E_k - E_p$$
$$= \frac{1}{2}(m_1+m_2)l_1^2\dot{\theta}_1^2 + \frac{1}{2}m_2l_2^2(\dot{\theta}_1^2+\dot{\theta}_2^2+2\dot{\theta}_1\dot{\theta}_2) +$$
$$m_2l_1l_2(\dot{\theta}_1^2+\dot{\theta}_1\dot{\theta}_2)\cos\theta_2 + (m_1+m_2)gl_1\cos\theta_1 + m_2gl_2\cos(\theta_1+\theta_2)$$

对于第一个广义坐标 θ_1

$$\frac{\partial L}{\partial \dot{\theta}_1} = (m_1+m_2)l_1^2\dot{\theta}_1 + m_2l_2^2(\dot{\theta}_1+\dot{\theta}_2) + m_2l_1l_2(2\dot{\theta}_1+\dot{\theta}_2)\cos\theta_2$$

$$\frac{\mathrm{d}}{\mathrm{d}t}\left(\frac{\partial L}{\partial \dot{\theta}_1}\right) = (m_1+m_2)l_1^2\ddot{\theta}_1 + m_2l_2^2(\ddot{\theta}_1+\ddot{\theta}_2) +$$
$$m_2l_1l_2(2\ddot{\theta}_1+\ddot{\theta}_2)\cos\theta_2 - m_2l_1l_2(2\dot{\theta}_1\dot{\theta}_2+\dot{\theta}_2^2)\sin\theta_2$$
$$= [(m_1+m_2)l_1^2 + m_2l_2^2 + 2m_2l_1l_2\cos\theta_2]\ddot{\theta}_1 +$$
$$(m_2l_2^2+m_2l_1l_2\cos\theta_2)\ddot{\theta}_2 - 2m_2l_1l_2\sin\theta_2\dot{\theta}_1\dot{\theta}_2 - m_2l_1l_2\sin\theta_2\dot{\theta}_2^2$$

$$\frac{\partial L}{\partial \theta_1} = -(m_1+m_2)gl_1\sin\theta_1 - m_2gl_2\sin(\theta_1+\theta_2)$$

所以，相对于第一个广义坐标的动力学方程为

$$Q_1 = [(m_1+m_2)l_1^2 + m_2l_2^2 + 2m_2l_1l_2\cos\theta_2]\ddot{\theta}_1 +$$
$$(m_2l_2^2+m_2l_1l_2\cos\theta_2)\ddot{\theta}_2 - 2m_2l_1l_2\sin\theta_2\dot{\theta}_1\dot{\theta}_2 - \tag{4.77}$$
$$m_2l_1l_2\sin\theta_2\dot{\theta}_2^2 + (m_1+m_2)gl_1\sin\theta_1 + m_2gl_2\sin(\theta_1+\theta_2)$$

对于第二个广义坐标 θ_2

$$\frac{\partial L}{\partial \dot{\theta}_2} = m_2l_2^2(\dot{\theta}_1+\dot{\theta}_2) + m_2l_1l_2\dot{\theta}_1\cos\theta_2$$

$$\frac{\mathrm{d}}{\mathrm{d}t}\left(\frac{\partial L}{\partial \dot{\theta}_2}\right) = m_2l_2^2(\ddot{\theta}_1+\ddot{\theta}_2) + m_2l_1l_2\cos\theta_2\ddot{\theta}_1 - m_2l_1l_2\dot{\theta}_1\dot{\theta}_2\sin\theta_2$$

$$\frac{\partial L}{\partial \theta_2} = -m_2l_1l_2(\dot{\theta}_1^2+\dot{\theta}_1\dot{\theta}_2)\sin\theta_2 - m_2gl_2\sin(\theta_1+\theta_2)$$

所以，相对于第二个广义坐标的动力学方程为

$$\begin{aligned} Q_2 &= m_2 l_2^2(\ddot{\theta}_1+\ddot{\theta}_2)+m_2 l_1 l_2 \cos\theta_2 \ddot{\theta}_1 - m_2 l_1 l_2 \dot{\theta}_1 \dot{\theta}_2 \sin\theta_2 + \\ &\quad m_2 l_1 l_2(\dot{\theta}_1^2+\dot{\theta}_1\dot{\theta}_2)\sin\theta_2 + m_2 g l_2 \sin(\theta_1+\theta_2) \\ &= (m_2 l_2^2 + m_2 l_1 l_2 \cos\theta_2)\ddot{\theta}_1 + m_2 l_2^2 \ddot{\theta}_2 + \\ &\quad m_2 l_1 l_2 \dot{\theta}_1^2 \sin\theta_2 + m_2 g l_2 \sin(\theta_1+\theta_2) \end{aligned} \tag{4.78}$$

将式（4.77）、式（4.78）写成矩阵形式

$$\begin{bmatrix} Q_1 \\ Q_2 \end{bmatrix} = \begin{bmatrix} D_{11} & D_{12} \\ D_{21} & D_{22} \end{bmatrix} \begin{bmatrix} \ddot{\theta}_1 \\ \ddot{\theta}_2 \end{bmatrix} + \begin{bmatrix} 0 & D_{122} \\ D_{211} & 0 \end{bmatrix} \begin{bmatrix} \dot{\theta}_1^2 \\ \dot{\theta}_2^2 \end{bmatrix} + \begin{bmatrix} D_{112} & D_{121} \\ 0 & 0 \end{bmatrix} \begin{bmatrix} \dot{\theta}_1\dot{\theta}_2 \\ \dot{\theta}_2\dot{\theta}_1 \end{bmatrix} + \begin{bmatrix} D_1 \\ D_2 \end{bmatrix} \tag{4.79}$$

式中

$$\begin{aligned} D_{11} &= (m_1+m_2)l_1^2 + m_2 l_2^2 + 2m_2 l_1 l_2 \cos\theta_2 \\ D_{12} &= m_2 l_2^2 + m_2 l_1 l_2 \cos\theta_2 \\ D_{21} &= m_2 l_2^2 + m_2 l_1 l_2 \cos\theta_2 \\ D_{22} &= m_2 l_2^2 \\ D_{122} &= -m_2 l_1 l_2 \sin\theta_2 \\ D_{211} &= m_2 l_1 l_2 \sin\theta_2 \\ D_{112} &= -m_2 l_1 l_2 \sin\theta_2 \\ D_{121} &= -m_2 l_1 l_2 \sin\theta_2 \\ D_1 &= (m_1+m_2) g l_1 \sin\theta_1 + m_2 g l_2 \sin(\theta_1+\theta_2) \\ D_2 &= m_2 g l_2 \sin(\theta_1+\theta_2) \end{aligned}$$

式（4.79）即为该平面两自由度机器人机构系统的动力学方程。

4.4 李群方法

4.4.1 群

群（group），指的是一种代数结构，一般来说，这种代数结构由一个集合和一种数学运算组成，记作$(A,\circ)$。其中 A 代表某种集合，“$\circ$”代表在该集合上的二元运算，若二元运算满足以下定理，则称 $G=(A,\circ)$为群。

1）封闭性：在二元运算作用下，对于任意 g_1、$g_2 \in G$，有 $g_1 \circ g_2 \in G$。

2）结合律：对任意 g_1、g_2、$g_3 \in G$，均有$(g_1 \circ g_2)\circ g_3 = g_1 \circ (g_2 \circ g_3)$。

3）单位元：对于任意 $g \in G$，存在单位元 $e \in G$，使得 $g \circ e = e \circ g = g$ 成立。

4）可逆性：对于任意 $g \in G$，存在逆元 $g^{-1} \in G$，使得 $g \circ g^{-1} = g^{-1} \circ g = e$ 成立。

“$\circ$”所代表的二元运算，包括加法与乘法运算，也称群的运算，在一般表述中，符号“$\circ$”可以省略。

对于矩阵，可以找到一些常见的矩阵群。

1）一般线性群 $GL(n)$：指所有 $n \times n$ 阶非奇异实矩阵组成的群，它们是可逆矩阵，对矩

阵乘法成群。

2）特殊正交群 $SO(n)$：又称旋转位移群，是指 $n\times n$ 阶非奇异的单位正交实数矩阵组成的群，记为

$$SO(n)=\{\boldsymbol{R}\in\mathbf{R}^{n\times n}\mid\boldsymbol{R}^{\mathrm{T}}\boldsymbol{R}=\boldsymbol{I},\det\boldsymbol{R}=1\}$$

例如，三维旋转群 $SO(3)$ 指的是所有行列式等于 1 的 3×3 正交实数矩阵的集合，它是特殊正交群 $SO(n)$ 当 $n=3$ 时的特例，可以将其用来描述三维空间的旋转变换。

3）特殊欧氏群 $SE(n)$：记为

$$SE(n)=\left\{\boldsymbol{H}=\begin{bmatrix}\boldsymbol{R} & \boldsymbol{d}\\ \boldsymbol{0} & 1\end{bmatrix}\in\mathbf{R}^{n\times n}\mid\boldsymbol{R}\in SO(n),\boldsymbol{d}\in\mathbf{R}^{n}\right\}\tag{4.80}$$

特殊欧氏群 $SE(3)$ 是三维正交群 $SO(3)$ 与向量空间 $\mathbf{R}^3$ 的半直积，是三维空间仿射群的闭合子群，它不是欧氏空间，而是流形，又是常规的欧氏运动群。$SE(3)$ 记为

$$SE(3)=\left\{\boldsymbol{H}=\begin{bmatrix}\boldsymbol{R} & \boldsymbol{d}\\ \boldsymbol{0} & 1\end{bmatrix}\in\mathbf{R}^{4\times 4}\mid\boldsymbol{R}\in SO(3),\boldsymbol{d}\in\mathbf{R}^{3}\right\}\tag{4.81}$$

简单记为 $(\boldsymbol{R},\boldsymbol{d})$，其二元运算满足

$$(\boldsymbol{R}_2,\boldsymbol{d}_2)(\boldsymbol{R}_1,\boldsymbol{d}_1)=(\boldsymbol{R}_2\boldsymbol{R}_1,\boldsymbol{R}_2\boldsymbol{d}_1+\boldsymbol{d}_2)\tag{4.82}$$

写成矩阵形式，有

$$\begin{bmatrix}\boldsymbol{R}_2 & \boldsymbol{d}_2\\ \boldsymbol{0} & 1\end{bmatrix}\begin{bmatrix}\boldsymbol{R}_1 & \boldsymbol{d}_1\\ \boldsymbol{0} & 1\end{bmatrix}=\begin{bmatrix}\boldsymbol{R}_2\boldsymbol{R}_1 & \boldsymbol{R}_2\boldsymbol{d}_1+\boldsymbol{d}_2\\ \boldsymbol{0} & 1\end{bmatrix}\tag{4.83}$$

4.4.2 李群与李代数

李群是由挪威数学家 Sophus Lie 创立的一类具有连续性质的变换群，是一种可以进行微分运算的群，其在实数空间上具有连续性，既是一个群，又是一个光滑流形。李群除满足一般群的 4 个基本特征之外，还需满足下列光滑映射。

1）群运算（组合）的光滑映射：对于 $g(x)\circ g(y)=g(z)$，群运算 $z=\phi(x,y)$ 的映射是可微的，所以李群的二元运算一定是一个可微分的映射。

2）对于 $g(x)^{-1}=g(y)$，群的逆映射 $y=\psi(x)$ 是可微的。

可以证明，$SO(3)\in\mathbf{R}^{3\times 3}$ 是满足矩阵乘法运算的李群。机构和机器人空间运动引起的姿态变化为向量空间上的曲线 $\boldsymbol{R}(t)\in SO(3)$，其中 $t\in[0,T]$，表示机构或机器人的位形空间。$\boldsymbol{R}(t)$ 具有如下性质：

$$\boldsymbol{R}(t)\boldsymbol{R}(t)^{\mathrm{T}}=\boldsymbol{I}\tag{4.84}$$

式（4.84）反映了其角位移的本质属性。在等式两边分别对 t 求微分，可以得到

$$\dot{\boldsymbol{R}}(t)\boldsymbol{R}(t)^{\mathrm{T}}+\boldsymbol{R}(t)\dot{\boldsymbol{R}}(t)^{\mathrm{T}}=0\tag{4.85}$$

即

$$\dot{\boldsymbol{R}}(t)\boldsymbol{R}(t)^{\mathrm{T}}=-(\boldsymbol{R}(t)\dot{\boldsymbol{R}}(t)^{\mathrm{T}})^{\mathrm{T}}\tag{4.86}$$

从上式可以看出，$\dot{\boldsymbol{R}}(t)\boldsymbol{R}(t)^{\mathrm{T}}$ 为反对称矩阵，它的主对角元素必为 0，而非对角元素则有三个自由度，将其对应到单位向量 $\boldsymbol{s}=[l,m,n]^{\mathrm{T}}$，有

$$\boldsymbol{s}^{\wedge}=\boldsymbol{A}_s=\begin{bmatrix}0 & -n & m\\ n & 0 & -l\\ -m & l & 0\end{bmatrix}\tag{4.87}$$

定义符号“∧”表示从向量到矩阵的转换。相应地，“∨”表示从矩阵到向量的转换

$$A_s^{\vee}=s \tag{4.88}$$

这样定义，可以体现出它与叉积的兼容性，如 $A_s b=s\times b$。对于反对称矩阵 $\dot{R}(t)R(t)^{\mathrm{T}}$ 可以找到一个三维向量 $\boldsymbol{\Phi}(t)\in\mathbf{R}^3$ 与之对应，即

$$\boldsymbol{\Phi}(t)^{\wedge}=\dot{R}(t)R(t)^{\mathrm{T}} \tag{4.89}$$

在上式两边右乘 $R(t)$，得

$$\dot{R}(t)=\boldsymbol{\Phi}(t)^{\wedge}R(t)=\begin{bmatrix}0 & -\phi_3 & \phi_2\\ \phi_3 & 0 & -\phi_1\\ -\phi_2 & \phi_1 & 0\end{bmatrix}R(t) \tag{4.90}$$

可以看出，在对旋转矩阵求一阶导数时，只需要在它的左边乘以矩阵 $\boldsymbol{\Phi}(t)^{\wedge}$ 即可。由于矩阵 $\boldsymbol{\Phi}(t)^{\wedge}$ 反映了 R 的导数性质，因而它在 $SO(3)$ 的正切空间上。将上式类比为一个关于 R 的微分方程，可得

$$R(t)=\mathrm{e}^{\boldsymbol{\Phi}(t)^{\wedge}}R(t) \tag{4.91}$$

李代数表示李群流形在单位元处的切空间。李代数是用来研究李群、微分流形及微小变换等几何体的代数工具。

李代数是数域 F 上具有二元运算性质的有限维向量空间 $\mathbf{R}^n$，该二维运算为 $\mathbf{R}^n\times\mathbf{R}^n\to\mathbf{R}^n$，具有以下性质。

1）运算双线性

$$[a_1X_1+a_2X_2,Y]=a_1[X_1,Y]+a_2[X_2,Y] \tag{4.92}$$

$$[X,a_1Y_1+a_2Y_2]=a_1[X,Y_1]+a_2[X,Y_2] \tag{4.93}$$

其中的标量 a_1、$a_2\in F$，向量 X、$Y\in\mathbf{R}^n$。李代数连同一个双线性映射称为李括号，定义为 $[X,Y]=XY-YX$，构成一个向量空间。

2）反对称性：对向量空间 $\mathbf{R}^n$ 的任意元素 X，有 $[X,X]=0$，由此，对于任意元素 X、Y，有 $[X,Y]=-[Y,X]$。

3）雅可比恒等式成立：对空间 $\mathbf{R}^n$ 的任意元素 X、Y、Z，下式成立

$$[X,[Y,Z]]+[Z,[X,Y]]+[Y,[Z,X]]=0 \tag{4.94}$$

旋转矩阵为三维欧几里得空间（欧氏空间）里的正交矩阵，构成一个特殊正交群 $SO(3)$ 中的一个子集；以齐次形式表示的刚体变换矩阵是一个李群，同时也是一个特殊欧氏群 $SE(3)$。$SO(3)$ 的李代数用 $so(3)$ 表示，是由 $\mathbf{R}^{3\times3}$ 上的反对称矩阵的集合组成的；与之相似，与李群 $SE(3)$ 相关的李代数用 $se(3)$ 表示。李群 $SO(3)$ 或 $SE(3)$ 与相关的李代数 $so(3)$ 或 $se(3)$ 之间的联系是矩阵指数，通过矩阵指数能够计算出与李群元素对应的李代数。

4.4.3　矩阵指数映射

矩阵指数映射：矩阵的指数映射利用泰勒公式展开，求得的结果仍旧是一个矩阵。其表达式为

$$\mathrm{e}^{H}=\sum_{n=0}^{\infty}\frac{1}{n!}H^n \tag{4.95}$$

同样，可以对 $so(3)$ 中的任意一个元素 $\boldsymbol{\Phi}$ 定义指数映射

$$e^{\boldsymbol{\Phi}^{\wedge}} = \sum_{n=0}^{\infty} \frac{1}{n!}(\boldsymbol{\Phi}^{\wedge})^{n} \tag{4.96}$$

上式表明，指数 $e^{\boldsymbol{\Phi}^{\wedge}}$ 也是一个矩阵，它表示与李代数元素 $\boldsymbol{\Phi}$ 所对应的李群的一个元素，因而这个指数矩阵通常也被看作是李代数到其所对应的李群的一个映射。由于 $\boldsymbol{\Phi}$ 为三维向量，因而可以定义其模与方向，分别记为 θ 和 $\boldsymbol{s}$，按照上式，可以得到

$$\boldsymbol{R} = e^{\boldsymbol{\Phi}^{\wedge}} = e^{\theta \boldsymbol{A}_s} = \sum_{n=0}^{\infty} \frac{1}{n!}(\theta \boldsymbol{A}_s)^{n} \tag{4.97}$$

即

$$\boldsymbol{R} = e^{\theta \boldsymbol{A}_s} = \boldsymbol{I} + \sin\theta \boldsymbol{A}_s + (1-\cos\theta)\boldsymbol{A}_s\boldsymbol{A}_s \tag{4.98}$$

这说明了 $so(3)$ 实际上是由旋转向量组成的空间。另外，如果对旋转轴选取一定的顺序，李代数 $so(3)$ 会变为相应的欧拉角，通过 Rodrigues 方程，可以将李代数 $so(3)$ 中的一个元素对应到一个位于李群 $SO(3)$ 中的三维旋转。

反之，定义对数映射，可以将李群元素对应到李代数元素

$$\boldsymbol{s} = \ln(\boldsymbol{R})^{\vee} = \left(\sum_{n=0}^{\infty} \frac{(-1)^{n}}{n+1}(\boldsymbol{R}-\boldsymbol{I})^{n+1} \right)^{\vee} \tag{4.99}$$

4.4.4 三维李群与李代数

1. 三维旋转群 $SO(3)$ 与其对应的李代数 $so(3)$

将李代数定义在 $\mathbf{R}^3$ 上，记为 $\boldsymbol{\Phi}=\theta\boldsymbol{s}$，其中，$\theta$ 表示旋转的角度，$\boldsymbol{s}$ 表示转动轴。根据前面的推导，每个 $\boldsymbol{\Phi}=\theta\boldsymbol{s}$ 均可以生成一个反对称矩阵

$$\boldsymbol{\Phi} = \boldsymbol{\phi}^{\wedge} = \begin{bmatrix} 0 & -\phi_3 & \phi_2 \\ \phi_3 & 0 & -\phi_1 \\ -\phi_2 & \phi_1 & 0 \end{bmatrix} \in \mathbf{R}^{3\times 3} \tag{4.100}$$

在此定义下，两个向量 $\boldsymbol{\phi}_1$ 和 $\boldsymbol{\phi}_2$ 的李代数为 $[\boldsymbol{\phi}_1, \boldsymbol{\phi}_2] = \boldsymbol{\Phi}_1\boldsymbol{\Phi}_2 - \boldsymbol{\Phi}_2\boldsymbol{\Phi}_1$。$so(3)$ 的元素为三维向量或三维反对称矩阵。记作

$$so(3) = \{\boldsymbol{\Phi} = \boldsymbol{\phi}^{\wedge} \in \mathbf{R}^{3\times 3} \mid \boldsymbol{\phi} \in \mathbf{R}^{3}\} \tag{4.101}$$

反对称矩阵所具有的性质为

$$\boldsymbol{\phi}\boldsymbol{\phi}^{\mathrm{T}} = \boldsymbol{\phi}^{\wedge}\boldsymbol{\phi}^{\wedge} + \|\boldsymbol{\phi}\|^{2}\boldsymbol{I}_{3\times 3} \tag{4.102}$$

当 $\boldsymbol{\phi}$ 为单位向量时

$$\boldsymbol{\phi}\boldsymbol{\phi}^{\mathrm{T}} = \boldsymbol{\phi}^{\wedge}\boldsymbol{\phi}^{\wedge} + \boldsymbol{I} \tag{4.103}$$

$$\boldsymbol{\phi}^{\wedge}\boldsymbol{\phi}^{\wedge}\boldsymbol{\phi}^{\wedge} = -\boldsymbol{\phi}^{\wedge} \tag{4.104}$$

2. 三维欧氏群 $SE(3)$ 与其对应的李代数 $se(3)$

如前所述，$SE(3)$ 的结构可以表示为

$$SE(3) = \left\{ \boldsymbol{H} = \begin{bmatrix} \boldsymbol{R} & \boldsymbol{d} \\ \boldsymbol{0} & 1 \end{bmatrix} \in \mathbf{R}^{4\times 4} \mid \boldsymbol{R} \in SO(3), \boldsymbol{d} \in \mathbf{R}^{3} \right\} \tag{4.105}$$

故其对应的李代数结构为

$$se(3) = \{\boldsymbol{\xi}^{\wedge} \in \mathbf{R}^{4\times 4} \mid \boldsymbol{\xi} \in \mathbf{R}^{3}\} \tag{4.106}$$

$$\boldsymbol{\xi}^{\wedge} = \begin{bmatrix} \boldsymbol{\phi} \\ \boldsymbol{d} \end{bmatrix}^{\wedge} = \begin{bmatrix} \boldsymbol{\phi}^{\wedge} & \boldsymbol{d} \\ 0 & 0 \end{bmatrix} \tag{4.107}$$

式中，$\boldsymbol{\phi}$ 为旋转向量；$\boldsymbol{d}$ 为平移向量。其对应的微分方程为

$$\dot{\boldsymbol{H}}(t)=\boldsymbol{\xi}^{\wedge}(t)\boldsymbol{H}(t) \tag{4.108}$$

因而

$$\boldsymbol{H}(t)=\mathrm{e}^{\boldsymbol{\xi}^{\wedge}(t)}\boldsymbol{H}(t_0) \tag{4.109}$$

3. 李群伴随算子 *Ad*

李群 $SE(3)$ 有标准表示和伴随表示两种。$\boldsymbol{Ad}:\boldsymbol{G}\to\boldsymbol{GL}(\boldsymbol{g})$ 称为李群伴随算子，可以对其自身或者李代数产生伴随作用，作用于李代数的群称之为群的伴随作用，简称伴随表示。

$\boldsymbol{Ad}(\boldsymbol{g})$ 作为李群元素，本身也是一个矩阵，在 $SO(3)$ 中可以表示为旋转矩阵 $\boldsymbol{R}$，而在 $SE(3)$ 中则表示为 4×4 的矩阵 $\boldsymbol{H}$ 或者 6×6 的矩阵 $\boldsymbol{N}$。

设 $\boldsymbol{h}$ 为李代数矩阵向量空间元素，即 $\boldsymbol{h}\in se(3)$，$\boldsymbol{G}\in SE(3)$，那么李群伴随算子作用于该李代数元素的伴随作用为

$$\boldsymbol{Ad}_G(\boldsymbol{h})=\boldsymbol{G}\boldsymbol{h}\boldsymbol{G}^{-1}\in\mathbf{R}^{6\times6} \tag{4.110}$$

设 $\boldsymbol{h}$ 为六维旋量形式的李代数元素，则李群算子作用于该李代数元素的伴随作用为

$$\boldsymbol{Ad}_G(\boldsymbol{h})=\begin{bmatrix}\boldsymbol{R} & \boldsymbol{0}\\ \boldsymbol{p}\boldsymbol{R} & \boldsymbol{R}\end{bmatrix}\begin{bmatrix}\boldsymbol{\omega}_h\\ \boldsymbol{v}_h\end{bmatrix} \tag{4.111}$$

式中，$\boldsymbol{R}$ 为旋转矩阵；$\boldsymbol{p}$ 为平动向量；$\boldsymbol{\omega}_h$、$\boldsymbol{v}_h$ 分别为角速度和线速度。

对偶的伴随算子用 $\boldsymbol{Ad}^*$ 表示，它是在对偶空间 $se^*(3)$ 中的线性映射，有

$$\boldsymbol{Ad}_G^*(\boldsymbol{h}^*)=\boldsymbol{G}^{-1}\boldsymbol{h}^*\boldsymbol{G} \tag{4.112}$$

对于 $\boldsymbol{h}^*$ 有同样的形式

$$\boldsymbol{Ad}_G^*(\boldsymbol{h}^*)=\begin{bmatrix}\boldsymbol{R}^{\mathrm{T}} & \boldsymbol{R}^{\mathrm{T}}\boldsymbol{p}^{\mathrm{T}}\\ \boldsymbol{0} & \boldsymbol{R}^{\mathrm{T}}\end{bmatrix}\begin{bmatrix}\boldsymbol{\tau}\\ \boldsymbol{f}\end{bmatrix} \tag{4.113}$$

式中，$\boldsymbol{\tau}$、$\boldsymbol{f}$ 分别为力矩和力。

李代数同样可以用作其自身上的线性映射，即李括号操作，用符号 $\boldsymbol{Ad}$ 来表示这个操作

$$\boldsymbol{Ad}_g(\boldsymbol{h})=[\boldsymbol{g}\quad\boldsymbol{h}]=\boldsymbol{g}\boldsymbol{h}-\boldsymbol{h}\boldsymbol{g}\in\mathbf{R}^{6\times6}$$

其中 $\boldsymbol{g}$、$\boldsymbol{h}\in se(3)$。可以看出对于 $\boldsymbol{h}$ 的六维旋量形式有

$$\boldsymbol{Ad}_g(\boldsymbol{h})=\begin{bmatrix}\boldsymbol{\omega}_g & \boldsymbol{0}\\ \boldsymbol{v}_g & \boldsymbol{\omega}_g\end{bmatrix}\begin{bmatrix}\boldsymbol{\omega}_h\\ \boldsymbol{v}_h\end{bmatrix} \tag{4.114}$$

类似地，对于对偶算子 $\boldsymbol{ad}^*$ 有

$$\boldsymbol{ad}_g^*(\boldsymbol{h}^*)=[\boldsymbol{g}\quad\boldsymbol{h}^*] \tag{4.115}$$

$$\boldsymbol{ad}_g^*(\boldsymbol{h}^*)=\begin{bmatrix}\boldsymbol{\omega}_g^{\mathrm{T}} & \boldsymbol{v}_g^{\mathrm{T}}\\ \boldsymbol{0} & \boldsymbol{\omega}_g^{\mathrm{T}}\end{bmatrix}\begin{bmatrix}\boldsymbol{\tau}\\ \boldsymbol{f}\end{bmatrix} \tag{4.116}$$

对于机器人动力学，$\boldsymbol{Ad}$ 将空间速度旋量转换到连杆 i 的体坐标系中，$\boldsymbol{Ad}^*$ 将关节力旋量转换到连杆 i 的体坐标系中；$\boldsymbol{ad}$ 定义了六维速度旋量的叉乘操作，$\boldsymbol{ad}^*$ 定义了六维力旋量的叉乘操作。

4.4.5　机器人动力学问题的李群递推法

首先考虑机器人动力学的逆问题。动力学的逆问题指的是，根据关节变量 $\boldsymbol{\theta}$、关节速度

$\dot{\boldsymbol{\theta}}$和关节加速度$\ddot{\boldsymbol{\theta}}$来求所需的关节力$\boldsymbol{f}$或关节力矩$\boldsymbol{\tau}$，算法可分为两部分：首先，通过向外递推来计算机构各连杆的速度和加速度，由牛顿-欧拉李群表达式计算出各连杆的惯性力和惯性力矩；其次，通过向内递推计算各连杆间的相互作用力/力矩以及关节驱动力/力矩。

对于开链机器人系统而言，给定机座上的初始速度$\boldsymbol{v}_0$、初始加速度$\dot{\boldsymbol{v}}_0$以及操作臂与外界的初始接触力$\boldsymbol{F}_{n+1}$分别为：$\boldsymbol{v}_0=\dot{\boldsymbol{v}}_0=0$，$\boldsymbol{F}_{n+1}=0$。

开链机器人系统的运动学和动力学正解问题的迭代计算方法可表示为

$$\boldsymbol{p}_{i-1,i}=\boldsymbol{M}_i\mathrm{e}^{\boldsymbol{S}_i\boldsymbol{\theta}_i} \tag{4.117}$$

$$\begin{aligned}\boldsymbol{v}_i&=\boldsymbol{p}_i^{-1}\dot{\boldsymbol{p}}_i=(\boldsymbol{p}_{i-1}\boldsymbol{p}_{i-1,i})^{-1}\frac{\mathrm{d}}{\mathrm{d}t}(\boldsymbol{p}_{i-1}\boldsymbol{p}_{i-1,i})\\&=\boldsymbol{p}_{i-1,i}^{-1}(\boldsymbol{p}_{i-1}^{-1}\dot{\boldsymbol{p}}_{i-1})\boldsymbol{p}_{i-1,i}+\boldsymbol{p}_{i-1,i}^{-1}\dot{\boldsymbol{p}}_{i-1,i}\\&=\boldsymbol{Ad}_{p_{i-1,i}^{-1}}(\boldsymbol{v}_{i-1})+\boldsymbol{S}_i\dot{\boldsymbol{\theta}}_i\end{aligned} \tag{4.118}$$

$$\begin{aligned}\dot{\boldsymbol{v}}_i&=\frac{\mathrm{d}}{\mathrm{d}t}\boldsymbol{Ad}_{p_{i-1,i}^{-1}}(\boldsymbol{v}_{i-1})+\boldsymbol{S}_i\ddot{\boldsymbol{\theta}}_i\\&=\boldsymbol{Ad}_{p_{i-1,i}^{-1}}(\boldsymbol{v}_{i-1})-\boldsymbol{ad}_{S_i\dot{\theta}_i}\boldsymbol{Ad}_{p_{i-1,i}^{-1}}(\boldsymbol{v}_{i-1})(\boldsymbol{S}_i\boldsymbol{\theta}_i)+\boldsymbol{S}_i\ddot{\boldsymbol{\theta}}_i\end{aligned} \tag{4.119}$$

式中，$i=1,2,\cdots,n$；$\boldsymbol{p}_i$表示的是第i个连杆相对于惯性坐标系的位姿；$\boldsymbol{v}_i$表示的是第i个连杆的广义速度；$\dot{\boldsymbol{v}}_i$表示的是第i个连杆的广义加速度，$\dot{\boldsymbol{v}}_i$中的第二项对应于构件的科氏加速度。

开链机器人系统动力学反解的迭代计算方法可表示为

$$\boldsymbol{F}_i=\boldsymbol{Ad}^*_{p_{i,i+1}^{-1}}(\boldsymbol{F}_{i+1})+[\boldsymbol{f},\boldsymbol{\tau}]=\boldsymbol{Ad}^*_{p_{i,i+1}^{-1}}(\boldsymbol{F}_{i+1})+\boldsymbol{J}_i\dot{\boldsymbol{v}}_i \tag{4.120}$$

$$\boldsymbol{\tau}_i=\boldsymbol{S}_i^{\mathrm{T}}\boldsymbol{F}_i \tag{4.121}$$

$$\boldsymbol{J}_i=\begin{bmatrix}\boldsymbol{I}_i-m_i\boldsymbol{r}_i^2 & m_i\boldsymbol{r}_i\\ -m_i\boldsymbol{r}_i & m_i\cdot\boldsymbol{I}_i\end{bmatrix} \tag{4.122}$$

式中，$\boldsymbol{F}_i$为第$i-1$个关节向第i个关节坐标变换时的广义力，$\boldsymbol{F}_i=(\boldsymbol{\tau}_1,\boldsymbol{\tau}_2,\boldsymbol{\tau}_3,\boldsymbol{f}_1,\boldsymbol{f}_2,\boldsymbol{f}_3)$；$\boldsymbol{\tau}_i$为力矩向量，即第$i$个连杆上的执行力矩；$\boldsymbol{f}_i$为作用力，即第$i$个连杆上的作用力；$\boldsymbol{J}_i$为对称正定矩阵，$\boldsymbol{J}_i\in\mathbf{R}^{6\times6}$；$m_i$为连杆的质量；$\boldsymbol{r}_i$为质心的矢径矩阵；$\boldsymbol{I}_i$为第$i$个连杆关于其质心的转动惯量矩阵。

将式（4.117）~式（4.122）扩展写为矩阵形式，机器人操作臂的正解迭代和反解迭代算法可以表示为

$$\boldsymbol{v}=\boldsymbol{\Gamma}\boldsymbol{v}+\boldsymbol{S}\dot{\boldsymbol{\theta}}+\boldsymbol{P}_0\boldsymbol{v}_0 \tag{4.123}$$

$$\dot{\boldsymbol{v}}=\boldsymbol{\Gamma}\dot{\boldsymbol{v}}+\boldsymbol{S}\ddot{\boldsymbol{\theta}}+\boldsymbol{ad}_{S\dot{\theta}}\boldsymbol{\Gamma}\boldsymbol{v}+\boldsymbol{ad}_{S\dot{\theta}}\boldsymbol{P}_0\boldsymbol{v}_0+\boldsymbol{P}_0\dot{\boldsymbol{v}}_0 \tag{4.124}$$

$$\boldsymbol{F}=\boldsymbol{\Gamma}^{\mathrm{T}}\boldsymbol{F}+\boldsymbol{J}\dot{\boldsymbol{v}}+\boldsymbol{ad}_v^*\boldsymbol{J}\boldsymbol{v}+\boldsymbol{P}_t^{\mathrm{T}}\boldsymbol{F}_{n+1} \tag{4.125}$$

$$\boldsymbol{\tau}=\boldsymbol{S}^{\mathrm{T}}\boldsymbol{F} \tag{4.126}$$

式中

$$\boldsymbol{v}=[\boldsymbol{v}_1\quad\boldsymbol{v}_2\quad\cdots\quad\boldsymbol{v}_n]^{\mathrm{T}}\in\mathbf{R}^{6n\times1}$$

$$\boldsymbol{F}=[\boldsymbol{F}_1\quad\boldsymbol{F}_2\quad\cdots\quad\boldsymbol{F}_n]^{\mathrm{T}}\in\mathbf{R}^{6n\times1}$$

$$\dot{\boldsymbol{\tau}}=[\boldsymbol{\tau}_1\quad\boldsymbol{\tau}_2\quad\cdots\quad\boldsymbol{\tau}_n]^{\mathrm{T}}\in\mathbf{R}^{6n\times1}$$

$$\dot{\boldsymbol{\theta}}=[\theta_1\quad \theta_2\quad \cdots\quad \theta_n]^{\mathrm{T}}\in\mathbf{R}^{n\times 1}$$

$$\boldsymbol{P}_0=[\boldsymbol{Ad}_{P_{0,1}^{-1}}\quad \mathbf{0}_{6\times 6}\quad \cdots\quad \mathbf{0}_{6\times 6}]^{\mathrm{T}}\in\mathbf{R}^{6n\times 6}$$

$$\boldsymbol{P}_t^{\mathrm{T}}=[\mathbf{0}_{6\times 6}\quad \mathbf{0}_{6\times 6}\quad \cdots\quad \boldsymbol{Ad}^*_{P_{0,1}^{-1}}]^{\mathrm{T}}\in\mathbf{R}^{6n\times 6}$$

$$\boldsymbol{S}=\mathrm{Diag}[\boldsymbol{S}_1\quad \boldsymbol{S}_2\quad \cdots\quad \boldsymbol{S}_n]^{\mathrm{T}}\in\mathbf{R}^{6n\times 6}$$

$$\boldsymbol{J}=\mathrm{Diag}[\boldsymbol{J}_1\quad \boldsymbol{J}_2\quad \cdots\quad \boldsymbol{J}_n]^{\mathrm{T}}\in\mathbf{R}^{6n\times 6}$$

$$\boldsymbol{ad}_{S\dot{\theta}}=\mathrm{Diag}[-\boldsymbol{ad}_{S_1\dot{\theta}_1}\quad -\boldsymbol{ad}_{S_2\dot{\theta}_2}\quad \cdots\quad -\boldsymbol{ad}_{S_n\dot{\theta}_n}]^{\mathrm{T}}\in\mathbf{R}^{6n\times 6n}$$

$$\boldsymbol{ad}_v^*=\mathrm{Diag}[-\boldsymbol{ad}_{v_1}^*\quad -\boldsymbol{ad}_{v_2}^*\quad \cdots\quad -\boldsymbol{ad}_{v_n}^*]^{\mathrm{T}}\in\mathbf{R}^{6n\times 6n}$$

$$\boldsymbol{\Gamma}=\begin{bmatrix}\mathbf{0}_{6\times 6} & \mathbf{0}_{6\times 6} & \cdots & \mathbf{0}_{6\times 6} & \mathbf{0}_{6\times 6}\\ \boldsymbol{Ad}_{P_{1,2}^{-1}} & \mathbf{0}_{6\times 6} & \cdots & \mathbf{0}_{6\times 6} & \mathbf{0}_{6\times 6}\\ \mathbf{0}_{6\times 6} & \boldsymbol{Ad}_{P_{2,3}^{-1}} & \cdots & \mathbf{0}_{6\times 6} & \mathbf{0}_{6\times 6}\\ \vdots & \vdots & & \vdots & \vdots\\ \mathbf{0}_{6\times 6} & \mathbf{0}_{6\times 6} & \cdots & \boldsymbol{Ad}_{P_{n-1,n}^{-1}} & \mathbf{0}_{6\times 6}\end{bmatrix}\in\mathbf{R}^{6n\times 6n}$$

为了简化计算，假设 $\boldsymbol{G}=(\boldsymbol{I}-\boldsymbol{\Gamma})^{-1}\in\mathbf{R}^{6n\times 6n}$，则

$$\boldsymbol{G}=\begin{bmatrix}\boldsymbol{I}_{6\times 6} & \mathbf{0}_{6\times 6} & \cdots & \mathbf{0}_{6\times 6} & \mathbf{0}_{6\times 6}\\ \boldsymbol{Ad}_{P_{1,2}^{-1}} & \boldsymbol{I}_{6\times 6} & \cdots & \mathbf{0}_{6\times 6} & \mathbf{0}_{6\times 6}\\ \boldsymbol{Ad}_{P_{1,3}^{-1}} & \boldsymbol{Ad}_{P_{2,3}^{-1}} & \cdots & \mathbf{0}_{6\times 6} & \mathbf{0}_{6\times 6}\\ \vdots & \vdots & & \vdots & \vdots\\ \boldsymbol{Ad}_{P_{1,n}^{-1}} & \boldsymbol{Ad}_{P_{2,n}^{-1}} & \cdots & \boldsymbol{Ad}_{P_{n-1,n}^{-1}} & \boldsymbol{I}_{6\times 6}\end{bmatrix}\in\mathbf{R}^{6n\times 6n} \tag{4.127}$$

代入式（4.123）~式（4.126），得

$$\boldsymbol{v}=\boldsymbol{GS}\dot{\boldsymbol{\theta}}+\boldsymbol{GP}_0\boldsymbol{v}_0 \tag{4.128}$$

$$\dot{\boldsymbol{v}}=\boldsymbol{GS}\ddot{\boldsymbol{\theta}}+\boldsymbol{Gad}_{S\dot{\theta}}\boldsymbol{\Gamma v}+\boldsymbol{Gad}_{S\dot{\theta}}\boldsymbol{P}_0\boldsymbol{v}_0+\boldsymbol{GP}_0\dot{\boldsymbol{v}}_0 \tag{4.129}$$

$$\boldsymbol{F}=\boldsymbol{G}^{\mathrm{T}}\boldsymbol{J}\dot{\boldsymbol{v}}+\boldsymbol{G}^{\mathrm{T}}\boldsymbol{ad}_v^*\boldsymbol{Jv}+\boldsymbol{G}^{\mathrm{T}}\boldsymbol{P}_t^{\mathrm{T}}\boldsymbol{F}_{n+1} \tag{4.130}$$

$$\boldsymbol{\tau}=\boldsymbol{S}^{\mathrm{T}}\boldsymbol{F} \tag{4.131}$$

综合式（4.128）~式（4.131），开链机器人操作臂在其关节空间中的动力学方程封闭形式的一般结构可表示为

$$\boldsymbol{N}(\boldsymbol{\theta})\ddot{\boldsymbol{\theta}}+\boldsymbol{C}(\boldsymbol{\theta},\dot{\boldsymbol{\theta}})\dot{\boldsymbol{\theta}}+\boldsymbol{\varphi}(\boldsymbol{\theta})+\boldsymbol{J}_t^{\mathrm{T}}(\boldsymbol{\theta})\boldsymbol{F}_t=\boldsymbol{\tau} \tag{4.132}$$

$$\boldsymbol{N}(\boldsymbol{\theta})=\boldsymbol{S}^{\mathrm{T}}\boldsymbol{G}^{\mathrm{T}}\boldsymbol{JGS} \tag{4.133}$$

$$\boldsymbol{C}(\boldsymbol{\theta},\dot{\boldsymbol{\theta}})=\boldsymbol{S}^{\mathrm{T}}\boldsymbol{G}^{\mathrm{T}}(\boldsymbol{JG}\cdot\boldsymbol{ad}_{S\dot{\theta}}\boldsymbol{\Gamma}+\boldsymbol{ad}_v^*\boldsymbol{J})\boldsymbol{GS} \tag{4.134}$$

$$\boldsymbol{\varphi}(\boldsymbol{\theta})=\boldsymbol{S}^{\mathrm{T}}\boldsymbol{G}^{\mathrm{T}}\boldsymbol{JGP}_0\dot{\boldsymbol{v}}_0 \tag{4.135}$$

$$\boldsymbol{J}_t(\boldsymbol{\theta})=\boldsymbol{P}_t\boldsymbol{GS} \tag{4.136}$$

式中，$\boldsymbol{N}(\boldsymbol{\theta})$为惯性质量矩阵；$\boldsymbol{C}(\boldsymbol{\theta},\dot{\boldsymbol{\theta}})$为科里奥利力（科氏力）和离心力向量系数矩阵；$\boldsymbol{\varphi}(\boldsymbol{\theta})$为重力向量系数矩阵。

上述动力学方程及方程的因式算子，是对机器人操作臂运动学和动力学方程正解问题和反解问题递推计算式的显式表示，反映了机器人关节力矩与关节变量、速度和加速度之间的函数关系。显然，该动力学方程的结构特征对于分析机器人动力学参数也十分有用，例如，

方程中惯性质量矩阵中的算子是由常数对角矩阵 $\boldsymbol{J}$ 组成的常数矩阵；$\boldsymbol{S}$ 是仅仅包含机构运动学参数的常数矩阵；矩阵 $\boldsymbol{G}$ 则仅仅依赖于运动学参数 θ_i，反映了机器人操作臂的运动特性。所以，由式（4.132）~式（4.136）给出的运动学和动力学方程具有明确的几何意义。

4.4.6 平面 2R 机械手动力学方程的李群表示

根据上面给出的递推计算公式，如果已知机械手各连杆的质量、转动惯量、质心以及相邻连杆之间的运动映射矩阵，就可以通过计算得到给定运动所需的关节驱动力和驱动力矩。根据机器人动力学方程的结构，常常将机器人动力学方程写成封闭解的形式，即将关节力和力矩写成关节变量 θ、速度 $\dot{\theta}$ 和加速度 $\ddot{\theta}$ 的显式函数。

下面以平面 2R 机械手为例，说明其动力学方程的李群方法。如图 4.6 所示，假设平面 2R 机械手的两个连杆的质量分别为 m_1 和 m_2，质心矢径长度为 a_1、a_2，连杆长度为 L_1 和 L_2，相对质心的惯性变量为 I_{zz1} 和 I_{zz2}。

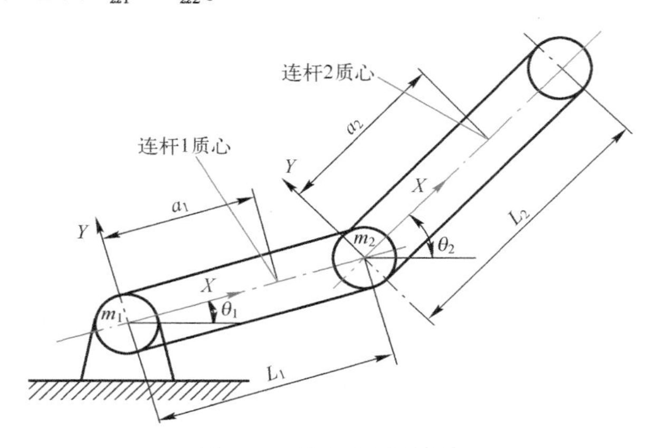

图 4.6 平面 2R 机械手

将平面 2R 机械手的参数矩阵代入式（4.133），可得到惯性质量矩阵为

$$\boldsymbol{N}=\begin{bmatrix} \boldsymbol{S}_1^{\mathrm{T}}\boldsymbol{J}_1\boldsymbol{S}_1+\boldsymbol{S}_1^{\mathrm{T}}\boldsymbol{Ad}_{P_{1,2}^{-1}}^{\mathrm{T}}\boldsymbol{J}_2\cdot\boldsymbol{Ad}_{P_{1,2}^{-1}}\boldsymbol{S}_1 & \boldsymbol{S}_1^{\mathrm{T}}\boldsymbol{Ad}_{P_{1,2}^{-1}}^{\mathrm{T}}\boldsymbol{J}_2\boldsymbol{S}_2 \\ \boldsymbol{S}_2^{\mathrm{T}}\boldsymbol{J}_2\boldsymbol{Ad}_{P_{1,2}^{-1}}\boldsymbol{S}_1 & \boldsymbol{S}_2^{\mathrm{T}}\boldsymbol{J}_2\boldsymbol{S}_2 \end{bmatrix} \tag{4.137}$$

将具体参数值代入式（4.137），得

$$\boldsymbol{N}=\begin{bmatrix} I_{zz1}+I_{zz2}+m_1a_1^2+m_2(L_1^2+a_2^2+2L_1a_2\cos\theta_2) & I_{zz2}+m_2(a_2^2+L_1a_2\cos\theta_2) \\ I_{zz2}+m_2(a_2^2+L_1a_2\cos\theta_2) & I_{zz2}+m_2a_2^2 \end{bmatrix} \tag{4.138}$$

将平面 2R 机械手的参数矩阵代入式（4.134），得

$$\boldsymbol{C}=\boldsymbol{S}^{\mathrm{T}}\boldsymbol{G}^{\mathrm{T}}(\boldsymbol{JG}\cdot\boldsymbol{ad}_{S\dot{\theta}}+\boldsymbol{ad}_v^*\boldsymbol{J})\boldsymbol{GS}\dot{\boldsymbol{\theta}} \tag{4.139}$$

将具体参数值代入式（4.139），得

$$\boldsymbol{C}=\begin{bmatrix} -m_2L_1a_2\dot{\theta}_2(2\dot{\theta}_1+\dot{\theta}_2)\sin\theta_2 \\ m_2L_1a_2\dot{\theta}_2^2\sin\theta_2 \end{bmatrix} \tag{4.140}$$

将具体参数值代入式（4.135），得

$$\boldsymbol{\varphi}(\boldsymbol{\theta})=\begin{bmatrix}(m_1a_1+m_2L_1)g\cos\theta_1+m_2a_2g\cos(\theta_1+\theta_2)\\ m_2a_2g\cos(\theta_1+\theta_2)\end{bmatrix} \tag{4.141}$$

综上所述，在不考虑摩擦力的作用时，关节空间中，平面 2R 机械手的动力学方程为

$$\boldsymbol{\tau}=\boldsymbol{N}(\boldsymbol{\theta})\ddot{\boldsymbol{\theta}}+\boldsymbol{C}(\boldsymbol{\theta},\dot{\boldsymbol{\theta}})\dot{\boldsymbol{\theta}}+\boldsymbol{\varphi}(\boldsymbol{\theta}) \tag{4.142}$$

这与使用牛顿-欧拉递推法所得到的结果完全一致，即无论是牛顿-欧拉方法、拉格朗日方法还是李群和李代数方法，推导所得的机器人动力学方程是完全一致的，差异在于建立动力学方程时的计算复杂性和计算量不同。利用李群和李代数方法推导出的机器人动力学方程不仅具有明显的几何特性，而且显著降低了计算的复杂性，容易得到高精度复杂机器人的动力学方程，这对于复杂机器人的优化设计和实时控制都非常有用。

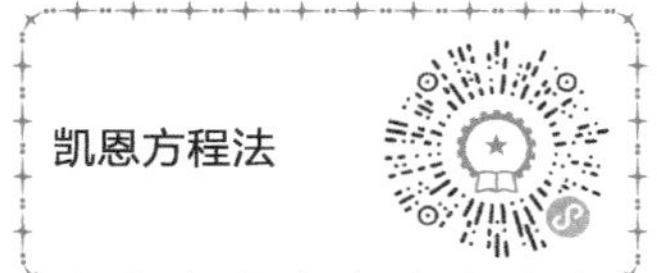

习　题

4.1　试用牛顿-欧拉方程法推导如图 4.7 所示两自由度系统的动力学方程，图中质量 M_1、M_2，弹簧刚度 k，摆杆长度 l 均已知，以质量块 M_1 的位移 x 和摆杆 l 的摆角 θ 为广义变量。

4.2　如图 4.8 所示的二连杆机械手机构，连杆长度分别为 d_i，质量分别为 m_i，质心位置在连杆中点，连杆转动惯量分别为 $I_{zzi}=\frac{1}{3}m_id_i^2$、$I_{yyi}=\frac{1}{3}m_id_i^2$、$I_{xxi}=0$，试应用牛顿-欧拉方程法和拉格朗日法推导该机械手机构的动力学方程。

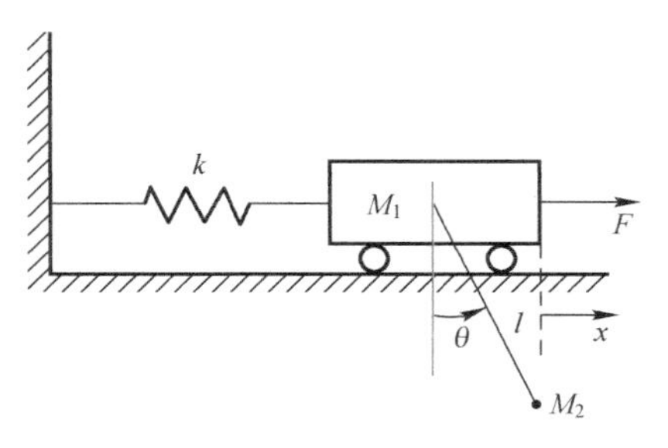

图 4.7　两自由度系统

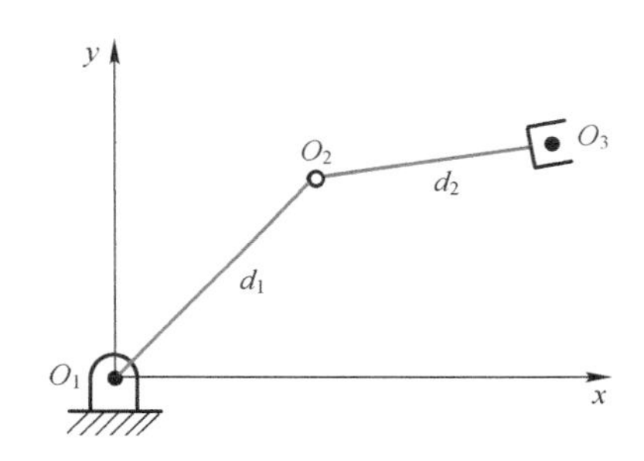

图 4.8　二连杆机械手机构

4.3　分别应用牛顿-欧拉方程法和拉格朗日法推导如图 4.9 所示的两自由度机器人机构的动力学方程。已知连杆的质心位于连杆的中心，转动惯量分别为 I_1 和 I_2，连杆长度分别为 l_1、l_2。

4.4　如图 4.10 所示的两自由度机器人机构，连杆的质心位于连杆的中心，质量分别为 M_1、M_2，其长、宽、高分别为 l_i、b_i、h_i，驱动力矩为 τ_1、τ_2，试用拉格朗日法推导该机构的动力学方程。

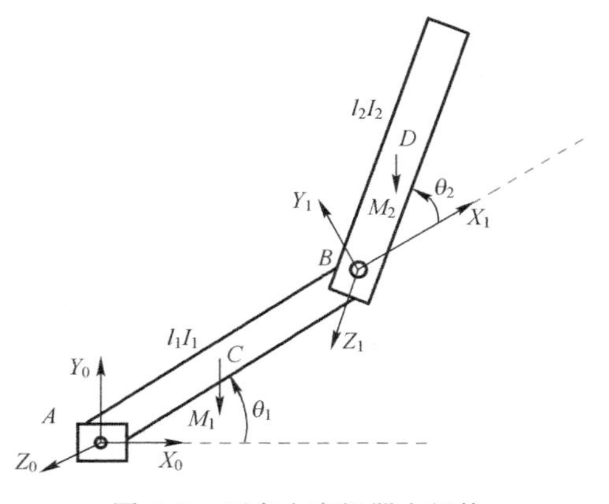

图 4.9　两自由度机器人机构

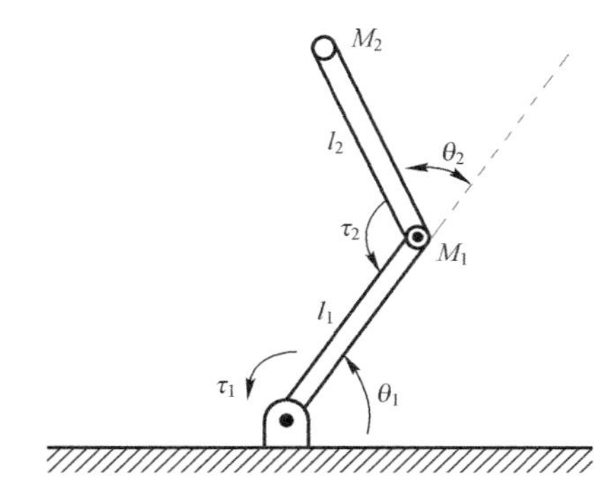

图 4.10　两自由度机器人机构

4.5　试建立如图 4.11 所示的三连杆机器人机构的动力学方程，连杆的质心位于连杆的中心，质量为 M_i，假设连杆为均匀长方体，其长、宽、高分别为 l_i、b_i、h_i（$i=1,2,3$）。

4.6　试应用凯恩方程法推导如图 4.12 所示的二连杆机械手的动力学方程。已知连杆 1 的转动惯量矩阵为

$$\boldsymbol{I}_{C1}=\begin{bmatrix} I_{xx1} & 0 & 0 \\ 0 & I_{yy1} & 0 \\ 0 & 0 & I_{zz1} \end{bmatrix}$$

连杆 2 的质量位置末端执行器上，重力方向沿 y_2 轴方向。

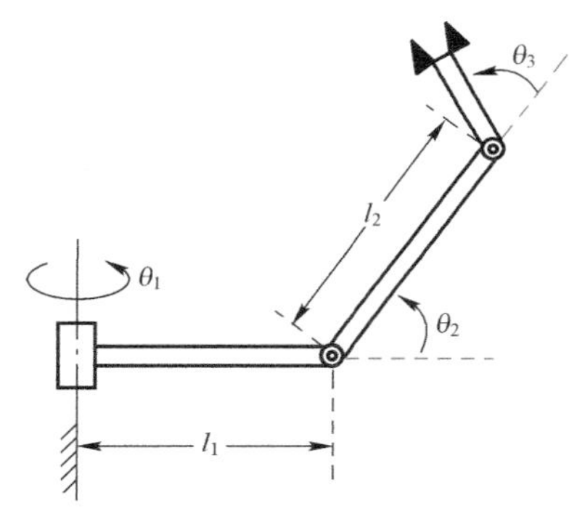

图 4.11　三连杆机器人机构

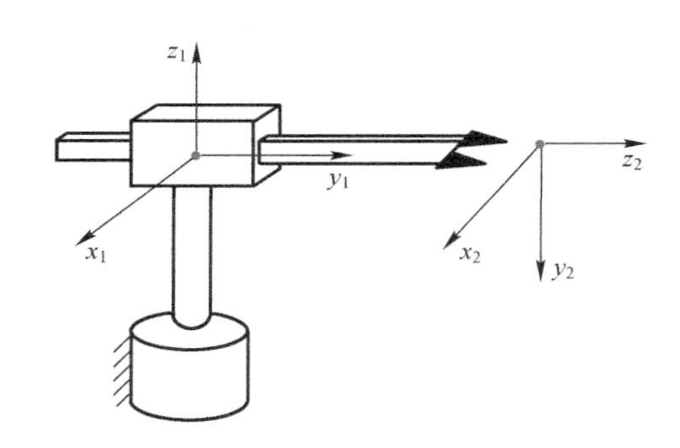

图 4.12　二连杆机械手

参考文献

［1］SPONG M W，HUTCHINSON S，VIDYASAGA R M. 机器人建模和控制［M］. 贾振中，译. 北京：机械工业出版社，2016.

［2］NIKU S B. 机器人学导论：分析、系统及应用［M］. 孙富春，朱纪洪，刘国栋，等译. 北京：电子工业出版社，2004.

［3］蔡自兴，谢斌. 机器人学［M］. 4 版. 北京：清华大学出版社，2022.

［4］赵锡芳. 机器人动力学［M］. 上海：上海交通大学出版社，1992.

[5] 宋伟刚．机器人学：运动学、动力学与控制［M］．北京：科学出版社，2007.
[6] 张策．机械动力学［M］．2 版．北京：高等教育出版社，2008.
[7] 孟庆鑫，王晓东．机器人技术基础［M］．哈尔滨：哈尔滨工业大学出版社，2006.
[8] 陈恳，杨向东，刘莉，等．机器人技术与应用［M］．北京：清华大学出版社，2006.
[9] 黄晓华，王兴成．机器人动力学的李群表示及其应用［J］．中国机械工程，2007，18（2）：201-204.
[10] 丁希仑．机器人学的现代数学理论基础［M］．北京：科学出版社，2021.
[11] 于靖军，刘辛军，丁希仑．机器人机构学的数学基础［M］．2 版．北京：机械工业出版社，2015.

第5章 运动规划

运动规划是机器人技术中至关重要的一部分，其由路径规划和轨迹规划两部分组成。连接起点位置和终点位置的序列点或曲线称为路径，构成路径的策略称为路径规划。路径规划是在给定起点位置和终点位置的前提下，规划出满足某种约束条件的机器人运动路径，如距离最短路径、无碰撞路径等，路径规划不考虑机器人位姿参数随时间变化的因素。轨迹规划则是在路径规划的基础上加入时间序列信息，对机器人执行任务时的速度与加速度进行规划，以满足光滑性和速度可控性等要求。

5.1 路径规划

路径规划可以通俗理解为："在指定环境中找到初始位置（开始）和最终位置（目标）之间的无碰撞运动路径"，最简单的情况是在静态或已知环境中规划路径。在讲述路径规划方法之前，首先需要引入配置空间的概念。配置空间是指对工作空间进行转换，将机器人转化为一个质点，同时将障碍物按照机器人的体积进行膨胀，这样在进行路径规划时，就可以将机器人当作一个质点来处理，如图 5.1 所示。

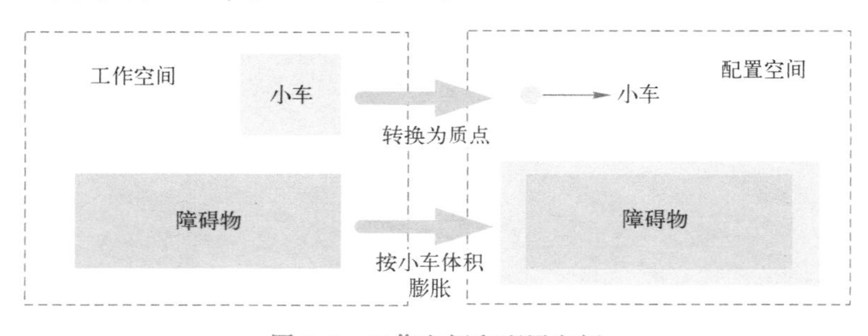

图 5.1　工作空间和配置空间

5.1.1 研究现状

目前，路径规划算法主要分为三大类。第一类是基于图搜索的路径规划算法，包括迪杰斯特拉（Dijkstra）算法、A*算法等。相较于 Dijkstra 算法，A*算法分别考虑了当前点到起始点和目标点的距离因素，缩小了扩散点的范围，因此被广泛应用于寻路及图的遍历。第二类是基于采样的路径规划算法，包括快速搜索随机树（RRT）、探索/利用树（EET）算法等。其中，RRT*作为 RRT 系列中最有名的变种算法，解决了 RRT 无法得出最优路径的问题。第三类是基于人工智能的路径规划算法，包括强化学习、深度神经网络等。相比于图搜索方法和人工智能方法，基于采样的路径规划算法具有复杂度较低、不依赖环境且运行效率高的优势，是目前主流的路径规划算法，已被广泛应用于机器人规划和导航。

5.1.2　基于图搜索的路径规划算法

1. Dijkstra 算法

Dijkstra 算法是由 E. W. Dijkstra 于 1959 年提出的。该算法采用了一种贪心策略，其解决的是有向图（图 5.2）中单个节点到另一节点的最短路径问题，主要特点是每次迭代时选择的下一个节点是距离当前节点最近的子节点，即每一次迭代行进的路程是最短的。同时，为了保证全局搜寻到的路径最短，在每一次迭代过程中，都要对全局路径进行更新。

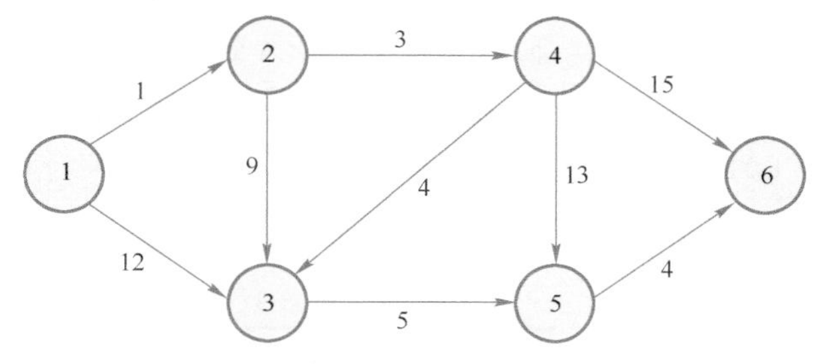

图 5.2　节点有向图

算法原理如下。

1）初始化：将起点标记为已访问，将起点到各个节点的距离初始化为无穷大。

2）找到起点到相邻节点中距离最短的节点，并标记为已访问。

3）更新相邻节点的距离：如果经过当前节点到达相邻节点的距离比原来记录的距离更短，则更新该相邻节点的距离。

4）重复步骤 2）和步骤 3），直到所有节点都被访问过。

Dijkstra 算法的伪代码如下。

```
1: 开始
2: while true
3:   if open list 为空
4:       搜索失败
5:   else
6:     取 open list 中 g(n)最小的节点
7:     将节点加入 closed list 中
8:     if 节点为终点
9:         找到路径，结束
10:  else
11:        遍历当前节点的未在 closed list 中的邻接节点
12:        if 节点在 open list 中
13:            更新节点 g(n)值
14:        else
15:            计算节点 g(n)值，加入 open list
16: 结束
```

2. A* 算法

A* 算法由斯坦福大学 Peter Hart 等人于 1968 年首次提出，经 Nils Nisson 研究员改进后用于机器人的路径规划。A* 算法是一种静态环境中求解最短路径的有效方法，通过一个估计函数 $f^*(n)=\{g^*(n),h^*(n)\}$ 来估计图中当前点到终点的距离，并由此来决定它的搜索方向，当一条路径规划失败时，算法会继续规划其他路径。其中，$f^*(n)$ 是从初始状态经由状态 n 到目标状态的最小代价估计，$g^*(n)$ 是在状态空间中从初始状态到状态 n 的最小代价，$h^*(n)$ 是从状态 n 到目标状态的路径的最小估计代价（对于路径搜索问题，状态就是图中的节点，代价就是距离）。

从上述分析可知，找到最短路径（最优解）的关键在于估计代价 $h(n)$ 的选取。以 $h(n)$ 表达状态 n 到目标状态估计的距离，那么 $h(n)$ 的选取大致有如下三种情况：

1）如果 $h(n)<h^*(n)$，搜索的点数多，搜索范围大，效率低，但能得到最优解。

2）如果 $h(n)=h^*(n)$，此时的搜索效率是最高的。

3）如果 $h(n)>h^*(n)$，搜索的点数少，搜索范围小，效率高，但不能保证得到最优解。

A* 算法的伪代码如下。

```
1：开始
2：   将起点放入 open list 中
3：   while true
4：     if open list 为空
5：        搜索失败，结束
6：     else
7：        取 open list 中 g(n)+h(n)最小的节点
8：        将节点加入 closed list 中
9：        if 节点为终点
10：            找到路径，结束
11：     else
12：            遍历当前节点的未在 closed list 中的邻接节点
13：            if 节点在 open list 中
14：                更新节点 g(n)值
15：            else
16：                计算节点 g(n)值，加入 open list
17：结束
```

5.1.3 基于强化学习的路径规划算法

强化学习作为机器学习的一个分支，十分适合应用在各种智能决策中。强化学习是系统从环境到行为映射的学习，目的是使奖励信号（强化信号）函数值最大。换句话说，强化学习是一种学习如何从状态映射到行为以使得获取的奖励最大的学习机制。一个动作需要不断在环境中进行实验，环境对动作做出奖励，系统通过环境的奖励不断优化行为，反复实验，延迟奖励。

1. 强化学习的基本要素

(1) 环境的状态 S(state) 无论智能体在虚拟环境还是现实环境，一定存在一个表征其系统状态的量，这个量通常被称为环境的状态。以路径规划为例，环境的状态就是智能体的位置信息，一般采用其质心位置坐标进行表示。

(2) 智能体的动作 A(action) 智能体要在环境中做出决策并执行动作以改变环境的状态。以路径规划为例，智能体的动作就是其运动方向，如智能体向前走或向后走。

(3) 环境的即时奖励 R(reward) 环境的即时奖励指的是智能体在执行动作后，环境即时反馈给其的奖励。例如，在路径规划中，为了让智能体搜索到最短路径，可以将每一步的动作奖励都设为-1，这样在训练过程中，智能体将会为了获得最大奖励而向着路径最短的方向收敛。

(4) 个体的策略 π 个体的策略表现为某个环境状态下智能体将要执行某个动作的概率，记为 $\pi(a|s)$。该式表示在状态 s 下执行动作 a 的概率。以路径规划为例，智能体在当前状态下向各个方向行进的概率集合就称为个体的策略 π。

(5) 状态价值函数 $v_\pi(s)$ 从日常经验来看，决策的好坏不仅体现在当前动作所带来价值，还体现在动作所造成的状态的后续价值，如在棋类运动中，吃掉对方棋子的即时奖励很高，但未必是好的决策。因此，通常引入状态价值函数 $v_\pi(s)$ 来评价智能体决策的好坏。

(6) 奖励衰减因子 γ 在状态价值的训练中需要引入奖励衰减因子 γ，表示为 $v_\pi(s)=R_{s's}+\gamma v_{\pi+1}(s)$，即状态价值等于即时奖励加下一个状态的价值函数与奖励衰减因子的乘积。通过引入奖励衰减因子，智能体能够权衡当前奖励和延后奖励的权重。当 γ 为 0 时，意味着智能体的学习过程是贪婪的，此时的智能体只看重眼前利益；相反，当 γ 为 1 时，意味着智能体对即时奖励和延时奖励的重视程度相同。

(7) 状态转换模型 状态转换模型是指智能体在状态 s 下执行动作 a 时的系统状态转换概率，记作 $P_{s's}^a$。在简单的路径规划问题中，状态转化不是以概率来表示的，如在状态(0,0)时，执行动作 UP，则智能体的下一个状态必然是(0,1)。但有一部分系统的状态转换模型并不是确定的，因此需要引入状态转换概率来加以描述。

(8) 探索率 ϵ 这个要素涉及后续模型的迭代学习。简单来说，算法在迭代过程中会不断选择价值最大的动作来执行并更新价值，其本质是一个贪心算法。为了增加最优解获得的可能性，引入探索率 ϵ。此时，算法在进行迭代时会以 ϵ 的概率进行贪婪，并以 $1-\epsilon$ 的概率随机选择动作。

2. 贝尔曼方程

强化学习的核心在于通过优化个体的策略 π 使得状态价值函数 $v_\pi(s)$ 达到最大值，这个价值是智能体依据策略 π 执行动作所得到的回报。由上面的定义可以得出

$$v_\pi(s)=\sum_a \pi(a|s)\cdot Q_\pi(s,a) \tag{5.1}$$

$$Q_\pi(s,a)=\sum_{s'} P_{ss'}^a[R_{ss'}+\gamma v_\pi(s')] \tag{5.2}$$

式中，$Q_\pi(s,a)$ 被称为动作价值函数，即在某个状态下执行某个动作所收获的价值期望。

从动作价值函数定义的角度出发，与状态价值函数不同的是，状态价值函数仅仅是对一个状态价值的评估，而动作价值函数则更进一步，其不仅固定了状态，还固定了该状态所对应的动作。我们知道，在某个状态下采取某个动作的收益来自两个方面：一个是环境的即时

奖励 R，另一个则是延时奖励 $v_{\pi}(s')$。对于一个普遍的系统来说，即使确定了动作，下一个状态也是以概率的形式出现的。式（5.2）中的$[R_{ss'}+\gamma v_{\pi}(s')]$就是考虑了状态转换模型不确定时的动作价值函数递推表达式。结合式（5.1）和式（5.2）可得

$$v_{\pi}(s)=\sum_{a}\pi(a|s)\cdot\sum_{s'}P_{ss'}^{a}[R_{ss'}+\gamma v_{\pi}(s')] \tag{5.3}$$

此时，强化学习的优化目标为

$$v^{*}(s)=\max_{\pi}v_{\pi}(s) \tag{5.4}$$

$$Q^{*}(s,a)=\max_{\pi}Q_{\pi}(s,a) \tag{5.5}$$

最优策略为

$$\pi^{*}(s,a)=\begin{cases}1 & a=\arg\max\limits_{a\in A}Q^{*}(s,a)\\0 & 其他\end{cases} \tag{5.6}$$

总的来说，强化学习的目标就是得到最优价值函数，进而确定智能体在每个状态下所对应的动作价值函数值最大的动作。

3. 基于 Q-learning 的路径规划算法

算法的核心思想是构造一个 Q-table，用来记录每个状态下每个动作的动作价值函数 $Q_{\pi}(s,a)$，采用 ϵ-greedy 策略选取动作并根据式（5.7）更新 Q-table，进行一定次数的更新后，从初始状态开始选择 Q 值最大的动作依次执行，直到智能体抵达最终目标。

$$Q_{\pi}(s,a)\leftarrow Q_{\pi}(s,a)+lr\cdot[R_{ss'}+\gamma Q_{\max a}(s',a)-Q_{\pi}(s,a)] \tag{5.7}$$

算法的具体步骤如下：

1）初始化 Q-table，其中，列表示动作的执行序列，行表示智能体的状态。

2）按照 ϵ-greedy 策略选取动作并执行，得到智能体的下一个状态。

3）检验新状态是否在 Q-table 中，如果不在则在 Q-table 中增加信息。随后检验下一个状态是否为目标状态或是强制结束状态（障碍物），若是，则返回结束标志 Done。

4）依据 Q-learning 的更新策略更新 Q-table。

5）依据返回的 Done 标志选择是否继续本次循环。若循环结束则将状态置为初始状态，若循环未结束则跳到步骤 2）继续执行。

4. 基于 SARSA 的路径规划算法

其基本思想与 Q-learning 完全一致，都是维护一个全局的 Q-table 并不断学习更新 Q-table，区别是更新 Q-table 的策略稍有不同，两种方法的优化目标存在差异。

5.1.4 基于采样的路径规划算法

1. 快速搜索随机树（RRT）算法

RRT 算法是一种随机采样算法，目标是尽可能快的找到一条从起点到终点的无碰撞路径。它可以直接应用于非完整约束系统的规划，且不受高维空间的限制，目前已成为机器人路径规划的主流方法。

RRT 算法的基本步骤如下：

1）在机器人的构型空间中，生成一个随机点 x_{rand}。

2）在树上找到距离 x_{rand} 最近的那个点，记为 x_{near}。

3）计算 x_{near} 和 x_{rand} 之间的距离。如果距离大于步长 u，则从 x_{near} 向 x_{rand} 移动步长 u 后得到新节点 x_{new}；否则在 x_{rand} 位置生成新节点 x_{new}。

4）如果 x_{new} 和 x_{near} 之间存在直线通路，则将 x_{new} 加入搜索树 T，它的父节点为 x_{near}；否则进入下一轮循环。算法的节点扩展过程如图 5.3 所示。

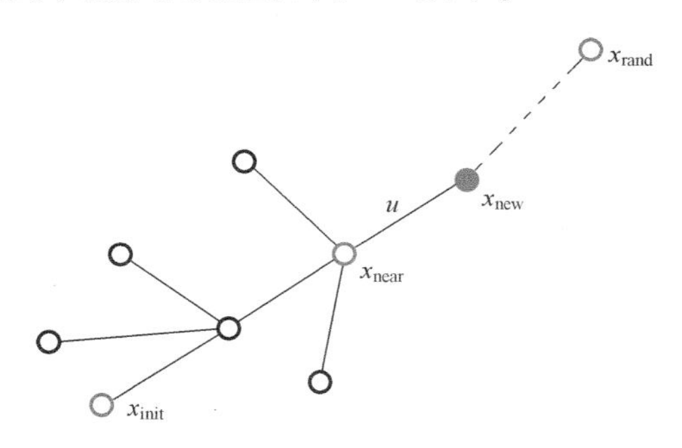

图 5.3 RRT 算法的节点扩展过程

RRT 算法的伪代码如下。

1：开始
2：输入 M, x_{init}, x_{goal}
3：for $i=1$ to n do
4：　x_{rand}←Sample(M)；
5：　x_{near}←Near(x_{rand}, T)；
6：　x_{new}←Steer(x_{rand}, x_{near}, *StepSize*)；
7：　E_i←Edge(x_{new}, x_{near})；
8：　if CollisionFree(M, E_i) then
9：　　T. addNode(x_{new})；
10：　　T. addEdge(E_i)；
11：　if $x_{new}=x_{goal}$ then
12：　　success ()；
13：结束

---

2. RRT* 算法

RRT* 算法能够解决传统 RRT 算法在大规模环境中难以求解最优路径的问题，它能够在路径查找的过程中持续优化路径，随着迭代次数和采样点的增加，得到的可行路径解将逐渐收敛到全局最优处。

RRT* 算法流程与 RRT 算法流程基本相同，不同之处在于最后将 x_{new} 加入搜索树 T 时的父节点选择策略。RRT* 算法在选择父节点时会有一个重连过程，也就是在以 x_{new} 为圆心、r 为半径的邻域内，找到与 x_{near} 连接后路径代价（从起点移动到 x_{new} 的路径长度）最小的节点，并重新选择 x_{min} 作为 x_{new} 的父节点，而不是 x_{near}。RRT* 算法的节点扩展过程如图 5.4 所示。

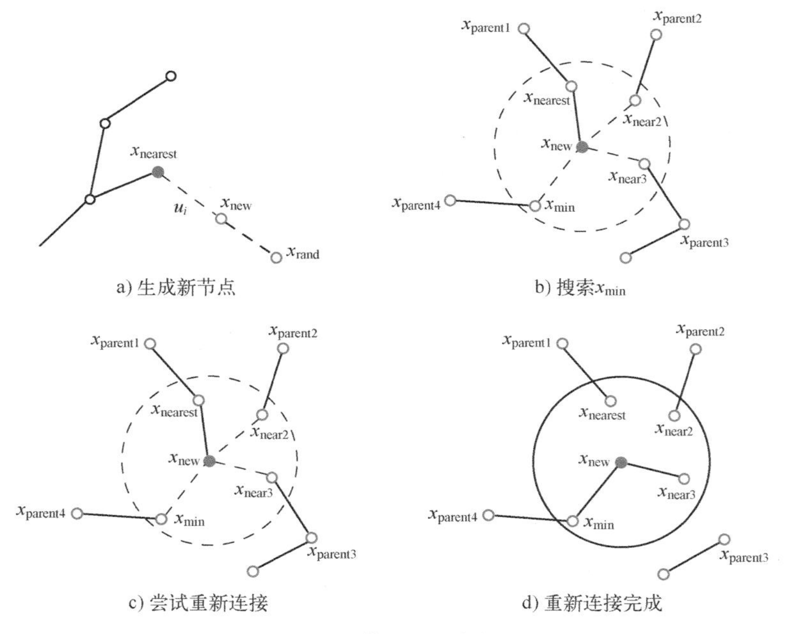

a) 生成新节点

b) 搜索x_{min}

c) 尝试重新连接

d) 重新连接完成

图 5.4 RRT* 算法的节点扩展过程

5.2 轨迹规划

运动规划的另一部分是轨迹规划。轨迹规划是在空间路径上附加运动学、动力学等约束，对机器人执行任务时的速度与加速度进行规划，以满足光滑性和速度可控性等要求。其规划的结果是机器人末端执行器位姿或机器人关节角度随时间变化的关系，解决的是与时间、速度等微分约束相关的规划问题。机器人末端执行器的空间运动是其操作臂各关节运动的综合结果。如图 5.5 所示，假设某关节在 $t_0=0$ 时的关节位置为 θ_0，在 t_f时的关节位置为 θ_f。显然，存在着许多平滑函数，如 $\theta_1(t)$、$\theta_2(t)$、$\theta_3(t)$等可以作为该关节位置从 θ_0变化到 θ_f的轨迹选择，每一位置函数对时间的一阶和二阶导数就是该关节的速度和加速度的时间历程。对于多关节机器人，各关节分别按照所选择的轨迹运动就唯一确定了末端执行器的空间运动轨迹。机器人的轨迹规划主要包括关节空间的轨迹规划和直角坐标空间的轨迹规划。

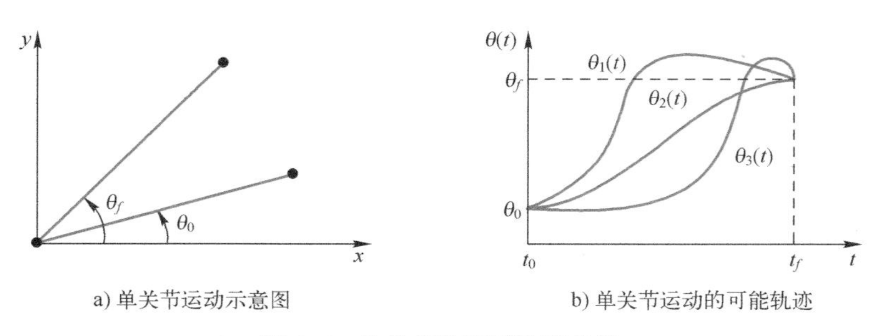

a) 单关节运动示意图

b) 单关节运动的可能轨迹

图 5.5 单关节的不同轨迹曲线

5.2.1 研究现状

在直角坐标空间，为规划出满足运动学约束条件的末端运动轨迹，通常采用速度前瞻控制算法和非线性优化算法。其中，速度前瞻控制算法一般用于数控机床和移动机器人，主要包括基于Jerk函数、B样条曲线、非均匀B样条曲线以及S曲线这几类算法。对于工业机器人，通常采用非线性优化算法进行轨迹规划。其中，Li、Su和Saravanan等人基于B样条曲线，分别结合遗传算法和序列二次规划等优化算法规划出末端最优的运动轨迹。

在关节空间，通常采用多项式、Jerk函数和B样条曲线等对通过逆运动学求解得到的离散关节点进行拟合，以得到连续平滑的运动轨迹。此外，为提高关节运动的稳定性、准确性以及效率，以时间最短、冲击最小和能量最少等作为目标的优化控制技术逐渐成为轨迹规划研究的热点。针对工业机器人，Lin和Liu等人采用遗传算法和序列二次规划算法，并结合多项式和B样条曲线，规划出时间-冲击最优的关节运动轨迹。Liu和Zhang等人以PUMA560机器人为对象，结合五次多项式和遗传算法，在关节空间实现时间最优的轨迹规划。

5.2.2 关节空间中的轨迹规划

在关节空间进行轨迹规划，首先应根据机器人逆运动学方程求出末端执行器在各轨迹点上所对应的关节变量值（轨迹点采用末端执行器的位姿坐标表示）。然后针对每个关节，利用其关节变量值拟合出一个光滑的时间函数，该函数就描述了该关节的轨迹。同时在轨迹规划时，还要考虑其他的约束条件，如关节的速度和加速度要求，各关节是否同步运行等。通常希望各关节能同步运行，即每个关节在每段路径上的运动时间相同，这样当各关节都按各自的轨迹运动时，会在同一时间到达相应的路径点，各关节的运动结果就确定了操作臂或末端执行器的空间轨迹。

关节空间的轨迹规划常用多项式和带有抛物线过渡的线性函数作为拟合函数使用。根据研究方法和求解过程的不同，可以将这些算法分为插值算法和优化算法两类。

1. 插值算法

（1）以三次多项式规划　设机器人某关节在运动开始时刻 $t_0=0$ 时的关节值为 θ_0，t_f时刻运动到目标值 θ_f，又设该关节在运动开始和到达目标时的速度均为0（或其他已知值）。这四个条件构成了该关节运动的约束条件，由此可以唯一地确定出下列三次多项式中的四个未知参数

$$\theta(t)=a_0+a_1t+a_2t^2+a_3t^3 \tag{5.8}$$

其中约束条件为

$$\begin{cases}\theta(t_0)=\theta_0\\ \theta(t_f)=\theta_f\\ \dot{\theta}(t_0)=0\\ \dot{\theta}(t_f)=0\end{cases} \tag{5.9}$$

对式（5.8）求一阶和二阶导数，得到该轨迹上的关节速度和加速度如下：

$$\begin{cases}\dot{\theta}(t)=a_1+2a_2t+3a_3t^2\\ \ddot{\theta}(t)=2a_2+6a_3t\end{cases} \tag{5.10}$$

将约束条件即，式（5.9）代入式（5.8）和式（5.10）的第一式，得到关于系数 a_0～a_3的四个方程

$$\begin{cases}\theta_0=a_0\\ \theta_f=a_0+a_1t_f+a_2t_f^2+a_3t_f^3\\ 0=a_1\\ 0=a_1+2a_2t_f+3a_3t_f^2\end{cases}\tag{5.11}$$

解之，得到

$$\begin{cases}a_0=\theta_0\\ a_1=0\\ a_2=\dfrac{3}{t_f^2}(\theta_f-\theta_0)\\ a_3=-\dfrac{2}{t_f^3}(\theta_f-\theta_0)\end{cases}\tag{5.12}$$

于是，由式（5.12）所确定的三次多项式就是该关节的轨迹函数，它确定了从 θ_0到 θ_f之间任意时刻的关节位置。在该轨迹上，关节位置、关节速度和加速度的表达式分别为

$$\theta(t)=\theta_0+\frac{3}{t_f^2}(\theta_f-\theta_0)t^2-\frac{2}{t_f^3}(\theta_f-\theta_0)t^3\tag{5.13}$$

$$\dot{\theta}(t)=\frac{6}{t_f^2}(\theta_f-\theta_0)t-\frac{6}{t_f^3}(\theta_f-\theta_0)t^2\tag{5.14}$$

$$\ddot{\theta}(t)=\frac{6}{t_f^2}(\theta_f-\theta_0)-\frac{12}{t_f^3}(\theta_f-\theta_0)t\tag{5.15}$$

显然，以上速度曲线为抛物线轨迹，加速度曲线为直线轨迹。

采用三次多项式规划，虽然保证了关节位置和速度的平滑过渡，但加速度可能并不平稳，因为在规划中并未用到加速度的约束条件。此外，如果关节需要连续通过多个路径点，则在每段结束时的关节位置和速度就是下一段的起始条件，各段轨迹同样可以用此三次多项式加以规划。对于多关节机器人，每个关节都可使用上述同样步骤确定各自的运动轨迹。

（2）以五次多项式规划　如果给出关节在运动起点和终点时的位置、速度和加速度约束条件，即已知

$$\begin{cases}\theta(t_0)=\theta_0\\ \theta(t_f)=\theta_f\\ \dot{\theta}(t_0)=\dot{\theta}_0\\ \dot{\theta}(t_f)=\dot{\theta}_f\\ \ddot{\theta}(t_0)=\ddot{\theta}_0\\ \ddot{\theta}(t_f)=\ddot{\theta}_f\end{cases}\tag{5.16}$$

以上六个条件可以唯一确定下列五次多项式中的六个未知参数：

$$\theta(t)=a_0+a_1t+a_2t^2+a_3t^3+a_4t^4+a_5t^5\tag{5.17}$$

对式（5.17）求一阶和二阶导数，得到关节速度和加速度如下：

$$\begin{cases}\dot{\theta}(t)=a_1+2a_2t+3a_3t^2+4a_4t^3+5a_5t^4\\ \ddot{\theta}(t)=2a_2+6a_3t+12a_4t^2+20a_5t^3\end{cases} \tag{5.18}$$

此时，将约束条件，即式（5.16）代入式（5.17）和式（5.18），可得到关于 $a_0\sim a_5$ 的六个方程（$t_0=0$ 时）为

$$\begin{cases}\theta_0=a_0\\ \theta_f=a_0+a_1t_f+a_2t_f^2+a_3t_f^3+a_4t_f^4+a_5t_f^5\\ \dot{\theta}_0=a_1\\ \dot{\theta}_f=a_1+2a_2t_f+3a_3t_f^2+4a_4t_f^3+5a_5t_f^4\\ \ddot{\theta}_0=2a_2\\ \ddot{\theta}_f=2a_2+6a_3t_f+12a_4t_f^2+20a_5t_f^3\end{cases} \tag{5.19}$$

通过求解式（5.19），可得到各系数的表达式如下：

$$\begin{cases}a_0=\theta_0\\ a_1=\dot{\theta}_0\\ a_2=\dfrac{\ddot{\theta}_0}{2}\\ a_3=\dfrac{20\theta_f-20\theta_0-(8\dot{\theta}_f+12\dot{\theta}_0)t_f-(3\ddot{\theta}_0-\ddot{\theta}_f)t_f^2}{2t_f^3}\\ a_4=\dfrac{30\theta_0-30\theta_f+(14\dot{\theta}_f+16\dot{\theta}_0)t_f+(3\ddot{\theta}_0-2\ddot{\theta}_f)t_f^2}{2t_f^4}\\ a_5=\dfrac{12\theta_f-12\theta_0-(6\dot{\theta}_f+6\dot{\theta}_0)t_f-(\ddot{\theta}_0-\ddot{\theta}_f)t_f^2}{2t_f^5}\end{cases} \tag{5.20}$$

显然，通过引入加速度上的约束，五次多项式规划有助于改善操作臂的运动状况。

（3）带抛物线过渡的线性规划　在给定的起始与终了位置之间，让关节以等速运动是常见的规划方式，这样的规划使关节运动具有了线性轨迹。然而，线性规划使关节在运动开始和结束时所要求的加速度为无穷大，因为只有这样，起动时才能在瞬间产生所需的速度，结束时速度才能在瞬间变为 0。显然，这在运动的起点和终点处会造成较大的刚性冲击。

为了避免加速度为无穷大的情况，考虑在运动开始和结束阶段各增加一个过渡段，在过渡段上令关节的加速度保持常数，这样通过在开始阶段的匀加速使关节获得所需速度、结束阶段则以匀减速的方式将速度降为 0。这样规划的关节轨迹如图 5.6 所示。

为了构造这样的过渡段，假设两段具有相同的运动时间 t_b，而且加速度大小相等、方向相反。于是，在两段上的关节位移量相同，只是一个做匀加速运动，一个做匀减速运动。

现以加速段 $0\sim t_b$ 为例推导轨迹函数。设加速度为 $\ddot{\theta}_0$，则

$$\ddot{\theta}(t)=\ddot{\theta}_0 \tag{5.21}$$

式（5.21）对时间积分，得

$$\dot{\theta}(t)=\ddot{\theta}_0 t+c_1 \tag{5.22}$$

$$\theta(t)=\frac{1}{2}\ddot{\theta}_0 t^2+c_1 t+c_0 \tag{5.23}$$

将运动开始（$t_0=0$）时的已知条件

$$\begin{cases}\theta(t_0)=\theta_0\\ \dot{\theta}(t_0)=0\end{cases} \tag{5.24}$$

代入式（5.22）和式（5.23），得

$$\begin{cases}c_0=\theta_0\\ c_1=0\end{cases} \tag{5.25}$$

从而得到加速段 AB 的关节轨迹

$$\theta(t)=\theta_0+\frac{1}{2}\ddot{\theta}_0 t^2 \qquad t\in[0,t_b] \tag{5.26}$$

式（5.26）是一个抛物线方程，表明按上述条件确定的过渡段是条抛物线，即加速阶段关节运动的轨迹为

$$\begin{cases}\theta(t)=\theta_0+\frac{1}{2}\ddot{\theta}_0 t^2\\ \dot{\theta}(t)=\ddot{\theta}_0 t\\ \ddot{\theta}(t)=\ddot{\theta}_0\end{cases} \tag{5.27}$$

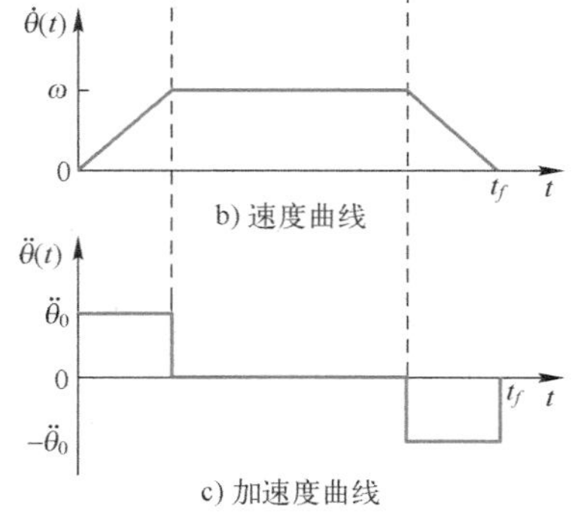

a) 位置曲线

b) 速度曲线

c) 加速度曲线

图 5.6 带有过渡段的线性规划关节轨迹

式中，$t\in[0,t_b]$。设加速段结束时，期望的关节运动速度为 ω，即

$$\dot{\theta}(t_b)=\ddot{\theta}_0 t_b=\omega \tag{5.28}$$

此时，加速阶段需要的加速度为

$$\ddot{\theta}_0=\frac{\omega}{t_b} \tag{5.29}$$

由式（5.23）可知，至 B 点时关节的位移量为

$$\theta_B=\theta(t_b)=\theta_0+\frac{1}{2}\ddot{\theta}_0 t_b^2=\theta_0+\frac{1}{2}\omega t_b \tag{5.30}$$

在线性段 BC 部分，关节以 ω 匀速运动，其位移为

$$\theta(t)=\theta_B+\omega(t-t_b) \qquad t\in[t_b,t_f-t_b] \tag{5.31}$$

由式（5.31）可知，至 C 点时关节的总位移为

$$\theta_C=\theta(t_f-t_b)=\theta_B+\omega[(t_f-t_b)-t_b]=\theta_B+\omega(t_f-2t_b) \tag{5.32}$$

在减速段 CD 中，关节做匀减速运动，其加速度为

$$\ddot{\theta}(t)=-\ddot{\theta}_0=-\frac{\omega}{t_b} \tag{5.33}$$

因此，关节的减速运动轨迹（$t\in[t_f-t_b,t_f]$）为

$$\begin{cases}\theta(t)=\theta_f-\dfrac{1}{2}\dfrac{\omega}{t_b}(t_f-t)^2\\ \dot{\theta}(t)=\dfrac{\omega}{t_b}(t_f-t)\\ \ddot{\theta}(t)=-\ddot{\theta}_0=-\dfrac{\omega}{t_b}\end{cases} \tag{5.34}$$

式（5.27）、式（5.31）和式（5.34）就是对关节带有抛物线过渡的线性轨迹规划。

过渡段的持续时间 t_b 可以确定如下。如前所述，加速段与减速段的关节位移量是相等的，于是由图 5.6 可知

$$\theta_f=\theta_C+(\theta_B-\theta_0) \tag{5.35}$$

将式（5.30）和式（5.32）代入式（5.35）整理后得到

$$\theta_f=\theta_0+\omega t_f-\omega t_b \tag{5.36}$$

因此，过渡时间 t_b 为

$$t_b=\frac{\theta_0-\theta_f+\omega t_f}{\omega} \tag{5.37}$$

显然，过渡时间 t_b 不应超过关节运动总时间 t_f 的一半，否则，运动过程将只有抛物线的加速段和减速段，而不会出现线性段。为了避免这种情况发生，由式（5.37）可以求得所允许的最大关节速度

$$\omega_{\max}=\frac{2(\theta_f-\theta_0)}{t_f} \tag{5.38}$$

（4）过中间点的轨迹规划　以上是在两点间的轨迹规划。实际应用中，机器人经常需要经过一些中间点（与起点、终点一起称为路径点）或中间状态之后到达目标状态，反映到关节运动中，就是关节需要从起始位置开始，连续经过一些中间位置之后到达终点，对其规划属于过中间点的轨迹规划问题。

1）过中间点的三次多项式规划。对过中间点的问题要区分两种不同情况：如果末端执行器要在中间点上“停留”（速度为 0），该中间点就相当于一个临时的终点，对此类问题可直接按前面所述的三次多项式方法进行规划；如果末端执行器只是“经过”中间点而并不停留，则需使用新的规划方法。

这时可以把相邻的两个中间点分别看成是“起点”和“终点”，两点之间构成了一个运动段，它们首尾相接构成了多段运动。在每个运动段上，可以根据逆运动学方程求得相应“起点”“终点”处的关节变量值，然后用三次多项式轨迹把各点平滑地连接起来即可。在具体实现时则要注意，各路径点上的关节速度已不再为 0。

设路径点上的速度已知且不为 0。在某段路径上，关节的起点为 θ_0 和 $\dot{\theta}_0$，终点为 θ_f 和 $\dot{\theta}_f$，则速度约束条件变为

$$\begin{cases}\dot{\theta}(t_0)=\dot{\theta}_0\\ \dot{\theta}(t_f)=\dot{\theta}_f\end{cases} \tag{5.39}$$

由式（5.8）、式（5.10）知，此时确定三次多项式系数的四个方程为（$t_0=0$）

$$
\begin{cases}
\theta_0 = a_0 \\
\theta_f = a_0 + a_1 t_f + a_2 t_f^2 + a_3 t_f^3 \\
\dot{\theta}_0 = a_1 \\
\dot{\theta}_f = a_1 + 2a_2 t_f + 3a_3 t_f^2
\end{cases}
\tag{5.40}
$$

解之，得到三次多项式系数

$$
\begin{cases}
a_0 = \theta_0 \\
a_1 = \dot{\theta}_0 \\
a_2 = \dfrac{3}{t_f^2}(\theta_f - \theta_0) - \dfrac{2}{t_f}\dot{\theta}_0 - \dfrac{1}{t_f}\dot{\theta}_f \\
a_3 = -\dfrac{2}{t_f^3}(\theta_f - \theta_0) + \dfrac{1}{t_f^2}(\dot{\theta}_0 + \dot{\theta}_f)
\end{cases}
\tag{5.41}
$$

利用式（5.41）就可以求出具有任意起、终点位置和速度的关节三次多项式轨迹。

在每个路径点上，关节速度可以由以下方法确定：

① 根据末端执行器在直角坐标空间的瞬时速度确定每个中间点上的关节速度。这种方法要求计算机器人在每个中间点上的雅可比逆矩阵，然后把该点处的直角坐标空间速度"映射"成期望的关节速度。这种方法的好处是能够满足用户所期望的速度，但用户逐点设置速度比较麻烦，而且如果某个中间点是操作臂的奇异点时，用户将无法设置该处的速度。

② 在关节空间或直角坐标空间中采用某种启发式或近似算法，让系统自动选择过中间点的合理速度。如图 5.7 所示，其中速度由细直线段的斜率表示。图中在起点 0、终点 4 上的速度设置为 0。对相邻两段路径上速度反向的点，其速度也设置为 0，如图中的 1、2 点处，否则设置为两段速度的平均值，如图中的 3 点处。

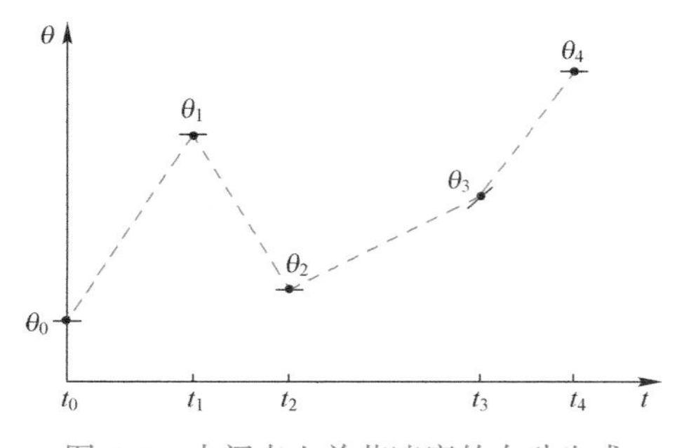

图 5.7 中间点上关节速度的自动生成

③ 以过中间点时加速度连续的原则让系统自动选择各点的速度。为此，可以设法将两条三次曲线在中间点处按一定规则连接起来，拼凑成所要求的轨迹，其约束条件是速度和加速度在该点处均连续。

2）过中间点的带抛物线过渡的规划。如图 5.8 所示，关节位置依次通过图中 j、k、l 三个相邻的路径点，关节在 j、k 间的总运动时间为 t_{djk}，其中线性运动时间为 t_{jk}，在 k 点处的抛物线过渡时间为 t_k。设关节在线性段的速度为 $\dot{\theta}_{jk}$，在 j 点过渡段的加速度为 $\ddot{\theta}_j$。可用带有抛物线过渡的线性轨迹连接各点。

与前述抛物线过渡规划类似，关节加速度不同时所得到的抛物线参数也不相同。为此假设已知各点位置、两点间的持续时间 t_{djk} 以及各路径点处的加速度的绝对值 $|\ddot{\theta}_k|$，则可计算出过渡段的时间间隔 t_k。对于内部路径点（即 $j,k \neq 1,2$；$j,k \neq n-1,n$，其中 n 是终点的序号），可直接根据下列公式计算各参数

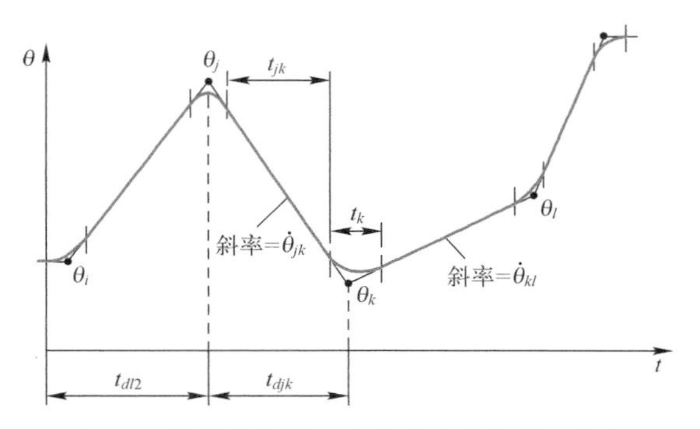

图 5.8　带有抛物线过渡的多点线性轨迹规划

$$\begin{cases}\dot{\theta}_{jk}=\dfrac{\theta_k-\theta_j}{t_{djk}}\\ \ddot{\theta}_k=\operatorname{sgn}(\dot{\theta}_{kl}-\dot{\theta}_{jk})\,|\ddot{\theta}_k|\\ t_k=\dfrac{\dot{\theta}_{kl}-\dot{\theta}_{jk}}{\ddot{\theta}_k}\\ t_{jk}=t_{djk}-\dfrac{1}{2}t_j-\dfrac{1}{2}t_k\end{cases} \tag{5.42}$$

式中，sgn 是符号函数。

在第一段和最后一段路径上，整个过渡段的持续时间需要分别计入各自的路径之内，因此各参数需要另行计算。对于第一段路径（连接 1、2 点的路径），其过渡段的持续时间 t_1 由下式确定：

$$\frac{\theta_2-\theta_1}{t_{d12}-\dfrac{1}{2}t_1}=\ddot{\theta}_1 t_1 \tag{5.43}$$

据此可以求出其余参数

$$\begin{cases}\ddot{\theta}_1=\operatorname{sgn}(\theta_2-\theta_1)\,|\ddot{\theta}_1|\\ t_1=t_{d12}-\sqrt{t_{d12}^2-\dfrac{2(\theta_2-\theta_1)}{\ddot{\theta}_1}}\\ \dot{\theta}_{12}=\dfrac{\theta_2-\theta_1}{t_{d12}-\dfrac{1}{2}t_1}\\ t_{12}=t_{d12}-t_1-\dfrac{1}{2}t_2\end{cases} \tag{5.44}$$

对于最后一段路径（连接 $n-1$ 和 n 点的路径），由下式求过渡段的持续时间 t_n：

$$\frac{\theta_{n-1}-\theta_n}{t_{d(n-1)n}-\dfrac{1}{2}t_n}=\ddot{\theta}_n t_n \tag{5.45}$$

于是

$$\begin{cases}\ddot{\theta}_n=\operatorname{sgn}(\theta_{n-1}-\theta_n)\,|\ddot{\theta}_n| \\ t_n=t_{d(n-1)n}-\sqrt{t_{d(n-1)n}^2+\dfrac{2(\theta_n-\theta_{n-1})}{\ddot{\theta}_n}} \\ \dot{\theta}_{(n-1)n}=\dfrac{\theta_n-\theta_{n-1}}{t_{d(n-1)n}-\dfrac{1}{2}t_n} \\ t_{(n-1)n}=t_{d(n-1)n}-t_n-\dfrac{1}{2}t_{n-1}\end{cases} \tag{5.46}$$

利用以上诸式就可以求出各过渡段的时间和速度。

在以上的规划中，关节位置并不是精确地通过各个中间点。如果加速度取得充分大，实际路径将与期望路径非常接近。反之，如果需要关节精确地通过中间点（但不停留），则应在此点两端设置两个“伪结点”，并令期望结点处于两个伪结点连线的直线段上（图 5.9），然后将伪结点看成是路径点，并针对伪结点利用以上公式进行规划即可。

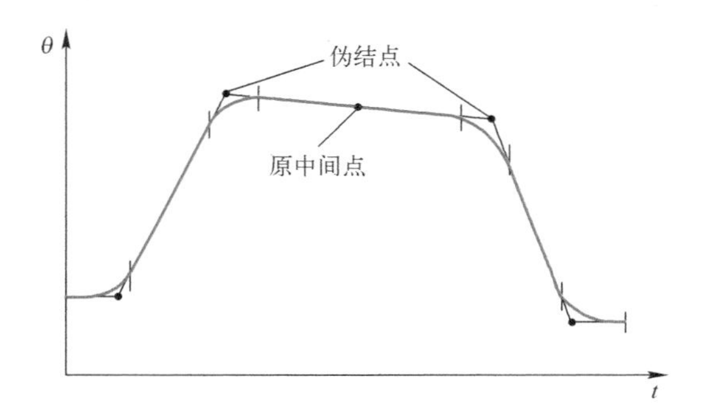

图 5.9　用两个伪结点控制关节精确经过原中间点

2. 优化算法

优化算法是关节空间轨迹规划中另一种常用的方法。它通过建立优化模型，利用数学优化方法来生成一条平滑的轨迹。常见的优化算法包括基于梯度下降的优化算法、基于遗传算法的优化算法、基于粒子群算法的优化算法等。

（1）基于梯度下降的优化算法　基于梯度下降的优化算法是一种基于局部搜索的优化算法，它通过计算目标函数的梯度方向，不断调整关节角度的参数，使得目标函数最小化。在关节空间轨迹规划中，目标函数通常是轨迹的长度或者曲率，通过不断调整关节角度的参数，可以使得轨迹变得更加平滑。

（2）基于遗传算法的优化算法　基于遗传算法的优化算法是一种基于全局搜索的优化算法，它通过模拟自然界的进化过程，不断生成新的关节角度，并筛选出最优的关节角度。在关节空间轨迹规划中，遗传算法可以通过不断生成新的关节角度，来生成一条平滑的轨迹。

（3）基于粒子群算法的优化算法　基于粒子群算法的优化算法是一种基于群体智能的优化算法，它通过模拟鸟群或鱼群的行为，不断调整关节角度的参数，使得目标函数最小化。在关节空间轨迹规划中，粒子群算法可以通过不断调整关节角度的参数，来生成一条平滑的轨迹。

5.2.3　直角坐标空间中的轨迹规划

在直角坐标空间下，机器人的运动可以用平移和旋转两个自由度描述，其中平移自由度包括机器人的位置信息，旋转自由度包括机器人的姿态信息。直角坐标空间轨迹规划是机器人轨迹规划中的一种常见方法，它主要用于末端执行器的运动轨迹规划。直角坐标空间轨迹规划通常需要将任务要求转换为末端执行器的位置和姿态要求，然后通过插值或优化等方法，生成一条平滑的轨迹。

目前，研究者们对直角坐标空间轨迹规划算法进行了广泛的探索和尝试，并提出了多种不同的算法。根据研究方法和求解过程的不同，可以将这些算法分为以下 3 类。

1. 基于插值方法的轨迹规划算法

许多作业任务要求末端执行器沿着特定的轨迹运动（如末端执行器沿直线或特定的曲线运动），这时应当在直角坐标空间中进行轨迹规划，即将描述位姿的直角坐标变量表示为时间的函数。例如，在工业应用中，末端执行器经常要求按直线运动。虽然在两点的连线上，通过密集地指定许多中间点、运动时让末端执行器依次经过这些中间点，可以在宏观上保证其直线运动，但是如果能以一个线性函数直接描述两点之间的连线则会使轨迹规划更加方便。

末端执行器的位姿由其空间位置和姿态两部分确定。表达位置的三个分量是相互独立的，如果在两点之间让其三个分量都以线性方式随时间变化，末端执行器将会沿直线路径在两点之间运动。但对姿态而言，如果末端执行器在每一路径点的姿态都用旋转矩阵来表示，由于旋转矩阵必须是由正交列向量组成的，但在两个旋转矩阵之间对其元素进行线性插值的结果并不能保证总是得到正交列向量（即不能保证总是得到有效的旋转矩阵），因此需要使用前面所述的轴角表示法来表示姿态。轴角表示法也用三个分量表示姿态，若把这种表示法与表示位置的 3×1 向量相结合，就能得到一个同时表示位置和姿态的 6×1 向量。如果在每个路径点上，末端执行器的位姿都以这种方式来表示，就可选择适当的线性函数使这六个分量随时间从一个路径点平滑地变化到下一个路径点上。

在直角坐标空间中，规划函数的生成值是末端执行器的位姿，通过求解逆运动学方程可以将其转化为关节变量。根据规划函数，可以由以下流程确定关节变量值：

1）给时间一个增量 Δt，得到考查时刻 $t=t+\Delta t$。

2）利用已知的规划函数，计算出末端执行器在直角坐标空间中的位姿变量值。

3）利用机器人逆运动学方程，计算出与此对应的关节变量值。

4）将此关节信息传送给机器人控制器，控制器据此控制操作臂运动。

5）若未运动到终点，则返回到步骤 1）计算下一时刻的运动。

2. 基于优化方法的轨迹规划算法

插值方法虽然具有简单高效的特点，但是并不能充分利用机器人系统的控制能力和优化思想。因此，在一些现代机器人学领域中，研究者们开始使用基于优化方法的轨迹规划算法。这类算法的思想是通过优化目标函数，寻找机器人在直角坐标空间中的最佳运动轨迹。常见的基于优化方法的轨迹规划算法有遗传算法、模拟退火算法和粒子群算法等。

3. 基于机器学习的轨迹规划算法

近年来，人工智能技术的发展为机器学习方法的应用提供了新的空间。机器学习方法可以通过对数据进行训练和学习，从而得到模型的拟合方程，并实现更为准确的轨迹规划效果。常见的基于机器学习的轨迹规划算法有神经网络算法、支持向量机算法和决策树算法等。

虽然在直角坐标空间轨迹规划领域中已经涌现出多种不同的算法，但每种算法都有其优缺点和适用范围。直线插值算法虽然简单高效，但其计算精度难以保证；圆弧插值算法可以实现曲线轨迹规划，但需要考虑曲率问题，运动轨迹更难控制。基于优化方法的算法能够规划出机器人的最优运动轨迹，但耗时较长，计算复杂度较高。通过机器学习方法可以获得更高的计算精度和规划效果，但需要大量数据进行训练和学习，且计算时间较长。在未来的研究中，还可以将多种算法进行融合，并实现算法的优势互补，以便更好地解决直角坐标空间轨迹规划问题。

习　题

5.1　简述运动规划的任务和方法。

5.2　有哪几种主流的机器人路径规划算法？它们各有什么特点？简述其基本原理。

5.3　写出基于 Q-learning 的路径规划算法伪代码，并讨论该方法的特点与不足。

5.4　单连杆机器人的转动关节在 4 s 内，从静止位置 $\theta_0=10°$ 运动到终了位置 $\theta_f=60°$ 停止，试以三次多项式规划其运动轨迹，并画出其关节位置、速度和加速度随时间变化的曲线。

5.5　对于上题，试以带抛物线过渡的线性方法规划其运动轨迹，并画出其关节位置、速度和加速度随时间变化的曲线。

5.6　六关节机械手沿着一条三次曲线通过 2 个中间点并停止在目标点，需要计算几条不同的三次曲线？

5.7　机器人某关节从初始位置 $\theta=10°$ 开始运动，途经 $\theta=35°$ 和 $\theta=25°$ 后达到终了位置 $\theta=10°$ 停止，每一段的运动时间分别为 2 s、1 s 和 3 s，设抛物线过渡段的角加速度大小均为 $50°/s^2$，试计算各段的速度、抛物线和直线段的持续时间。

参 考 文 献

[1] 黄俊杰，张元良，闫勇刚．机器人技术基础［M］．武汉：华中科技大学出版社，2018.

[2] 李福武，卢运娇，李晓峰．工业机器人技术基础［M］．哈尔滨：哈尔滨工程大学出版社，2021.

[3] NIKU S B. 机器人学导论：分析、系统及应用［M］．孙富春，朱纪洪，刘国栋，等译．北京：电子工业出版社，2004.

[4] 刘英，朱银龙．机器人技术基础［M］．北京：机械工业出版社，2022.

[5] 郭彤颖，安东．机器人技术基础及应用［M］．北京：清华大学出版社，2017.

[6] GASPARETTO A，BOSCARIOL P，LANZUTTI A，et al. Path planning and trajectory planning algorithms：a general overview［J］. Motion and operation planning of robotic systems：background and practical approaches，2015：3-27.

[7] YANG Y J, PAN J, WAN W W. Survey of optimal motion planning [J]. IET Cyber-Systems and Robotics, 2019 (1): 13-19.
[8] 战强. 机器人学：机构、运动学、动力学及运动规划 [M]. 北京：清华大学出版社, 2019.
[9] LYNCH K M. 现代机器人学：机构、规划与控制 [M]. 于靖军, 贾振中, 译. 北京：机械工业出版社, 2019.
[10] LAVALLE S M. Planning algorithms [M]. Cambridge: Cambridge University Press, 2006.
[11] KOUBAA A, BENNACEUR H, CHAARI I, et al. Robot path planning and cooperation [M]. Berlin: Springer, 2018.
[12] LAUMOND J-P. Robot motion planning and control [M]. Berlin: Springer, 1998.
[13] ELBANHAWI M, SIMIC M. Sampling-based robot motion planning: a review [J]. IEEE access, 2014, 2: 56-77.
[14] GARRETT C R, CHITNIS R, HOLLADAY R, et al. Integrated task and motion planning [J]. Annual review of control, robotics, and autonomous systems, 2021, 4: 265-293.
[15] MOHANAN M G, SALGOANKAR A. A survey of robotic motion planning in dynamic environments [J]. Robotics and Autonomous Systems, 2018, 100: 171-185.
[16] PATLE B K, PANDEY A, PARHI D R K, et al. A review: on path planning strategies for navigation of mobile robot [J]. Defence Technology, 2019, 15 (4): 582-606.
[17] MIR I, GUL F, MIR S, et al. A survey of trajectory planning techniques for autonomous systems [J]. Electronics, 2022, 11 (18): 2801.
[18] 董理, 杨东, 鹿建森. 工业机器人轨迹规划方法综述 [J]. 控制工程, 2022, 29 (12): 2365-2374.
[19] LI A, JIANG Y, SUN X, et al. Research status of intelligent electric vehicle trajectory planning and its key technologies: a review [J]. Electrochem, 2022, 3 (4): 688-698.

第6章　并联机器人

动平台和定平台通过至少两个独立的刚性运动链相连接，机构具有两个或两个以上自由度，且以并联方式驱动的一种闭环机构称为刚性并联机器人。并联机器人具有高刚度、高精度、无累积误差等特点。当驱动装置置于定平台上或接近定平台的位置时，运动部分质量轻、速度快、动态响应好。基于上述特点，并联机器人得到了广泛应用，如并联机床、外科手术机器人以及空间飞行器的对接装置。以柔索代替刚性并联机器人的连杆作为运动链，实现对动平台运动控制的是索驱动并联机器人，它是并联机器人的一个分支。

6.1　并联机器人发展历史及特点

6.1.1　并联机构

并联机构（parallel mechanism，PM），可以定义为动平台和定平台通过至少两个独立的运动链相连接，并联机构具有两个或两个以上自由度，且驱动器分布在不同支路上。

并联机构的出现可以回溯至20世纪30年代。1931年，Gwinnett在其专利中提出了一种基于球面并联机构的娱乐装置；1940年，Pollard在其专利中提出了一种空间工业并联机构，用于汽车的喷漆；之后，Gough在1962年发明了一种基于并联机构的六自由度轮胎检测装置，如图6.1所示。1965年，Stewart首次对Gough发明的这种机构进行了机构学意义上的研究，并将其推广应用为飞行模拟器的运动产生装置，如图6.2所示，这种机构也是目前应用最广的并联机构，被称为Gough-Stewart机构或Stewart机构。

图6.1　Gough六自由度轮胎检测装置

图6.2　飞行模拟训练器

6.1.2　并联机器人发展历史及特点

并联机器人（parallel robot，PR），可以定义为将并联机构作为机器人操作臂结构的机器人。

Maccallion 和 Pham. D. J. 首次将并联机构按操作器设计，成功将 Stewart 机构用于装配生产线，标志着真正意义上的并联机器人的诞生，从此推动了并联机器人的发展。典型的 Stewart 并联机器人如图 6.3 和图 6.4 所示。

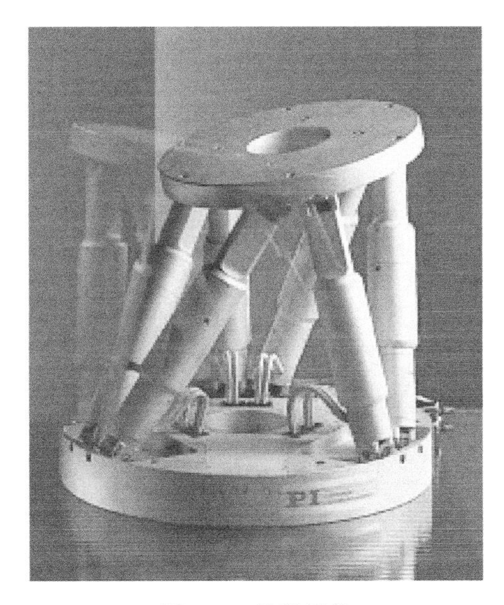

图 6.3　并联机构

图 6.4　美国得州 HET 公司的大型天文观测台

并联机器人的研究受到许多学者的关注：美国、日本先后有 Roney、Ficher、Duffy、Sugimoto 等一批学者从事研究，英国、德国、俄罗斯等一些欧洲国家也在研究；国内燕山大学的黄真教授自 1982 年以来在美国参与了此项内容的研究，并于 1983 年取得了突破性进展。迄今为止，并联机构的样机各种各样，包括平面的、空间不同自由度的、不同布置方式的以及超多自由度并串联机构。大致来说，20 世纪 60 年代曾用来开发飞行模拟器，70 年代提出并联机械手的概念，80 年代开始研制并联机器人机床，90 年代利用并联机构开发起重机，日本的田和雄、内山胜等则用并联机构开发宇宙飞船空间的对接器。

此后，日本、俄罗斯、意大利、德国以及欧洲的各大公司相继推出并联机器人作为加工工具的应用机构。我国也非常重视并联机器人及并联机床的研究与开发工作，中国科学院沈阳自动化研究所、哈尔滨工业大学、清华大学、北京航空航天大学、东北大学、浙江大学、燕山大学等许多单位也在开展这方面的研究工作，并取得了一定的成果。黄真教授在 1991 年研制出我国第一台六自由度并联机器人样机（图 6.5），在 1994 年研制出一台柔性铰链并联式六自由度机器人误差补偿器（图 6.6），在 1997 年出版了我国第一部关于并联机器人理论及技术的专著，在 2006 年出版了《高等空间机构学》一书。

图 6.5　六自由度并联机器人样机

图 6.6　六自由度机器人误差补偿器

并联机器人和传统工业用串联机器人相比较，具有以下特点：

1）刚度大，结构稳定。

2）承载能力强。

3）无累积误差，精度较高。

4）运动惯性小。

5）在位置求解上，串联机构正解容易，反解困难，而并联机器人正解困难，反解容易。

6）完全对称的并联机构具有较好的各向同性。

7）工作空间较小。

根据这些特点，并联机器人在高刚度、高精度或者大载荷而无须很大工作空间的领域内得到了广泛应用。除了运动模拟器、并联机床、微操作机器人之外，也在其他领域拓展应用范围，如军事领域中的潜艇、坦克驾驶运动模拟器、下一代战斗机的矢量喷管、潜艇及空间飞行器的对接装置、姿态控制器等；生物医学工程中的细胞操作机器人，可实现细胞的注射和分割；外科手术机器人（图 6.7）；大型射电天文望远镜的姿态调整装置（图 6.4）；混联装备等，如 SMT 公司的 Tricept 混联机械手模块（图 6.8）是基于并联机构单元的模块化设计的成功典范。

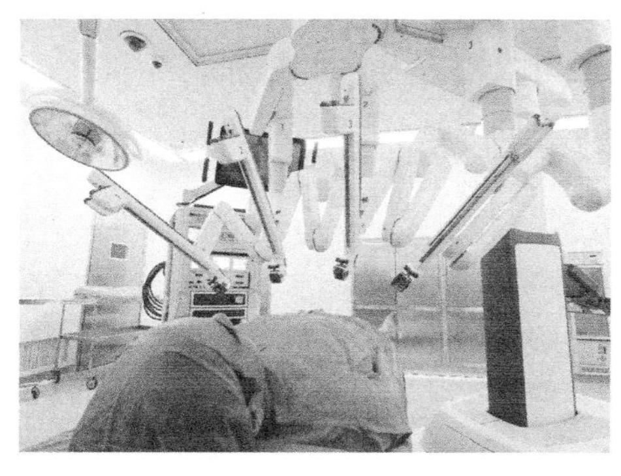

图 6.7　医用并联机器人样机

图 6.8　SMT 公司的 Tricept 混联机械手模块

6.1.3 组成并联机构的运动副

在空间并联机构中，两相邻的杆件之间有一个公共的轴线 S_j，两杆之间允许沿 S_j 轴线或绕 S_j 轴线做相对运动，构成一个运动副。组成空间机构的运动副有转动副、移动副、螺旋副、圆柱副、球面副、平面副以及万向铰等。本节主要介绍这些常用运动副的特点。

1. 转动副（revolute pair，简记为 R）

转动副也称回转副，通常用字母 R 来表示，它允许两构件绕 S_j 轴做相对转动，转角为 θ_j，如图 6.9a 所示。两构件之间的垂直距离为 S_{jj}，称为偏距，为常数。这种运动副具有一个相对自由度（$f=1$），转角及偏距完全表示了空间两杆之间的相对关系。

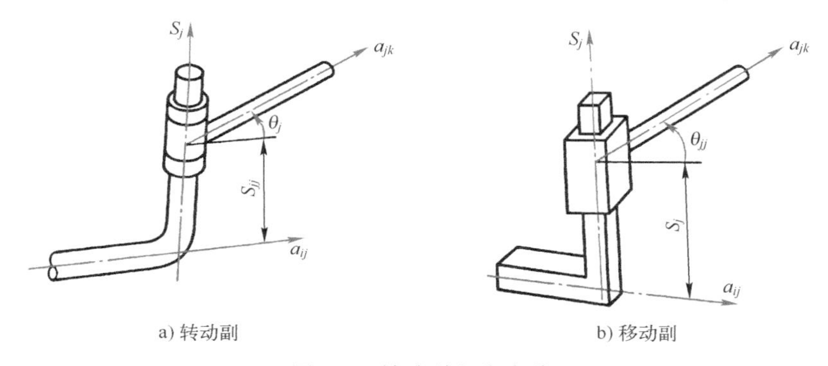

图 6.9　转动副和移动副

2. 移动副（prismatic pair，简记为 P）

移动副允许两构件沿轴线做相对移动，如图 6.9b 所示，位移大小为 S_j，而两构件之间的夹角 θ_{jj}为常数，称为偏角。这种运动副也是具有一个自由度的连接（$f=1$）。

3. 螺旋副（helical pair，简记为 H）

螺旋副允许做相对运动的两构件绕轴线转动的同时沿轴线做与转动相关的相对移动。这种运动副的自由度仍等于 1（$f=1$）。螺旋副运动的位移与螺旋节距 P_{jj}有关，即 $S_j=P_{jj}\theta_j$，当 P_{jj}为正时表示右旋螺纹，反之为左旋螺纹。

4. 圆柱副（cylindric pair，简记为 C）

圆柱副同时允许两构件做绕轴线的独立相对转动和沿轴线的独立相对移动，具有两个自由度（$f=2$）。圆柱副的运动等效于共轴的转动副和移动副（C=PR）。它是用两运动副连接 2 个杆件的运动，其中一个为转动副，另一个为移动副。图 6.10 所示为由一圆柱副连接的两杆一副运动链，该运动副的轴线为 S_j，偏转角 θ_j、偏距 S_{jj}都是独立变量。

5. 球面副（spherical pair，简记为 S）

球面副允许两构件间具有 3 个独立的相对转动，如图 6.11 所示，具有 3 个相对自由度（$f=3$）。杆 a_{ij}与 a_{jk}的相对位置可以由 3 个欧拉角 α、β、γ 来给定。杆 a_{ij}固定，杆 a_{jk}上

的任意点做以 O 为球心的球面运动。以 $OXYZ$ 表示固定坐标系，$Oxyz$ 表示动坐标系。角度 α、β、γ 的度量分别是构件 a_{jk}依次绕 X 轴、Y 轴和 Z 轴的转动角度。因此坐标系之间的变换关系为

$$\begin{bmatrix} X \\ Y \\ Z \end{bmatrix} = \boldsymbol{\alpha\beta\gamma} \begin{bmatrix} x \\ y \\ z \end{bmatrix} \tag{6.1}$$

式中，$\boldsymbol{\alpha}=\begin{bmatrix} 1 & 0 & 0 \\ 0 & \cos\alpha & -\sin\alpha \\ 0 & \sin\alpha & \cos\alpha \end{bmatrix}$；$\boldsymbol{\beta}=\begin{bmatrix} \cos\beta & 0 & \sin\beta \\ 0 & 1 & 0 \\ -\sin\beta & 0 & \cos\beta \end{bmatrix}$；$\boldsymbol{\gamma}=\begin{bmatrix} \cos\gamma & -\sin\gamma & 0 \\ \sin\gamma & \cos\gamma & 0 \\ 0 & 0 & 1 \end{bmatrix}$。

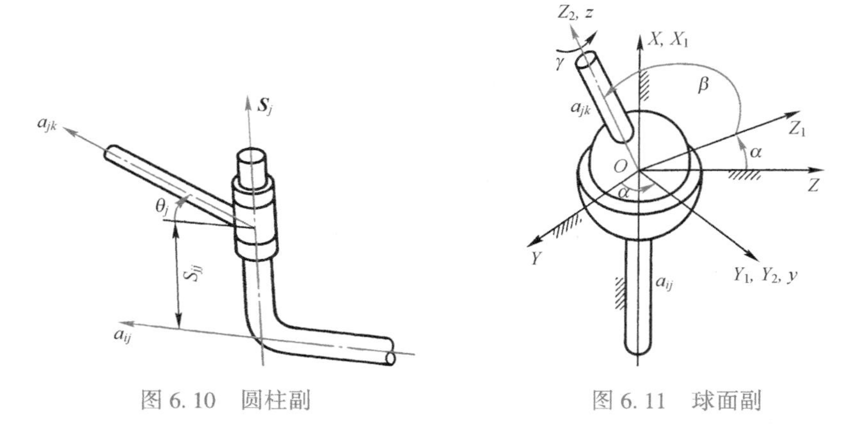

图 6.10　圆柱副　　　　图 6.11　球面副

6. 平面副（planar pair，简记为 E）

平面副允许两构件间存在 3 个相对自由度（f=3）（图 6.12），其中的两个是在平面内的移动自由度，另一个是在该平面中的转动。与平面副运动等效的四杆三运动副运动链可以是 2P-R、2R-P 或 3R。图 6.13 所示为 2R-P 的两种形式 RPR 和 RRP 及 3R 运动链。

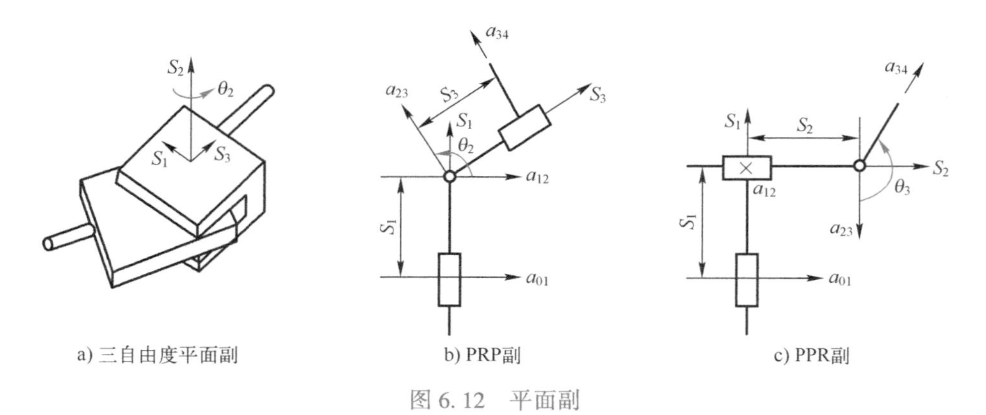

图 6.12　平面副

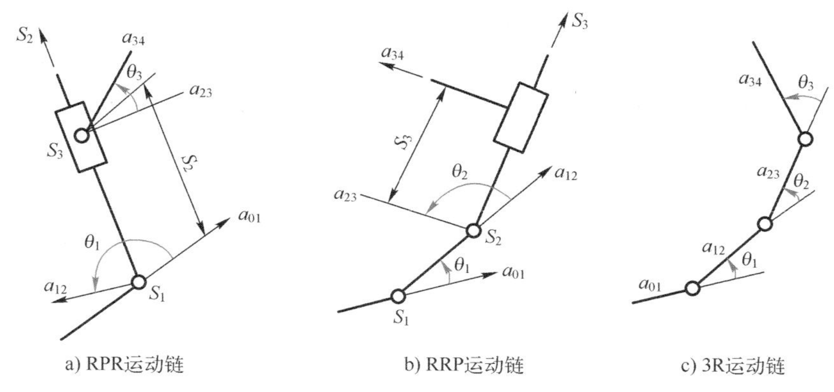

图 6.13 2R-P 和 3R 运动链

7. 万向铰（universal joint，简记为 U）

万向铰也称胡克铰，允许两构件有两个相对转动的自由度（$f=2$），它相当于轴线相交的两个转动副（U=RR），如图 6.14 所示。

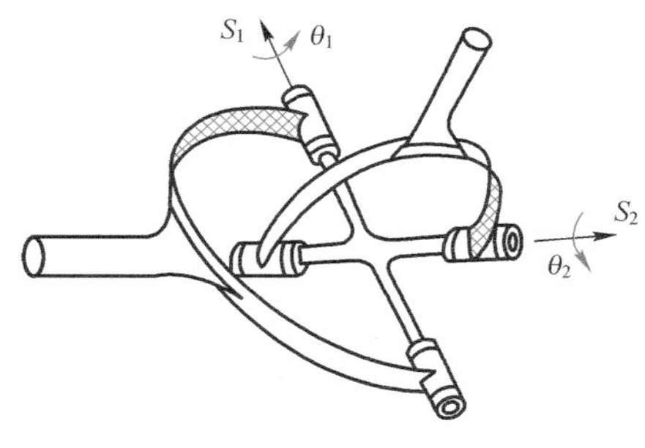

图 6.14 万向铰

6.1.4 机器人机构的结构类型

机器人机构分串联式和并联式。组成机器人的机构决定了机器人的结构类型。对于串联式机构，常用一串运动副符号来表示，如 RCCC。这种符号反映了空间机构的主要特点，它给出了从输入到输出运动副的个数及运动副的符号。第一位符号表示连接机架和输入杆的运动副，R 即为转动副，后面依次为两个圆柱副相连，最后一位输出为圆柱副。对于空间并联机构，用每条分支中支链基本副数的数字链并列来表示其结构，如 6-5-4 表示有 3 个分支，每条支链基本副数分别为 6、5、4。如果并联机构是对称结构形式的分支链，则简化为下面的表示方法，如 6-SPS 并联机构（图 6.15），表示由 6 个支链连接运动平台和固定平台组成，该机构的各分支结构是对称的，并且每一个分支都是由球面副-移动副-球面副构成。机构名称前的数字表示机构的分支数，后面的字母表示分支链的结构。对并联机构，若上、下平台有不同数目的球面副，可用两位数字表示，如 3/6-SPS 机构，表示上平

图 6.15 6-SPS 并联机构

台是三角形，有3个球面副，下平台是六边形，有6个球面副。

从机构学的角度出发，只要是多自由度，驱动器分配在不同环路上的并联多环机构都可以称为并联机构。表6.1列出了各分支运动副是单自由度基本副时，得到的各种并联机器人。表中第一列为机构自由度数，第二列为机构的具体结构，用数字链形式表示，每一个数字表示支链的基本副数目，数字有几个就表示机构有几条支链，与串联运动副符号含义相同，如5-4-4表示该机构有3个分支，每个分支的基本副数分别为5、4、4。第三列为对应实例。

表6.1 空间并联机构的结构形式

机构自由度数	机构的具体结构	实 例
2	2-2 3-2 3-3，4-2 5-2，4-3 6-2，5-3，4-4	2R-2P机构，2H-2P机构 平面5R-5机构；空间平行等节距5H机构 空间不等节距5H机构；RCPP机构 空间8R机构
3	3-3-3 4-4-3 5-4-4，5-5-3，4-4-4，5-5-5， 6-5-4，6-6-3	平面3R-8杆；球面3-3R；空间3-2P-8杆机构 并联3自由度移动机构3-RRRH 并联3-RPS，3-RSS
4	4-4-4-4，5-5-5-4，6-6-5-5， 6-6-6-4	4-4H，所有H副同向且平行基面，节距不等
5	5-5-5-5-5， 6-6-6-6-5	5-5R
6	6-6-6-6-6-6	Stewart机构原型，一般6-SPS；6-RTS机构

6.2 并联机器人机构的位置分析

机构的位置分析是求解机构的输入与输出构件之间的位置关系，这是机构运动分析最基本的任务，也是机构速度、加速度、受力分析、误差分析、工作空间分析、动力分析和机构综合等的基础。

当已知机构主动件的位置时，求解机构输出件的位置和姿态称为机构位置分析的正解，当已知机构输出件的位置和姿态时，求解机构输入件的位置称为机构位置分析的反解。

虽然并联机构在结构上是多种多样的，但在实际应用中最常见的是Stewart平台机构及其演化的形式，因此本节以Stewart平台机构为例，讨论并联机构的位置分析方法。

6.2.1 位置反解

在串联机器人机构的位置分析中，正解比较容易，而反解比较困难，但在并联机器人机构的位置分析中，反解比较简单而正解却十分复杂，这正是并联机器人机构位置分析的特点。下面以6-SPS并联机构为例讨论并联机构的位置反解方法。

6-SPS并联机构（图6.16）的上下平台以6个分支相连，每个分支两端是两个球面副，中间是一个移动副。驱动器推动移动副移动，改变各杆的长度，从而改变上平台在空间的位置和姿态。当给定上平台在空间的位置和姿态后，就可以求各个杆长，即各移动副的位移，这就是该机构的位置反解。

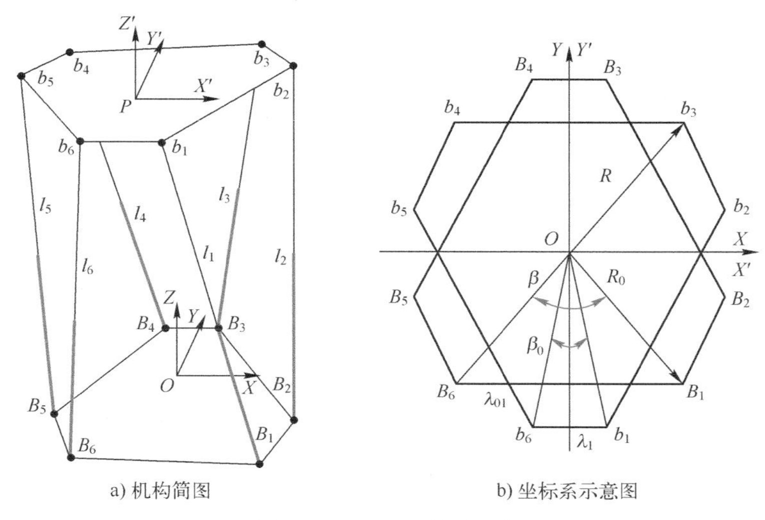

a) 机构简图　　b) 坐标系示意图

图 6.16　6-SPS 并联机构

首先在机构的上下平台上各建立一坐标系，如图 6.16 所示，动坐标系 $PX'Y'Z'$建立在上平台上，坐标系 $OXYZ$ 固定于下平台上。在动坐标系中的任一向量 $\boldsymbol{R}'$都可以通过坐标变换方法变换到固定坐标系中

$$\boldsymbol{R}=\boldsymbol{T}\boldsymbol{R}'+\boldsymbol{P} \tag{6.2}$$

式中，$\boldsymbol{T}=\begin{bmatrix} d_{11} & d_{12} & d_{13} \\ d_{21} & d_{22} & d_{23} \\ d_{31} & d_{32} & d_{33} \end{bmatrix}$；$\boldsymbol{P}=[X_P \quad Y_P \quad Z_P]^{\mathrm{T}}$。

式中的 $\boldsymbol{T}$ 为上平台姿势的方向余弦矩阵，其中的第 1、2、3 列分别为动坐标系的 X'、Y'和 Z'在固定坐标系中的方向余弦。$\boldsymbol{P}$ 为上平台选定的参考点向量，即动坐标系的原点在固定坐标系中的位置向量。当给定机构的各个结构尺寸后，利用几何关系，可以很容易写出上下平台各铰链点（$\boldsymbol{b}_i, \boldsymbol{B}_i, i=1,2,\cdots,6$）在各自坐标系中的坐标值，再由式（6.2）即可求出上下平台铰链点在固定坐标系 $OXYZ$ 中的坐标值。这时 6 个驱动器杆长向量 $\boldsymbol{l}_i(i=1,2,\cdots,6)$可在固定坐标系中表示为

$$\boldsymbol{l}_i=\boldsymbol{b}_i-\boldsymbol{B}_i \quad (i=1,2,\cdots,6) \tag{6.3}$$

或

$$\boldsymbol{l}_i=\begin{bmatrix} d_{11}b'_{ix}+d_{12}b'_{iy}+X_P-B_{ix} \\ d_{21}b'_{ix}+d_{22}b'_{iy}+Y_P-B_{iy} \\ d_{31}b'_{ix}+d_{32}b'_{iy}+Z_P \end{bmatrix} \tag{6.4}$$

从而得到机构的位置反解计算方程

$$l_i=\sqrt{l_{ix}^2+l_{iy}^2+l_{iz}^2} \quad (i=1,2,\cdots,6) \tag{6.5}$$

式（6.5）是 6 个独立的显式方程，当已知机构的基本尺寸和上平台的位置和姿态后，

就可以利用该式求出 6 个驱动器的位移。由此可见，6-SPS 类型的并联机构的位置反解易求，这正是此类机构的优点之一。这种求解方法不但适用于 6-SPS 机构，而且普遍适用于从 6-SPS 机构演化出来的许多其他平台机构。

6.2.2 位置正解

1. 位置正解的数值法

由于并联机构结构的复杂性，位置正解的难度较大，其中一种比较有效的方法是采用数值法求解一组非线性方程，从而求得与输入位移对应的动平台的位置和姿态。数值法的优点是建立数学模型相对容易，并且省去了烦琐的数学推导，可求解任何并联机构，立即进行位置分析和后继的研究工作，应用比较方便，而且对那些尚未得到封闭解的并联机构，有重要的意义。但这种方法的不足之处是计算速度比较慢，不能求得机构的所有位置解，并且最终的结果与初值的选取有直接关系。

式（6.2）中的矩阵 $\boldsymbol{T}$ 虽然有 9 个元素，但它们皆依赖于上平台的动坐标系相对于固定平台定坐标系的 3 个独立的转角 θ_x、θ_y、θ_z，矩阵 $\boldsymbol{T}$ 的各元素可以具体写成

$$\boldsymbol{T}=\begin{bmatrix} c\theta_z c\theta_y & c\theta_z s\theta_y s\theta_x - s\theta_z c\theta_x & c\theta_z s\theta_y c\theta_x + s\theta_z s\theta_x \\ s\theta_z s\theta_y & s\theta_z s\theta_y s\theta_x - s\theta_z c\theta_x & s\theta_z s\theta_y c\theta_x - c\theta_z s\theta_x \\ -s\theta_y & c\theta_y s\theta_x & c\theta_y c\theta_x \end{bmatrix} \tag{6.6}$$

式中，$c\theta=\cos\theta$，$s\theta=\sin\theta$。因此确定上平台的位置和姿势的独立参数是 6 个，它们是确定上平台动坐标系的原点位置的坐标 X_P、Y_P、Z_P 和确定上平台姿势的 3 个独立转角 θ_x、θ_y、θ_z。上平台上的各铰链点在固定坐标系中的位置向量都可以表示成这 6 个独立参数的函数，即

$$\boldsymbol{b}_i=\boldsymbol{b}_i(X_P,Y_P,Z_P,\theta_x,\theta_y,\theta_z) \quad (i=1,2,\cdots,6) \tag{6.7}$$

当给定 6 个驱动器的位移 $l_i(i=1,2,\cdots,6)$后，为求上平台的 6 个独立的输出参数，可以建立如下方程组：

$$l_i^2=(\boldsymbol{b}_i-\boldsymbol{B}_i)^{\mathrm{T}}(\boldsymbol{b}_i-\boldsymbol{B}_i) \quad (i=1,2,\cdots,6) \tag{6.8}$$

式（6.8）为一含 6 个未知数的 6 个非线性方程的方程组，可以借助非线性方程组的解法从式（6.8）中解出 6 个未知数。例如，若采用最小二乘法，则可以建立下列的目标函数：

$$F(X_P,Y_P,Z_P,\theta_x,\theta_y,\theta_z)=\sum_{i=1}^{6}\left[l_i-\sqrt{(\boldsymbol{b}_i-\boldsymbol{B}_i)^{\mathrm{T}}(\boldsymbol{b}_i-\boldsymbol{B}_i)}\right]^2 \tag{6.9}$$

数值法将求解出使上式为极小的上平台位姿参数$(X_P,Y_P,Z_P,\theta_x,\theta_y,\theta_z)$。

式（6.8）中的非线性方程组所含未知数的数目越多，则求解方程组的时间会越长。在实际中，还可以对方程组做进一步化简，从而减少未知数的个数，以达到提高计算机求解速度的目的。

2. 6-SPS 并联机构位置正解的解析法

由前述可知，数值法速度慢、效率低，并不能求出所有的可能解，因此人们希望用解析法来求并联机构的所有封闭解。由于并联机构复杂的结构，对于一般形式的 6-SPS 平台式并联机构的解析位置正解还没有解决，但是通过改变上下平台上的铰链点的分布或是采用复合铰的方法，6-SPS 机构可以演化出许多结构形式，其中有许多形式的机构已有封闭解。在此我们给出一种典型平台式并联机构位置正解的解析法。

图 6.17 所示是一个上下平台都是六角形的常见的 Stewart 平台机构。在此介绍一种较简

便的位置正解方法。首先，分别在下平台和上平台上建立坐标系，坐标系 X_0-Y_0-Z_0（或称坐标系 S_0）固连于下平台，其原点位于球面副 B_1 中心，X_0 轴通过运动副 B_2，Z_0 轴垂直于下平台。坐标系 X_N-Y_N-Z_N（或称坐标系 S_N）固连于上平台，其原点位于球面副 E_1 中心，X_N 轴通过运动副 E_2，Z_N 轴垂直于上平台。从坐标系 S_N 到 S_0 的变换矩阵 ${}^0\boldsymbol{T}_N$ 为

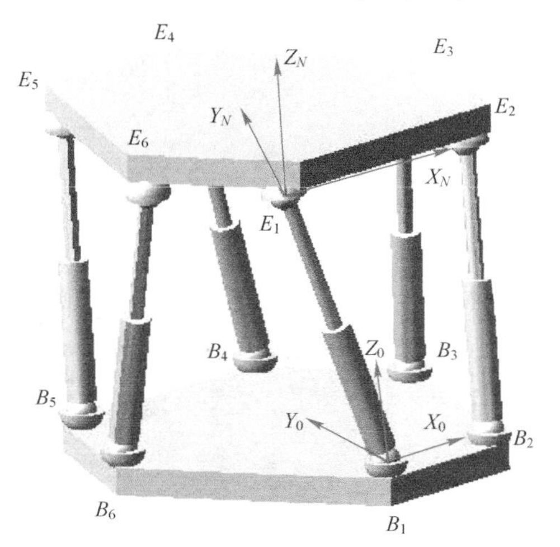

图 6.17　六角平台并联机构

$$
{}^0\boldsymbol{T}_N=\begin{bmatrix}\boldsymbol{R} & \boldsymbol{P}\\ \boldsymbol{0} & \boldsymbol{1}\end{bmatrix} \tag{6.10}
$$

式中，$\boldsymbol{P}=[x,y,z]^{\mathrm{T}}$ 是 O_N 在坐标系 S_0 中的位置向量；矩阵 $\boldsymbol{R}$ 是 3×3 的方向余弦矩阵，其每一列为坐标系 S_N 的 X、Y、Z 轴在坐标系 S_0 中的方向余弦。即

$$
\boldsymbol{R}=\begin{bmatrix} l_x & m_x & n_x\\ l_y & m_y & n_y\\ l_z & m_z & n_z\end{bmatrix} \tag{6.11}
$$

$\boldsymbol{R}$ 中的 9 个元素，只有 3 个是独立的，其他 6 个元素可以通过下列关系求得：

$$
l_x^2+l_y^2+l_z^2=1 \tag{6.12}
$$

$$
m_x^2+m_y^2+m_z^2=1 \tag{6.13}
$$

$$
l_xm_x+l_ym_y+l_zm_z=0 \tag{6.14}
$$

$$
n_x=l_ym_z-l_zm_y \tag{6.15}
$$

$$
n_y=l_zm_x-l_xm_z \tag{6.16}
$$

$$
n_z=l_xm_y-l_ym_x \tag{6.17}
$$

从数学上来讲，位置的正解就是当 6 个输入杆的长度给定后，求解上述的矩阵 $\boldsymbol{R}$ 和 $\boldsymbol{P}$ 中的 12 个元素，因此除式（6.12）~式（6.17）的 6 个方程外，还需要另外 6 个方程，这 6 个方程可以通过 6 个杆长的约束方程给出。

下平台每个球面副的坐标在 S_0 坐标系中可以表示为

$$
\begin{bmatrix} x_{bi}\\ y_{bi}\\ z_{bi}\end{bmatrix}_{S_0}=\begin{bmatrix} a_i\\ b_i\\ 0\end{bmatrix}\quad (i=1,2,\cdots,6) \tag{6.18}
$$

式中，$a_1=b_1=b_2=0$。

E_i 在坐标系 S_N 中的坐标为

$$
\begin{bmatrix} x_{ei}\\ y_{ei}\\ z_{ei}\end{bmatrix}_{S_N}=\begin{bmatrix} p_i\\ q_i\\ 0\end{bmatrix}\quad (i=1,2,\cdots,6) \tag{6.19}
$$

式中，$p_1=q_1=q_2=0$。

E_i 在坐标系 S_0 中的坐标经坐标变换，可得

$$\begin{bmatrix} x_{ei} \\ y_{ei} \\ z_{ei} \end{bmatrix}_{S_0} = \begin{bmatrix} p_i l_x + q_i m_x + x \\ p_i l_y + q_i m_y + y \\ p_i l_z + q_i m_z + z \end{bmatrix} \quad (i=1,2,\cdots,6)$$

则各杆长为

$$l_i^2 = (p_i l_x + q_i m_x + x - a_i)^2 + (p_i l_y + q_i m_y + y - b_i)^2 + (p_i l_z + q_i m_z + z)^2 \quad (i=1,2,\cdots,6) \tag{6.20}$$

从式（6.20）可以看出其中不含 n_x、n_y 和 n_z，这样在位置正解中只要求解 9 个未知数，所以只需要 9 个方程即可，这 9 个方程为式（6.12）~式（6.14）及式（6.20）。其中式（6.20）为 6 个二阶多项式方程组，通过引入两个中间变量 w_1、w_2，这个方程组可以进一步简化为一个二次多项式和 5 个线性方程的方程组。

当 $i=1$ 时，因为 $a_1=b_1=p_1=q_1=0$，所以式（6.20）可以简化为

$$x^2+y^2+z^2=l_1^2 \tag{6.21}$$

当 $i=2,3,\cdots,6$ 时，可将式（6.12）~式（6.14）代入式（6.20）并化简后，得

$$p_i w_1 + q_i w_2 - a_i x - b_i y - C_i m_x A_i l_x + b_i l_y + D_i m_y + E_i \quad (i=2,3,\cdots,6) \tag{6.22}$$

式中，两个中间变量 w_1、w_2 分别为

$$w_1 = l_x x + l_y y + l_z z \tag{6.23}$$

$$w_2 = m_x x + m_y y + m_z z \tag{6.24}$$

A_i、B_i、C_i、D_i、E_i 为常数，$A_i=p_i a_i$，$B_i=p_i b_i$，$C_i=q_i a_i$，$D_i=q_i b_i$，$E_i=(l_i^2-l_1^2-a_i^2-b_i^2-q_i^2-p_i^2)/2$。因为引入了中间变量，未知数的个数变为 11 个，即 l_x、l_y、l_z、m_x、m_y、m_z、x、y、z、w_1、w_2。这 11 个未知数可以通过式（6.12）~式（6.14）及式（6.21）~式（6.24）这 11 个基本方程联立求解。求解的关键是要从上述的 11 个方程中消去 10 个未知数，进而把方程表示成为一个未知数的多项式形式的输入输出方程（本书在此给出一个思路，详细的计算方法参考黄真的《高等空间机构学》）。

6.2.3 并联机构的工程案例

例 6.1 现有一 Stewart 平台，如图 6.18 所示，上平台直径为 16.5 cm，下平台直径为 24 cm，上下平台高度为 20 cm（起始状态）。当给定上平台中心的运动轨迹如式（6.25）所示时，

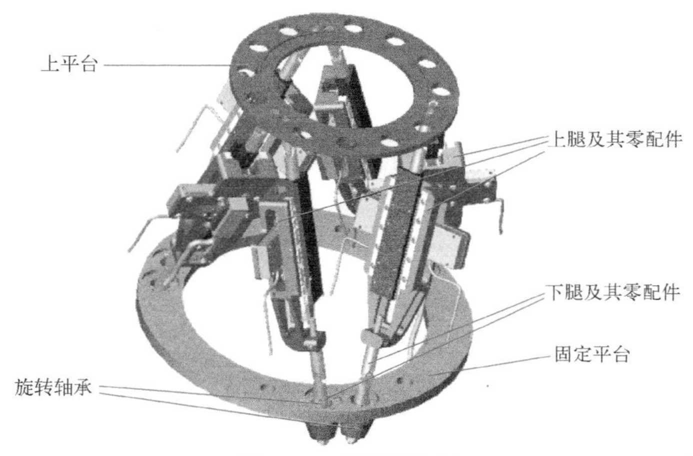

图 6.18 并联机构图

上平台中心的规划轨迹为空间一个封闭曲线，如图 6. 19a 所示，上平台中心点的 x、y、z 轴轨迹如图 6. 19b 所示。

$$
\begin{cases}
x=0.5\sin(3t)\\
y=0.25\sin(3t+\pi/2)\\
z=0.25\sin(3t)+3\\
\psi=-0.3\sin(3t)\\
\theta=0.3\sin(3t)\\
\phi=0.3\sin(3t)
\end{cases}
\tag{6.25}
$$

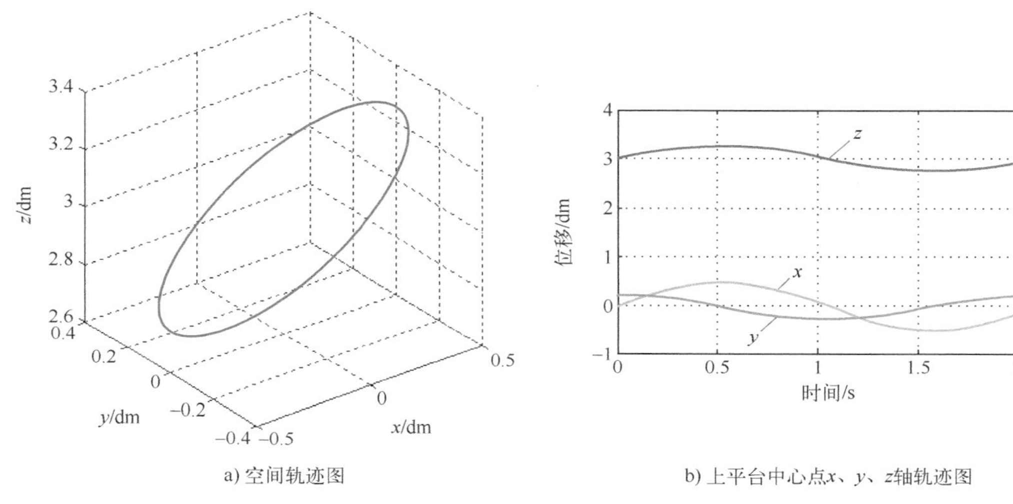

a) 空间轨迹图　　b) 上平台中心点x、y、z轴轨迹图

图 6. 19　并联机构上平台中心点轨迹

运动反解后每条腿的长度变化如图 6. 20 所示。

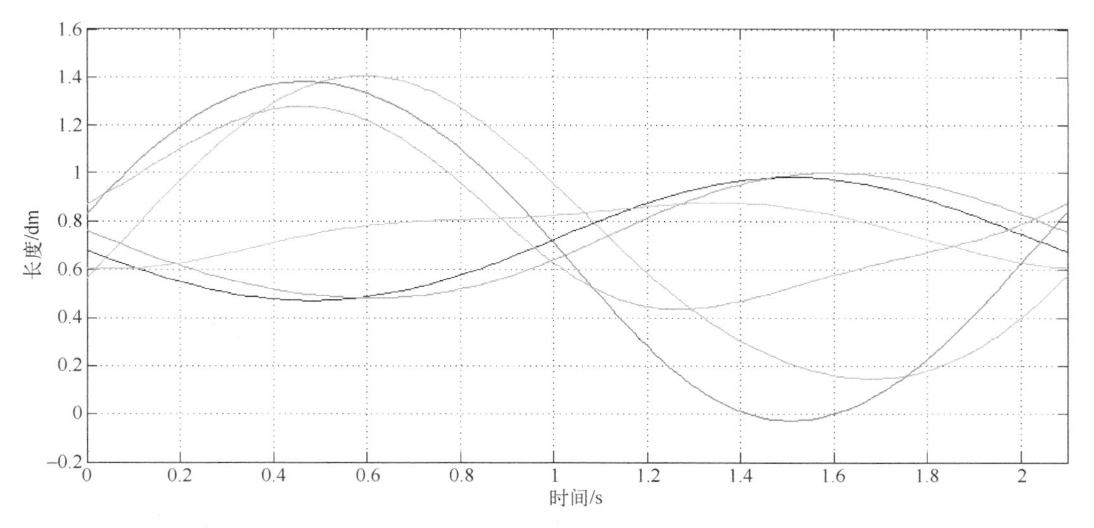

图 6. 20　并联机构每条腿的长度变化

6.3 并联机构的性能分析

为了对机构的运动性能进行分析，先引入一个概念：运动影响系数。它是一些与运动分离的一阶、二阶偏导数。当机构的位置形态改变时，运动影响系数也会随着改变，可以通过显函数的形式表示出机构的速度与加速度。

6.3.1 机构运动分析

Tesar 教授提出了机构运动影响系数（kinematic influence coefficient)，它是机构中一个十分重要的概念。影响系数法包括建立一阶运动影响系数矩阵（雅可比矩阵）和二阶影响系数矩阵（黑塞矩阵)。它与机构的运动学尺寸（铰链方向、位置及移动副方向、位置）和原动件的位置有关，而与原动件的运动无关，反映了机构的位形状态。

现以如图 6.16 所示的 6-SPS 并联机构为例来说明运动影响系数的建立。以 $\boldsymbol{L}_i$表示第 i 条支路两铰接点间向量

$$\boldsymbol{L}_i=\boldsymbol{r}_{bi}-\boldsymbol{r}_{Bi} \tag{6.26}$$

式中，$\boldsymbol{r}_{bi}$和 $\boldsymbol{r}_{Bi}$分别表示铰接点 b_i 和 B_i 在固定坐标系中的向量。用 $\boldsymbol{Q}_i$ 表示沿 $\boldsymbol{L}_i$的单位向量，$\boldsymbol{Q}_i=\boldsymbol{L}_i/l_i$，$l_i$ 为第 i 根杆的长度；用 $\boldsymbol{V}_{bi}$、$\boldsymbol{A}_{bi}$表示活动平台铰接点 b_i 的速度和加速度，而动平台铰接点的速度 $\boldsymbol{V}_{bi}$可由平台的角速度 $\boldsymbol{\omega}=[\omega_x \quad \omega_y \quad \omega_z]^{\mathrm{T}}$ 和动平台上的动坐标系原点 O_P 的速度 $\boldsymbol{V}=[V_x \quad V_y \quad V_z]^{\mathrm{T}}$ 求得

$$\boldsymbol{V}_{bi}=\boldsymbol{V}+\boldsymbol{\omega}\times\boldsymbol{r}_{bi} \tag{6.27}$$

式中，$\boldsymbol{r}_{bi}$是动坐标系原点至运动平台的铰接点 b_i 的位置向量。

若以 $\boldsymbol{\varepsilon}=[\varepsilon_x \quad \varepsilon_y \quad \varepsilon_z]^{\mathrm{T}}$ 表示平台的角加速度，$\boldsymbol{A}=[A_x \quad A_y \quad A_z]^{\mathrm{T}}$ 表示动坐标系原点 O_P 的加速度，则有

$$\boldsymbol{A}_{bi}=\boldsymbol{A}+\boldsymbol{\varepsilon}\times\boldsymbol{r}_{bi}+\boldsymbol{\omega}\times(\boldsymbol{\omega}\times\boldsymbol{r}_{bi})$$

令$\dot{\boldsymbol{P}}$和$\ddot{\boldsymbol{P}}$为平台的位姿速度和位姿加速度，即

$$\dot{\boldsymbol{P}}=[\omega_x \quad \omega_y \quad \omega_z ; V_x \quad V_y \quad V_z]^{\mathrm{T}}$$

$$\ddot{\boldsymbol{P}}=[\varepsilon_x \quad \varepsilon_y \quad \varepsilon_z ; A_x \quad A_y \quad A_z]^{\mathrm{T}}$$

则有

$$\dot{\boldsymbol{q}}=\boldsymbol{G}_P^q\,\dot{\boldsymbol{P}} \tag{6.28}$$

式中，$\dot{\boldsymbol{q}}=[\dot{l}_1 \; \dot{l}_2 \; \cdots \; \dot{l}_6]^{\mathrm{T}}$，且

$$\boldsymbol{G}_P^q=\begin{bmatrix} \boldsymbol{Q}_1^{\mathrm{T}}\boldsymbol{G}_P^{b1} \\ \boldsymbol{Q}_2^{\mathrm{T}}\boldsymbol{G}_P^{b2} \\ \vdots \\ \boldsymbol{Q}_6^{\mathrm{T}}\boldsymbol{G}_P^{b6} \end{bmatrix}$$

式中，$\boldsymbol{G}_P^q$ 为输入速度对末端操作器位姿速度的一阶影响系数矩阵。

式（6.28）为机构的速度反解方程式，机构的速度正解为

$$\dot{\boldsymbol{P}}=\boldsymbol{G}_q^P\,\dot{\boldsymbol{q}}$$

式中，$G_q^P = G_P^{q-1}$，为末端操作器位姿速度对输入速度的一阶影响系数矩阵，即雅可比矩阵。

对式（6.28）求导，可得机构的加速度反解表达式

$$\ddot{q} = G_P^q \dot{P} + \dot{P}^{\mathrm{T}} H_P^q \dot{P} \tag{6.29}$$

式中，$\ddot{q} = [\ddot{l}_1\ \ddot{l}_2\ \cdots\ \ddot{l}_6]^{\mathrm{T}}$。

令 $U_i = Q_i^{\mathrm{T}} H_P^{bi} + \frac{1}{l_i}(G_P^{bi\mathrm{T}} G_P^{bi} - G_P^{bi\mathrm{T}} Q_i Q_i^{\mathrm{T}} G_P^{bi})$，则机构的二阶影响系数矩阵 H_P^q 的每一元素为

$$[H_P^q]_{m,n} = [[U_1]_{m,n}\ [U_2]_{m,n}\ \cdots\ [U_6]_{m,n}]^{\mathrm{T}} \tag{6.30}$$

机构的加速度正解表达式为

$$\ddot{P} = G_q^P \ddot{q} + \dot{q}^{\mathrm{T}} H_q^P \dot{q} \tag{6.31}$$

式中，机构的正解二阶影响系数矩阵 H_q^P 为

$$H_q^P = -(G_q^P)^{\mathrm{T}}(G_q^P H_q^P) G_q^P$$

例 6.2　对如图 6.18 所示的 Stewart 机构，上平台中心以式（6.25）给定的位姿运动时，可求得六根杆子的位置、速度、加速度变化曲线分别如图 6.21～图 6.23 所示。

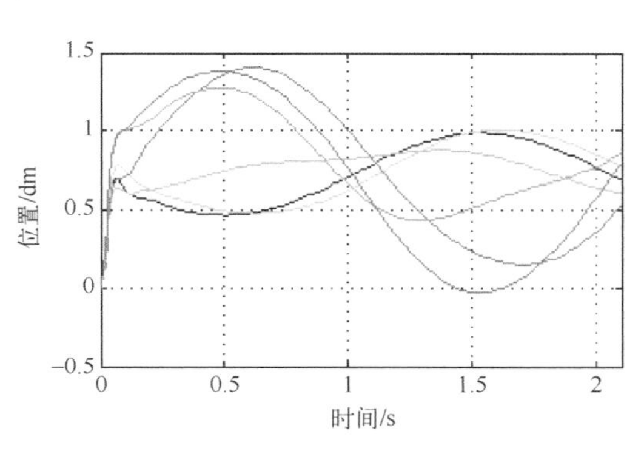

图 6.21　六根杆子的位置变化曲线

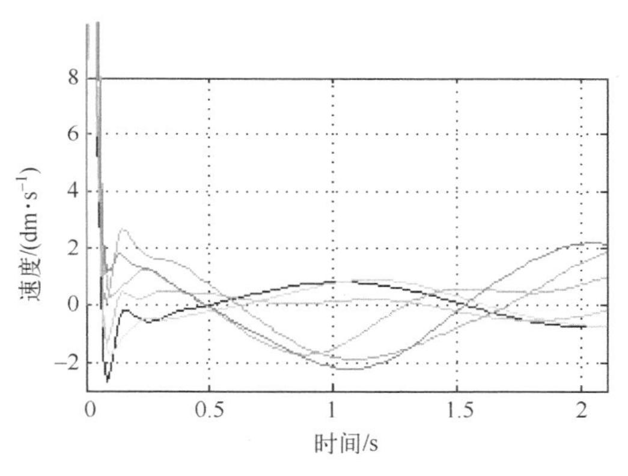

图 6.22　六根杆子的速度变化曲线

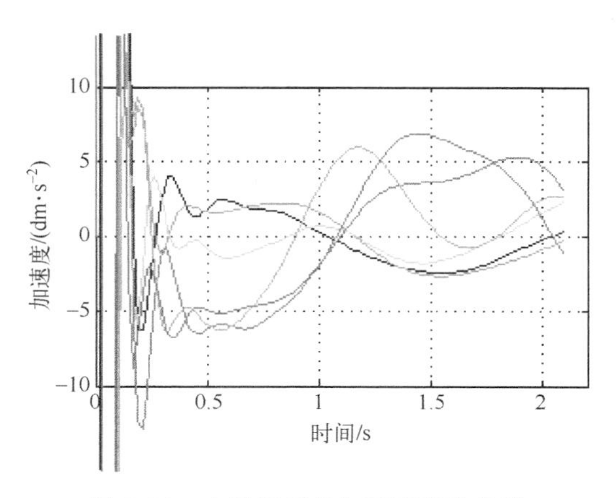

图 6.23　六根杆子的加速度变化曲线

6.3.2 机构受力分析

并联机器人的动力学模型用于分析其动力学响应、动态仿真及计算机控制等。采用拉格朗日动力学模型分析，可得到动力学方程为

$$\boldsymbol{T}_q^i+\boldsymbol{T}_q^A+\boldsymbol{T}_q^L+\boldsymbol{T}_q^S=0 \tag{6.32}$$

式中，$\boldsymbol{T}_q^i$ 是系统惯性力折算到广义坐标上的力矩；$\boldsymbol{T}_q^L$ 是系统外力对广义坐标的力矩；$\boldsymbol{T}_q^S$ 为弹簧、阻尼等对广义坐标引起的力矩；$\boldsymbol{T}_q^A$ 是输入（驱动）力矩。

利用此方程可在已知运动时求输入力矩 $\boldsymbol{T}_q^A$；当已知输入力矩时，可求系统的运动。

六自由度并联多支路空间机构的惯性力计算，要涉及所有构件加速度的计算及各种一、二阶影响系数矩阵。由式（6.31），中央平台的加速度为

$$\boldsymbol{A}_H=\boldsymbol{G}_q^H\ \ddot{\boldsymbol{q}}+\dot{\boldsymbol{q}}^{\mathrm{T}}\boldsymbol{H}_q^H\ \dot{\boldsymbol{q}} \tag{6.33}$$

处于并联分支的任一构件 K 的加速度为

$$\boldsymbol{A}_K=\boldsymbol{G}_q^K\ \ddot{\boldsymbol{q}}+\dot{\boldsymbol{q}}^{\mathrm{T}}\boldsymbol{H}_q^K\ \dot{\boldsymbol{q}} \tag{6.34}$$

式中，$\dot{\boldsymbol{q}}$ 和 $\ddot{\boldsymbol{q}}$ 分别为 6 个广义坐标 $\boldsymbol{q}$ 对时间的一阶和二阶导数，即输入轴的角速度和角加速度；$\boldsymbol{G}_q^K$ 和 $\boldsymbol{H}_q^K$ 分别为相应构件对广义坐标的一阶和二阶影响系数矩阵。

若构件惯性力及力矩以六维向量的形式表示，记

$$\boldsymbol{F}_c^i=\begin{bmatrix}\boldsymbol{T}_c^i\\ \vdots\\ \boldsymbol{f}_c^i\end{bmatrix}=[\,T_x^i\quad T_y^i\quad T_z^i\quad f_{cx}^i\ f_{cy}^i\ f_{cz}^i\,]^{\mathrm{T}} \tag{6.35}$$

则中央平台及分支 r 中的第 K 杆的六维惯性力矢，可用下式来求：

$$\boldsymbol{F}_H^i=-\boldsymbol{I}_{hs}^0\boldsymbol{A}_H-\begin{Bmatrix}\boldsymbol{\omega}_h^{\mathrm{T}}\boldsymbol{I}_{hc}^0\boldsymbol{\omega}_h\\ \vdots\\ \{0\}\end{Bmatrix}_{3\times1} \tag{6.36}$$

$$\boldsymbol{F}_k^{i(r)}=-\boldsymbol{I}_{ks}^0\boldsymbol{A}_K-\begin{Bmatrix}\boldsymbol{\omega}_k^{\mathrm{T}}\boldsymbol{I}_{kc}^0\boldsymbol{\omega}_k\\ \vdots\\ \{0\}\end{Bmatrix}^{(r)} \tag{6.37}$$

式中，$\boldsymbol{I}_c^o$ 是构件关于原点为 C 且与固定参考系平行的坐标系的三阶惯量矩阵；$\boldsymbol{I}_s^o$ 是六阶惯量矩阵；且

$$\boldsymbol{\omega}=\begin{bmatrix}0 & -\omega_z & \omega_y\\ \omega_z & 0 & -\omega_x\\ -\omega_y & \omega_x & 0\end{bmatrix} \tag{6.38}$$

设平台上有包括惯性力的外力及外力矩，经向质心简化后为一个六维力向量

$$\boldsymbol{F}_H=[\,T_{hx}\ \ T_{hy}\ \ T_{hz}\ f_{hcx}\ f_{hcy}\ f_{hcz}\,]^{\mathrm{T}} \tag{6.39}$$

此作用于上平台的六维力向量转化到 6 个选定的主动副的轴上的等效力矩，可用对应的一阶影响系数作为乘子，直接得到

$$\boldsymbol{T}_q^H=(\boldsymbol{G}_q^H)^{\mathrm{T}}\boldsymbol{F}_H \tag{6.40}$$

式中，$\boldsymbol{T}_q^H$ 是上平台上的 6 维作用力对 6 个广义坐标的等效力矩列矢；$\boldsymbol{G}_q^H$ 是平台对 6 个广义坐标的 6×6 一阶影响系数矩阵。

同理可得分支 r 中的第 K 个构件上包括惯性力的六维作用力 $\boldsymbol{F}_K$，$\boldsymbol{G}_q^K$ 是第 $K^{(r)}$ 构件对 6 个广义坐标的一阶影响系数矩阵，则六维力向量 $\boldsymbol{F}_k$ 对广义坐标的等效力矩为

$$\boldsymbol{T}_q^K=(\boldsymbol{G}_q^K)^{\mathrm{T}(r)}\boldsymbol{F}_H^{(r)} \tag{6.41}$$

对于整个机构，包括平台、所有连杆、外力及惯性力对 6 个输入件的总等效力矩为

$$\boldsymbol{T}_q=\sum_{r=1}^{6}\sum_{K=1}^{6}\boldsymbol{T}_q^{K(r)}+\boldsymbol{T}_q^H \tag{6.42}$$

由达朗贝尔原理，所有外力（包括驱动力及惯性力）处于平衡状态，有

$$\boldsymbol{T}_q^A+\boldsymbol{T}_q=0 \tag{6.43}$$

因此 6 个轴上的驱动力矩 $\boldsymbol{T}_q^A$ 应为

$$\boldsymbol{T}_q^A=-\sum_{r=1}^{6}\sum_{K=1}^{5}(\boldsymbol{G}_q^K)^{\mathrm{T}(r)}\boldsymbol{F}_K^{(r)}+(\boldsymbol{G}_q^H)^{\mathrm{T}}\boldsymbol{F}_H \tag{6.44}$$

当 6-SPS 机构位形一定时，l_1、l_2、…、l_6确定，它的上平台由 6 个杆与机架相连，每杆两端为两个球铰，当 6 个杆长度不变时，成为一个稳定的结构，如图 6.24 所示。若在上平台上作用有六维力矢，在 6 个杆上有反作用力时，若忽略杆上的其他作用力，则这些反作用力是沿杆的方向。

图 6.24　6-SPS 机构受力分析

在此不加证明，直接引用矩阵形式的平衡方程

$$\boldsymbol{F}=\boldsymbol{G}_f^F\boldsymbol{f} \tag{6.45}$$

式中，$\boldsymbol{F}=[F_x\ \ F_y\ \ F_z\ \ M_x\ \ M_y\ \ M_z]^{\mathrm{T}}$，$F$ 和 M 分别为平台上作用力的主矢和对坐标原点的主矩；$\boldsymbol{f}=[f_1\ \ f_2\ \ \cdots\ \ f_6]^{\mathrm{T}}$，$f_i$ 为第 i 杆受到的轴力。

若上平台 6 个球铰点分别记为 b_1、b_2、…、b_6，对固定坐标系的空间位置以向量 $\boldsymbol{b}_1$、$\boldsymbol{b}_2$、…、$\boldsymbol{b}_6$表示；下平台的 6 个球铰以 B_1、B_2、…、B_6 表示，对固定坐标系的位置以向量 $\boldsymbol{B}_1$、$\boldsymbol{B}_2$、…、$\boldsymbol{B}_6$表示，则

$$\boldsymbol{G}_f^F=\begin{bmatrix}\dfrac{\boldsymbol{b}_1-\boldsymbol{B}_1}{|\boldsymbol{b}_1-\boldsymbol{B}_1|} & \dfrac{\boldsymbol{b}_2-\boldsymbol{B}_2}{|\boldsymbol{b}_2-\boldsymbol{B}_2|} & \cdots & \dfrac{\boldsymbol{b}_6-\boldsymbol{B}_6}{|\boldsymbol{b}_6-\boldsymbol{B}_6|}\\ \dfrac{\boldsymbol{B}_1\times\boldsymbol{b}_1}{|\boldsymbol{b}_1-\boldsymbol{B}_1|} & \dfrac{\boldsymbol{B}_2\times\boldsymbol{b}_2}{|\boldsymbol{b}_2-\boldsymbol{B}_2|} & \cdots & \dfrac{\boldsymbol{B}_6\times\boldsymbol{b}_6}{|\boldsymbol{b}_6-\boldsymbol{B}_6|}\end{bmatrix} \tag{6.46}$$

已知六角平台的结构尺寸及位形参数（l_1，l_2，…，l_6），则矩阵 $\boldsymbol{G}_f^F$ 易于求得，可算出六维力 $\boldsymbol{F}$。若已知上平台作用的六维力 $\boldsymbol{F}$，则可以通过反解来求$\boldsymbol{f}$，当 $\boldsymbol{G}_f^F$ 为非奇异时，则有

$$\boldsymbol{f}=(\boldsymbol{G}_f^F)^{-1}\boldsymbol{F} \tag{6.47}$$

式中，$\boldsymbol{G}_f^F=(\boldsymbol{G}_F^f)^{-1}$。

由于在机构学中运动传递与力传递之间的对偶关系，速度雅可比矩阵为力雅可比矩阵的转置，即 $\boldsymbol{G}_F^f=(\boldsymbol{G}_q^P)^{\mathrm{T}}=\boldsymbol{J}^{\mathrm{T}}$，亦可写成 $\boldsymbol{J}=\boldsymbol{G}_q^H=[(\boldsymbol{G}_f^F)^{-1}]^{\mathrm{T}}$。

例 6.3　对如图 6.18 所示的 Stewart 机构，上平台中心以式（6.25）给定的位姿运动且只受重力作用时，六根杆子的受力曲线如图 6.25 所示。

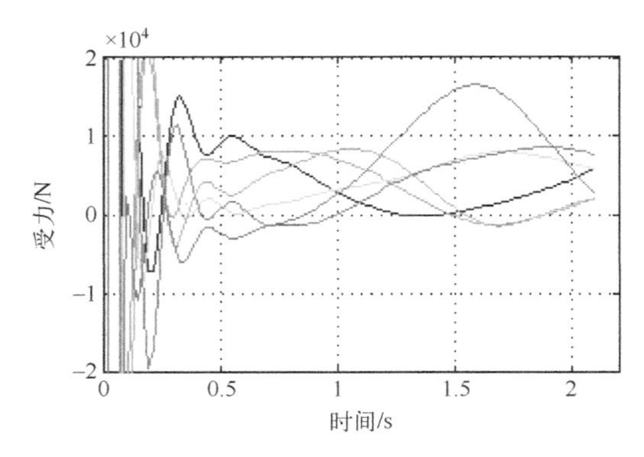

图 6.25 六根杆子的受力曲线

6.3.3 机构的特殊位形分析

特殊位形是机构的固有性质，它对机构的工作性能有多种影响，特别是对于机器人机构，更有重要意义。当机构处于某些特定的位形时，其雅可比矩阵（即一阶影响系数矩阵）成为奇异阵，行列式为零，则这时机构的速度反解不存在，这种机构的位形就称为奇异位形或特殊位形。当并联机构处于特殊位形时，其操作平台具有多余的自由度，这时机构就失去了控制，因此在设计和应用并联机器人时应该避开特殊位形。机构的特殊位形可以在机构雅可比矩阵行列式等于零的条件下求得。分析机构特殊位形的另一种有效的方法是 Grassmann 线几何法，这种方法通过线丛和线汇的特性来判别机构特殊位形，较矩阵分析法直观，且可以找出机构所有的特殊位形。实际上，机器人不但应该避免特殊位形，而且因其工作在特殊位形附近时，运动传递性能很差，所以也应该避免工作在特殊位形附近的区域。本节将主要讨论 6-SPS 并联机构的特殊位形分析。

6-SPS 并联机器人机构是具有 6 个自由度的空间机构，如图 6.16 所示，它由上下两个平台和 6 组线性驱动器组成。机构的上平台在 6 个驱动器的驱动下做空间运动。当 6 个作为驱动器的液压缸不动时，平台的自由度是零，此时平台是一稳定的结构。

$$\boldsymbol{F}=\boldsymbol{G}_f^F\boldsymbol{f} \tag{6.48}$$

式中，$\boldsymbol{G}_f^F$ 为一阶静力影响系数矩阵，上式的逆解为

$$\boldsymbol{f}=(\boldsymbol{G}_f^F)^{-1}\boldsymbol{F} \tag{6.49}$$

由式（6.48）和式（6.49）可以看出，当一阶静力影响系数矩阵 $\boldsymbol{G}_f^F$ 为非奇异时，对于已知的 $\boldsymbol{F}$，总有确定的主动力 $\boldsymbol{f}$ 与之对应，使上平台处于平衡状态，机构是稳定的。当 $\boldsymbol{G}_f^F$ 为奇异时，因为工作载荷 $\boldsymbol{F}$ 非零，所以约束反力 $\boldsymbol{f}$ 无解，即对于给定的 $\boldsymbol{F}$，无约束反力与之平衡，力系的平衡条件被破坏了，平台显然不再处于稳定状态。因此，可以通过研究 $\boldsymbol{G}_f^F$ 是否奇异来判断机构特殊位形的存在。这时影响系数矩阵 $\boldsymbol{G}_f^F$ 起到了特殊位形判别矩阵的作用。

$\boldsymbol{G}_f^F$ 若为奇异阵，机构将出现不稳定状态，主要有以下两种情况。

1）平台处于特殊位形：此条件是当 Z'轴方向与 Z 轴方向一致时，平台由初始位置绕 Z 轴水平转过 90°。此条件只包括了方位角而不含任何尺寸。这一条件下，对任何尺寸的

Stewart 平台都会出现位形的不稳定。此瞬时机构出现了多余的自由度，运动及动力性能均降低。因此，机器人操作器平台绕 Z 轴转动的正常工作范围应在 $-90°\sim90°$。

2）几何奇异机构：若机构的不稳定性与机构所处位置无关，只与它的基本几何尺寸有关，则称这种机构为几何奇异机构。可用下式来表述：

$$\begin{vmatrix} \lambda_{01} & \lambda_{02} \\ \lambda_1 & \lambda_2 \end{vmatrix} = 0 \tag{6.50}$$

即 $\lambda_{01}\lambda_2=\lambda_{02}\lambda_1$。式中，$\lambda_1$、$\lambda_2$ 和 λ_{01}、λ_{02} 分别为上、下平台的边长。

式（6.50）是由边长表达的 Stewart 平台的几何奇异位形判别式。若机构的基本尺寸是以径角形式给出，还可以得到几何奇异判别式的另一种形式，即

$$\beta_0=\beta \tag{6.51}$$

式（6.51）非常明显地给出了奇异位形存在的几何特征，即上、下平台图形相似而各对应点相连，如图 6.26 所示。

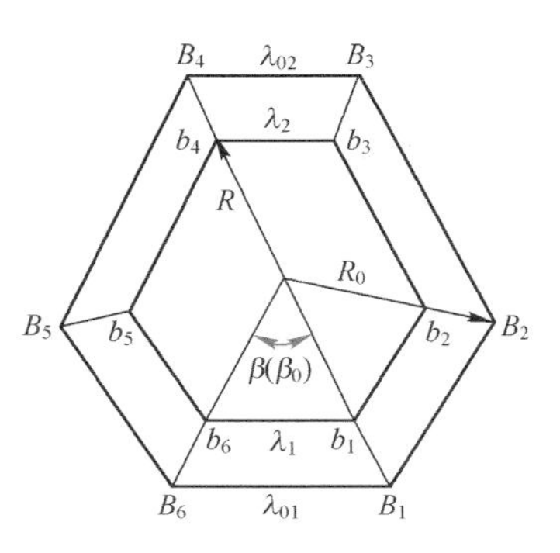

图 6.26　几何奇异条件

6.3.4　工作空间分析

机器人的工作空间是机器人操作器的工作区域，它是衡量机器人性能的重要指标，根据操作器工作时的位姿特点，又可分为可达工作空间和灵活工作空间。可达工作空间是指操作器上某一参考点可以到达的所有点的集合，这种工作空间不考虑操作器的姿势。灵活工作空间是指操作器上某一参考点可以从任何方向到达的点的集合，当操作器上的参考点位于灵活工作空间内的 Q 点时，操作器可以绕通过 Q 点的所有直线做整周转动。灵活工作空间是可达工作空间的一部分，因此机器人的灵活工作空间又称为机器人可达工作空间的一级子空间，而可达工作空间的其余部分称为可达工作空间的二级子空间。在二级子空间内，操作器只能在一定的姿势范围内到达某一点，即操作器的姿势是受限制的。对于并联机器人，由于受其结构的限制，平台一般不能绕某一点转动 360°，所以空间并联机构一般没有灵活工作空间。本节将讨论并联机器人工作空间的确定方法。

并联机器人工作空间的解析求解是一个非常复杂的问题，它在很大程度上依赖于机构位置解的研究结果，至今仍没有完善的方法。对于比较简单的机构，如平面并联机器人，其工作空间的边界可以解析表达，而对空间 6/6 型并联机器人，目前还只有数值解法。考虑各关节转角的约束、各连杆长度的约束和机构各构件的干涉来确定并联机器人操作器的工作空间，这种方法比较接近实际，本节将主要介绍这种方法。

1. 影响并联机器人工作空间的因素

（1）杆长的限制　杆件长度变化受到其结构的限制，每一根杆件的长度 L_i 必须满足 $L_{imin}<L_i<L_{imax}$。其中，L_{imin} 和 L_{imax} 分别表示第 i 杆长度的最小值和最大值。当某一杆长达到其极限值时，运动平台上给定的参考点也就到达了工作空间的边界。

（2）转动副转角的限制　各种铰链，包括球铰链和万向铰链的转角都受到结构的限制，每一铰链的转角 $\theta_i<\theta_{imax}$，其中，θ_{imax} 是第 i 个铰链的球面副和万向铰链的最大转角，其大小由运动副的具体结构确定。

（3）杆件的尺寸干涉　连接动平台和固定平台的杆件都具有几何尺寸，因此各杆件之间在运动过程中可能发生相互干涉。设杆件是直径为 D 的圆柱体，两相邻杆件轴线之间的距离为 D_i，则 $D_i>D$。

2. 并联机器人工作空间的确定方法

机器人的工作空间是操作器上某一给定参考点可以到达的点的集合，这里的参考点选为运动平台的中心点，即坐标系$\{P\}$的原点。当给定上平台的位姿后，各连杆的长度 L_i、关节的转角 θ_{pi}和 θ_{bi}，以及相邻杆之间的距离 D_i 都可以用前面讨论的方法计算，然后将这些计算结果分别与相应的允许值 $L_{\max}$、$L_{\min}$、$\theta_{p\max}$、$\theta_{b\max}$、D 比较。若其中的任一值超出了其允许值，则此时操作器的位姿是不可能的，即参考点在工作空间之外；若其中的任一值等于其允许值，此时操作器的参考点位于工作空间的边界上；若所有的参数值都小于允许值，则此时操作器的参考点位于工作空间内。工作空间常用其体积 V 的值来定量表示，具体的工作空间边界的确定和体积的计算可以按照下列的方法：

1）将操作器可能到达的某一空间定为搜索空间，将该空间用平行于 XY 面的平面分割成厚度为 ΔZ 的微小子空间，并设该子空间是一高度为 ΔZ 的圆柱。

2）对于每一微小子空间，按照上面给出的约束条件，搜索其对应于给定姿势的边界，这一步骤应从 $Z=Z_0$ 开始，若 $Z_{\min}$是对应于约束条件的工作空间在 Z 轴方向的最低点，则 Z_0 应该要比 $Z_{\min}$小。在完成某一子空间的搜索后，再进行 Z 方向的增量为 ΔZ 的子空间，直到 $Z=Z_{\max}$为止，这里的 $Z_{\max}$是约束条件允许的工作空间的最高点。

3）在进行子空间边界的确定时，可采用快速极坐标搜索法。如图 6.27 所示，将工作空间内的坐标点用极坐标表示，在起始角 γ_0 时，极径 A_0 从 0 递增至机构的各杆长，关节的最大转角和相邻杆的最短距离等参数满足下面的约束条件之一。

$$\begin{cases} L=L_{\min} \\ L=L_{\max} \\ \theta_{bi}=\theta_{b\max} \\ \theta_{pi}=\theta_{p\max} \\ D_i=D \end{cases} \tag{6.52}$$

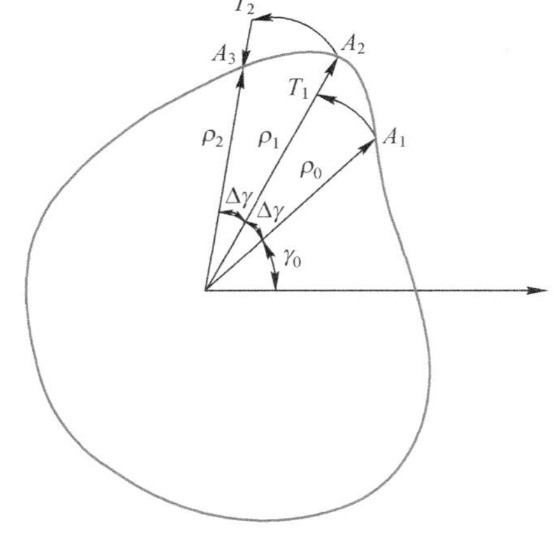

图 6.27　多域工作空间截面

这时的坐标点 A_1 就是工作空间的边界点，其极径为 ρ_0，如图 6.27 所示。然后给极角 γ 一增量 $\Delta\gamma$ 后，得到极坐标为（ρ_0，$\gamma+\Delta\gamma$）的点 T，如果点在工作空间内，即为如图 6.27 所示的 T_1 点，则递增极径直至满足式（6.52）的条件之一，即可得到工作空间的边界 A_2；如果 T 点在工作空间的外边，如图 6.27 所示的 T_2 点，则可以递减极径直至满足式（6.52）的条件之一，即可得到工作空间的边界点 A_3。重复上述的步骤，直至找到所有的工作空间边界点，这样该微分工作空间的体积可以用下式计算：

$$V_i=\frac{1}{2}\sum_j \rho_j^2\Delta\gamma\Delta Z \tag{6.53}$$

4）若要求的工作空间的截面是多域的，这时对于工作空间的每一条边界都要采用

3）中的搜索方法，因此搜索的最大极径 ρ_{max} 要足够大。这时工作空间的体积可以采用下式计算：

$$V_i = \frac{1}{2}\sum_j (\rho_{j1}^2 + \rho_{j2}^2 - \rho_{j3}^2)\Delta\gamma\Delta Z \tag{6.54}$$

工作空间的体积 V 就是上述各微小子空间的体积的总和，即 $V = \sum V_i$。

通过对工作空间的研究，可得出如下的结论：

1）工作空间的边界由 3 部分组成，第一部分是由于受最大杆长限制而产生的工作空间的上部边界，第二部分是由于受最短杆长限制而产生的工作空间的下部边界，第三部分是由于受关节转角限制产生的两侧边界。

2）当上、下平台始终平行时，工作空间是关于 z 轴对称的。

3）对运动平台的姿势角要求越大，则工作空间越小。

例 6.4　在如图 6.28 所示 Stewart 平台中，大平台为固定平台，固定平台与支腿间由胡克铰连接，移动平台与支腿间由球铰连接。胡克铰中心和球铰中心分别分布在半径为 360 mm 和 140 mm 的圆周上，如图 6.29 所示。装配完整后大平台的直径为 900 mm，支腿的最小长度为 570.5 mm，每条腿的最大伸长量为 206.1 mm；每个胡克铰的摆角为±30°，每个球铰的摆角为±20°。

图 6.28　Stewart 平台

其中：

$$\Omega = \{(x,y,z,\phi,\theta,\psi) \mid x^2+y^2+(z+630)^2 \leqslant 75^2, -10 \leqslant \phi \leqslant 10, -10 \leqslant \theta \leqslant 10, -10 \leqslant \psi \leqslant 10\}$$

$$\Omega_0 = \{(x,y,z,\phi,\theta,\psi) \mid x^2+y^2+(z+630)^2 \leqslant 75^2, \phi = 0, \theta = 0, \psi = 0\}$$

分别为该 Stewart 平台的灵活工作空间 Ω 和位置工作空间 Ω_0。按照极坐标快速搜索方法，确定 Stewart 平台位置工作空间 Ω_0 和灵活工作空间 Ω 的关系如图 6.30 和图 6.31 所示。

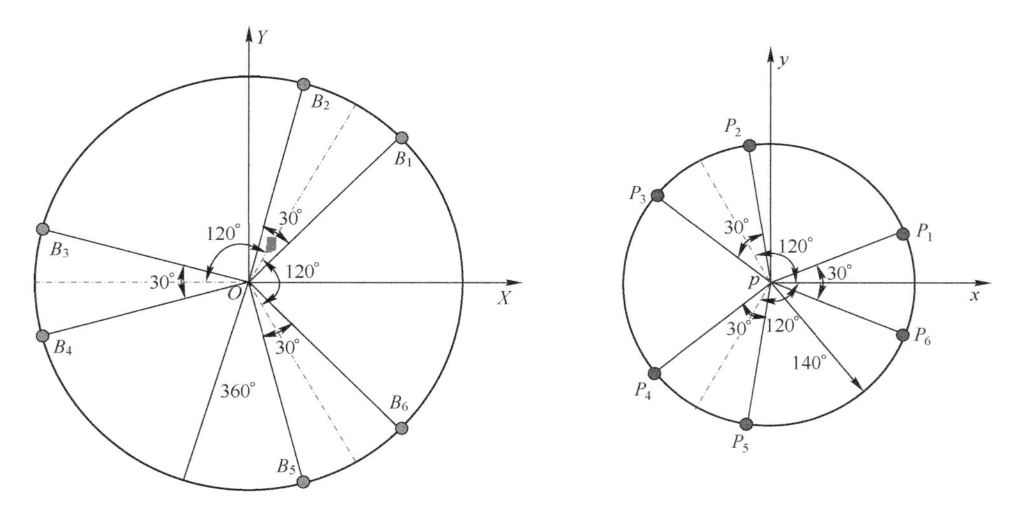

图 6.29 Stewart 平台铰接点在 XY 平面投影图

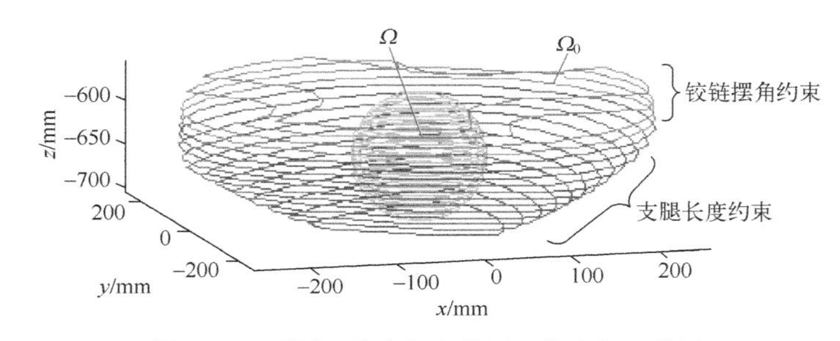

图 6.30 灵活工作空间和位置工作空间三维图

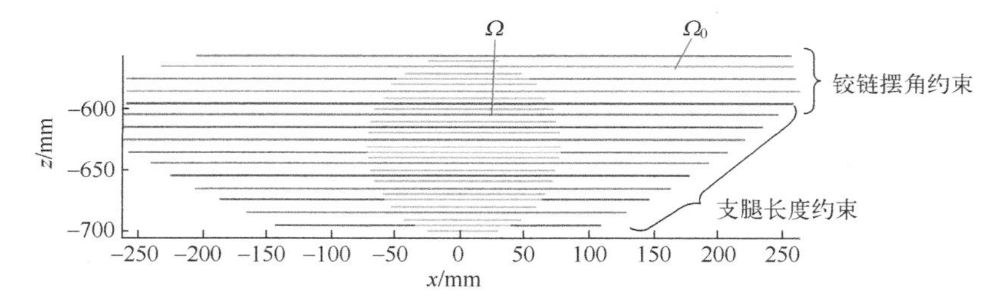

图 6.31 灵活工作空间和位置工作空间 XZ 平面投影图

6.4 索驱动并联机构

索驱动并联机构（cable-driven parallel mechanism，CDPM）是一种由柔索代替刚性连杆的并联机构，通过索长变化来实现其动平台位姿的改变。

索驱动并联机构根据动平台自由度 r 与索根数 n 的相对关系，可分成四种类型：

1）当 $n=r$ 时，为不完全约束定位机构（incompletely restrained positioning mechanism，IRPM）。

2）当 $n=r+1$ 时，为完全约束定位机构（completely restrained positioning mechanism，

CRPM)。

3）当 $n>r+1$ 时，为冗余约束定位机构（redundantly restrained positioning mechanism，RRPM)。

4）当 $n<r$ 时，为欠约束定位机构（under-constrained positioning mechanism，UCPM)。

6.4.1　索驱动并联机器人

索驱动并联机器人（cable-driven parallel robot，CDPR)，是一种特殊类型的并联机器人，其采用轻量化、柔性索代替刚性杆件作为运动链，实现对终端动平台的运动控制。

世界上第一台索驱动并联机器人是美国国家标准与技术研究院（NIST）于 1989 年研制的 RoboCrane，如图 6.32 所示，该样机外形类似于一个倒立的 Stewart 机构，由六根索控制动平台的运动，可用于货物搬运、部件装配。

美国 August Design 公司成功设计并研制出用于摄像的索驱动并联机器人 Skycam，如图 6.33 所示。在机器人的执行器末端安装摄像机，由四根索牵引摄像机，可实现三个自由度的平动，运行速度可达 13 m/s 并且定位快速，主要被用于大型露天运动场所。

图 6.32　NIST 的 RoboCrane 索驱动并联机器人

图 6.33　摄像机器人 Skycam

法国国家信息与自动化研究所（INRIA）从 2008 年起开始了 MARIONET 项目的研究，该项目由一系列索驱动机器人组成，包括一个高加速度的索驱动原型机（图 6.34a)，一个应用于救援的便携式索牵引起重系统（图 6.34b）和一个便携式索牵引自救系统（图 6.34c)。在该项目中，Merlet 将索的弹性形变加入了考虑，对系统的运动学进行了建模。

a) 索驱动原型机

b) 便携式索牵引起重系统

c) 便携式索牵引自救系统

图 6.34　INRIA 的 MARIONET 项目

段宝岩院士等人首先对索驱动并联机器人展开了误差模型、工作空间、刚度、索力分配等方面的理论研究。随后与中国国家天文台、清华大学等科研机构合作共同研制了基于索牵引的超大型球面射电望远镜 FAST，如图 6.35 所示。该系统使用 6 根索牵引馈源舱，通过 6 根柔索长度的协调变化来实现馈源舱的 6 自由度运动。

a) FAST俯瞰图

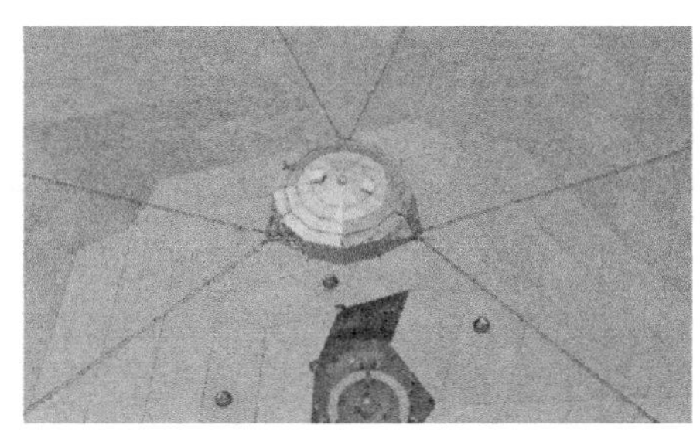

b) FAST系统的局部细节

图 6.35 中国超大型球面射电望远镜 FAST

华侨大学郑亚青教授等人联合研制了 8 索驱动 6 自由度的索驱动并联支撑机构 WDPSS-8，如图 6.36 所示。将该机构应用于飞行器风洞实验，并在运动学、轨迹规划以及运动控制等方面对其进行了深入研究。

中国矿业大学訾斌等人研制了一款混合驱动索并联机器人，系统中用五连杆机构代替卷筒，驱动索实现动平台的位姿调整，如图 6.37 所示，相比传统机构，该类系统具有更大柔性等优点。

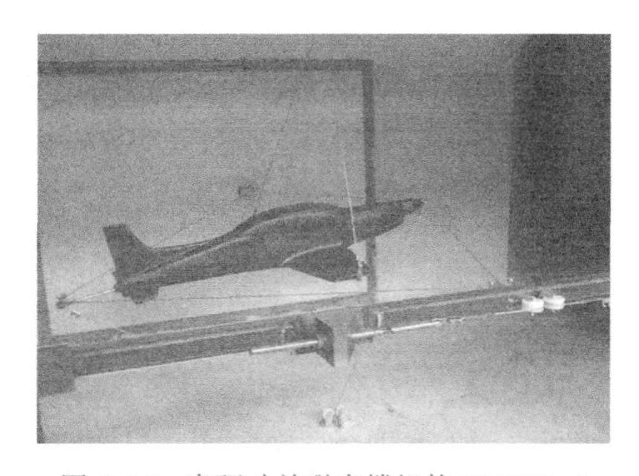

图 6.36 索驱动并联支撑机构 WDPSS-8

图 6.37 混合驱动索并联机器人样机

邵珠峰团队设计的采用弹簧张紧的平行索驱动高速并联分拣机器人，如图 6.38 所示。平行索给终端提供了约束能力，即通过张紧平行索形成平行四边形结构，约束末端执行器的转动自由度，实现末端执行器的纯平移运动。

索驱动并联机器人与传统刚性并联机器人相比较，具有以下优点：

1）机械结构简单，通常对于索驱动系统只需要简单安装几组滑轮、电动机便可以实现其硬件结构。因此工程造价更低、拆装运输更加方便。

2）机构的质量/负载比更高，相较于硬式支撑检测平台不需要沉重的机械本体，更适合于检测实验平台与工业吊装、搬运等大载荷的使用场合。

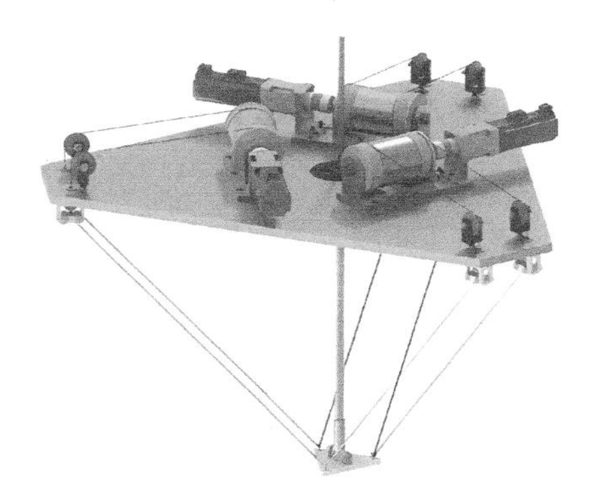

图 6.38　高速并联分拣机器人

3）索具有柔性，运行时相对更加安全。

4）系统使用索驱动，与刚体机器人相比，安装体积相对较小。

5）工作空间大。

6.4.2　索驱动并联机器人动力学

索驱动并联机器人组成元素有机架、索、末端执行器。由 n 根索牵引的具有 r 自由度的并联机器人如图 6.39 所示。在空间中建立全局坐标系 $Oxyz$，局部坐标系 $O_1x_1y_1z_1$ 建立在动平台质心 O_1 处，索与机架的连接点为 B_i，索与动平台的连接点为 A_i。本文以 6 自由度动平台为例，推导其动力学方程。在这里，做以下假设：

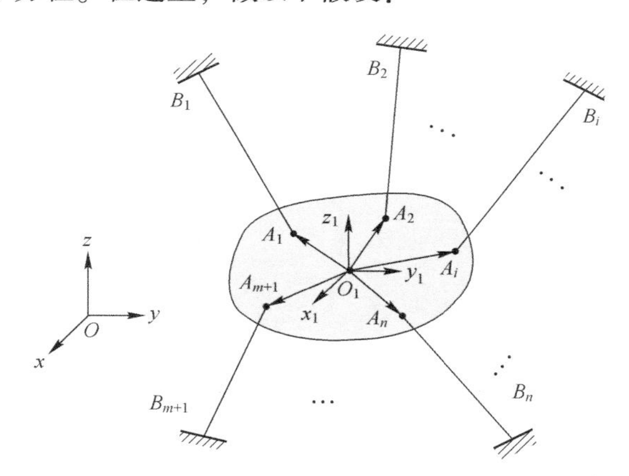

图 6.39　索驱动并联机器人结构示意图

1）机械装置中忽略摩擦力。

2）与动平台相比，索质量可以忽略不计。

3）索无弹性，不可以拉伸。

对动平台 O_1 点利用牛顿-欧拉方程可得系统动力学方程

$$\boldsymbol{W}=-\boldsymbol{J}^{\mathrm{T}}\boldsymbol{T}\quad(\boldsymbol{T}\geqslant 0)\tag{6.55}$$

式中，$\boldsymbol{T}$ 为索拉力，$\boldsymbol{T}=[t_1\quad t_2\quad\cdots\quad t_n]^{\mathrm{T}}$；$\boldsymbol{J}^{\mathrm{T}}$ 为雅可比矩阵，表示由索驱动而产生的拉力到动平台外力旋量的转换，其矩阵形式如下：

$$\boldsymbol{J}^{\mathrm{T}}=\begin{bmatrix}\boldsymbol{u}_1 & \boldsymbol{u}_2 & \cdots & \boldsymbol{u}_n\\ \boldsymbol{a}_1\times\boldsymbol{u}_1 & \boldsymbol{a}_2\times\boldsymbol{u}_2 & \cdots & \boldsymbol{a}_n\times\boldsymbol{u}_n\end{bmatrix} \tag{6.56}$$

式中，n 为索的数量；$\boldsymbol{u}_i$ 为索的单位向量；$\boldsymbol{a}_i$ 为从质心 O_1 到牵索点 A_i 的位置向量。

$$\boldsymbol{W}=\boldsymbol{W}_e+\boldsymbol{G}+\begin{bmatrix} m\ddot{x}\\ m\ddot{y}\\ m\ddot{z}\\ \boldsymbol{I}\begin{pmatrix}\alpha_x\\ \alpha_y\\ \alpha_z\end{pmatrix}+\begin{pmatrix}\omega_x\\ \omega_y\\ \omega_z\end{pmatrix}\times\boldsymbol{I}\begin{pmatrix}\omega_x\\ \omega_y\\ \omega_z\end{pmatrix}\end{bmatrix} \tag{6.57}$$

式中，$\boldsymbol{W}_e=[f_x \quad f_y \quad f_z \quad M_x \quad M_y \quad M_z]^{\mathrm{T}}$，为动平台外力旋量；$\boldsymbol{G}$ 为施加在动平台质心 O_1 处的重力；m 为动平台质量；$\boldsymbol{I}$ 为全局坐标系 $Oxyz$ 下动平台在质心 O_1 的转动惯量。

动力学方程式（6.55）可以写为一般形式：

$$\boldsymbol{M}(\boldsymbol{X})\ddot{\boldsymbol{X}}+C(\boldsymbol{X},\dot{\boldsymbol{X}})\dot{\boldsymbol{X}}+\boldsymbol{G}(\boldsymbol{X})+\boldsymbol{W}_e=-\boldsymbol{J}^{\mathrm{T}}\boldsymbol{T}(\boldsymbol{T}\geqslant 0) \tag{6.58}$$

式中，$\boldsymbol{X}=[x \quad y \quad z \quad \alpha \quad \beta \quad \gamma]^{\mathrm{T}}$ 为动平台的位姿；α、β、γ 为 x-y-z 的欧拉角；$\dot{\boldsymbol{X}}$为速度向量，包括平动速度和转动速度；$\boldsymbol{M}(\boldsymbol{X})$ 为质量惯性矩阵；$\boldsymbol{C}(\boldsymbol{X},\dot{\boldsymbol{X}})$ 为科里奥利力和向心力的矩阵；$\boldsymbol{G}(\boldsymbol{X})$ 为重力向量，$\boldsymbol{G}(\boldsymbol{X})=[0 \quad 0 \quad -mg \quad \boldsymbol{0}_{3\times1}]^{\mathrm{T}}$；$\boldsymbol{T}$ 为索拉力，$\boldsymbol{T}\geqslant 0$ 表示向量 $\boldsymbol{T}$ 中的元素均大于或等于零。

$$\boldsymbol{M}(\boldsymbol{X})=\begin{bmatrix} m\boldsymbol{I}_3 & \boldsymbol{0}_{3\times3}\\ \boldsymbol{0}_{3\times3} & \boldsymbol{I}\end{bmatrix}$$

$$\boldsymbol{C}(\boldsymbol{X},\dot{\boldsymbol{X}})=\begin{bmatrix}\boldsymbol{0}_{3\times1}\\ \begin{pmatrix}\omega_x\\ \omega_y\\ \omega_z\end{pmatrix}\times\boldsymbol{I}\begin{pmatrix}\omega_x\\ \omega_y\\ \omega_z\end{pmatrix}\end{bmatrix} \tag{6.59}$$

式中，$\boldsymbol{I}_3$ 为单位矩阵；$\boldsymbol{0}$ 为零矩阵。

6.4.3 索驱动并联机器人工作空间

索驱动并联机器人的工作空间定义为在某种条件下动平台姿态运动的范围。大工作空间是索驱动并联机器人相对于传统刚性并联机器人具有的优势之一。根据动力学方程和索力约束条件，可将索驱动并联机器人工作空间分为：静平衡工作空间、力封闭工作空间、力可行工作空间、动态工作空间和无碰撞工作空间。

1. 静平衡工作空间

静平衡工作空间（static equilibrium workspace，SEW）是动平台在静止状态下的一组位姿集合，动平台仅受重力作用且索均不发生虚牵，所以式（6.55）可以写为如下形式：

$$-\boldsymbol{J}^{\mathrm{T}}(\boldsymbol{X})\boldsymbol{T}=\boldsymbol{G} \quad (\boldsymbol{T}\geqslant 0) \tag{6.60}$$

式中，$\boldsymbol{X}$ 为动平台位姿，满足式（6.60）的 X_i 称为静平衡点。

2. 力封闭工作空间

索驱动并联机器人的力封闭工作空间（wrench closure workspace，WCW）定义为动平台在所有索处于张紧状态时可以到达的一组位姿集合。只有完全约束或冗余约束的索驱动并联机器人才会有力封闭工作空间，这意味着索的数量 n 必须大于动平台的自由度数 r。因此式(6.55)可以表示为如下形式：

$$-\boldsymbol{J}^{\mathrm{T}}(\boldsymbol{X})\boldsymbol{T}=\boldsymbol{W}_e+\boldsymbol{G}\quad(\boldsymbol{T}>0)\tag{6.61}$$

式中，$\boldsymbol{W}_e$ 为动平台外力旋量，相较于静平衡工作空间，力封闭工作空间考虑了动平台所受的外力旋量 $\boldsymbol{W}_e$。

3. 力可行工作空间

力可行工作空间（wrench feasible workspace，WFW）定义为动平台可以到达的一组位姿集合，索的拉力保持在规定范围内（通常在最小拉力值和最大拉力值之间）。式（6.55）可以写成如下形式：

$$-\boldsymbol{J}^{\mathrm{T}}(\boldsymbol{X})\boldsymbol{T}=\boldsymbol{W}_e+\boldsymbol{G}(\underline{t_i}\leqslant t_i\leqslant\overline{t_i})\quad(\forall i,1\leqslant i\leqslant n)\tag{6.62}$$

式中，n 为索的数量，$\underline{t_i}>0$，$\underline{t_i}$、$\overline{t_i}$分别为索 i 的最小和最大拉力值。

根据力封闭工作空间与力可行工作空间的定义可知，对于同一个索驱动并联机器人，其力可行工作空间是其力封闭工作空间的子集，即 WFW⊂WCW。

力封闭工作空间考虑了动平台外力旋量和索拉力范围，与索驱动系统的实际使用情况接近，因此 WFW 是索驱动并联机器人实际系统中使用较多的工作空间。

4. 动态工作空间

动态工作空间（dynamic workspace，DW）定义为动平台在至少一种运动状态（速度、加速度）下所能达到的一组位姿集合，在这种状态下，所有索都处于张紧状态并保持在规定范围内。因此式（6.55）可以写成如下形式：

$$-\boldsymbol{J}^{\mathrm{T}}(\boldsymbol{X})\boldsymbol{T}=\boldsymbol{W}(\underline{t_i}\leqslant t_i\leqslant\overline{t_i})\quad(\forall i,1\leqslant i\leqslant n)\tag{6.63}$$

式中，$\boldsymbol{W}=[\boldsymbol{M}(\boldsymbol{X})\ddot{\boldsymbol{X}}+\boldsymbol{C}(\boldsymbol{X},\dot{\boldsymbol{X}})\dot{\boldsymbol{X}}+\boldsymbol{G}(\boldsymbol{X})+\boldsymbol{W}_e]$，$\ddot{\boldsymbol{X}}$和$\dot{\boldsymbol{X}}$不同时为零。这意味着动平台处于运动状态，同时也表明动态工作空间是动平台位姿和运动状态的混合空间。

5. 无碰撞工作空间

无碰撞工作空间（collision-free workspace，CFW）定义为动平台与索、索与索以及索与机架之间不发生碰撞时，动平台所能到达的一组位姿集合。根据定义可知，无碰撞工作空间是动态工作空间或者力封闭工作空间的子集，即 CFW⊂DW 或 CFW⊂WCW。

以上五种工作空间中，索驱动并联机器人广泛使用的工作空间为力可行工作空间。

习　题

6.1　请列举常见的 1、2 和 3 自由度的运动副。

6.2　阐述并联机器人位置反解和位置正解的求解过程，并对比两者求解的难易程度。

6.3　机构运动影响系数包含什么？说明运动影响系数所代表的含义。

6.4　简述索驱动并联机器人的分类。

6.5　索驱动并联机器人工作空间有哪几种，它们之间的关系是什么？哪一种工作空间是最实用的，并说明原因。

参 考 文 献

[1] PETRESCU F I T, PETRESCU R V. Mechatronics - serial and parallel systems [M]. 2013.

[2] NEDIC N, LUKIC L, PRSIC D, et al. Parallel robots based on the Gough-Stewart platform [M]. 2015.

[3] GALLARDO-ALVARADO J, ABEDINNASAB M H, Ramón Rodríguez-Castro, et al. Kinematics of a series-parallel manipulator with constrained rotations by means of the theory of screws [M]. 2017.

[4] OKOLI F, LANG Y, KERMORGANT O, et al. Cable-Driven Parallel Robot Simulation Using Gazebo and ROS [M]. 2019.

[5] ZITZEWITZ J, FEHLBERG L, BRUCKMANN T, et al. Cable-driven parallel robots [M]. 2013.

[6] 黄真，赵永生，赵铁石．高等空间机构学 [M]. 2 版．北京：高等教育出版社，2014.

[7] 黄真，孔令富，方跃法．并联机器人机构学理论及控制 [M]. 北京：机械工业出版社，1997.

[8] DUFFY J. Analysis of mechanisms and robot manipulators [M]. New York: John Wiley & Sons., 1980.

[9] ZHANG C D, SONG S M. Forward position analysis of nearly general stewart platforms [C]// ASME 1992 Design Technical Conferences. [S. l. :s. n.], 1992, 45: 81-84.

[10] THOMAS M, TESAR D. Dynamic modeling of serial manipulator arms [J]. Journal of Dynamics Systems Measurement and Control, 1982, 104 (3): 218-228.

[11] FREEMAN R A. TESAR D. The generalized coordinate selection for the dynamics of complex planar mechanical system [J]. Journal of Mechanical Design, 1982, 104: 207-217.

[12] HUNT K H. Structural kinematics of in-parallel-actuated robot-arms [J]. Journal of Mechanical Design, Transactions of the ASM, 1983, 105: 705-712.

[13] FICHTER E F. A stewart platform-based manipulator: general theory and practical construction [J]. International Journal of the Robotics Research, 1986, 5 (2): 157-182.

[14] 曲义远，黄真．空间六自由度多回路机构位置的三维搜索方法 [J]. 机器人，1989, 3 (5): 25-29.

[15] GOSSELIN C, ANGELES J. Singularity analysis of closed-loop kinematic chains [J]. IEEE Transactions on Robotics and Automation, 1990, 6 (3): 281-290.

[16] GOSSELIN C, ANGELES J. Kinematic inversion of parallel manipulator in the presence of incompletely specified tasks [J]. Journal of Mechanical Design, 1990, 112: 494-500.

[17] GOSSELIN C. Determination of the workspace of 6-DOF parallel manipulators [J]. Journal of Mechanical Design, 1990, 112: 331-336.

[18] MERLET J P. Singular configurations of parallel manipulators and grassmann geometry [J]. International Journal of Robotics Research, 1989, 8 (5): 45-56.

[19] MERLET J P. On the infinitesimal motion of a parallel manipulator in singular configurations [C]// IEEE international Conference on Robotics and Automation. [S. l. :s. n.], 1992: 320-325.

[20] KUMAR V. Characterization of workspaces of parallel manipulators [J]. Journal of Mechanical Design, 1992, 114 (3): 368-375.

[21] KUMAR V. Instantaneous kinematics of parallel-chain robotic mechanisms [J]. Journal of Mechanical Design, 1992, 114 (3): 349-358.

[22] PENNOCK G R, KASSNER D J. The workspace of a general geometry planar three-degree-of-freedom platform-type manipulator [J]. Journal of Mechanical Design, 1993, 115: 269-276.

[23] GOSSELIN C, ANGELES J. Singularity analysis of closed-loop kinematic chains [J]. IEEE Transactions on Robotics and Automation, 1990, 6 (3): 281-290.

[24] GOSSELIN C, ANGELES J. The optimum kinematic design of a spherical three-degree-of-freedom parallel manipulator [J]. Journal of Mechanical Design, 1989 (2): 202-207.

[25] MASORY O, WANG J. Workspace evaluation of stewart platforms [C]// 22nd Bitnnial Mechanisms, Conference: Robotics, Spatial Mechanisms, and Mechanical Systems, Scottsdale, [S. l. : s. n.], 1992, 45: 337-346.

[26] 段学超，仇原鹰，段宝岩．大射电望远镜精调 Stewart 平台工作空间研究 [J]. 电子机械工程，2004, 20 (5): 55-58.

[27] 段学超．柔性支撑 Stewart 平台的分析、优化与控制研究 [D]. 西安：西安电子科技大学，2008.

[28] DUAN Q J, DUAN X C. Workspace classification and quantification calculations of cable-driven parallel robots [J]. Advances in Mechanical Engineering, 2014 (6): 1-9.

[29] 王天乐．不完全约束索牵引二轴摇摆系统的设计与控制 [D]. 西安：西安电子科技大学，2022.

[30] 訾斌，朱真才，曹建斌．混合驱动柔索并联机器人的设计与分析 [J]. 机械工程学报，2011, 47 (17): 1-8.

第7章　康复机器人

康复机器人是机器人技术与医疗技术结合的产物，其能够克服传统康复训练方法的不足，帮助患者重新恢复运动功能。根据训练患者肢体所处人体位置的不同，康复机器人可以分为上肢康复机器人和下肢康复机器人两大类。康复机器人有不同的训练模式，可借助传感技术和信息采集技术，记录患者的康复数据，对肢体功能进行定量评估，从而提高康复训练的科学性。

7.1　康复机器人简介

随着人口老龄化加快，脑卒中等引起的肢体残障患者人数不断增多，而康复医师缺口较大，康复医疗设备短缺，特别是技术含量高的智能康复设备严重短缺。鉴于目前紧迫的人口老龄化现状，我国出台了一系列的政策，全面加强康复医疗能力建设，将康复医学发展和康复医疗服务体系建设纳入公立医院改革的总体目标。

传统康复训练方法主要通过手动或者借助简单器械对患者肢体进行康复，即由医生、护士或者理疗师用手或借助简单器械带动患肢对患者做一对一或多对一训练。对于下肢瘫痪患者，为了支撑患者身体并带动其腿部做康复运动，传统康复训练方法往往需要3名护士做辅助，劳动强度大且效率低下，极大影响了患者及医护人员参与康复训练的热情。同时，伴随着人员成本的不断上升，传统康复方法的整个康复治疗过程费用增加，进一步加重了患者家庭及社会负担。因此，有必要研发先进的康复训练技术，以降低医护人员劳动强度和康复治疗费用，提高康复训练效果。随着机器人技术的日益成熟，越来越多的研究人员致力于将先进的机器人技术应用于患者的康复训练中。康复机器人基于先进机器人技术的同时结合了医学康复理论，能够克服传统康复训练方法的不足，减少辅助训练的医护人员数量，减轻医护人员的繁重劳动；借助各种传感器和控制技术，康复机器人可以实现多种训练策略和训练轨迹控制；同时，根据传感器采集到的数据，可以对患者运动功能进行定量评估并依患者个体情况调整训练处方，以获得更加科学的康复训练，提高康复效果。因此，康复机器人技术具有广阔的应用前景。

7.1.1　神经康复的可塑性原理

人体中枢神经系统包括脑和脊髓，掌管着人体与外界信息的传递、交互及处理，是各种心理活动的生物学基础，并支配人体各器官活动，包括肢体运动。人体中枢神经受到损伤往往会造成肢体功能障碍，形成偏瘫、截瘫，甚至四肢瘫。中枢神经损伤的主要来源包括脑卒中（stroke）、脊髓损伤（spinal cord injury，SCI）、外伤性脑损伤（traumatic brain injury，

TBI）等。

脑卒中又称中风、脑血管意外（cerebrovascular accident，CVA），是指突然发生的、由脑血管病变引起的局限性或全脑性功能障碍，持续时间超过24h或引起死亡的临床症候群。它包括缺血性脑血栓、脑栓塞、脑出血和蛛网膜下腔出血，具有发病率高、死亡率高、致残率高、复发率高，以及并发症多的特点。

外伤性脑损伤是外力导致的颅骨、脑膜、脑血管和脑组织的形变所引起的神经功能障碍。外伤性脑损伤的主要致伤原因包括交通事故、工伤、运动损伤等，其可导致认知、语言运动等功能障碍。重度脑损伤的康复治疗一般需要持续很多年，部分患者需要长期照顾。

中枢神经损伤往往会引起肢体功能紊乱，尤其是偏瘫、截瘫、四肢瘫等肢体残疾。《平等、参与、共享：新中国残疾人权益保障70年》白皮书显示，我国有8500万残疾人。患者长期卧床需要专门的护理人员，患者行动不便给生活和工作带来了很多困难，也给患者及其家庭带来了沉重的经济负担。

瘫痪患者在患病急性期一般需要针对病因进行原发病的治疗，该阶段以手术和药物治疗为主。经过急性期的治疗之后，针对患肢进行康复治疗以恢复其运动功能往往需要更长的时间。针对患肢的康复治疗应在患者病情稳定后尽早展开，这对患者的肢体功能恢复更为有利。例如，对于脑卒中造成的偏瘫患者，其康复治疗应在患者病情稳定后1~7周开始为宜。一般认为，神经系统的功能康复效果在发生功能障碍后3个月内较显著，约在6个月内结束，此后神经系统功能恢复的可能性相对较小。

目前，针对瘫痪患者的康复治疗方法主要包括物理疗法、作业疗法、运动疗法等。物理疗法主要是应用物理因子，如电、光、声、磁、水、蜡等作用于人体，并通过人体的神经、体液、内分泌等生理调节机制促使患者康复的一类疗法；作业疗法是有目的、有针对性地从日常生活活动、职业劳动和认知活动中选择一些作业项目，对患者进行训练以缓解症状、改善功能；运动疗法是徒手或者借助器械以使患者产生主动或者被动的运动，恢复其运动功能。运动疗法是针对瘫痪患者最基本、最有效的康复治疗方法。在实际康复治疗中，往往同时采用多种疗法以获得较理想的康复效果。

康复训练主要对应于康复医学中的作业疗法和运动疗法，它基于中枢神经的可塑性理论。该理论认为，为了主动适应和反映外界环境的各种变化，中枢神经（包括脑神经、脊髓神经等）能发生局部的结构和功能的改变，并维持一段时间，这就是可塑性（plasticity）。目前，生物学和临床医学的研究并不支持高度分化的神经系统具有再生能力，然而，各种动物实验及临床试验，都能发现脑局部损伤后丧失的部分功能可以有某种程度的恢复。同时，先进的神经影像技术和非侵入式刺激研究，如正电子发射体层成像（positron emission tomography，PET）、功能磁共振成像（functional magnetic resonance imaging，fMRI）、经颅磁刺激（transcranial magnetic stimulation，TMS）等，揭示中枢神经损伤后可以通过运动训练及行为学习而不断重塑。康复医学的大量临床试验也证明，瘫痪肢体长期的、足够强度的康复训练对患肢神经系统的康复和运动功能恢复非常有效。

7.1.2 康复机器人训练模式

机器人辅助康复和治疗的有效性在很大程度上取决于患者在不同恢复阶段所采取的多种不同的康复训练方案，适当的训练模式应根据治疗师的经验和患者的身体状态决定。

Brunnstrom 将康复过程分为六个阶段，总体上可分为初期阶段、中期阶段、后期阶段，如图 7.1 所示。

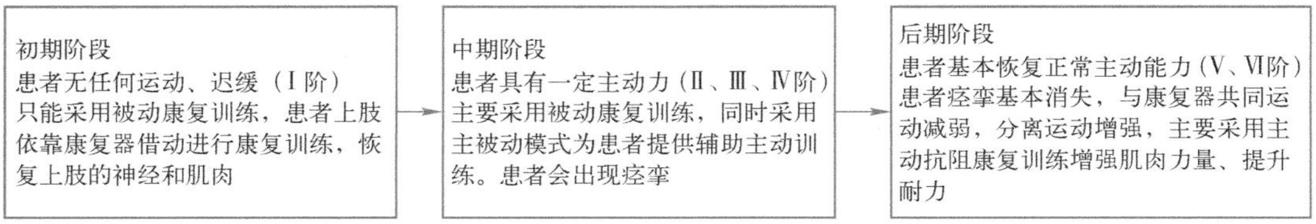

初期阶段		中期阶段		后期阶段
初期阶段 患者无任何运动、迟缓（Ⅰ阶） 只能采用被动康复训练，患者上肢依靠康复器借动进行康复训练，恢复上肢的神经和肌肉	→	中期阶段 患者具有一定主动力（Ⅱ、Ⅲ、Ⅳ阶） 主要采用被动康复训练，同时采用主被动模式为患者提供辅助主动训练。患者会出现痉挛	→	后期阶段 患者基本恢复正常主动能力（Ⅴ、Ⅵ阶） 患者痉挛基本消失，与康复器共同运动减弱，分离运动增强，主要采用主动抗阻康复训练增强肌肉力量、提升耐力

图 7.1 Brunnstrom 康复过程

多种康复训练模式见表 7.1，在不同的阶段，患者通过接受不同程度的被动或主动训练，逐渐恢复受伤肢体或关节的运动自由度和肌肉力量。在康复的初期阶段，应主要进行被动训练以帮助患者跟踪预定轨迹，从而改善患者的运动能力并减少肌肉萎缩；在中、后期阶段，患者具有了一定的肌肉力量，应该采取主动模式以鼓励患者通过自己的意图来实现康复训练。主动模式又包括主动辅助模式和主动抗阻模式，主动辅助模式是患者有主动运动意图但身体无法提供充分动作时，由康复机器人提供辅助动力；主动抗阻模式是患者进行肌肉加强锻炼时，对抗康复机器人提供的阻力进行训练。

表 7.1 多种康复训练模式

训练模式	描述	特点
被动模式	“位置控制”“机器人主导”模式，康复机器人帮助患者跟踪预定轨迹，通过重复跟踪执行被动训练	通过反复强化运动促进肢体运动功能的恢复并减少肌肉萎缩，但是缺乏患者的主动参与，降低了患者积极性
主动模式	“患者主导”模式，当患者有自愿动作的意图时，康复机器人会修改其轨迹和辅助力	患者意图参与康复训练，大幅提高了患者的积极性
主动辅助模式	主动模式的一种，“治疗师主导”模式，患者首先在没有辅助的情况下移动肢体，并且当力达到一定值时，康复机器人辅助患者进行动作	允许患者的肢体在无辅助的情况下移动，提高患者自主运动能力
主动抗阻模式	主动模式的一种，“基于挑战”“主动约束”模式，当患者移动肢体时，康复机器人提供阻力，使患者的康复具有挑战性	适用于高强度恢复的患者，康复器提供抵抗力使运动具有挑战性，增强肌肉能力
其他模式	镜像运动模式；等速运动模式	从治疗师提供的方案出发，通过机器人试图提供一定的辅助或者阻力，更加人性化，但比较难控制

7.1.3 康复机器人研究背景和意义

康复医学与保健医学、预防医学及临床医学已经并列成为 21 世纪现代医学的四大分支。进入 21 世纪以来，康复医学快速发展，我国在提出“人人享有康复服务”的目标基础上，进一步加强残疾人康复服务，提升残疾康复服务质量，对于增强残疾人保障和发展能力，增进残疾人民生福祉，实现残疾人对美好生活的向往具有重要意义。目前，我国有 8500 万残疾人，4400多万失能和半失能老人，还有近3亿慢性病人，康复服务的需求巨大。面对当前康复需求的现状，传统的治疗方式方法已经达不到现有的康复需求，体现在以下几点：需要康复治疗的人数已经远远超过康复医师的数量；现有康复治疗手段规范性要求不高，效果难以进行客观评定；康复训练过程耗时长、劳动强度大且具有往复性；康复治疗技术手段单一，不能满足多样化的康复需求。

由于康复科学技术的发展和人们对康复医学的重新认识，当前各康复理疗机构迫切需要对原有康复理疗室和功能室进行现代化的技术改造，建立全新的康复理疗室。康复机器人的应用在康复医学中的优势有：辅助康复理疗工作，减轻治疗师工作强度、工作压力；进行客观准确的数据治疗采集，规范康复训练、治疗模式；康复机器人设备能够实时控制治疗强度，进而有效评价康复效果，有利于康复训练的规律性研究，在康复医学领域具有一定的研究价值。

因此，智能康复设备的出现与发展既是一种医疗需求，也是一种社会需求。同时，康复机器人是一综合多领域的研究产品，其发展能够在满足医学理疗需求的基础上，促进多领域的创新发展。

对于各种原因导致的肢体残障患者来说，其生存质量的高低取决于肢体功能恢复的程度。患者经过急性期的手术和药物治疗后，其运动功能的恢复主要依赖于各种康复运动疗法。如何运用现代先进康复治疗技术，改善患者肢体运动功能，使患者在尽快摆脱病残折磨的同时，恢复其自主生活的能力，一直是康复工作者研究和实践的重点。然而，因为下肢瘫痪者人数众多，康复医师相对匮乏，传统疗法自动化水平低、效率差，进口康复设备价格太高，所以研制人性化的智能康复机器人是提高肢体残障者生活质量，减轻肢体残障者家庭负担，体现以人为本，关注残障群体、构建和谐社会的一项重要而紧迫的任务，具有非常明显的经济效益和社会效益。

7.2 康复机器人分类

根据训练肢体所处人体位置的不同，康复机器人可以分为上肢康复机器人和下肢康复机器人两大类。这两类机器人又可以细分为各个关节的单关节机器人及多关节联合训练机器人，如针对手部关节、腕部关节、踝关节等的康复机器人。总体看来，目前上肢康复机器人技术相对比较成熟，并且已有较为成功的临床应用和相对成熟的产品。国外对下肢康复机器人的研究可追溯到20世纪60年代，早在那时，下肢康复机器人技术就已得到了西方科研人员的普遍重视。我国对康复机器人的研究相对较晚，发展也较为缓慢，主要集中于各大高校。但近几十年来，无论是国内还是国外，康复机器人技术都取得了较大的发展。

7.2.1 上肢康复机器人

第一台商业化的上肢康复机器人是1987年英国Mike Topping公司研制的Handy，限于当时的科技水平，其控制系统比较简单。现在的Handy以PC104技术为基础，可以辅助患者完成日常生活所需的活动。其后的机器人引入了越来越多的反馈，控制也逐渐复杂。反馈的物理量包括角度、速度、力、力矩等。部分设备还引入了功能性电刺激（functional electrical stimulation，FES）。

瑞士 Zurich 大学的 Nef 等最先开发出 ARMin 系列机器人，逐步发展出了 ARMin-Ⅲ机器人。ARMin-Ⅲ机器人是 6-DoF 半外骨骼装置（图 7.2），肩部 3 个自由度，肘部单自由度，并且附加模块提供了下臂和腕部自由度，其可实现肩部、肘部和腕部的上肢全范围训练。ARMin-Ⅲ关节采取伺服电动机与谐振减速器配套的驱动模式，直流电动机与变速箱匹配，采用传送带传送的方式传输动力。ARMin-Ⅲ机器人选择比助力模式和主动模式更为安全的被动模式搭配抗阻模式的控制策略。但是，ARMin-Ⅲ机器人质量高达 18.755 kg，而华盛顿大学研制的 CADEN-7 外骨骼机器人的质量仅为 6.8 kg。因此，ARMin-Ⅲ机器人具有较大运动惯性。

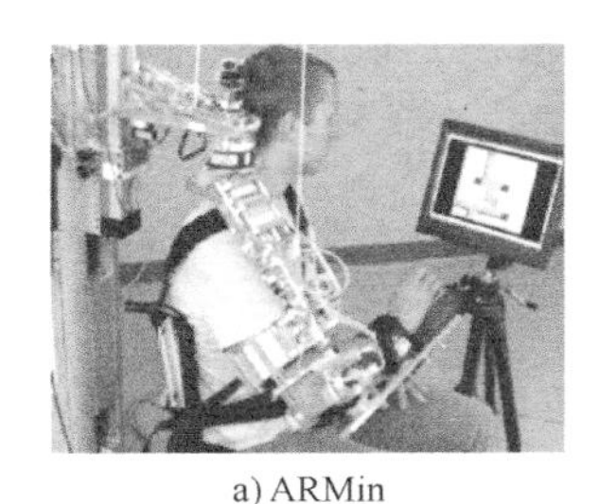

a) ARMin

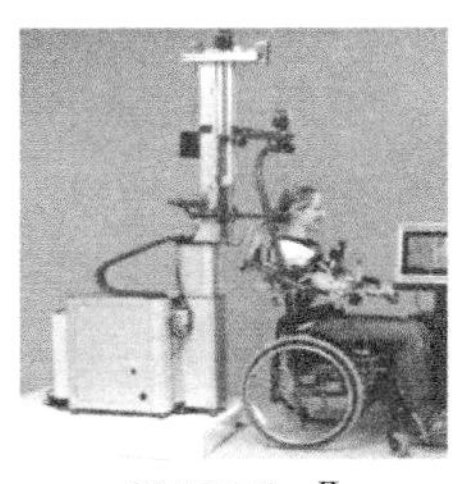

b) ARMin-Ⅱ

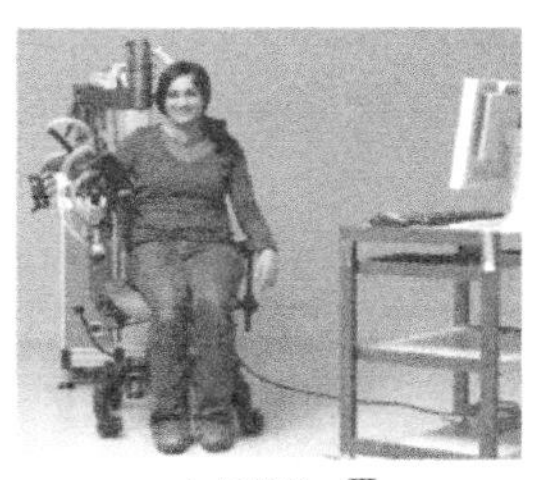

c) ARMin-Ⅲ

图 7.2　ARMin 系列康复机器人

瑞士 Armeo®Spring 机器人是一种 6-DoF 的外骨骼式手臂矫形康复机器人，动力部分采用辅助平衡弹簧结构（图 7.3）。其结构相对简单，传感器部分采用光电编码器和压力传感器，控制策略采用简单的助力模式。Armeo®Spring 本身只是模块化的康复训练方案中的一部分。在成熟的 Armeo 模块化治疗体系中，不同的康复阶段将配备不同型号的机器人，统一配备相同的用户界面，并共享同一病历记录数据库。目前，Armeo®Spring 机器人已经成功为超过 800 名患者提供了有效的康复训练，并且开展了大量的临床研究。

得克萨斯大学研制出的 Harmony 上肢康复机器人，可以对患者两侧手臂同时进行训练，提高其肢体协调性，如图 7.4 所示。Harmony 在设计上考虑了人体肩关节的肩肱节律，其肩部设有 5 个自由度，其中 3 个关节实现肩关节的运动，2 个关节实现肩锁关节的运动，同时该款机器人的外观简洁，可通过平行四边形机构避免与人体发生碰撞。

图 7.3　Armeo®Spring 康复机器人

图 7.4　Harmony 上肢康复机器人

基于可穿戴设计的外骨骼式上肢康复机器人，如图 7.5 所示。哈尔滨工业大学研制了一种便于移动的可穿戴上肢康复机器人，应用重力平衡法降低了电动机的转矩，进而采用小齿轮比和较轻的电动机，如图7.5a所示。它为人体上肢运动提供5个自由度，其中肩部和肘部分别有3个自由度和2个自由度。肩部包含2个主动自由度：重力平衡系统索牵引关节屈伸运动、传送带传动驱动的内外旋转运动；1个被动自由度：胸锁关节上升下降运动。肘部包含2个主动自由度：索牵引肘部关节屈伸运动、双平行四边形机构驱动前臂旋前旋后运动。该康复机器人引入重力平衡方法来减少能量消耗，并设计了一种新的索牵引的关节机构，将外骨骼总质量大幅度降低。北京交通大学研制了一种新型柔性上肢康复机器人，如图7.5b所示，该机器人利用混联结构和柔性手套，在具有紧凑结构的同时可以承受较大的负载。

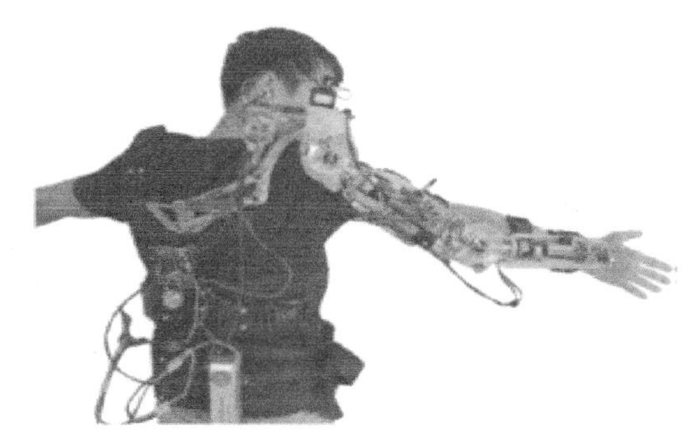

a) 哈尔滨工业大学研制的上肢康复机器人

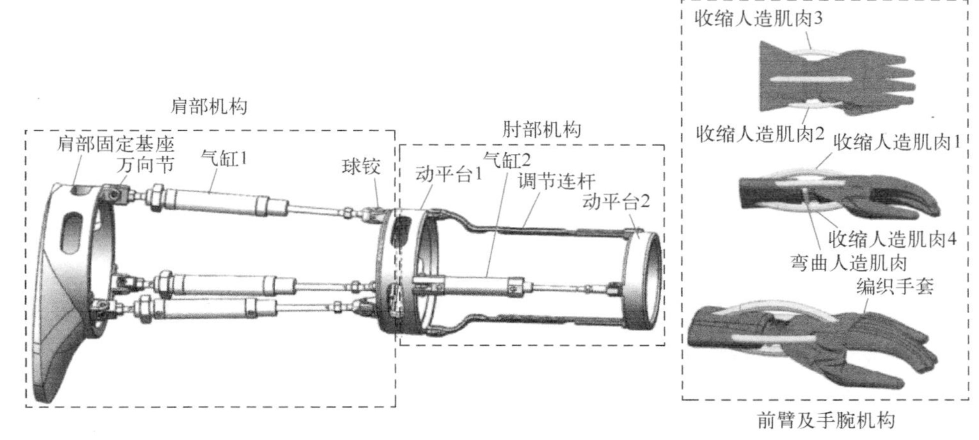

b) 北京交通大学研制的上肢康复机器人

图7.5　基于可穿戴设计的外骨骼式上肢康复机器人

7.2.2　下肢康复机器人

下肢康复机器人作为一种康复训练机器人，主要用于帮助下肢运动障碍患者进行康复训练。有研究表明，机器人辅助下肢运动训练对于重塑神经系统，形成正确的感知反馈是非常有帮助的。常见的下肢康复机器人根据驱动元件的不同可分为连杆驱动和索牵引两种。

1. 连杆驱动下肢康复机器人

国外对于连杆驱动下肢康复机器人的研究起步较早。早在1999年，瑞士的Hocoma公司就研发并推广了Lokomat下肢步态康复机器人。该机器人主要由跑步机、减重装置和步行训练装置组成，如图 7.6 所示，使用时可以根据患者下肢的实际参数调整机械腿的长度，以满足不同患者的康复需求。该机器人后期还加入了虚拟现实技术，能够有效提高患者训练的积极性。

MotionMaker 机器人是一种坐卧式下肢康复机器人，如图 7.7 所示。该机器人主要康复部分由结构对称的下肢机械腿构成，在运动过程中通过直流伺服电动机直接驱动各关节转动，从而完成人体下肢的康复训练工作。MotionMaker 具备主动康复和被动康复两种模式，能够满足患者在不同阶段的运动需求。ReWalk 是由其同名公司研制的一款用于辅助人体行走的外骨骼系统，如图 7.8 所示，该系统通过监测人体上肢躯干和重心的变化，驱动下肢外骨骼辅助患者行走，是一种典型的连杆驱动下肢康复机器人。

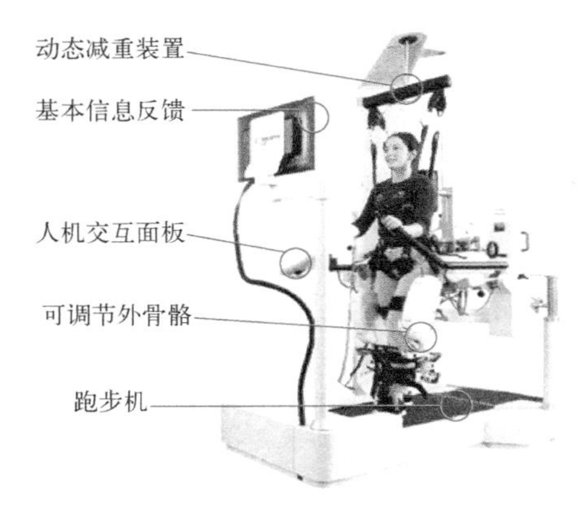

图 7.6 Lokomat 下肢步态康复机器人

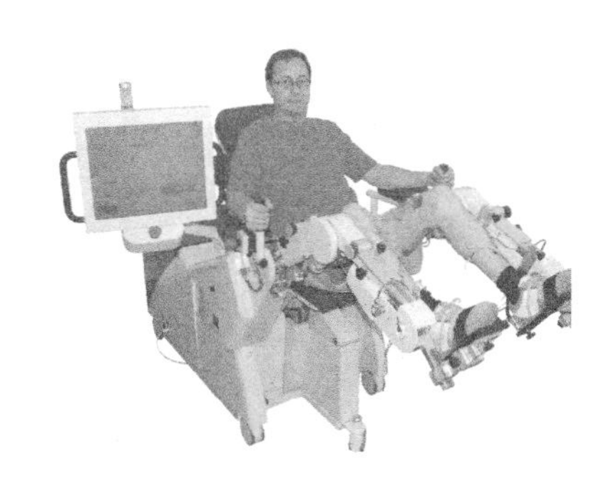

图 7.7 MotionMaker 机器人

国内也有许多企业和学者从事连杆驱动下肢康复机器人的研究。上海傅利叶智能科技有限公司研发的 Fourier X2 下肢康复机器人，如图 7.9 所示，其外形结构与 ReWalk 类似。凭借运动控制系统、动力单元以及力学传感器系统，该机器人可应用于辅助行走、康复训练和运动功能强化等多个方面。在使用过程中，Fourier X2 的多维力学传感装置能够测量出大腿、小腿和足底的压力，根据力的大小调整机器人动力输出，实现主动、被动和助力等康复模式。

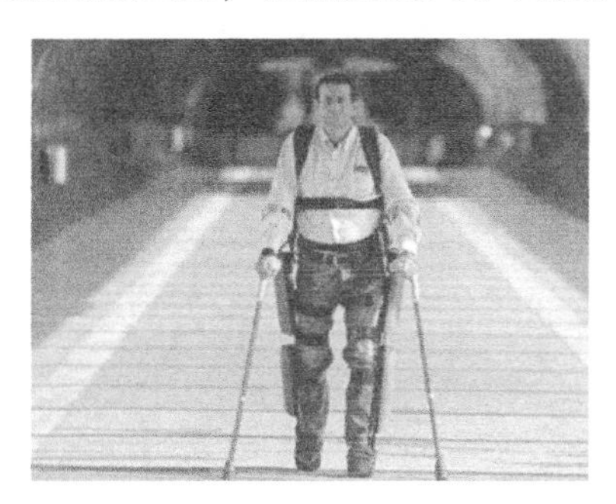

图 7.8 ReWalk 外骨骼系统

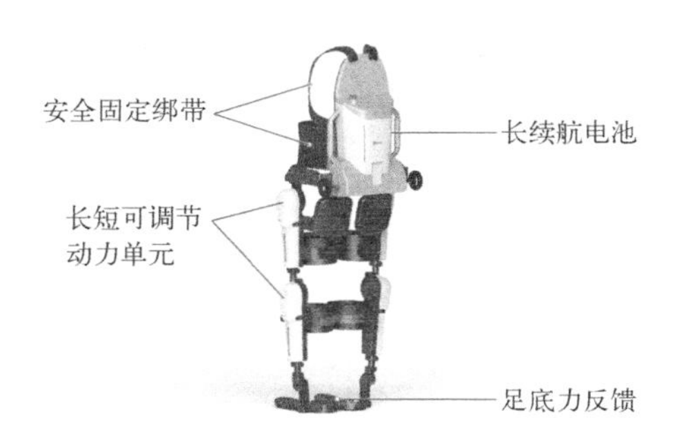

图 7.9 Fourier X2 下肢康复机器人

卢涛设计了一种新型多连杆闭链式下肢步态康复机器人，其结构主要包括悬吊减重机构和康复训练机构，其中，康复训练机构采用可缩放结构进行设计，能够针对不同腿长实现运动轨迹的缩放，提高了整个系统的通用性。付铁和曹雨婷利用简单的曲柄-滑块结构实现人体坐姿下空踏的椭圆轨迹，可以帮助患者完成简单的下肢康复运动。系统中添加了电动推动杆，当推动杆处于初始状态时，患者可以坐立完成康复运动；当推动杆伸长时，患者能够躺卧在机器人上，实现了坐-卧结构的转变。

通常情况下，连杆驱动下肢康复机器人一般采用外骨骼的形式与人体下肢进行固定，该方法不仅能够带动人体下肢运动，完成被动康复工作，还可以直接对下肢施加阻抗力，当患者恢复一定运动能力时，能够辅助患者进行主动康复训练。但是，由于外骨骼需要直接与患者进行固定，通用的连杆驱动下肢康复机器人往往舒适性较差。

2. 索牵引下肢康复机器人

Barbosa 等人设计了一款利用索牵引的下肢康复机器人，如图 7. 10 所示。在使用时可以根据需求改变索的牵引位置，单独完成患者的髋关节、膝关节和踝关节的康复训练任务。与商用的康复机器人相比，这款机器人虽然控制精度略差，且无法实现复杂步态的训练，但其低廉的成本使得更多的患者能够接受康复治疗。

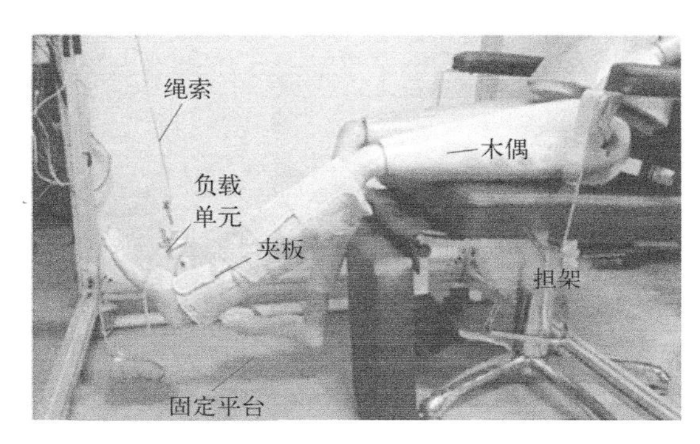

图 7. 10　索牵引下肢康复机器人

王逸铭等人设计了一款索并联驱动下肢康复机器人，可以帮助下肢运动障碍患者完成髋关节和膝关节的前屈和后伸动作，如图 7. 11 所示。该机器人的下肢运动单元采用丝杠模组结构，通过控制索的收放使得关节按照预定轨迹进行运动，利用索柔性元件的特点，避免了传统外骨骼结构与患病肢体的刚性接触，提高了康复训练过程的安全性。

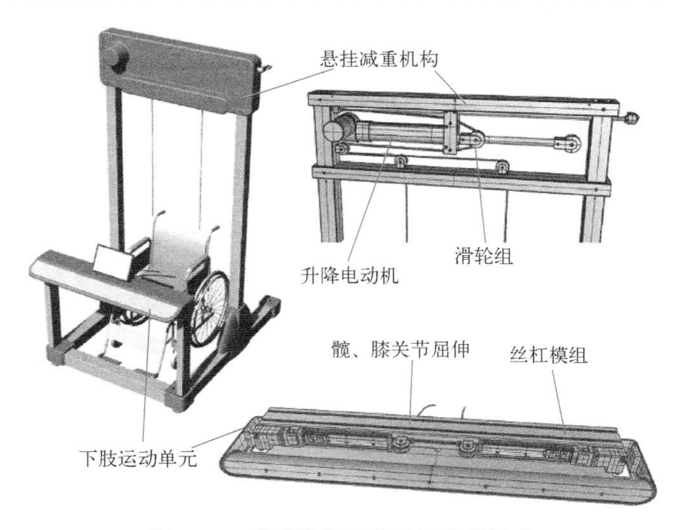

图 7. 11　索并联驱动下肢康复机器人

邹宇鹏等人设计了一种可移动式下肢康复机器人，如图 7.12 所示。该机器人以索为驱动元件，通过对小腿的位姿控制和负载力控制，实现了针对不同康复阶段患者的被动、主动和助力训练。

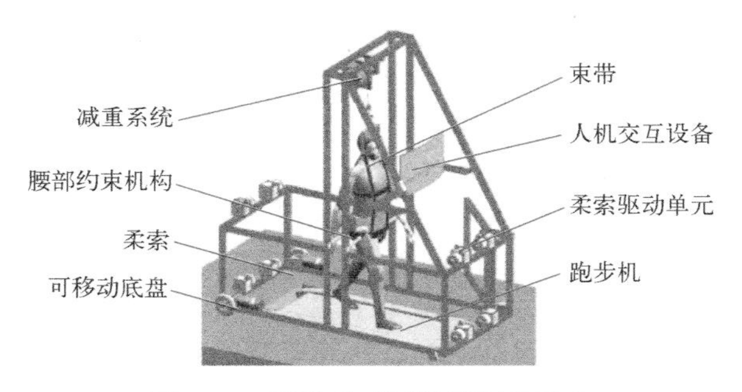

图 7.12 可移动式下肢康复机器人

7.3 索牵引下肢康复机器人

基于对机器人不断的研究及分析，学者们提出用索替代传统机器人中的刚体连杆，从而在机构质量、可重构、运行效率和可行工作空间等方面有较强的优势。基于索牵引机器人的特点，该类机器人在最近几十年引起了许多研究者的广泛关注，并且已成功应用在一些工程领域中，如 500 m 口径球面射电望远镜、飞机风洞试验、高速摄像机器人、医疗康复机器人等。

7.3.1 索牵引下肢康复机器人特点

由于索具有机构惯性低、易于变构型、负载/质量比高、工作空间大、综合成本低等优点，因此受到国内外学者的广泛关注，具有广阔的应用前景。将索牵引应用于下肢康复机器人，具有以下优点：

1）工作空间大。索牵引主要依赖电动机驱动索进行运动控制，以此来实现末端执行器在可行工作空间内的运行。与刚性连杆不同的是，控制索的伸缩量可以改变末端执行器位姿，因此机构工作空间相较于传统刚性并联机构大幅增加。

2）惯量低。索牵引机构因为不需要刚性连杆作为支撑，可安装在预先设计好的固定的位置上，其结构得到简化，转动惯性相对刚性机构较小，质量较轻，在承载能力方面也有很大的提升。

3）可重构。机器人系统是由索牵引完成控制的，驱动电动机位置可调，可以根据自由度和构型需求进行重构，具有模块化的特性。

4）成本低。传统刚性的康复机器人结构复杂、耗损高，索牵引机构可以根据索之间的协调完成多自由度运动，减少机构复杂度，成本较低。

然而，索牵引康复机器人仍面临着许多障碍，包括维持索的正拉力、工作空间特性的确定和优化、合适的控制算法的设计、保证控制的精度等。

7.3.2 索牵引下肢康复机器人关键技术

1. 索牵引下肢康复机器人构型设计方案

索牵引下肢康复机器人的模型是将下肢简化成连杆，将索牵引机器人系统视为索牵引多体系统，首先需要解决的基本问题是系统所需要的索数量和索的分布。在索牵引多体系统中，每个杆件刚体不仅受索的单向牵引力，还受到关节处的约束力和约束力矩，与 6.4 节介绍的索驱动并联机构的区别就在于此。

针对索牵引多体系统，根据文献，要使系统中的所有索张紧，索的数量满足：

$$m \geqslant nM-k+1 \tag{7.1}$$

式中，m 为索的数量；n 为自由度数，平面自由度数为 3，空间自由度数为 6；M 为杆件个数；k 为约束个数。

根据 Grubler 方程可知，多体系统的自由度数 $n_{\mathrm{DoF}}=nM-k$。因此，最小的足够的索数等于自由度加 1。为了确保在索牵引多体系统中所有的索都能被拉紧，应该至少有 1 条多余的索。

要使索牵引多体系统中所有索张紧，其平衡方程的每一个非空子集的未知数要大于方程数，这将有 $2^{nM}-1$ 种情况，然而，这些情况中有许多都是多余的。如果一个杆件的一组平衡方程是欠定的，那么其方程的子集也是欠定的；不相交的杆件之间无公共未知数且欠定方程的组合集也是欠定的。因此只需检查单杆和连接在一起的杆件组成的子系统，使其平衡方程为欠定，从而确保索张紧。

此处以索牵引机器人的两杆和三杆系统为例，分别推导出两杆和三杆所需最少索数量和分布。以一端固定的两杆索牵引系统为例，两杆的索配置由下式确定：

$$\begin{cases} m_1=n-(k_1+k_2)+1=0 \\ m_2=n-k_2+1=2 \\ m_1+m_2=2n-(k_1+k_2)+1=3 \end{cases} \tag{7.2}$$

式中，m_i 是第 i 根杆上的索数量；n 为自由度数；k_i 为第 i 个转动副的约束个数。如图 7.13 所示，一个平面转动副含两个约束，第一根杆受两端两个转动副的约束，第二根杆受其一端的一个转动副的约束，故有

$$\begin{cases} m_1 \geqslant 0 \\ m_2 \geqslant 2 \\ m_1+m_2 \geqslant 3 \end{cases} \tag{7.3}$$

根据以上公式可知，在索牵引串联两杆系统中共有两种配置：$[m_1, m_2]=[1,2]$ 或 $[0,3]$。其中，[1,2] 表示第一根杆上牵引 1 根索，第二根杆上牵引 2 根索；[0,3] 表示第一根杆上无索牵引，第二根杆上牵引 3 根索，分别如图 7.13a、b 所示。

其中，θ_i 为杆的中线相对于 x 轴的夹角；q_i 为第 i 根杆的中线相对于竖直的 y 轴的夹角，顺时针为负、逆时针为正，图 7.13 所示 q_1 为正；d_i 为第 i 根索与连杆连接点到其转动副的距离；M_i 为第 i 个出索点位置。

同理，三杆系统的索配置由下式确定：

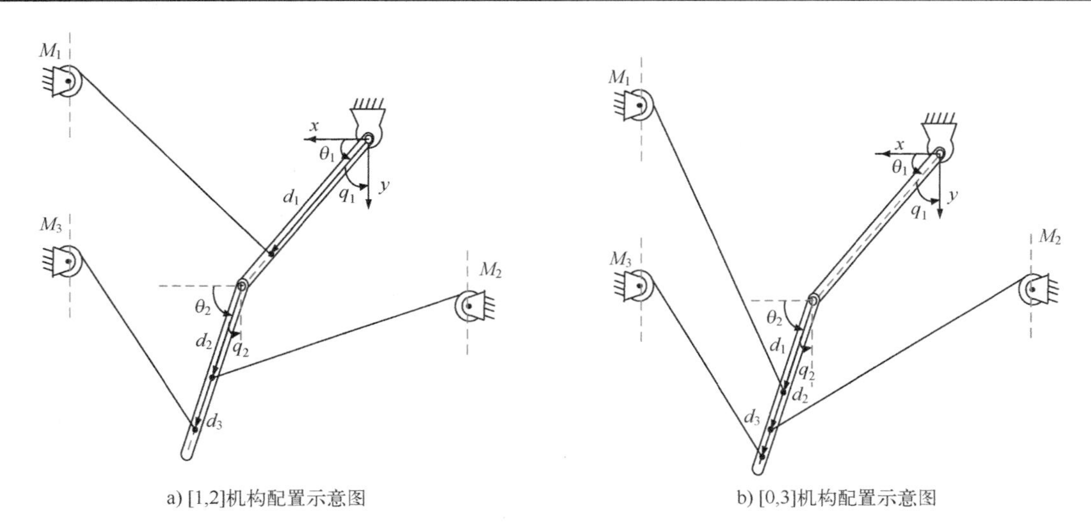

a) [1,2]机构配置示意图　　b) [0,3]机构配置示意图

图 7.13　两杆机构的两种配置

$$\begin{cases} m_1 = n-(k_1+k_2)+1=0 \\ m_2 = n-(k_2+k_3)+1=0 \\ m_3 = n-k_3+1=2 \\ m_1+m_2 = 2n-(k_1+k_2+k_3)+1=1 \\ m_2+m_3 = 2n-(k_3+k_2)+1=3 \\ m_1+m_2+m_3 = 3n-(k_3+k_2+k_1)+1=4 \end{cases} \tag{7.4}$$

得出

$$\begin{cases} m_1 \geqslant 0 \\ m_2 \geqslant 0 \\ m_3 \geqslant 2 \\ m_1+m_2 \geqslant 1 \\ m_2+m_3 \geqslant 3 \\ m_1+m_2+m_3 \geqslant 4 \end{cases} \tag{7.5}$$

根据以上公式可知，索牵引串联三杆系统有四种配置方式：$[m_1, m_2, m_3]=[1,1,2]$、$[0,1,3]$、$[1,0,3]$或$[0,2,2]$，如图 7.14 所示。

2. 工作空间

工作空间是索牵引系统运动规划的基础即轨迹规划的前提，机构的运行轨迹必须在其力可行工作空间范围内。

已知在文献中对索牵引机器人工作空间进行了分类讨论：当索拉力 $t \in [0, \infty)$ 时，末端执行器能到达位置的集合称为力封闭工作空间（WCW）；当索拉力 $t \in [t_{\min}, t_{\max}]$，且 $t_{\min}>0$ 时，末端执行器能到达位置的集合称为力可行工作空间（WFW），力可行工作空间为最实用的工作空间。在很多文献中，求解工作空间时使用基于空间离散然后逐点验证的方法，并没有给出解析的工作空间边界，不能保证工作空间的连续性。本节使用矩阵零空间的方法求解。该方法通过对力的雅可比矩阵进行分析，推导出保证索力非负的条件，并根据此条件求

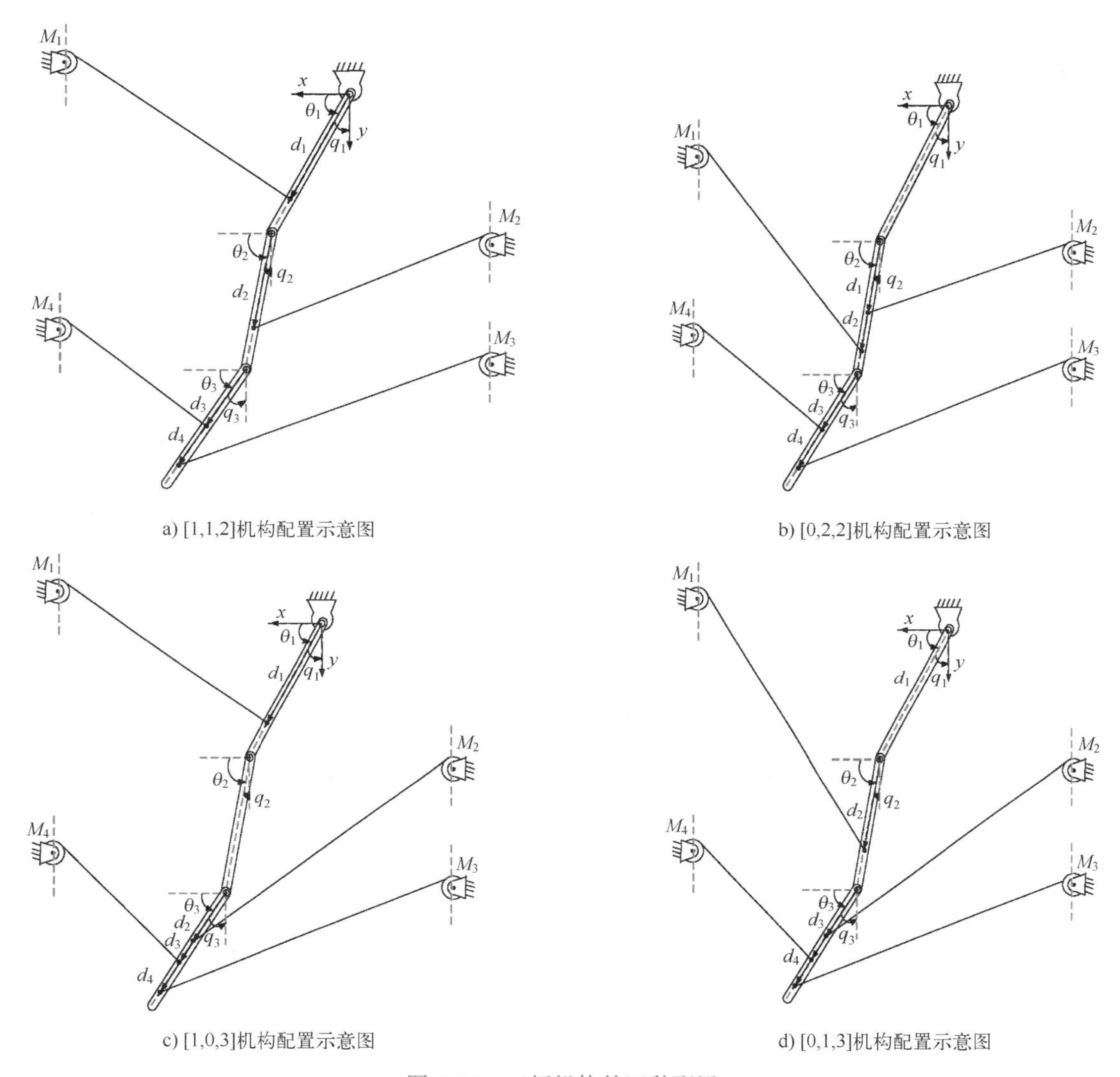

a) [1,1,2]机构配置示意图

b) [0,2,2]机构配置示意图

c) [1,0,3]机构配置示意图

d) [0,1,3]机构配置示意图

图 7. 14　三杆机构的四种配置

解出力封闭工作空间的边界和力封闭工作空间。

索牵引多体系统中索力可以通过虚功原理求解。根据文献可知

$$\boldsymbol{Q}=\boldsymbol{J}_L\boldsymbol{T} \tag{7.6}$$

$\boldsymbol{Q}$ 为作用于索牵引机构的所有广义力，其中

$$\boldsymbol{J}_L=\begin{bmatrix} \boldsymbol{t}_1\left(\dfrac{\partial \boldsymbol{u}_1}{\partial \varphi_1}\right) & \cdots & \boldsymbol{t}_m\left(\dfrac{\partial \boldsymbol{u}_m}{\partial \varphi_1}\right) \\ \vdots & & \vdots \\ \boldsymbol{t}_1\left(\dfrac{\partial \boldsymbol{u}_1}{\partial \varphi_n}\right) & \cdots & \boldsymbol{t}_m\left(\dfrac{\partial \boldsymbol{u}_m}{\partial \varphi_n}\right) \end{bmatrix} \tag{7.7}$$

式中，$\boldsymbol{t}_i$ 为索拉力的单位方向向量；φ_i 为杆件局部坐标系之间的夹角；$\boldsymbol{u}_i$ 为杆件上的索牵

引点到总坐标系原点的向量；m 为索数量；T 为

$$\boldsymbol{T}=[T_1 \quad \cdots \quad T_m]^{\mathrm{T}} \tag{7.8}$$

求解式（7.6）可得

$$\boldsymbol{T}=\boldsymbol{J}_L^{+}\boldsymbol{Q}+c\boldsymbol{\varepsilon} \tag{7.9}$$

式中，$\boldsymbol{J}_L^{+}$ 是矩阵 $\boldsymbol{J}_L$ 的伪逆；$\boldsymbol{\varepsilon}$ 是 $\boldsymbol{J}_L$ 零空间中的任意单位向量；c 是任意实数。

从索力求解公式看出，两杆三索机构中 $\boldsymbol{J}_L$ 的零空间是一维的。我们可以通过分析此零空间找到此类系统的力可行工作空间的边界；即如果 $\boldsymbol{\varepsilon}$ 的分量都是非零的，并且具有相同的符号，则可以取足够大（或小）的 c 使所有拉力都为正。

为了找到 $\boldsymbol{\varepsilon}$，首先让 $\boldsymbol{d}_i$ 是 $\boldsymbol{J}_L$ 的第 i 列，它是与第 i 根索相关的列，由此可以得到下式：

$$\boldsymbol{J}_L=[\boldsymbol{d}_i \quad \cdots \quad \boldsymbol{d}_{n+1}] \tag{7.10}$$

$\boldsymbol{S}$ 是 $\boldsymbol{J}_L$ 的前 n 列

$$\boldsymbol{S}=[\boldsymbol{d}_i \quad \cdots \quad \boldsymbol{d}_n] \tag{7.11}$$

假定 $\boldsymbol{S}$ 是满秩的，因此容易得出如下所示 $\boldsymbol{J}_L$ 的零空间向量 $\boldsymbol{n}_L$：

$$\boldsymbol{n}_L=\begin{bmatrix}-\boldsymbol{S}^{-1}\boldsymbol{d}_{n_{\mathrm{DoF}}+1}\\ 1\end{bmatrix}=\begin{bmatrix}-\dfrac{1}{|\boldsymbol{S}|}\boldsymbol{S}^{*}\boldsymbol{d}_{n+1}\\ 1\end{bmatrix} \tag{7.12}$$

式中，$\boldsymbol{S}^{*}$ 是 $\boldsymbol{S}$ 的伴随矩阵。式（7.12）中给出的 $\boldsymbol{n}_L$ 的定义将有除数为零的情况，即 $\boldsymbol{J}_L$ 不是满秩的。为了避免这一点，可以考虑 $\boldsymbol{n}_L$ 的变形，并命名为 $\boldsymbol{\varepsilon}$：

$$\boldsymbol{\varepsilon}=\begin{bmatrix}-\boldsymbol{S}^{*}\boldsymbol{d}_{n_{\mathrm{DoF}}+1}\\ |\boldsymbol{S}|\end{bmatrix} \tag{7.13}$$

式（7.13）避免了除数为零的情况，由文献可知，只要 $\boldsymbol{S}$ 中的元素是有限的，就可以避免奇异的情况。

由于 $\boldsymbol{\varepsilon}$ 的分量是广义坐标系下的连续函数，当且仅当其中的分量变为零时发生符号变化。因此，满足零空间条件的区域的边界，是通过求解 $\boldsymbol{\varepsilon}$ 的每个分量的根来确定的

$$\varepsilon_i=0 \quad (i=1,2,\cdots,n) \tag{7.14}$$

式中，ε_i 是 $\boldsymbol{\varepsilon}$ 的第 i 个分量。式（7.14）求解可得到一组曲线。每条曲线将空间划分为两个区域，$\boldsymbol{\varepsilon}$ 在两个区域具有不同的符号。因为零空间向量的分量的符号不在区域内变化，所以只检查区域中的一个点的符号就足够了，该区域中的所有其他点都将具有相同的符号。在每条曲线上，零空间向量的分量是零，即为工作空间的边界。

（1）索牵引单杆力封闭工作空间边界求解　如图 7.15 所示的单杆机构，其中 d_i 为第 i 根索与连杆连接点到其转动副的距离，θ_i 为杆的中线相对于 x 轴的夹角，假设索连接点在杆件中心线上。

根据上述方法求解

$$\boldsymbol{r}_1=\begin{bmatrix}d_1\cos\theta\\ d_1\sin\theta\end{bmatrix},\quad \boldsymbol{r}_2=\begin{bmatrix}d_2\cos\theta\\ d_2\sin\theta\end{bmatrix} \tag{7.15}$$

$$\boldsymbol{u}_1=\begin{bmatrix}M_{1x}-d_1\cos\theta\\ M_{1y}-d_1\sin\theta\end{bmatrix},\quad \boldsymbol{u}_2=\begin{bmatrix}M_{2x}-d_2\cos\theta\\ M_{2y}-d_2\sin\theta\end{bmatrix} \tag{7.16}$$

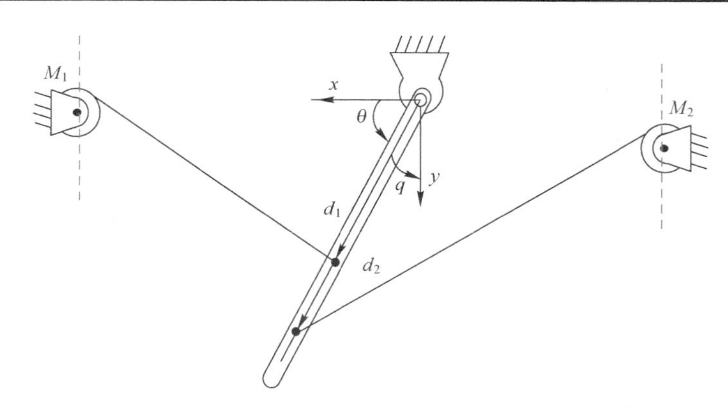

图 7.15　单杆机构简图

所以

$$J_L=\begin{bmatrix}-(M_{1x}-d_1\cos\theta)d_1\sin\theta+(M_{1y}-d_1\sin\theta)d_1\cos\theta\\-(M_{2x}-d_2\cos\theta)d_2\sin\theta+(M_{2y}-d_2\sin\theta)d_2\cos\theta\end{bmatrix}^{\mathrm{T}} \tag{7.17}$$

式中，M_{ix}和M_{iy}是第i个固定的导向滑轮的坐标，然后可计算出其零空间向量

$$\boldsymbol{\varepsilon}=\begin{bmatrix}(M_{2x}-d_2\cos\theta)d_2\sin\theta-(M_{2y}-d_2\sin\theta)d_2\cos\theta\\-(M_{1x}-d_1\cos\theta)d_1\sin\theta+(M_{1y}-d_1\sin\theta)d_1\cos\theta\end{bmatrix} \tag{7.18}$$

将$\boldsymbol{\varepsilon}$的分量设为零，得到以下曲线：

$$\begin{cases}(M_{2x}-d_2\cos\theta)d_2\sin\theta-(M_{2y}-d_2\sin\theta)d_2\cos\theta=0\\-(M_{1x}-d_1\cos\theta)d_1\sin\theta+(M_{1y}-d_1\sin\theta)d_1\cos\theta=0\end{cases} \tag{7.19}$$

当且仅当两个方程的左边为非零且符号相同时，该机构是可张紧的。由此，可以得出

$$\begin{cases}M_{2y}\cos\theta-M_{2x}\sin\theta<0\\M_{1y}\cos\theta-M_{1x}\sin\theta>0\end{cases} \tag{7.20}$$

或者

$$\begin{cases}M_{2y}\cos\theta-M_{2x}\sin\theta>0\\M_{1y}\cos\theta-M_{1x}\sin\theta<0\end{cases} \tag{7.21}$$

式（7.21）可以理解为，索需要在杆件的两侧才能保持所有索都处于张紧状态。单杆的力封闭工作空间边界可以表示为

$$\begin{cases}\tan\theta=M_{2y}/M_{2x}\\\tan\theta=M_{1y}/M_{1x}\end{cases} \tag{7.22}$$

式（7.22）表示索与连杆在一条直线的位置即为其力封闭工作空间边界，这种关系在图 7.15 中可以很直观地看出。

（2）索牵引两杆力封闭工作空间边界求解　使用上述方法求解前述两种构型的工作空间边界，在[1,2]配置中，J_L是 2 行 3 列的矩阵。J_L的零空间可以使用关节变量θ_1和θ_2写成如下通式：

$$(\boldsymbol{\varepsilon})_{3\times1}=[\varepsilon_1(\theta_1,\theta_2)\quad\varepsilon_2(\theta_1,\theta_2)\quad\varepsilon_3(\theta_1,\theta_2)]^{\mathrm{T}} \tag{7.23}$$

求零空间向量的每个分量的根的三个方程如下：

$$\varepsilon_i(\theta_1,\theta_2)=0\quad(i=1,2,3) \tag{7.24}$$

所给出的方程是非线性的，因此有多个解。本节取两杆长 $l_1=0.5$ m、$l_2=0.4$ m 为例，两杆上的索牵引位置和电动机位置见表 7.2。式（7.24）中的三个方程在 θ_1 和 θ_2 的平面中产生的四条曲线如图 7.16 所示，其坐标轴范围都取 0~2π。

表 7.2 [1,2]配置的参数

d_1/mm	d_2/mm	d_3/mm	M_1/m	M_2/m	M_3/m
380	100	382	(0.89, −0.38)	(−0.895, −0.24)	(0.89, 0.185)

为了找出 ε_i 符号相同的区域，在 θ_1 和 θ_2 轴都以 π/30 为间隔进行扫描，结果如图 7.16a 所示。其中深色区域是 ε_i 符号相同的区域，即为当前配置的力封闭工作空间，在此用“ * ”将区域填充。由于角坐标是周期性的，这些区域中的一些部分实际上是连接在一起的，可以看到最上面的部分和最下面的部分是可以拼接在一起的。值得注意的是，这种机构的力封闭工作空间是分区域的，且每个区域之间并不是连通的。因此，当机构的运动轨迹发生改变，即 θ_i 的范围发生改变时，可能导致机构在某个姿态不处于力封闭工作空间内，无法保证索的张紧。这也就意味着，当机构运动轨迹改变时，可能需要调整系统配置使索满足张紧条件。

如前所述，两杆机构的可张紧配置还有另外一种情况，即将三根索都连接到第二根杆上。如图 7.13 所示，将第一根索牵到第二个杆上且两杆长不变，从而形成第二种配置，即[0,3]配置。该配置的各参数见表 7.3。

表 7.3 [0,3]配置的参数

d_1/mm	d_2/mm	d_3/mm	M_1/m	M_2/m	M_3/m
250	100	382	(0.89, −0.38)	(−0.895, −0.24)	(0.89, 0.185)

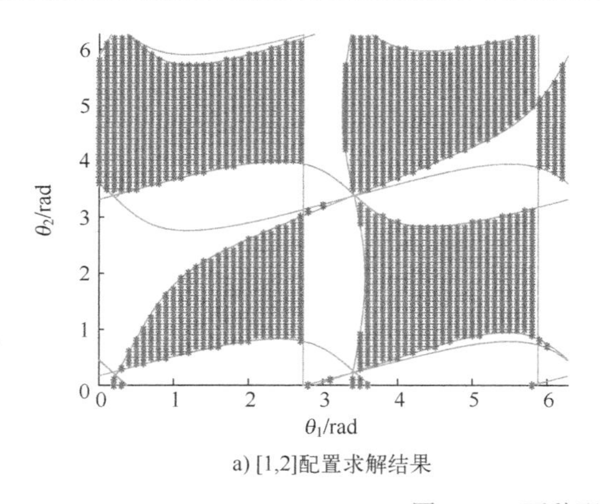

a) [1,2]配置求解结果

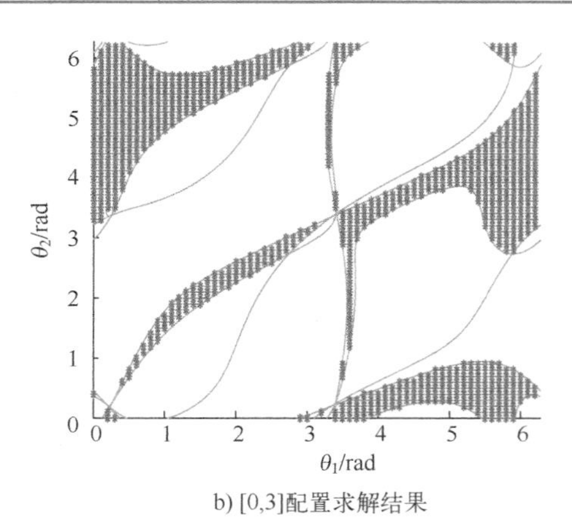

b) [0,3]配置求解结果

图 7.16 两种配置求解结果

通过前述相同的方法求解力封闭工作空间，图 7.16b 描绘了该机构的[0,3]配置在给定构型下的工作空间区域。根据图 7.16b 可以看出，其力封闭工作空间相对第一种配置明显减小，大部分区域都不是该配置的力封闭工作空间。可见调整机构索的分布会对机构的工作空间产生很大的影响。

（3）索牵引三杆力封闭工作空间边界求解 单冗余三杆的布置方式如前所述有四种：$[m_1,m_2,m_3]=[1,1,2]$、$[0,1,3]$、$[1,0,3]$或$[0,2,2]$。由于本文设计的三杆机构具有三个自由度和四个索，$\boldsymbol{J}_L$是 3 行 4 列的矩阵，$\boldsymbol{J}_L$的零空间可以使用关节变量 θ_1、θ_2和 θ_3写成如下通式：

$$(\boldsymbol{\varepsilon})_{4\times1}=[\varepsilon_1(\theta_1,\theta_2,\theta_3)\quad \varepsilon_2(\theta_1,\theta_2,\theta_3)\quad \varepsilon_3(\theta_1,\theta_2,\theta_3)\quad \varepsilon_4(\theta_1,\theta_2,\theta_3)]^{\mathrm{T}} \tag{7.25}$$

零空间向量的每个分量的根的三个方程如下：

$$\varepsilon_i(\theta_1,\theta_2,\theta_3)=0 \tag{7.26}$$

由式（7.26）可知，机构每个零空间的分量都是一个曲面，其中力封闭工作空间是由曲面围成的三维区域。由图 7.17a 可知，曲面之间相互重叠不易分辨观察，在此将力封闭工作空间直接用空间的点“ * ”在三维图中表示，如图 7.17b 所示。使用的方法和上述相同，即将 θ_1、θ_2和 θ_3都以 $\pi/30$ 为间隔进行扫描。由前述内容可知，机构都在所搭建的框架内，为了计算的合理性以及加快计算速度，所以在此将三个角度都在$[0,\pi]$中取值。其中，深色区域是 ε_i符号相同的区域，即为此配置下的力封闭工作空间。由于三杆的四种构型求解方法相同，本节仅举例三杆的一种构型［0,2,2］，其牵索方式如图 7.14b 所示。在此例中，取杆长 $l_1=0.3\ \mathrm{m}$，$l_2=0.3\ \mathrm{m}$，$l_3=0.3\ \mathrm{m}$，其余配置的参数见表 7.4。

表 7.4 ［0,2,2］配置的参数

d_1/mm	d_2/mm	d_3/mm	d_4/mm	M_1/m	M_2/m	M_3/m	M_4/m
60	115	275	165	(0.89, −0.64)	(−0.895, −0.285)	(0.89, 0.075)	(0.89, 0.655)

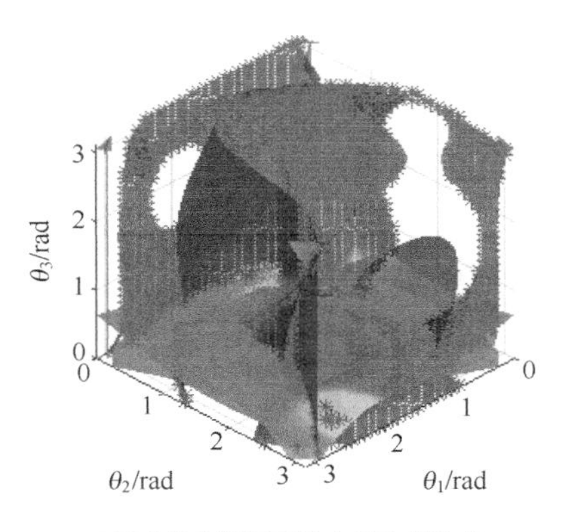

a) [0,2,2]力封闭工作空间和其边界

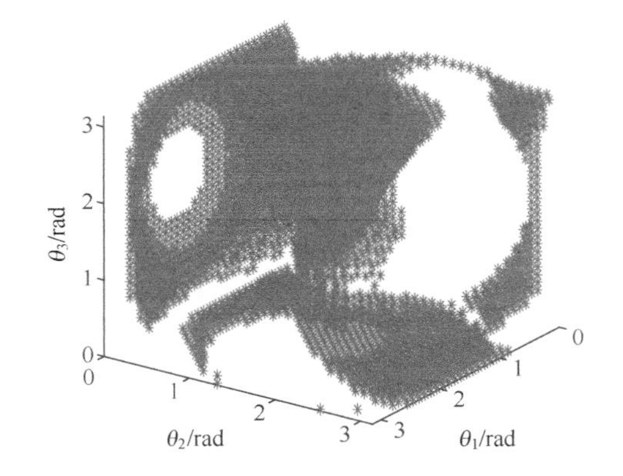

b) [0,2,2]力封闭工作空间

图 7.17 ［0,2,2］配置求解结果

3. 索力优化

在索牵引机器人索拉力的求解问题上，Verhoeven 提出了索拉力优化解的 P-范数近似。Verhoeven 指出，当 $P>1$ 时，索拉力除在奇异点外，解是连续的。一般而言，当机构移动连续路径时，为减少系统振动，需要使优化后的索拉力保持连续。此处，以拉力的 2-范数最小为目标，即优化模型为

$$\begin{cases}\min\|T\|_2 \\ \text{s. t. } \boldsymbol{Q}=\boldsymbol{J}_L\boldsymbol{T} \\ \boldsymbol{T}_{\min}\leqslant\boldsymbol{T}\leqslant\boldsymbol{T}_{\max}\end{cases} \tag{7.27}$$

式中

$$\min\|T\|_2=[T_0+\lambda\text{Null}(\boldsymbol{J}_L)]^{\mathrm{T}}[T_0+\lambda\text{Null}(\boldsymbol{J}_L)] \tag{7.28}$$

$$\begin{cases}\boldsymbol{T}_{\min}=[T_{\min} \quad \cdots \quad T_{\min}]^{\mathrm{T}}_{4\times1} \\ \boldsymbol{T}_{\max}=[T_{\max} \quad \cdots \quad T_{\max}]^{\mathrm{T}}_{4\times1}\end{cases} \tag{7.29}$$

式中，$\text{Null}(\boldsymbol{J}_L)$为求$\boldsymbol{J}_L$的零空间。将式（7.27）展开可得到关于 λ 的二次函数，可以看出对索拉力 $\boldsymbol{T}$ 的优化是一个二次规划问题。由前述内容可知，实际情况下索拉力是有界的，为了保持索张紧必须使索保持一定的预紧力给索拉力设定下界，而电动机扭矩是有限的，故索拉力是有上界的。在本文中设定所有索拉力最小值 $T_{\min}=5$ N，最大值 $T_{\max}=200$ N，使用 MATLAB 中自带的 quadprog 函数对此二次规划问题进行求解。同时，使用索驱动开源代码 CASPR 对索拉力进行求解、对比，CASPR 的结果和式（7.27）计算的索拉力结果如图 7.18 所示。

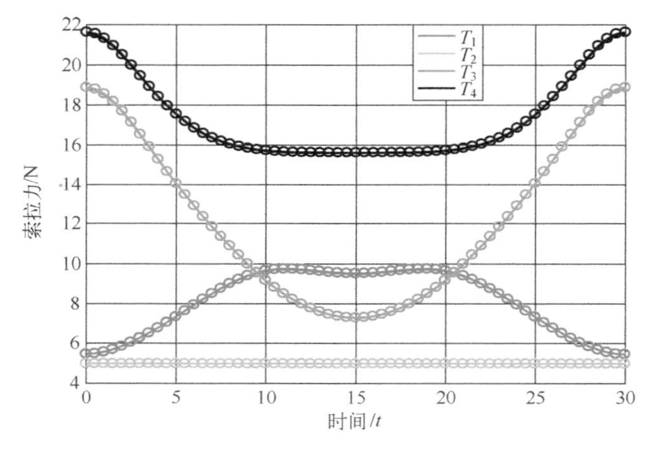

图 7.18 索拉力对比图

图中线条代表式（7.27）计算的结果，图形“o”连成的曲线代表 CASPR 计算的结果。可见两者计算结果一致，同时验证了拉格朗日方程法求解关节力矩和索拉力计算的正确性。

4. 控制策略

康复机器人的运动控制与传统的工业机器人不同，应与患者的病情和康复理论相适应。现有的康复运动控制策略有位置控制、力控制、阻抗控制、自适应控制等。

位置控制是最基本的控制形式，为了完成康复训练，康复机器人必须能按照规定的运动轨迹完成动作。PID 控制是完成位置控制最常用的方法。一般康复机器人的运动速度不高，精度要求相对较低，而关节点都均使用较高减速比的减速电动机，因此电动机的运动学占主导地位，动力学方面考虑较少，而 PID 控制对此是非常有效的。在忽略动力学影响的情况下，PID 控制具有较高精度的位置控制能力。

力控制是广泛应用的一种方法，即通过各种力/力矩传感器检测机器人施加的力或人机耦合力的大小，并按照某种控制目标进行控制。鉴于病患部位和康复方法的不同，力控制策略涵盖了经典控制理论和现代控制理论。Lokomat 把患者下肢步态的运动自由度和受限方向的运动控制纳入了力/位混合控制的控制内，该方法理论上既可以控制患者步态又可以控制人机耦合力，但是需要运算性能极高的计算机系统，否则实时性会变差。力控制的思想是：在被动训练过程和主动训练过程中，把机器人末端所需的辅助力的向量和阻力的向量分别设定为位置和速度的向量函数，从而转换为力的控制。胡宇川等应用该策略进行了上肢偏瘫患者的康复。Patton 等设计了 PD 阻尼力场用于下肢的阻抗训练。力控制的难点在于个性化的力场的设计及控制个性化的力场的设计策略的选择。

阻抗控制注重实现康复机器人的主动柔顺，避免机构与肢体之间的过度对抗，从而为患者创造了一个安全、舒适、自然的触觉接口，避免患肢再次损伤。除此之外，阻抗控制还有一个优势：它的实现不依赖于外界环境运动约束的先验知识。因此，在机器人与患者之间相互作用力的控制问题上，阻抗控制有更为广泛的应用。在机器人控制领域，阻抗控制的概念最先由 Hogan 提出，是阻尼控制和刚性控制的推广。从实现方式上而言，阻抗控制分为两类，即基于力矩的阻抗控制方法和基于位置的阻抗控制方法。第一种方法基于前向的阻抗方程，但通常在控制结构中并不存在该方程的显式表达，阻抗方程的实现隐含于控制结构中。第二种方法则是基于逆向的阻抗方程，它也称为导纳控制，通常采用典型的双闭环控制结构，即外环实现力控制，内环实现位置控制；其中，逆向的阻抗方程在力控制外环中得以显式实现。相对而言，针对既有的机器人位置伺服系统，基于位置的阻抗控制方式更加容易实现，而且该算法在使用上更加成熟，性能也更加稳定。

自适应控制是通过控制系统输入量、输出量等性能指标来检测机器人，在机器人对患者产生不利的影响时，控制系统主动对不利的影响进行改善控制，使得控制系统适应被控对象和外界干扰的变化。北方工业大学的梁旭等人针对患者在康复训练过程中人体阻抗参数动态变化的问题，设计出了一种模糊变刚度自适应调节器，通过降低位置跟踪精度获得主动柔顺性，避免了患者下肢与机器发生对抗，实现了人体阻抗的自适应，保证了患者主动训练时的安全。燕山大学的冯永飞研发了一款下肢康复机器人，为了能够更好体现患者的康复状态，提出了反映患者的康复状态的自适应控制系统，以帮助患者达到最佳训练状态。自适应控制的不足之处是在识别参数的过程中所需计算量大，当受到外界干扰时，参数的辨识不准确，使得系统的稳定性下降。

7.4　索牵引下肢康复机器人实例

7.4.1　可重构索牵引肢体康复机器人

为了方便患者就近康复，设计了一款应用于社区服务的多功能可重构运动康复系统，该系统由两部分组成，分别是人体个性数据采集系统和可重构索牵引人体康复系统。其中，人体个性数据采集系统能够采集患者个性肢体参数和关节运动数据，具有使用便捷、成本较低等优点，并且能够实现远程观测患者采集数据的功能，为患者的康复规划提供数据支持。数据采集系统主要由 RealSense 深度相机、个人计算机和云服务器组成，基于 OpenPose 开源项目提供 API 接口实现人体关节点的识别，结合深度数据完成人体下肢步态数据的采集任务。可重构索牵引康复机器人依不同患者康复肢体的需求，调整设备构型，达到一机多用，上、下肢体康复均可适用。人体个性数据采集系统在家庭或社区服务站即可完成数据采集任务。人体个性数据采集系统结构如图 7.19 所示。

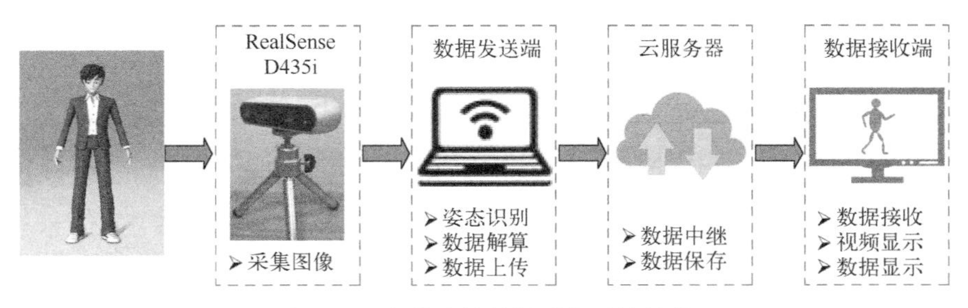

图 7.19 人体个性数据采集系统结构

该系统不需要与患者直接接触就能够快速采集患者的肢体参数，如果患者有一定的活动能力，该系统还可以采集关节运动学参数。康复医师可以根据患者的肢体参数及运动学参数特征，为不同的患者设计个性化的康复方案，使得运动康复训练更为高效，并且可以将患者的关节运动轨迹与正常人的关节运动轨迹进行对比，分析病人病情。以下肢运动康复为例，人体个性数据采集系统的主要任务是采集病人的详细下肢参数，如大腿、小腿、足部的长度等，同时也能够采集下肢各个关节的运动轨迹。

索牵引人体康复系统将索牵引可重构技术与康复训练进行有机结合，构建出一种结构简单、模式多样的康复训练机器人，经过快速重构可满足下肢不同关节的主被动康复训练需求并适应不同患者的肢体长度，提高复用率。图 7.20 所示为两种不同部位康复机器人的构型。

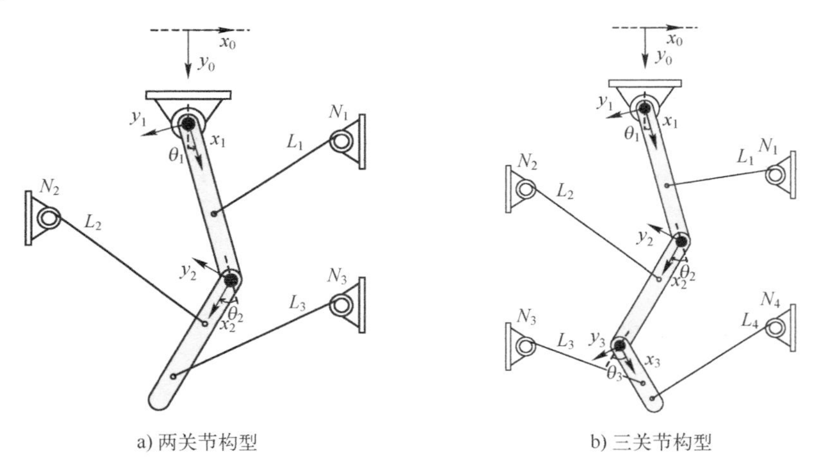

图 7.20 两种索牵引肢体康复机器人构型

由于人体肢体类似多关节串联结构，此处用连杆铰接结构代替人体下肢结构。现仅以下肢康复训练为例，进行结构及控制方案设计，其他部位康复结构设计类似。

索牵引人体下肢康复系统框架如图 7.21 所示，主要分为机械结构、控制系统及数据采集系统三部分。系统的机械结构部分主要由电动机及其绕线结构、索、人体模型以及固定框架组成。控制系统部分由上位机与下位机组成。由于工业型运动控制卡可靠性高、功能强、性能较好，可应用于多种复杂的控制算法的机器人控制中，所以该索牵引人体下肢康复系统的控制系统中选择个人计算机+运动控制卡的控制模式。其中，上位机采用 C 语言编写人机交互界面，下位机使用 DMC5800 运动控制卡。样机实验中使用 NOKOV 光学三维运动捕捉系统采集系统数据，以验证索牵引人体下肢康复系统运动的相关轨迹数据。

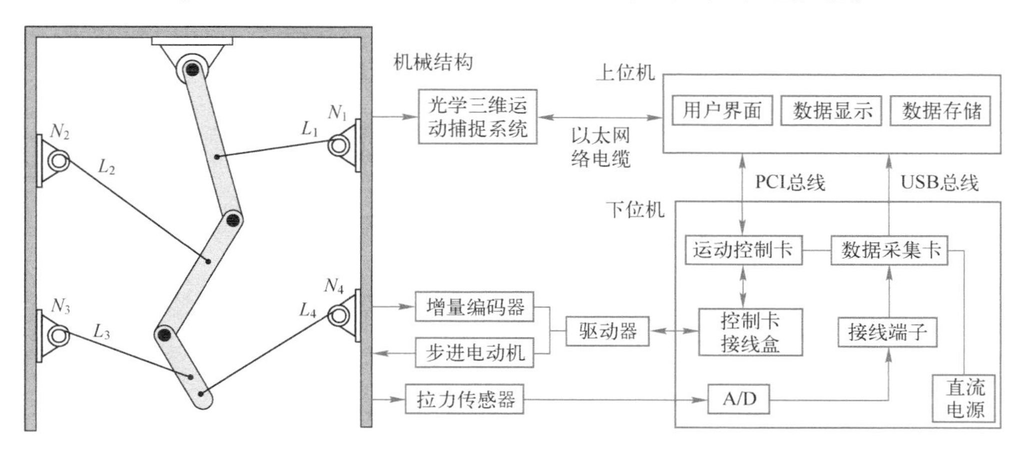

图 7.21　索牵引人体下肢康复系统框架

系统运行过程如下：由上位机发送电动机控制信号至下位机运动控制卡，控制驱动器完成电动机的转动，实现索牵引人体康复系统期望轨迹的运动。通过数据采集卡完成拉力数据的采集，并通过光学三维运动捕捉系统对系统的运动信息进行采集，由上位机对以上数据进行处理及分析。上位机负责规划运动轨迹、管理控制系统，并将采集到的数据处理后形成相应的动态曲线，对索牵引人体下肢康复系统的运动情况进行监控。上位机与下位机之间采用 PCI 总线的方式通信，数据传输速率高，提高了系统工作的速度及控制性能。

7.4.2　索牵引踝关节跖/背屈康复机器人

如图 7.22 所示的索牵引踝关节助力外骨骼系统，由踝关节助力外骨骼、控制器、伺服电动机、将电动机与外骨骼连接的双向鲍登（Bowden）索传输装置以及弹簧等组成。运动捕捉系统用于实时测量粘贴在外骨骼上的标记点的位置信息，获取人体行走过程中踝关节的角度等运动学信息，从而实现步态百分比的计算以及期望力矩的输出。将弹簧与索串联起来可以构成一个串联弹性驱动器，这种做法可以在人体运动过程中不断变化的外界环境情况下，改善力矩跟踪效果，因此被用于提高外骨骼的抗干扰能力。此外，通过串联弹性元件可以将力控制转化为位置控制，因为在串联弹性驱动器中输出的力可以用弹性元件的形变量和刚度计算得出。在鲍登索靠近弹簧一端的内部钢丝绳上安装有拉力传感器，用于实时测量索拉力，通过拉力乘以力臂的方式来计算施加到踝关节上的辅助力矩。其力的传递方向是电动机轴—减速器—绕线轮—鲍登索—弹簧—踝关节。使用该系统，可以将电动机和驱动器安装在独立于人体的框架上，并通过鲍登索将动力传输到穿戴于身体上的踝关节助力外骨骼，从而降低穿戴者的惯性，减少外骨骼对自然关节运动的干扰。

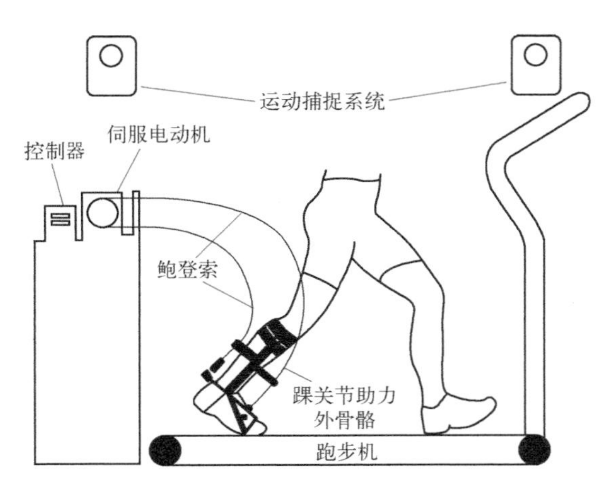

图 7.22　索牵引踝关节助力外骨骼系统

习　　题

7.1　康复机器人可以帮助患者康复，其中的原理是什么？

7.2　康复机器人有哪些训练模式，各自有什么特点？

7.3　康复机器人除了本章提到的分类方式外，还有哪些分类方式？请举例说明。

7.4　索牵引下肢康复机器人有什么优缺点？

7.5　康复机器人的控制方法有哪些？请简要介绍。

参考文献

[1] 姜金刚，张永德．医疗机器人技术［M］．北京：化学工业出版社，2019.

[2] 南登崑．康复医学［M］．4 版．北京：人民卫生出版社，2013.

[3] 陈翼雄．基于功能性电刺激及生物信号反馈的下肢康复机器人设计及控制［D］．北京：中国科学院大学，2014.

[4] QIU J. China spinal cord injury network：changes from within［J］. Lancet Neurology，2009，8（7）：606-607.

[5] 国务院新闻办公室．平等、参与、共享：新中国残疾人权益保障 70 年［EB/OL］．（2019-7-25）［2023-11-09］．https://www.gov.cn/xinwen/2019-07/25/content_5414945.htm.

[6] 潘畅．中风偏瘫实用康复术图解［M］．北京：中国中医药出版社，1999.

[7] 张通．神经康复治疗学［M］．北京：人民卫生出版社，2011.

[8] POHL M，WERNER C，HOLZGRAEFE M，et al. Repetitive locomotor training and physiotherapy improve walking and basic activities of daily living after stroke：a single-blind，randomized multicentre trial（DEutsche GAngtrainerStudie，DEGAS）［J］. Clinical Rehabilitation，2007，21（1）：17-27.

[9] KWAKKEL G，KOLLEN B J，KREBS H I. Effects of robot-assisted therapy on upper limb recovery after stroke：a systematic review［J］. Neurorehabil Neural Repair. 2008，22（2）：111-121.

[10] AKDOGAN E，ADLI M A. The design and control of a therapeutic exercise robot for lower limb rehabilitation：physiotherabot［J］. Mechatronics，2011，21（3）：509-522.

[11] 国务院．国务院关于印发“十四五”残疾人保障和发展规划的通知［EB/OL］.（2021-7-21）［2023-11-09］. https://www.gov.cn/zhengce/content/2021-07/21/content_5626391.htm.

[12] 陈丽荣．深度分析！十张图解读2021年中国残疾人康复医疗市场现状与发展前景［EB/OL］.（2021-5-17）［2023-11-09］. https://www.qianzhan.com/analyst/detail/220/210517-f2cf4e9a.html.

[13] 张济川，金德闻．新技术在康复工程中的应用和展望［J］. 中国康复医学杂志，2003，18（6）：352-354.

[14] 徐国政，宋爱国，李会军．康复机器人系统结构及控制技术［J］. 中国组织工程研究与临床康复，2009，13（4）：717-720.

[15] 张通．中国脑卒中康复治疗指南：2011完全版［J］. 中国康复理论与实践，2012，18（4）：301-318.

[16] 杜宁．基于3-RRC并联机构的上肢康复机器人设计［D］. 秦皇岛：燕山大学，2012.

[17] 张娇娇，胡秀枋，徐秀林．下肢康复训练机器人研究进展［J］. 中国康复理论与实践，2012，18（8）：728-730.

[18] GUO B J, HAN J H, LI X P, et al. Research and Design of a new horizontal lower limb rehabilitation training robot［J］. International Journal of Advanced Robotic Systems, 2016, 13 (1): 1-10.

[19] NEF T, MIHELJ M, KIEFER G, et al. ARMin-exoskeleton for arm therapy in stroke patients［C］//IEEE International Conference on Rehabilitation Robotics. Noordwijk: IEEE, 2007: 68-74.

[20] NEF T, MIHELJ M, RIENER R. ARMin: a robot for patient-cooperative arm therapy［J］. Medical and Biological Engineering and Computing, 2007, 45 (9): 887-900.

[21] NEF T, GUIDALI M, KLAMROTH-MARGANSKA V, et al. ARMin-exoskeleton robot for stroke rehabilitation［C］//World Congress on Medical Physics and Biomedical Engineering. Munich: Springer, 2009: 127-130.

[22] COLOMER C, BALDOVI A, TORROME S, et al. Efficacy of Armeo Spring during the chronic phase of stroke. study in mild to moderate cases of hemiparesis［J］. Neurología, 2013, 28 (5): 261-267.

[23] GIJBELS D, LAMERS I, KERKHOFS L, et al. The Armeo Spring as training tool to improve upper limb functionality in multiple sclerosis: a pilot study［J］. Journal of NeuroEngineering and Rehabilitation, 2011, 8 (1): 1-8.

[24] CIMOLIN V, VAGNINI A, GERMINIASI C, et al. The armeo spring as training tool to improve upper limb functionality in hemiplegic cerebral palsy: a pilot study［C］//IEEE International Forum on Research and Technologies for Society and Industry Leveraging a Better Tomorrow. Bologna: IEEE, 2016: 14.

[25] BIFFI E, MAGHINI C, CAIRO B, et al. Movement velocity and fluidity improve after Armeo Spring rehabilitation in children affected by acquired and congenital brain diseases: an observational study［J］. Biomed Research International, 2018, 2018: 1-8.

[26] ADOMAVIČIENĖ A, DAUNORAVIČIENĖ K, KUBILIUS R, et al. Influence of new technologies on post-stroke rehabilitation: a comparison of Armeo Spring to the kinect system［J］. Medicina Kaunas, 2019, 55 (4): 1-5.

[27] KIM B, DESHPANDE A D. An upper-body rehabilitation exoskeleton harmony with an anatomical shoulder mechanism: design, modeling, control, and performance evaluation［J］. International Journal of Robotics Research, 2017, 36 (4): 414-435.

[28] SUI D B, FAN J Z, JIN H Z, et al. Design of a wearable upper-limb exoskeleton for activities assistance of daily living［C］//2017 IEEE International Conference on Advanced Intelligent Mechatronics (AIM). ［S. l.］: IEEE, 2017: 845-850.

[29] 冯永飞．坐卧式下肢康复机器人机构设计与协调控制研究［D］. 秦皇岛：燕山大学，2018.

[30] 郭盛，马可，王向阳．新型可穿戴上肢康复机构的设计与分析［J］．北京交通大学学报，2020，44（4）：132-140.

[31] CHERNI Y, GIRARDIN-VIGNOLA G, BALLAZ L, et al. Reliability of maximum isometric hip and knee torque measurements in children with cerebral palsy using a paediatric exoskeleton-lokomat [J]. Neurophysiologie Clinique, 2019, 49 (4): 335-342.

[32] LAURSEN C B, NIELSEN J F, ANDERSEN O K, et al. Feasibility of using lokomat combined with functional electrical stimulation for the rehabilitation of foot drop [J]. European Journal of Translational Myology, 2016, 26 (3): 6221.

[33] SILFHOUT L V, VÁŇA Z, PĚTIOKÝ J, et al. Highest ambulatory speed using lokomat gait training for individuals with a motor-complete spinal cord injury: a clinical pilot study [J]. Acta Neurochirurgica, 2020, 162 (4): 951-956.

[34] KAMMEN K V, BOONSTRA A M, VAN DER WOUDE L H, et al. Lokomat guided gait in hemiparetic stroke patients: the effects of training parameters on muscle activity and temporal symmetry [J]. Disability and Rehabilitation, 2020, 42 (21): 2977-2985.

[35] REYNARD F, GERBER F, FAVRE C, et al. Movement analysis with a new robotic device: the motionmaker™: a case report [J]. Gait and Posture, 2009, 30 (supp-S2): S149-S150.

[36] ESQUENAZI A, TALATY M, PACKEL A, et al. The rewalk powered exoskeleton to restore ambulatory function to individuals with thoracic-level motor-complete spinal cord injury [J]. American Journal of Physical Medicine and Rehabilitation, 2012, 91 (11): 911-921.

[37] 程子彦．傅利叶智能开创外骨骼机器人新时代 中国自主研发出有“触觉”的机器人［J］．中国经济周刊，2017（14）：72-73.

[38] 卢涛．一种闭链式下肢步态康复机器人的结构设计与分析［D］．合肥：合肥工业大学，2020.

[39] 付铁，曹雨婷．基于柔性关节的下肢康复机器人设计与分析［J］．北京理工大学学报，2021，41（1）：43-47.

[40] BARBOSA A M, CARVALHO J C M, GONCALVES R S. Cable-driven lower limb rehabilitation robot [J]. Journal of the Brazilian Society of Mechanical Sciences and Engineering, 2018, 40 (5): 1-11.

[41] 王逸铭，韦依姗，胡秀枋，等．绳索并联驱动下肢康复机器人的设计与分析［J］．生物医学工程研究，2021，40（4）：401-406.

[42] 邹宇鹏，王诺，刘凯，等．可移动式柔索驱动下肢康复机器人设计及分析［J］．华中科技大学学报（自然科学版），2019，47（1）：22-26；38.

[43] REZAZADEH S, BEHZADIPOUR S. Tensionability conditions of a multi-body system driven by cables [C] //ASME 2007 International Mechanical Engineering Congress and Exposition. [S. l.]: American Society of Mechanical Engineers, 2007: 1367-1375.

[44] DUAN Q J, DUAN X C. Workspace classification and quantification calculations of cable-driven parallel robots [J]. Advances in Mechanical Engineering, 2014, (6): 1-10.

[45] ALAMDARI A, KROVI V. Design and analysis of a cable-driven articulated rehabilitation system for gait training [J]. Journal of Mechanisms and Robotics, 2016, 8 (5): 1-12.

[46] 马彪．基于绳索驱动的多模式康复机器人设计和运动控制分析［D］．西安：西安电子科技大学，2017.

[47] VERHOEVEN R. Analysis of the workspace of tendon-based Stewart platfoms [D]. Duisburg: University of Duisburg-Essen, 2004.

[48] LAU D, EDEN J, TAN Y, et al. CASPR: a comprehensive cable-robot analysis and simulation platform for the research of cable-driven parallel robots [J]. 2016 IEEE/RSJ International Conference on Intelligent Ro-

bots and Systems (IROS), 2016: 3004-3011.

[49] 梁旭，王卫群，苏婷婷，等．下肢康复机器人的主动柔顺自适应交互控制 [J]. 机器人，2021，43 (5): 547-556.

[50] 刘宇，徐文福．机器人机构学 [M]. 北京：电子工业出版社，2022.

[51] SICILIANO B, KHATIB O. 机器人手册：第 3 卷 机器人应用 [M]. 北京：机械工业出版社，2022.

[52] 庞在祥，王彤宇，王占礼．可穿戴式上肢康复机器人结构设计 [M]. 北京：化学工业出版社，2023.

[53] MENG W, ZHU Y, ZHOU Z, et al. Active interaction control of a rehabilitation robot based on motion recognition and adaptive impedance control [M]. New York: The Dryden Press, 2014.

第8章　移动机械臂

本章介绍移动机械臂的相关知识，重点关注构成移动机械臂的移动平台和新一代轻型机械臂的类型及特点。本章将详细讨论它们的系统组成和研究内容，以帮助学习者全面了解移动机械臂的基本特点，并为研究人员在移动机械臂领域进一步探索奠定基础。

8.1　移动机械臂概述

移动机械臂（mobile manipulator）是一个广泛的术语，指的是一类由机械臂、移动平台和传感器组所构建的新型机器人系统。图8.1所示为三种典型的移动机械臂，这种系统遵循“1+1>2”的原则，结合了移动平台和机械臂的优点并弱化了它们的缺点。例如，移动平台能够延伸机械臂的工作空间，而机械臂可为移动平台提供操作功能。因此，移动机械臂具有可移动性和操作灵巧性的双重优势。

a) 轮式移动机械臂

b) 履带式移动机械臂

c) 足式移动机械臂

图8.1　典型的移动机械臂

移动机械臂在柔性制造、家政服务、医疗康复、仓储物流以及太空探索等领域得到了广泛应用，如图8.2所示。它们在一定程度上补充或替代了人类的工作，节省人力成本的同时也降低了工作风险。然而，设计出能够满足人类作业需求的移动机械臂系统仍具有挑战性，尤其是在考虑工作要求和极端作业环境等限制的情况下。

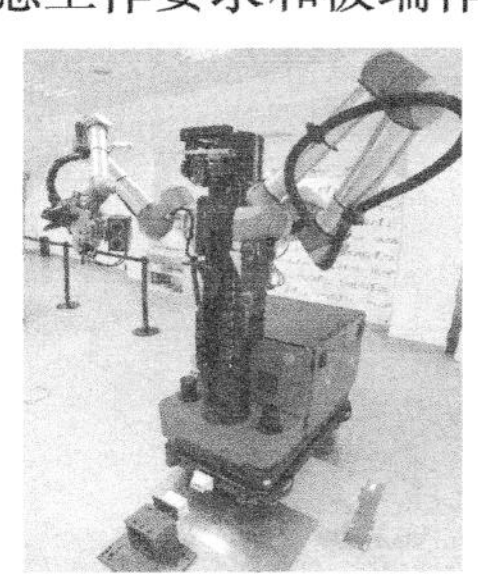

a) 柔性制造

b) 家政服务

c) 太空探索

图8.2　移动机械臂的应用场景

8.2 移动机械臂系统组成

根据前述内容，我们了解到移动机械臂系统的关键组件主要包括移动平台和轻型机械臂。面对不同类型的任务时，选取的各组件类型也有所不同，特别是在选择移动平台时，需要充分考虑作业环境。本节将分别介绍移动平台和轻型机械臂的类型及其特性。

8.2.1 移动平台

移动平台的发展历程可以追溯到 20 世纪 50 年代。目前世界公认的第一个移动平台是由美国 Barrett 电子公司设计研发的。经过近 70 年的发展，移动平台从技术、产品种类和应用上都有了长足的发展。本节根据结构的不同将其分为三大类：轮式、履带式和其他类型，下面将分别介绍上述类型的特性。

1. 轮式

迄今为止，轮子是移动机器人和人造交通车辆中最流行的运动机构，其工作效率高、制作简单，且其移动速度和移动方向易于控制，因此在各种移动机构中，轮式移动机构最为常见。轮式移动平台研究重点涉及牵引、稳定性、机动性和控制问题。目前，轮式移动平台在结构设计及其实现方式、结构形态等方面均存在多样化的特点。

常见的轮子有四种类型，见表 8.1。在运动方面这几种结构有很大的差别，因此轮子类型的选择对移动机器人的整体运动会有很大的影响。

在四种类型中，标准轮和小脚轮都有一个旋转主轴。在进行不同方向的运动时，首先要沿着垂直轴操纵轮子。标准轮由于旋转轴经过轮子与地面的接触点，因此其完成操纵时没有副作用；小脚轮绕偏心轴旋转，因此在操纵时会产生一个力，作用到机器人的底盘上。

与标准轮相比，瑞典轮会在另一个方向上产生低的阻力。该方向可以是垂直于常规方向，如 Swedish 90°；也可以是中间角度，如 Swedish 45°。装在轮子周围的辊子是被动的，轮子主轴是唯一的供有动力的连接。这一设计使得轮子在只有主轴提供动力的情况下，可以沿许多可能的轨迹移动，而不仅仅是向前或向后。

球形轮是一种真正的全向轮，它可以沿任何方向受动力而旋转。这种球形构造的机械结构与机械式鼠标结构类似，将提供动力的辊子压在球体上面，通过旋转提供动力。

表 8.1　四种常见的轮子类型

名　称	结 构 图	描　述
标准轮	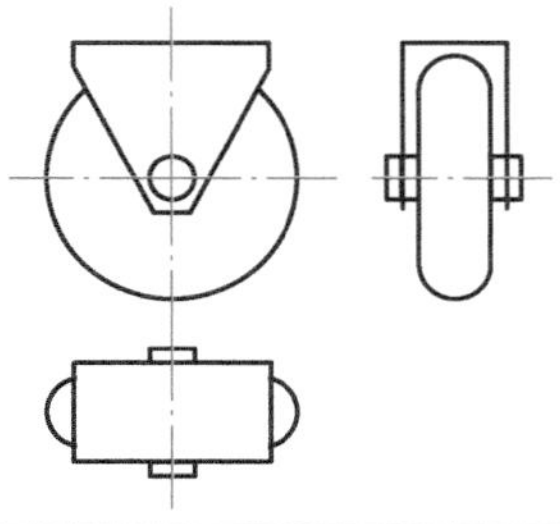	2 个自由度，围绕轮轴（电动的）和接触点转动

（续）

名　称	结 构 图	描　述
小脚轮	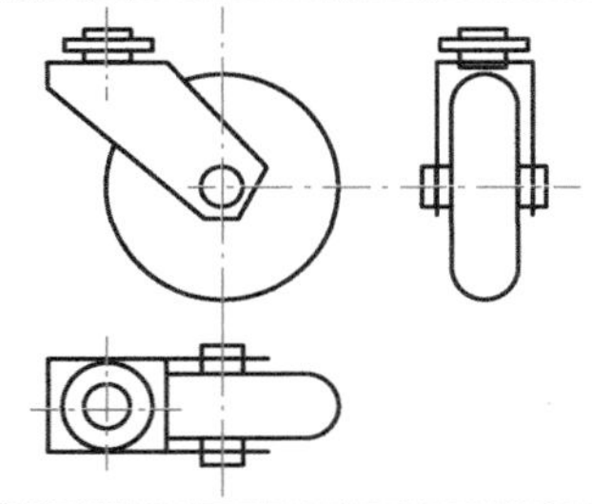	2个自由度，围绕偏移的操纵接合点旋转
瑞典轮	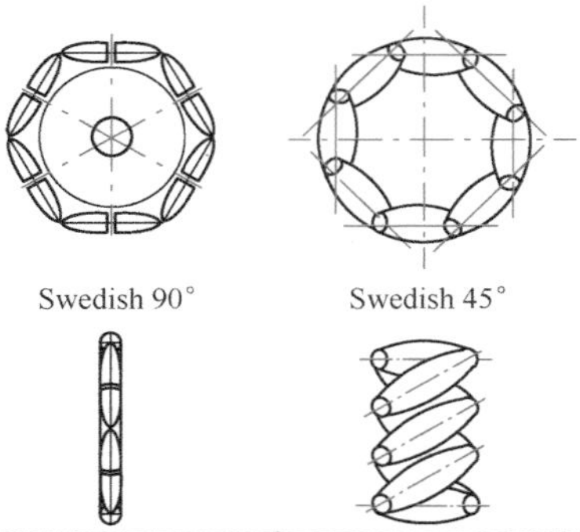 Swedish 90°　Swedish 45°	3个自由度，围绕轮轴（电动的）、辊子和接触点旋转
球体或球形轮	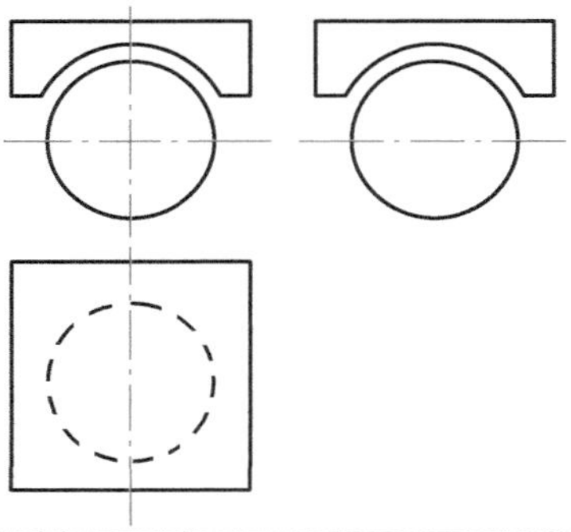	全向轮，技术上实现比较困难

轮式移动平台是为应用在不同环境而设计的，然而，由于不同环境具有不同特点，没有一种机构可以适应所有的工作环境。因此，出现了各种各样的轮式移动机构，它们采用不同的轮子类型和底盘几何结构，以适应不同的环境和任务需求。表8.2按轮子数目排序给出了轮式移动机构的概述，其中包括结构装配、描述及典型示例。

表8.2　一些典型的轮式移动机构的结构

轮子数目	结构装配	描　述	典型示例
2		前端1个操纵轮，后端1个牵引轮	自行车、摩托车
	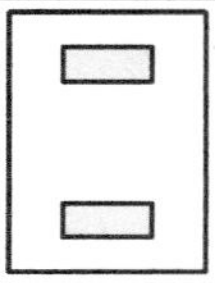	两轮差动驱动，质心在转轴下方	美国Probotics公司研制的Cye服务机器人

（续）

轮子数目	结构装配	描　　述	典型示例
3	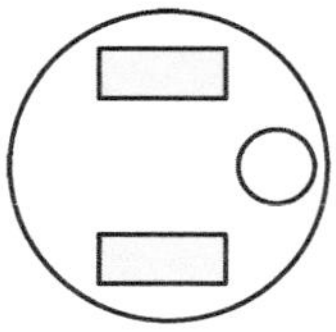	带有第三个接触点的两轮居中的差动驱动	瑞士洛桑联邦理工学院（EPFL）设计的 Nomad 机器人
	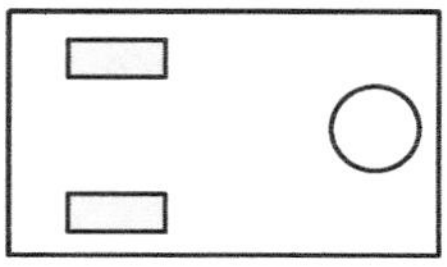	在后（前）端有 2 个独立驱动轮，在前（后）端有 1 个全向的无动力轮	EPFL 设计的 Alice 移动机器人
	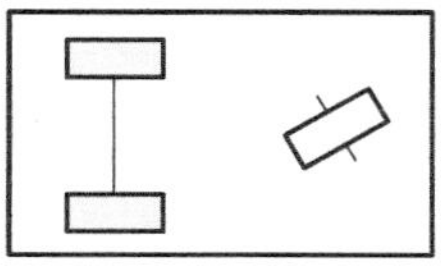	后端有 2 个动力轮，前端有 1 个可操纵的自由轮	美国 Piaggio 集团研制的微型卡车
	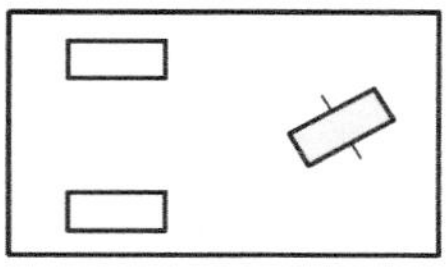	后端有 2 个自由轮，前端有 1 个可操纵的动力轮	我国 Neptune（纳百）机器人公司研制的水下机器人
	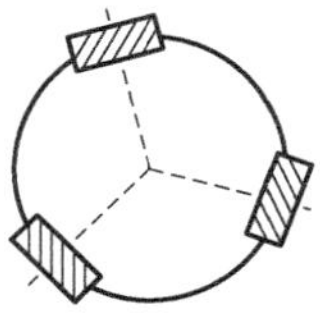	3 个动力瑞典轮或球形轮排列呈三角形，可以全向运动	EPFL 设计的 Tribot 机器人
	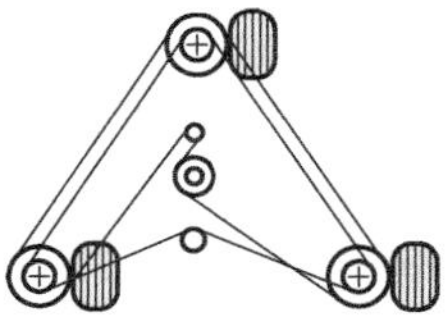	3 个同步动力可操纵轮，底盘方向是不可控的	NASA 研制的模块化机器人探测车 MRV-2
4	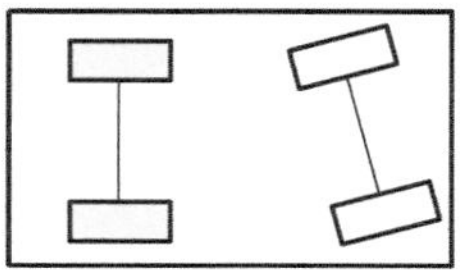	后端有 2 个动力轮，前端有 2 个可操纵轮	阿克曼结构的后轮驱动小车
	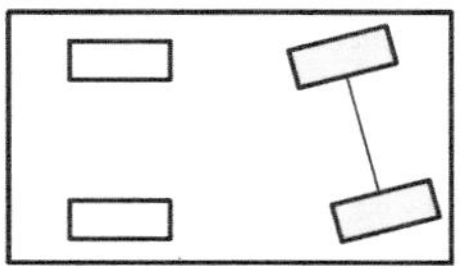	前端有 2 个可操纵的动力轮，后端有 2 个自由轮	前轮驱动的小车

（续）

轮子数目	结构装配	描　　述	典型示例
4	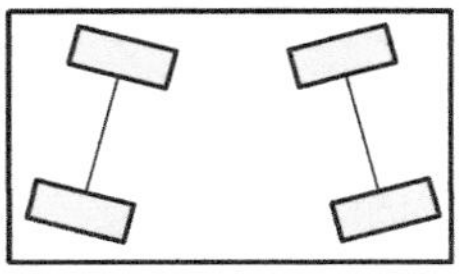	4 个可操纵的动力轮	美国 Hyperion 公司研制的四轮驱动小车
	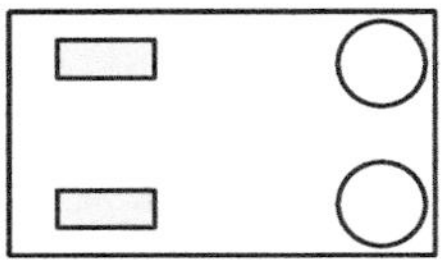	后（前）端 2 个牵引轮（差动），前（后）端 2 个全向轮	EPFL 开发的小型移动式机器人 E-puck
	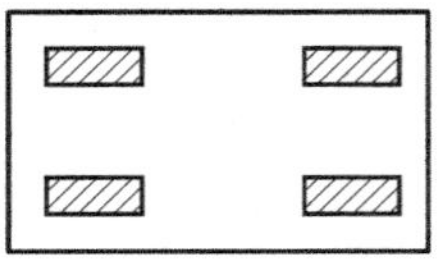	4 个全向的瑞典轮（或球形轮）	卡内基梅隆大学研制的全方位移动机器人 URANUS
	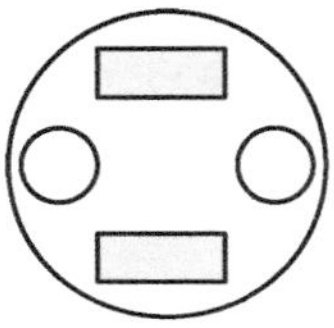	具有附加接触点的两轮差动驱动	EPFL 开发的工业机器人 Khepera
	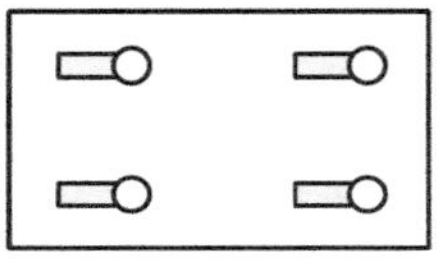	4 个可操纵的动力小脚轮	斯坦福大学研制的 Nomad XR4000 移动机器人
6	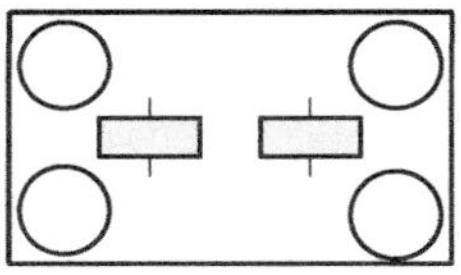	排列在中央的 2 个可操纵的动力轮，四角各有一个全向轮	德国 KUKA 公司研制的 KMP1500 全向移动式平台
	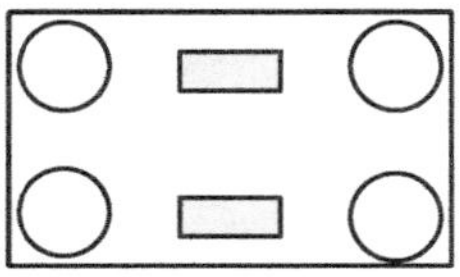	中央有 2 个牵引轮（差动），四角各有一个全向轮	卡内基梅隆大学研制的 Terregator 移动机器人

各种轮子类型的图例

	非动力全向轮	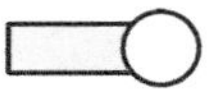	可操纵的动力小脚轮
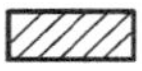	动力瑞典轮	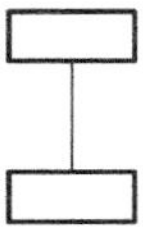	连接轮
	非动力标准轮		动力标准轮

2. 履带式

履带式结构从本质上讲是一种连杆机构，通过与驱动齿轮、轮子、滚轮或链轮相连构成履带式移动平台，形式上较为简单。目前，在极端环境和非结构场景中应用广泛。例如，在松软或湿滑的地面上，因为履带与地面的接触面积相较轮式更大，整体质量分布更加均匀，所以能够行驶，不会因下沉而受到移动限制。此外，履带式移动平台还具有较高的有效负载。然而，由于摩擦较大和机械系统较为复杂，履带式移动平台通常速度较慢，运动精度较低，且使用寿命较短。图 8.3 所示为两种不同用途的履带式移动平台。

a) 用于巡检任务的移动平台

b) 用于军事探测的移动平台

图 8.3　履带式移动平台

3. 其他类型

（1）足式　众所周知，自然界生物面对各种复杂环境时能够展现出强大的适应性，为使人类开发的移动平台具备这样的能力，众多学者从仿生角度出发展开前沿探索，目前最受关注的当属足式移动平台，如图 8.4 所示。该平台最早是受自然界中的节肢动物启发，参照节肢动物的结构进行设计的，其中以四足机器人的应用最为广泛。足式移动平台在崎岖的地形上适应性相比轮式更好，这主要是因为足式移动平台的运动路径是由一系列离散的脚印组成的，而轮式或履带式移动平台则是由连续的车辙组成。当然，足式移动平台也有缺点。例如，即使运动在平面上，其仍需要借助复杂的机械设计和精确的运动控制算法来实现协调运动。此外，足式移动平台的机动性与自然界中的节肢动物相比仍具有很大差距。

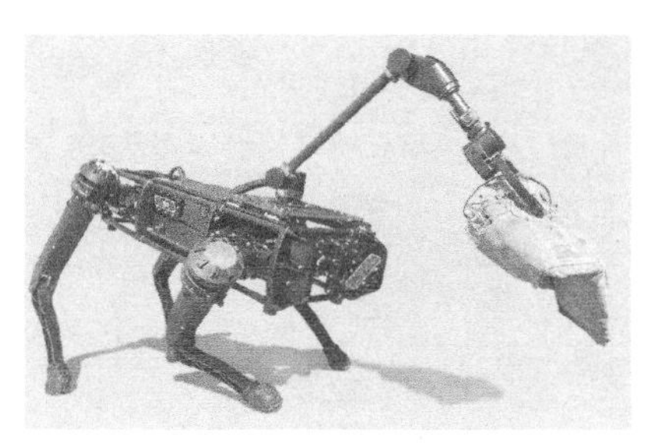

a) 四足移动平台

b) 六足移动平台

图 8.4　足式移动平台

（2）旋翼式　旋翼式移动平台是人类对鸟类运动机理研究的重大创新成果之一。它填补了高空作业的空白，将科幻小说中的场景带入现实，并极大地提高了人类的工作效率。近年来，旋翼式移动平台逐渐在军事领域得到应用，具有重要的战略意义。图 8.5 所示为旋翼式飞行移动平台。

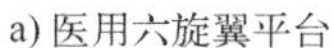

a) 医用六旋翼平台

b) 飞行机械臂平台

图 8.5 旋翼式飞行移动平台

8.2.2 轻型机械臂

移动机械臂系统通常搭载新一代轻型机械臂。相较传统机械臂，轻型机械臂遵循了模块化和机电部件集成化的设计原则，除了具有更轻的质量，还拥有更高的精度，并配置了更多的传感器，因此拥有更高的协作性与安全性。图 8.6 所示为新一代轻型机械臂，KUKA LBR iiwa 是德国库卡公司推出的第一款量产灵巧型轻型机器人（图 8.6a），其开启了灵巧型工业机器人的新纪元。YuMi 是瑞典 ABB 公司设计的全球第一款协作式双臂机器人（图 8.6b），能够胜任小零件组装、绘画等任务。UR5 是丹麦优傲公司推出的一款轻便、适应性强的协作式工业机器人（图 8.6c），具有有效负载大、重复定位精度高等优点。图 8.7 列举了三款典型的传统机械臂，分别为日本 YASKAWA（安川）的 AR1440、FANUC M1000 和 NACHI MZ07，它们代表着工业机械臂的最高技术水准，被广泛应用在大型工业场景。

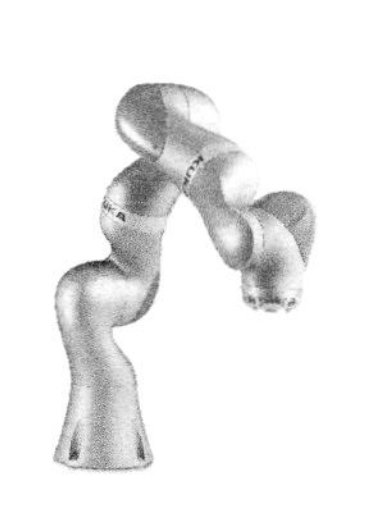

a) KUKA LBR iiwa(德国)

b) ABB YuMi(瑞典)

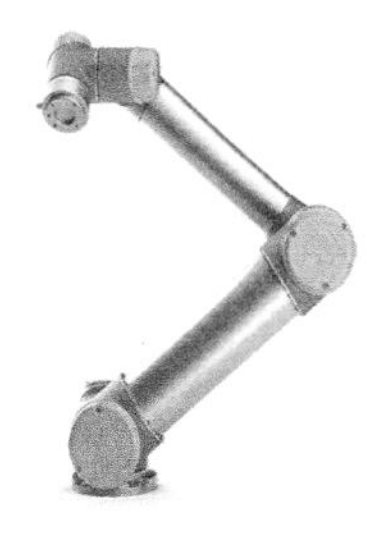

c) UR5(丹麦)

图 8.6 新一代轻型机械臂

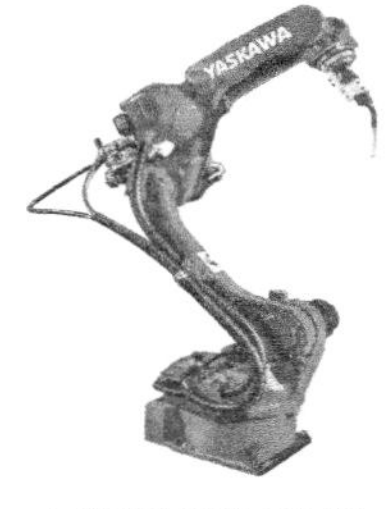

a) YASKAWA(日本)

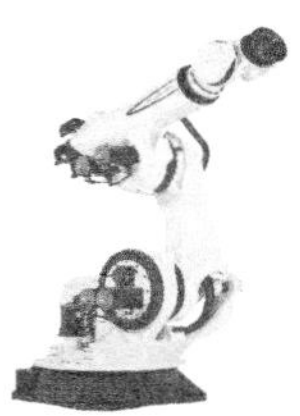

b) FANUC(日本)

c) NACHI(日本)

图 8.7 传统机械臂

8.3 移动机械臂研究内容

近年来，研究人员对移动机械臂展开了深入研究。其中，运动学与动力学、运动规划、视觉感知和技能学习是移动机械臂领域研究的核心内容，下面将对这几部分内容做详细介绍。

8.3.1 运动学与动力学

运动学是对机械系统如何运行的最基本的研究，运动学模型一般不考虑产生运动的力和力矩，主要考查的是机器人的位置、速度、加速度和位置变量对时间的其他更高阶微分等。动力学则是对机械系统运行时的受力状况以及机器人运行状态的研究，主要包括力、力矩、加速或减速以及直线运行等。在移动机械臂中，机器人的运动分析、动力学计算、运行轨迹规划和控制实现都是依靠运动学模型来完成的。动力学模型则是实现对机器人的力或力矩控制、动态性能分析的主要依据。

1. 移动平台的运动学与动力学

（1）运动学　为建立整个移动平台的运动模型，首先要做的就是采用相对清晰和一致的参考框架来表达各轮的力和约束。对于移动平台，由于其独立移动的特性，使得它在局部与全局参考框架之间有一个清晰的映射关系是十分重要的。

在整个分析过程中，我们把移动平台设定为一个建立在轮子上面的刚体，其运行在水平面上。在平面上，该移动平台具有 3 个自由度，分别为在平面内的平动与沿垂直轴的旋转。当然，对于存在轮周、小脚轮或轮的操纵关节的移动平台，还会有附加的自由度。在这里由于我们只考虑了移动平台的底盘，并将其设定为刚体，因此在建立运动学模型时忽略了移动平台与其轮子之间内在的关联和自由度。

图 8.8 所示为全局坐标系和移动平台的局部坐标系。其中 X_IOY_I 平面构成全局参考坐标系。为确定移动平台位置，在其底盘上确定一个点 P 作为位置参考点，基于 P 点定义移动平台底盘上的两个坐标轴 X_R、Y_R，从而建立移动平台的局部坐标系。在全局坐标系中，P 的位置由坐标 x 和 y 确定，全局和局部坐标系之间的角度差由 θ 给定。据此我们可以将移动平台的姿态表述为具有这三个元素的广义坐标向量，见式（8.1）。其中，下标 I 表示该姿态是基于全局参考坐标系的。

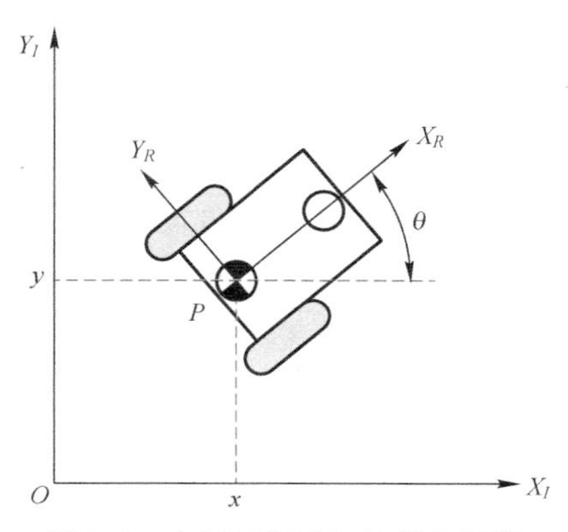

图 8.8　全局坐标系与局部坐标系

$$\boldsymbol{\xi}_I=\begin{bmatrix}x\\y\\\theta\end{bmatrix} \tag{8.1}$$

为了将分量的移动描述成移动平台的移动，就需要把全局坐标系的运动映射成移动平台局部坐标系的运动，该映射一般采用正交旋转矩阵来完成

$$\boldsymbol{R}(\theta)=\begin{bmatrix}\cos\theta & \sin\theta & 0\\-\sin\theta & \cos\theta & 0\\0 & 0 & 1\end{bmatrix} \tag{8.2}$$

通过该矩阵可以将全局坐标系中的运动映射到局部参考坐标系中。

$$\dot{\boldsymbol{\xi}}_R=\boldsymbol{R}(\theta)\dot{\boldsymbol{\xi}}_I=\begin{bmatrix}\cos\theta & \sin\theta & 0\\-\sin\theta & \cos\theta & 0\\0 & 0 & 1\end{bmatrix}\begin{bmatrix}\dot{x}\\\dot{y}\\\dot{\theta}\end{bmatrix} \tag{8.3}$$

在了解移动平台自身的局部坐标系与全局坐标系之间的运动映射后，开始考虑：如果给定移动平台的几何尺寸以及它的轮子速度，那么移动平台会如何运动呢？这就是移动平台的运动学模型要考虑的。

如图 8.8 所示的差动驱动移动平台，它有两个轮子，直径均为 r。给定参考点处于两轮轴线中点 P，各轮距 P 的距离为 l。给定 r、l、θ，以及左、右两个轮子的转速 $\omega_l=\dot{\phi}_l$和 $\omega_r=\dot{\phi}_r$，由机器人运动学模型可得移动平台的总速度

$$\dot{\boldsymbol{\xi}}_I=\begin{bmatrix}\dot{x}\\\dot{y}\\\dot{\theta}\end{bmatrix}=f(l,r,\theta,\dot{\phi}_r,\dot{\phi}_l) \tag{8.4}$$

由式（8.3），我们可以从移动平台在局部坐标系下的运动推导出它在全局坐标系中的运动：$\dot{\boldsymbol{\xi}}_I=\boldsymbol{R}(\theta)^{-1}\dot{\boldsymbol{\xi}}_R$。对于图 8.8 中的移动平台，$X_R$方向上各轮的转动速度对点 P 的平移速度贡献的表达式为

$$\begin{cases}\dot{x}_{r1}=\dfrac{1}{2}r\dot{\phi}_r\\[2mm]\dot{x}_{r2}=\dfrac{1}{2}r\dot{\phi}_l\end{cases} \tag{8.5}$$

对于差动驱动移动平台，可以将这两个贡献简单地相加来计算$\dot{\boldsymbol{\xi}}_R$的$\dot{x}_R$分量，即如果这个差动机器人的一个轮子旋转，另一个轮子静止的话，P 点将瞬时以半速移动；若两轮等速反向转动，其结果将是移动平台绕 P 点旋转。Y_R方向上，由于没有动力轮可以提供侧向运动，所以$\dot{\boldsymbol{\xi}}_R$的$\dot{y}_R$分量总是零。最后，还需要计算$\dot{\boldsymbol{\xi}}_R$的$\dot{\theta}_R$分量，同样先独立地计算各轮的贡献，再相加即可。假定右轮单独旋转，则机器人围绕左轮逆时针旋转，记点 P 的旋转速度为 ω_{Pr}，因为 P 点瞬时沿半径为 l 的圆弧移动，所以得

$$\omega_{Pr}=\frac{r\dot{\phi}_r}{l} \tag{8.6}$$

同理，左轮单独旋转时，因为是顺时针旋转，所以要加上负号

$$\omega_{Pl}=\frac{-r\dot{\phi}_l}{l} \tag{8.7}$$

最后，需要计算出 $\boldsymbol{R}(\theta)^{-1}$。一般而言，计算矩阵的逆是十分困难的，然而这里所用的正交旋转矩阵是简单的从$\dot{\boldsymbol{\xi}}_R$到$\dot{\boldsymbol{\xi}}_I$的变换，所以可以很容易得到

$$\boldsymbol{R}(\theta)^{-1}=\begin{bmatrix}\cos\theta & -\sin\theta & 0\\ \sin\theta & \cos\theta & 0\\ 0 & 0 & 1\end{bmatrix} \tag{8.8}$$

联合上面的方程就可以得到差动驱动移动平台的前向运动学模型

$$\dot{\boldsymbol{\xi}}_I=\begin{bmatrix}\dot{x}\\ \dot{y}\\ \dot{\theta}\end{bmatrix}=\begin{bmatrix}\cos\theta & -\sin\theta & 0\\ \sin\theta & \cos\theta & 0\\ 0 & 0 & 1\end{bmatrix}\begin{bmatrix}\dfrac{r\dot{\phi}_r}{2}+\dfrac{r\dot{\phi}_l}{2}\\ 0\\ \dfrac{r\dot{\phi}_r}{l}+\dfrac{-r\dot{\phi}_l}{l}\end{bmatrix} \tag{8.9}$$

因而，移动平台相对于全局坐标系的位置和姿态可以通过对上述速度关系式积分求得

$$\theta=\theta_0+\frac{1}{l}\int_0^t r(\omega_r-\omega_l)\,\mathrm{d}t \tag{8.10}$$

$$x=x_0+\frac{r}{2}\int_0^t \cos\theta(\omega_r+\omega_l)\,\mathrm{d}t \tag{8.11}$$

$$y=y_0+\frac{r}{2}\int_0^t \sin\theta(\omega_r+\omega_l)\,\mathrm{d}t \tag{8.12}$$

式中，θ_0、x_0和 y_0为 $t=0$ 时的姿态和位置。

该移动平台的逆运动学可根据上述正运动学的基本公式得出。设车体移动速度$\dot{x}$、$\dot{y}$和$\dot{\theta}$给定，利用下面的逆运动学公式可求出驱动器的速度 ω_l和 ω_r：

$$v=\sqrt{\dot{x}^2+\dot{y}^2} \tag{8.13}$$

$$\omega_l=\frac{2v-l\dot{\theta}}{2r} \tag{8.14}$$

$$\omega_r=\frac{2v+l\dot{\theta}}{2r} \tag{8.15}$$

式中，v 为两车轮中点 P 的平移速度。

通过这个典型的例子介绍了移动平台运动模型推导的一般过程。这是一个由底向上的过程，先从形式上定义参考坐标系，然后单独分析每个轮子的运动，最后推导出整个移动平台的运动学模型。

（2）动力学　在建立移动平台运动学方程以后，为了更加清楚地了解驱动力与移动平台运动状态之间的关系，需要建立移动平台的动力学模型。

对于图 8.8 所示的差动驱动移动平台系统，可利用拉格朗日方程求解移动平台的动力学方程，来描述广义速度和广义加速度与输入力矩之间的关系。系统的拉格朗日函数被定义为系统动能 D 和势能 W 的差值，即

$$L=D-W \tag{8.16}$$

由于移动平台在平面上运行，势能 W 保持不变，记为常数 C。忽略轮子的转动惯量，系统的拉格朗日函数为

$$L=D-W=\frac{1}{2}m\dot{x}^2+\frac{1}{2}m\dot{y}^2+\frac{1}{2}I\dot{\theta}^2-C \tag{8.17}$$

式中，m 为平台质量；I 为移动平台相对于 P 点的转动惯量。

系统的动力学方程可以由拉格朗日函数定义为

$$\frac{\mathrm{d}}{\mathrm{d}t}\frac{\partial L}{\partial \dot{\boldsymbol{\xi}}_I}-\frac{\partial L}{\partial \boldsymbol{\xi}_I}=\boldsymbol{F}_P \tag{8.18}$$

式中，$\boldsymbol{\xi}_I$和$\dot{\boldsymbol{\xi}}_I$分别为系统的广义坐标和广义速度向量；$\boldsymbol{F}_P$为相应于 P 点的广义等效力向量，其值为

$$\boldsymbol{F}_P=\begin{bmatrix} f_x \\ f_y \\ f_\theta \end{bmatrix}=\frac{1}{r}\begin{bmatrix} \cos\theta & \cos\theta \\ \sin\theta & \sin\theta \\ -l & l \end{bmatrix}\begin{bmatrix} T_l \\ T_r \end{bmatrix} \tag{8.19}$$

式中，r 为驱动轮半径；T_l和 T_r分别为左、右两轮的驱动力矩。

因为差动驱动系统受到的非完整运动约束为

$$\boldsymbol{A}_I^{\mathrm{T}}(\boldsymbol{\xi}_I)\dot{\boldsymbol{\xi}}_I=[\sin\theta \quad -\cos\theta \quad 0]\begin{bmatrix} \dot{x} \\ \dot{y} \\ \dot{\theta} \end{bmatrix}=0 \tag{8.20}$$

其拉格朗日方程可以改写为

$$\frac{\mathrm{d}}{\mathrm{d}t}\frac{\partial L}{\partial \dot{\boldsymbol{\xi}}_I}-\frac{\partial L}{\partial \boldsymbol{\xi}_I}=\boldsymbol{F}_P+\boldsymbol{A}_I(\boldsymbol{\xi}_I)\lambda \tag{8.21}$$

式中，$\boldsymbol{A}_I(\boldsymbol{\xi}_I)$为约束力矩阵；$\lambda$ 为附加约束力，其作用是限制驱动轮发生侧滑运动。

根据以上各式可以得出系统的动力学模型为

$$\begin{cases} m\ddot{x}=\dfrac{T_l+T_r}{r}\cos\theta+\lambda\sin\theta \\ m\ddot{y}=\dfrac{T_l+T_r}{r}\sin\theta-\lambda\cos\theta \\ I\theta=\dfrac{(T_r-T_l)l}{r} \end{cases} \tag{8.22}$$

由式（8.22）和式（8.17）可得出约束力为

$$\lambda=-m(\dot{x}\cos\theta+\dot{y}\sin\theta)\dot{\theta} \tag{8.23}$$

2. 机械臂的运动学与动力学

（1）运动学　刚体相对参考坐标系的位姿，是由原点的位置向量和刚体上固连坐标系的单位向量描述的。考虑相对参考坐标系 $O_0x_0y_0z_0$，正运动学方程可由式（8.24）表示

$$\boldsymbol{T}_n^0(\boldsymbol{q})=\begin{bmatrix} \boldsymbol{n}_n^0(\boldsymbol{q}) & \boldsymbol{s}_n^0(\boldsymbol{q}) & \boldsymbol{a}_n^0(\boldsymbol{q}) & \boldsymbol{p}_n^0(\boldsymbol{q}) \\ 0 & 0 & 0 & 0 \end{bmatrix} \tag{8.24}$$

式中，$\boldsymbol{q}$ 为机械臂关节变量；$\boldsymbol{n}_n$、$\boldsymbol{s}_n$、$\boldsymbol{a}_n$为固连在末端执行器的坐标系的单位向量；$\boldsymbol{p}_n$为该坐标系的原点相对于基坐标系 $O_0x_0y_0z_0$原点的位置向量（见图 8.9）。

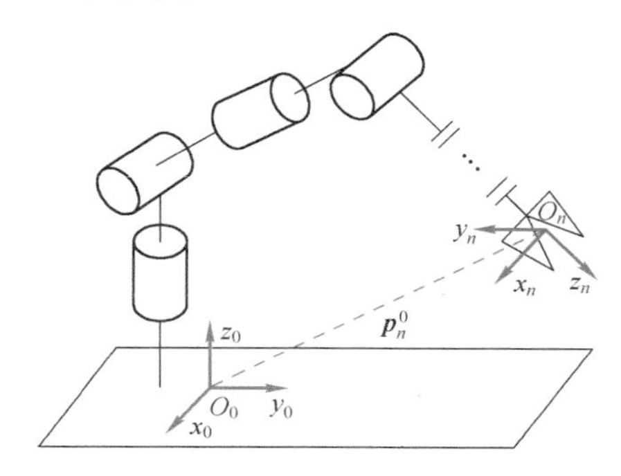

图 8.9　末端执行器坐标系的位置和方向描述

对于机械臂而言，由于每个关节连接两个连续的连杆，因此首先考虑两杆之间的运动学描述，然后用递归方式得到机械臂整体的运动学描述。为此，有必要从连杆 0 到连杆 n，为每个连杆定义一个坐标系。从而，坐标系 $\{n\}$ 到坐标系 $\{0\}$ 之间的坐标变换可由式（8.25）求得

$$\boldsymbol{T}_n^0(\boldsymbol{q}) = A_1^0(q_1)A_2^1(q_2)\cdots A_n^{n-1}(q_n) \tag{8.25}$$

（2）动力学　机械臂的动力学模型提供了对关节执行器力矩和结构运动之间关系的描述。选择一个有效描述由 n 自由度机械臂的连接位置的变量集 $q_i(i=1,2,\cdots,n)$，称其为广义坐标系。机械系统的拉格朗日函数在广义坐标系中的定义如下：

$$L=T-U \tag{8.26}$$

式中，T 和 U 分别表示系统的总动能和总势能。

拉格朗日方程表达式为

$$\frac{\mathrm{d}}{\mathrm{d}t}\frac{\partial L}{\partial \dot{q}}-\frac{\partial L}{\partial \dot{q}}=\xi_i \quad (i=1,2,\cdots,n) \tag{8.27}$$

式中，ξ_i为广义坐标 q_i的广义力。广义力的各分量由非保守力给出，如关节传动转矩、关节摩擦转矩以及末端执行器施加在相关环境所引起的关节转矩。

1）动能计算。对于一个包含 n 个刚性连杆的机械臂，其总动能可由与单个连杆运动和单个关节执行器运动有关的分量的总和给出

$$T = \sum_{i=1}^{n}(T_{l_i} + T_{m_i}) \tag{8.28}$$

式中，T_{l_i}为连杆 i 的动能；T_{m_i}为驱动电动机转子 i 的动能。

连杆 i 的动能分量可由下式给出：

$$T_{l_i} = \frac{1}{2}\int_{V_{l_i}} \dot{\boldsymbol{p}}_i^{*\mathrm{T}}\dot{\boldsymbol{p}}_i^{*}\rho \mathrm{d}V \tag{8.29}$$

式中，$\dot{\boldsymbol{p}}_i^{*}$ 表示线速度向量；ρ 为体积微元 $\mathrm{d}V$ 的密度；V_{l_i}为连杆 i 的体积。

驱动电动机转子 i 的动能由下式给出：

$$T_{m_i}=\frac{1}{2}m_{m_i}\dot{\boldsymbol{p}}_{m_i}^{\mathrm{T}}\dot{\boldsymbol{p}}_{m_i}+\frac{1}{2}\boldsymbol{\omega}_{m_i}^{\mathrm{T}}\boldsymbol{I}_{m_i}\boldsymbol{\omega}_{m_i} \tag{8.30}$$

式中，m_{m_i}为电动机的负载质量；$\dot{\boldsymbol{p}}_{m_i}$为电动机负载的线速度矢量；$\omega_{m_i}$为电动机转子的角速度；$\boldsymbol{I}_{m_i}$为电动机转子的转动惯量。

2）势能计算。与动能计算相同，机械臂的势能也是单个连杆和单个电动机相关各个分量的总和

$$U = \sum_{i=1}^{n} (U_{l_i} + U_{m_i}) \tag{8.31}$$

假设连杆为刚性杆，各分量仅受重力影响，其表达如下：

$$U_{l_i} = -\int_{V_{l_i}} \boldsymbol{g}_0^{\mathrm{T}} \boldsymbol{p}_i^* \rho \mathrm{d}V = -m_{l_i} \boldsymbol{g}_0^{\mathrm{T}} \boldsymbol{p}_{l_i} \tag{8.32}$$

式中，$\boldsymbol{g}_0$为基坐标系中的重力加速度向量（如 z 为纵轴，$\boldsymbol{g}_0$可表示为$[0,0,-g]^{\mathrm{T}}$）。

同理，各电动机的势能分量为

$$U_{m_i} = -m_{m_i} \boldsymbol{g}_0^{\mathrm{T}} \boldsymbol{p}_{m_i} \tag{8.33}$$

将式（8.32）、式（8.33）代入式（8.31），得到总势能

$$U = -\sum_{i=1}^{n} (m_{l_i} \boldsymbol{g}_0^{\mathrm{T}} \boldsymbol{p}_{l_i} + m_{m_i} \boldsymbol{g}_0^{\mathrm{T}} \boldsymbol{p}_{m_i}) \tag{8.34}$$

向量$\boldsymbol{p}_{l_i}$和$\boldsymbol{p}_{m_i}$表明，势能仅是关节变量 q 的函数，而与关节速度$\dot{q}$无关。

3）运动方程。按式（8.28）和式（8.31）计算系统总动能与总势能，式（8.26）中机械臂的拉格朗日方程可写为

$$L(q,\dot{q}) = T(q,\dot{q}) - U(q) \tag{8.35}$$

8.3.2 运动规划

移动机械臂是一种具有复杂约束的多自由度系统。在大多数情况下，其自由度在运动学上是冗余的。这种冗余使系统在复杂环境中运行时具有灵活性，但由于逆运动学问题有无限多的解，因此其规划过程变得复杂。通常，我们将规划方法分为两大类——分层规划和协同规划。

1. 分层规划

分层规划是一种将整个规划任务解耦成分别面向移动平台和机械臂两个子系统的层次性规划方法。分层规划过程中，移动机械臂两个子系统按照先后顺序依次规划，其两者之间具有一定的独立性。分层规划通常包含以下 5 个阶段。

1）给定任务空间目标：在这个阶段，确定移动机械臂需要完成的任务和目标，包括任务的位置、姿态、运动轨迹等。这些目标可以通过人工指定或者从外部传感器获取。

2）获取移动平台目标：在这个阶段，确定移动平台的目标位置和姿态。这是因为移动机械臂通常需要在移动平台上进行操作，所以需要将任务空间目标转化为移动平台上的目标。

3）移动平台运动规划：在这个阶段，确定移动平台的运动规划，即移动平台如何移动以使机械臂能够到达目标位置。这涉及路径规划和避障等技术，确保移动平台能够安全地到达目标位置。

4）机械臂运动规划：在这个阶段，确定机械臂的运动规划，即机械臂如何在移动平台

上移动以实现任务空间目标。这包括确定机械臂的关节角度、关节速度和关节加速度等，以及避免碰撞和遵守机械臂的限制条件。

5）到达任务空间目标点：在这个阶段，移动机械臂按照规划好的路径和姿态到达任务空间目标点。这涉及闭环控制和传感器反馈，以确保机械臂能够准确到达目标位置并完成抓取等任务。

2. 协同规划

协同规划是将移动平台和机械臂看作一个整体的系统来进行规划的方法，该方法可以解决全局次优性的问题。同时，由于考虑了移动平台和机械臂之间的运动协调、环境碰撞检测、运动约束等因素，协同规划可对整体系统的实际运动情况进行修正和校正，以适应环境变化和系统误差，从而提高移动机械臂整体运动的精确性和鲁棒性。目前，机器人操作系统（robot operating system，ROS）已推出完全开源的分布式协同规划框架，用户可以通过人机交互或编程方式实现不同种类移动机械臂的快速配置，并通过分布式节点实现各个子系统之间的数据交互与协同控制。图 8.10 所示为一种典型的移动机械臂系统协同运动规划原理框架。

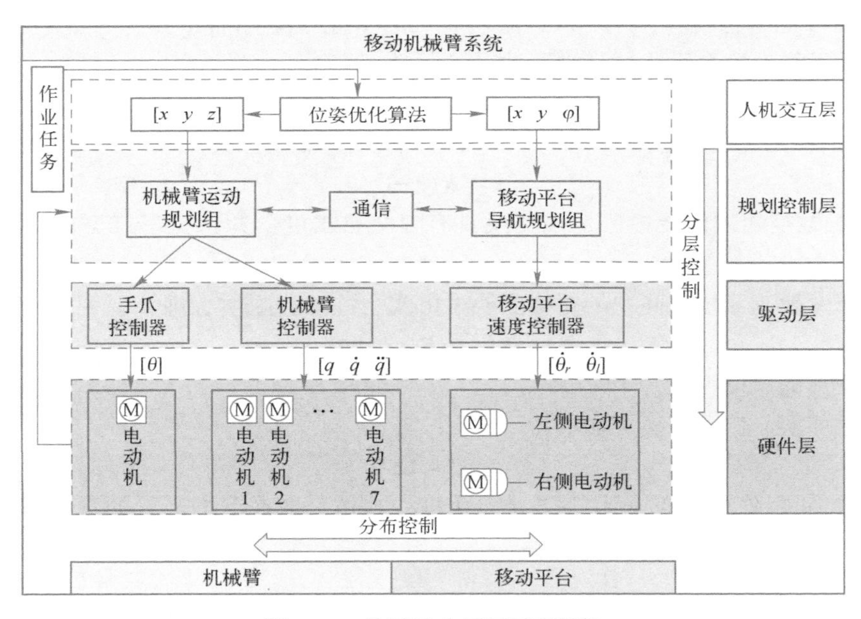

图 8.10　协同运动规划原理框架

8.3.3　视觉感知

视觉是人类最先进的感知器官，相较于其他感知器官，其获取的环境信息更加完备。受此启发，研究者希望赋予机器人视觉感知能力，以提高机器人的环境感知能力。因此，研究人员针对机器人与环境交互的特点，研发了各种视觉传感器作为机器人的“眼睛”，使机器人具备感知高维信息的能力。然而，对于机器人而言，处理视觉信息具有更高的难度，计算过程更为复杂，且对算力的需求更大，因此在过去很长一段时间里，算力的限制阻碍了机器视觉的发展。然而，随着视觉感知技术的不断进步，该问题逐渐得到了缓解，视觉感知技术在机器人领域的应用也在不断深入。移动机械臂作为新兴机器人的代表，针对其独特的作业场景，目前涌现了一系列先进的视觉感知方法。目前主流的视觉感知方法包含相机标定、图像预处理、目标检测和目标识别四个步骤，如图 8.11 所示。

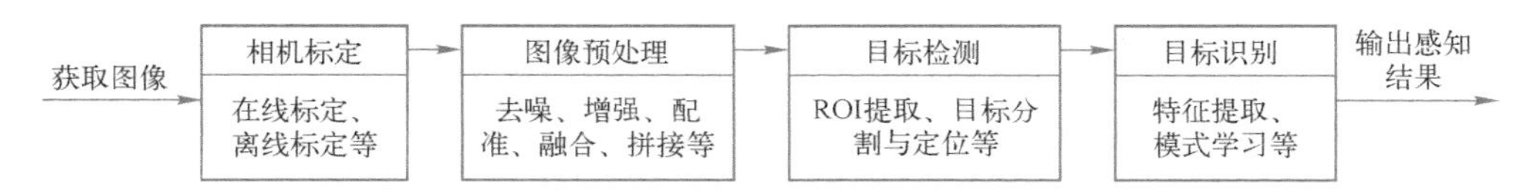

图 8.11　视觉感知方法的工作原理

1. 相机标定

三维世界中的点通过视觉传感器成像模型映射至二维图像平面，因此相机标定是将二维图像与三维世界联系起来的关键步骤之一，相机标定精度直接影响其视觉测量和理解的精度。标定实质上是三维空间的几何变换，下面将具体介绍变换类型和原则。

1）平移变换。三维空间中的平移可表示为

$$\boldsymbol{x}'=[\boldsymbol{I}\quad \boldsymbol{t}]\boldsymbol{x} \tag{8.36}$$

式中，$\boldsymbol{I}$ 为 3×3 的单位矩阵；$\boldsymbol{t}$ 为 3×1 的矩阵，3 个值分别表示各个维度的变化量。

2）欧几里得变换。刚体的三维运动可表示为

$$\boldsymbol{x}'=[\boldsymbol{R}\quad \boldsymbol{t}]\boldsymbol{x} \tag{8.37}$$

式中，$\boldsymbol{R}$ 为 3×3 正交旋转矩阵。有时为了描述一个刚体运动，使用式（8.38）表示，即

$$\boldsymbol{x}'=\boldsymbol{R}(\boldsymbol{x}-\boldsymbol{C}) \tag{8.38}$$

式中，$\boldsymbol{C}$ 为三维空间的旋转中心，该变换具有 6 个自由度，并保持三维空间中直线的长度不变。

3）相似变换。三维空间中的相似变换可由式（8.39）表示，即

$$\boldsymbol{x}'=[s\boldsymbol{R}\quad \boldsymbol{t}]\boldsymbol{x} \tag{8.39}$$

式中，s 是任意的尺度因子。

4）仿射变换。仿射变换可表示为

$$\boldsymbol{x}'=\boldsymbol{A}\boldsymbol{x} \tag{8.40}$$

式中，$\boldsymbol{A}$ 为 3×4 矩阵，该变换具有 12 个自由度。在仿射变换下的平行的直线或平面仍然保持平行。

2. 图像预处理

移动机械臂获取图像的过程会掺杂一些干扰信息，图像预处理旨在最大程度上消除这些无关信息的影响，提高图像质量，从而提升视觉感知的效果。具体包括图像去噪和图像融合、配准和拼接两种处理手段。常用的去噪方法包括：空间域滤波法、变换域滤波法、基于微分的方法和基于局部相似性的方法。

3. 目标检测

移动机械臂在执行任务的过程中，根据导航和任务的需求，需要对行进过程中的障碍物或作业对象进行目标检测，通常包括区域定位方法、基于分割的方法、基于模式学习的方法以及基于深度学习的方法。其中，区域定位方法适用于背景简单、特征明显的目标，而基于分割的方法、基于模式学习的方法和基于深度学习的方法可实现环境复杂、特征模糊对象的提取与定位，但实现起来相对复杂。

4. 目标识别

目标识别是移动机械臂视觉感知中的关键一环，直接决定了移动机械臂的应用广度与深度，现有的目标识别方法大致可分为基于模板匹配的方法和基于模式学习的方法。

8.3.4　技能学习

机器人技能学习是人工智能与机器人学的交叉领域，目的是使机器人通过与环境和用户的交互得到经验数据，基于经验数据自主获取和优化技能，并应用于以后的相关任务中。传统的机器人示教编码依赖于专家的编程调试，只能用于固定的任务。相比之下，技能学习可以使机器人的任务部署更加灵活快捷和用户友好，而且可以让机器人具有自主优化的能力。技能学习的类型主要包括示教学习（learning from demonstration）、强化学习（reinforcement learning），以及二者的结合。此外，技能学习既可以通过人类老师的指导来实现（图 8.12a），也可以通过自主学习来实现（图 8.12b）。

a) 基于VR虚拟现实设备的模仿学习

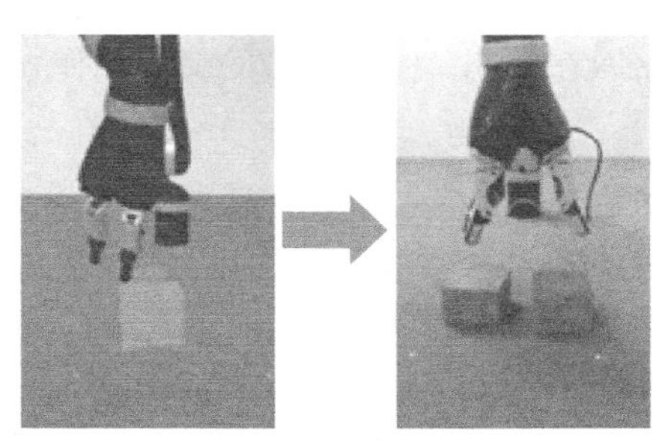

b) 基于虚拟环境的迁移自主学习

图 8.12　移动机械臂技能学习案例

1. 基于强化学习

在基于强化学习的机器人操作技能学习中，机器人通过试错的方式与环境进行交互，通过最大化累计奖赏的方式学习到最优技能序列。这类方法一般分为执行策略、收集学习样本及策略优化三个阶段，如图 8.13 所示。在执行策略阶段，机器人会根据当前状态 s_t 所对应的策略 π 执行动作 a_t，得到奖赏值 r_{t+1} 后再根据状态转移概率 $p(r_{t+1}|s_t,a_t)$ 到达新状态 s_{t+1}。在收集学习样本阶段，将采集到的轨迹序列记为 $\tau=\{s_t,a_t\}(t=1,2,\cdots,H)$，其中 H 表示轨迹序列的长度。机器人在环境中执行策略 π 后，所得到的累计奖赏值 $R(\tau)$ 为

$$R(\tau)=\sum_{t=0}^{H}\gamma^t r_t\quad(0<\gamma<1)\tag{8.41}$$

式中，γ 为折扣因子。

机器人在状态 s 对应的价值函数 $V^\pi(s)$ 表示其在状态 s 执行策略 π 后得到的累计奖赏值

$$V^\pi(s)=E\Big[\sum_{k=0}^{H-t}\gamma^k r_{t+k}\,|\,s_t=s,\pi\Big]\tag{8.42}$$

在状态 s 实施动作 a 后得到的动作–状态值函数 $Q^\pi(s,a)$ 的定义为

$$Q^\pi(s,a)=E\Big[\sum_{k=0}^{H-t}\gamma^k r_{t+k}\,|\,s_t=s,a_t=a,\pi\Big]\tag{8.43}$$

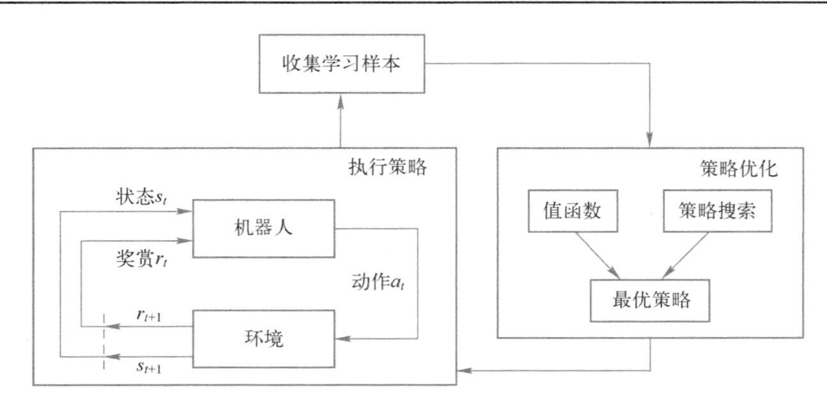

图 8.13　基于强化学习的技能学习示意图

由贝尔曼方程可得动作-状态值函数的迭代关系式为

$$Q^{\pi}(s_t,a_t)=E_{s+1}[r_{t+1}+\gamma Q^{\pi}(s_{t+1},\pi(s_{t+1}))] \tag{8.44}$$

机器人在状态 s_t所要执行的最优动作 a_t^* 为

$$a_t^* = \arg\max_{a_t} Q^{\pi}(s_t,a_t) \tag{8.45}$$

在策略优化阶段，对机器人操作技能策略进行优化。根据最优动作的获取方式是否需要价值函数 $V^{\pi}(s)$或动作-状态值函数 $Q^{\pi}(s,a)$，可以将强化学习方法分为值函数强化学习和策略搜索强化学习两类。

2. 基于示教学习

机器人技能示教学习，又称模仿学习，是指机器人通过示教样本来学习技能的一类算法，其学习过程一般是从单个或少量示教轨迹中提取运动特征，随后将该特征泛化到新场景，从而使机器人具有较好的自适应性。目前，机器人技能模仿学习的方法主要分为两类：基于时间序列的概率模型和基于状态反馈的动态系统模型，如图 8.14 所示。

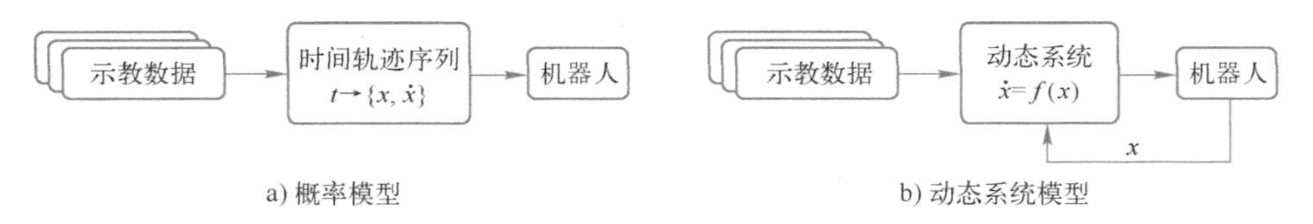

图 8.14　基于示教学习的机器人技能学习示意图

(1) 概率模型　基于时间序列的概率模型将人的示教时间序列看作随机过程，基于最大似然估计来求解选定的统计模型参数值，并用该模型来描述时间到轨迹序列的映射关系，又被称为行为克隆。一般采用机器学习中的回归算法来建立模型，主要包括高斯混合模型（Gaussian mixture model，GMM）、隐马尔可夫模型和高斯过程三类。其中，GMM 是最为典型的概率模型，其原理为：给定 M 条示教轨迹$\{\{s_{n,m},\xi_{n,m}\}_{n=1}^{N_m}\}_{m=1}^{M}$，其中 N_m 为第 M 条轨迹的长度，$s\in\mathbf{R}^L$表示 L 维输入信息（如时间、位置或其他外部状态），$\xi\in\mathbf{R}^O$表示 O 维的轨迹变量，如机器人末端位置、速度和加速度，以及力和力矩等。两种典型的轨迹是：①s 表示时间，ξ 为机器人末端位置、关节位置或力等，则示教轨迹表示时间驱动的技能；②如果 s 表示位置，ξ 为速度，示教轨迹对应自治的动态系统。

GMM 可以对样本中输入和输出变量的联合概率分布 $P(s,\xi)$ 进行建模，即

$$P(s,\xi) \sim \sum_{c=1}^{C} \pi_c N(\mu_c,\Sigma_c) \tag{8.46}$$

$$\mu_c = \begin{bmatrix} \mu_{s,c} \\ \mu_{\xi,c} \end{bmatrix} \tag{8.47}$$

$$\Sigma_c = \begin{bmatrix} \Sigma_{ss,c} & \Sigma_{s\xi,c} \\ \Sigma_{\xi s,c} & \Sigma_{\xi\xi,c} \end{bmatrix} \tag{8.48}$$

式中，C 为 GMM 中高斯成分的数量；π_c、μ_c 和 Σ_c 分别表示第 C 个高斯成分的先验概率、均方值和协方差。GMM 的参数可以通过期望最大化算法进行迭代优化，但需要事先指定高斯成分的数量。常见的用于改进 GMM 参数估计的方法包括：①用 k 均值（k-means）对样本聚类，然后用聚类结果初始化 GMM 的参数；②结合贝叶斯信息判据寻找最优的高斯数量；③贝叶斯 GMM 自动优化高斯成分的数量。

在得到 GMM 参数之后，对于任意新的输入 s^* 均可利用高斯混合回归（Gaussian mixture regression，GMR）预测其对应轨迹的条件分布，即

$$P(\xi^* | s^*) = \sum_{c=1}^{C} h_c(s^*) N(\bar{\mu}_c(s^*), \bar{\Sigma}_c) \tag{8.49}$$

式中，$h_c(s^*)$ 和 $N(\bar{\mu}_c(s^*), \bar{\Sigma}_c)$ 分别表示第 C 个高斯成分在状态 s^* 的先验概率和条件分布，$\bar{\mu}_c(s^*)$ 和 $\bar{\Sigma}_c$ 为高斯分布的均值和协方差，其被定义为

$$h_c(s^*) = \frac{\pi_c N(s^* | \mu_{s,c}, \Sigma_{ss,c})}{\sum_{i=1}^{C} \pi_i N(s^* | \mu_{s,i}, \Sigma_{ss,i})} \tag{8.50}$$

$$\bar{\mu}_c(s^*) = \mu_{\xi,c} + \Sigma_{\xi s,c} \Sigma_{ss,c}^{-1} (s^* - \mu_{s,c}) \tag{8.51}$$

$$\bar{\Sigma}_c = \Sigma_{\xi\xi,c} - \Sigma_{\xi s,c} \Sigma_{ss,c}^{-1} \Sigma_{s\xi,c} \tag{8.52}$$

GMM 能够有效地学习多样本训练的概率特征，包括时间输入和多维输入的情形。然而，GMM 难以将学习到的技能应用到与示教环境不同的情况。为了改进 GMM 的自适应性，常见的方法是应用强化学习。由于需要大量的迭代优化，这类方法不适用于技能的在线学习和调整。

（2）动态系统模型　动态运动基元（dynamic movement primitives，DMPs）是动态系统模型中最典型的一种，DMPs 本质上是从示教轨迹中学习位置 ξ 和速度 $\dot{\xi}$ 到加速度 $\ddot{\xi}$ 的映射函数。对于移动机械臂系统，假设当前时刻 t 的位置和速度是可观测的，DMPs 能够在线计算期望的加速度，由此可观测下一时刻的期望位置和期望速度。随着时间的增加即可完成轨迹的规划任务。同样地，DMPs 可以对关节轨迹、力和力矩轨迹等进行规划。

给定一条长度为 N 的轨迹 $\{t_n, \xi_n, \dot{\xi}_n, \ddot{\xi}_n\}_{n=1}^{N}$，DMPs 使用如下模型对运动轨迹进行编码：

$$\tau \dot{z} = -\alpha z \tag{8.53}$$

$$\tau^2 \ddot{\xi} = K^P (g - \xi) - \tau K^v \dot{\xi} + z f(z) \tag{8.54}$$

$$f_i(z) = \frac{\sum_{h=1}^{H} \varphi_h(z) \omega_{i,h}}{\sum_{h=1}^{H} \varphi_h(z)} (g_i - \xi_{0,i}) \tag{8.55}$$

式（8.53）为典型系统。式中，$\alpha>0$ 为常数；τ 为轨迹时长；z 表示相位变量。该模型用来将信号 t 转换成 z，旨在避免动态系统对时间的依赖性。$g\in\mathbf{R}^O$ 表示轨迹的目标位置，K^P 和 K^v 分别表示预先设定的对角的刚度和阻尼矩阵，$f(z)\in\mathbf{R}^O$ 为轨迹调整项。$f_i(z)$ 为 $f(z)$ 的第 i 个分量的定义，其中 $\omega_{i,h}$ 为加权系数，H 为拟合 f 所需要的基函数的数量，$\varphi_h(z)$ 表示基函数，一般选用高斯基函数。

DMPs 的优点是可以从任意的起始点对轨迹进行规划并收敛到任意的目标点，而不需要其他的预处理。然而，由于 DMPs 收敛时的速度为零，导致其不适用于存在速度要求的任务（如乒乓球机器人需要以某期望的速度击球），而且 DMPs 无法生成经过任意中间点的轨迹。

习　题

8.1　给出两种能够实现全向运动的轮子类型，并仿照表 8.1 的形式画出轮子的结构图。

8.2　假定一个差速移动平台具有两个直径 d 不同的轮子，左轮的直径为 2 m，右轮直径为 3 m，两轮间距 $l=5$ m。移动平台在 $\theta=\pi/4$ 处，当移动平台以相同的速度 v 同时转动两轮时，计算移动平台在全局坐标系中的瞬时速度 $\dot{x}$、$\dot{y}$ 和 $\dot{\theta}$。

8.3　简述协同运动规划与分层运动规划的基本原理与各自特点，并讨论这两类方法在实际应用过程中存在哪些优点和不足?

8.4　尝试推导 7 自由度冗余机械臂的正向运动学方程。

8.5　在 MATLAB 中编写 6 自由度工业机械臂的逆运动学的解析求解算法。

8.6　仿照图 8.9 绘制 7 自由度冗余机械臂的机构简图，并尝试推导其动力学模型。

8.7　列举你所了解的基于视觉的机器人感知算法，并讨论这些算法各自的优缺点。

8.8　讨论未来哪些新兴技术将在移动机械臂系统领域得到应用?

参 考 文 献

[1] 西格沃特，诺巴克什，斯卡拉穆扎．自主移动机器人导论［M］．李人厚，宋青松，译．2 版．西安：西安交通大学出版社，2018.

[2] JAZAR R N. 应用机器人学：运动学、动力学与控制技术［M］．周高峰，译．北京：机械工业出版社，2018.

[3] 房立金．机器人动力学控制［M］．北京：电子工业出版社，2023.

[4] LYNCH K M，朴钟宇．现代机器人学：机构、规划与控制［M］．于靖军，贾振中，译．北京：机械工业出版社，2020.

[5] 何顶新，刘智伟，胡春旭，等．移动机器人原理与应用：基于 ROS 操作系统［M］．北京：清华大学出版社，2023.

[6] 布鲁诺·西西里安诺，洛伦索·夏维科，路易吉·维拉尼．机器人学：建模、规划与控制［M］．张国良，曾静，陈励华，等译．西安：西安交通大学出版社，2015.

[7] 王耀南，彭金柱，卢孝，等．移动作业机器人感知、规划与控制［M］．北京：国防工业出版社，2020.

[8] CHANG S R，HUH U Y. A collision-free G(2) continuous path-smoothing algorithm usingquadratic polynomial interpolation［J］. International journal of advanced robotic systems. 2014，11（12）：194.

[9] DOLGOV D, THRUN S, MONTEMERLO M, et al. Path planning for autonomous vehicles in unknown semi-structured environments [J]. The international journal of robotics research, 2010, 29 (5): 485-501.

[10] LI H, DING X. Adaptive and intelligent robot task planning for home service: a review [J]. Engineering applications of artificial intelligence, 2023, 117: 105618.

[11] DUAN X, CAI J, LING Q, et al. Knowledge-based self-calibration method of calibration phantom by and for accurate robot-based CT imaging systems [J]. Knowledge-based systems, 2021, 229: 107343.

[12] YAN X, SHAN M, SHI L. Adaptive and intelligent control of a dual-arm space robot for target manipulation during the post-capture phase [J]. Aerospace science and technology, 2023, 142: 108688.

[13] LIU H, ZHOU L, ZHAO J, et al. Deep-learning-based accurate identification of warehouse goods for robot picking operations [J]. Sustainability, 2022, 14 (13): 7781.

[14] WANG X, LIU M, LIU C, et al. Data-driven and knowledge-based predictive maintenance method for industrial robots for the production stability of intelligent manufacturing [J]. Expert systems with applications, 2023, 234: 121136.

第9章　多机器人系统

机器人作为20世纪人类最伟大的发明之一，对人类社会及工业制造产生了深远的影响。机器人的应用领域不断扩展，从自动化生产线到海洋资源的探索，乃至太空作业等领域，机器人可谓无处不在。然而，单个机器人在信息的获取、处理及控制等方面能力是有限的，对于复杂的工作任务及多变的工作环境，则更显不足，于是人们考虑由多个机器人组成群体系统，通过协调、协作来完成单个机器人无法或难以完成的工作。

9.1　多机器人系统简介

随着计算机科学与技术、超大规模集成电路、控制理论、人工智能理论、传感器技术等的不断发展，由多学科交叉而形成的机器人学研究也进入了一个崭新的时期——多机器人系统。

9.1.1　多机器人系统定义

多机器人系统是指由多个独立运作的机器人组成的系统。这些机器人通过通信和协调来相互配合，从而完成特定的任务或目标。多机器人系统可以包括不同类型的机器人，如移动机器人、飞行器、机械臂等，它们可以在空间中或特定的环境中进行协同工作。

多机器人系统的本质是机器人之间的互动和协作。这种协作包括信息交流、任务分配、位置调整、资源共享等。机器人通过相互合作，能够共同解决复杂的问题，提高工作效率和质量。多机器人系统涉及多项关键技术，包括机器人之间的通信和协议、协同算法、多智能体路径规划、任务分配等。为了实现有效的协作，机器人需要具备一定程度的自主性和适应性，能够感知环境和理解任务要求，并做出相应的决策和行动。多机器人系统在各个场景有广泛的应用，包括工业生产、物流配送、应急救援、探险和勘测等。通过多机器人系统的协作，可以显著提高工作效率、降低成本、减少人为风险，并拓展机器人应用的领域和服务能力。

9.1.2　多机器人系统发展概况

在机器人发展的早期阶段，其研究主要集中在单个机器人的结构、运动学、控制和信息处理方面，而机器人本身也只能处理一些简单而重复的任务。随着机器人技术的发展，单个机器人的能力、鲁棒性、可靠性、效率等都有很大的提高。但面对一些复杂的、需要高效的、协作完成的任务时，单个机器人仍难以胜任。为了解决这类问题，机器人学的研究一方面进一步开发智能程度更高、功能更强和性能更好的机器人；另一方面在现有机器人的基础上，通过多个机器人之间的协调工作来完成复杂的任务。

从 20 世纪 80 年代中期到 90 年代，分布式人工智能和复杂系统的研究工作逐步开展并活跃起来，一些学者开始研制各种多机器人系统，并将其作为实验平台进行相关的理论研究和仿真。这些研究的出现将分布式人工智能、复杂系统、社会学、管理学等其他研究领域的理论及其方法引入机器人学的研究中，丰富了机器人学研究的内容。而且，这方面的研究通常从系统的角度出发，探讨机器人群体乃至机器人社会的各种组织形式、信息交互方式、进化机制的基本问题，为机器人学的发展提供了一条新的思路。

机器人学的理论和技术与其应用密切相关。在工业领域，进入 20 世纪 90 年代后，用户开始对产品提出了个性化需求，这就要求对新一代制造系统理论进行探讨和研究，以满足客户的需要。工业机器人作为现代制造系统中不可或缺的重要组成部分必须适应这种变革，而对工业机器人群体之间协调协作的研究为工业机器人适应这一变革提供了基础。在军事领域，军用机器人已被用来替代士兵完成一些危险任务，如侦查、排雷等。对于这些危险的工作，通过不同功能的军用机器人群体协作，可降低人员伤亡率，提高完成任务的效率和成功率。在航空航天领域，很多学者已经针对多个太空机器人、行星探索机器人的协调协作开展研究工作。在服务业，清洁机器人、搬运机器人等服务机器人的应用也对协调工作提出了更高的要求。

21 世纪以来，随着人工智能技术的迅猛发展，多机器人系统迈入了一个崭新的阶段，正朝着智能化、协作化、多样化和人机融合的方向发展。与传统的单一机器人相比，多机器人系统具有更强大的计算和协作能力，能够在更广泛的领域中发挥作用。在工业领域，多机器人系统的出现使生产线变得更加高效和灵活，机器人之间相互配合、协同工作，能够完成复杂的生产任务。例如，在汽车制造工厂中，多机器人系统可以同时进行焊接、组装和涂漆等工作，大幅提高了生产效率和质量。在医疗康复领域，多机器人系统的应用也愈发广泛。机器人可以在手术过程中提供精确的辅助，减少人为误差，提高手术成功率。另外，多机器人系统还在救援和探测领域发挥着重要作用。在自然灾害发生时，多机器人系统可以协同工作，进行搜救和救援任务，减少人员风险。在探索未知领域时，多机器人系统可以共同探测、采样和收集数据，为科学研究提供更多有价值的信息。

9.1.3　多机器人系统特点

多机器人系统的研究是从单个机器人系统的研究扩展来的，但区别于单个机器人系统，具有更大的优越性。多机器人系统的特点可以概况如下。

1）时空分布：多个机器人可分布在不同的区域内同时作业，也可在不同分布时间内执行任务，提高完成任务的效率。

2）功能分布：在多机器人系统中，机器人可拥有不同的功能，它们的目标任务也可以不同，但它们可以进行协调工作。

3）信息分布：多个机器人可以具备相同的知识或不同的知识，通过通信联系，协作机器人可以进行知识的交换和学习。

4）资源分布：多机器人系统中各机器人可以配备不同的传感器和执行器。

5）较高的系统可靠性：采用多机器人系统可以降低单个机器人的设计复杂度，从而提高了单个机器人的可靠性，而机器人数量上的冗余，也能提高整个系统的可靠性。

由于多机器人系统具有上述特点，因此应充分利用它们以达到以下目的：

1）利用多机器人系统内各种资源的共享来弥补个体机器人能力的不足，扩大机器人的能力范围。多机器人系统能通过资源分配和共享，共同完成任务，协调后它们的能力远大于单个机器人。图 9. 1 所示为多种概念模型的多机器人系统，涵盖了从实验室中的学术研究到已经在工业生产等领域中应用的多机器人系统，图 9. 1a 所示为模块化机器人，它们在执行指定任务时，能自动连接和交流信息；图 9. 1b 所示为安装在可移动机座上的服务机器人，它们能做日常家务；图 9. 1c 所示为蜂窝式机器人，可用于探测未知环境；图 9. 1d 所示为包裹分类的物流机器人。图 9. 1 所示的多机器人能够协调完成各自指定任务，若指定的任务只安排给其中的某一个机器人，则无法完成。

a) 模块化机器人

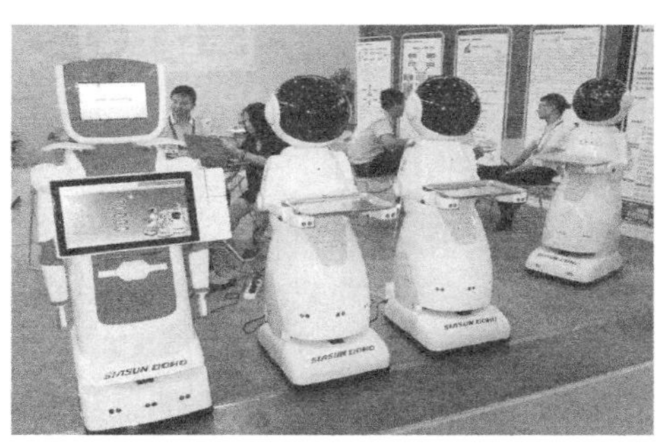

b) 服务机器人

c) 蜂窝式机器人

d) 物流机器人

图 9. 1　多种概念模型的多机器人系统

2）利用多机器人系统的时空分布特点提高多机器人的效率。理论上，当机器人数量增加，类似于完成探测和构建地图任务的速度会加快。通过配置多个机器人，并协调它们工作，可以达到提高生产速度的目的。由于多机器人工作效率很高，可以用在对实时性和效率要求很高的场合，如执行侦查和搜索任务。在物流运输领域，多机器人经过协调可完成多种实际任务，如图 9. 1d 所示的物流机器人可完成包裹分拣和分拨等任务。

3）利用多机器人系统功能分布和资源分布的特点，用户可以通过局域网管理距离较远的机器人。图 9. 2 所示为一个用户（操作者）在和多个远程机器人进行交流，这些机器人能处理微米或纳米级的物体，多个用户可使用这些机器人，而不需要根据不同用户进行不同配置。

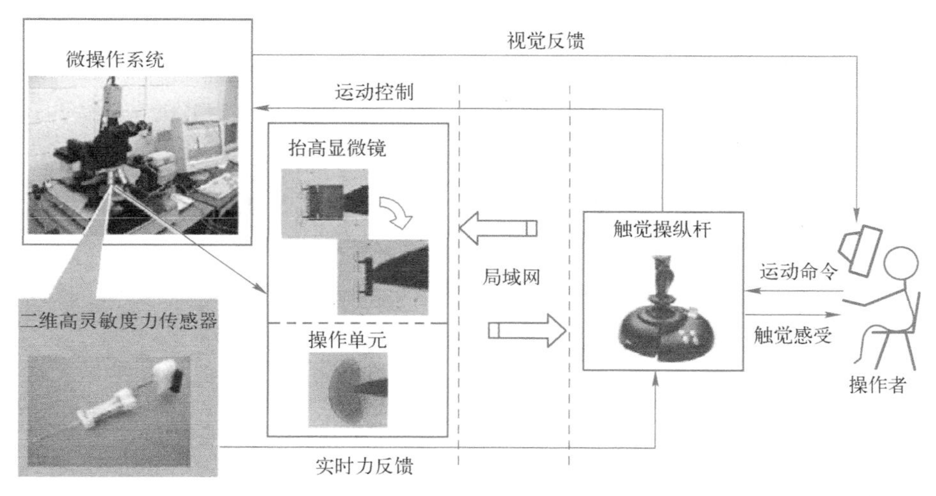

图9.2　可远程操作网络化多机器人

4）利用多机器人系统内资源的冗余特性、各机器人功能的互补特性，增强系统的容错性、鲁棒性和灵活性。在设计上，多机器人具有容错能力。若机器人能通过网络动态重构，那么它们更能容纳自身错误。可通过互联网络（尽管互联网络在其他方面可能不稳定）实现一个容错的系统，互联网络是由网关、路由器和计算机组成的。类似地，为了提供一个鲁棒的操作环境，“即插即用”的机器人要求能随时进入或退出系统。

9.2　多机器人系统分类

9.2.1　根据多机器人系统组成分类

多机器人系统根据其组成可分为两类：一类是将同样构造的个体机器人模块加以组合的系统，称为同构系统；另一类是将不同构造的个体机器人模块加以组合的系统，称为异构系统。由于多机器人系统性能的区别，如同构或异构、简单或高级、分担或不分担任务等，面对的设计任务都不同，因此目前尚未形成有关处理多机器人系统的统一的理论体系，多机器人系统的解决方法目前是针对个别问题提出的。

1. 同构多机器人系统

同构多机器人系统是指由相同类型的机器人组成的系统，它们具有相似的硬件和功能特性。这种系统中的机器人可以执行相同的任务，并且彼此之间的通信和协作方式相对简单。例如，一个同构多机器人系统可以由多个相同类型的移动机器人组成，它们具备相同的移动能力和感知能力，能够协同完成巡逻、搜救或清扫任务。在同构多机器人系统中有以下两种典型的多机器人系统。

（1）群智能机器人系统　群智能机器人系统是由许多无差别的自治机器人组成的分布式系统，它主要研究如何使能力有限的个体机器人通过交互产生群体智能（swarm intelligence）。在自然界的蚂蚁、蜜蜂等昆虫群体中，个体的能力有限，但从它们的交互中却呈现出了智能行为。通过模拟昆虫社会，可将许多简单的机器人组织成一个团体来完成一些个体无法完成的工作。如图 9. 3 所示的用于安防巡逻的同构多机器人系统。如图 9. 4 所示的美国和欧盟开展的蜂窝式多机器人智能项目。图 9. 4a 所示为卡尔斯鲁厄的 I-Swarm 蜂窝式智能项目，该项目用于研究群体机器人的灭火能力；图 9. 4b 所示为 EPFL 的 warm-bot 蜂窝式智能项目，在该项目中，多个机器人采用实体相连的方式移动。

图 9. 3　安防巡逻的同构多机器人系统

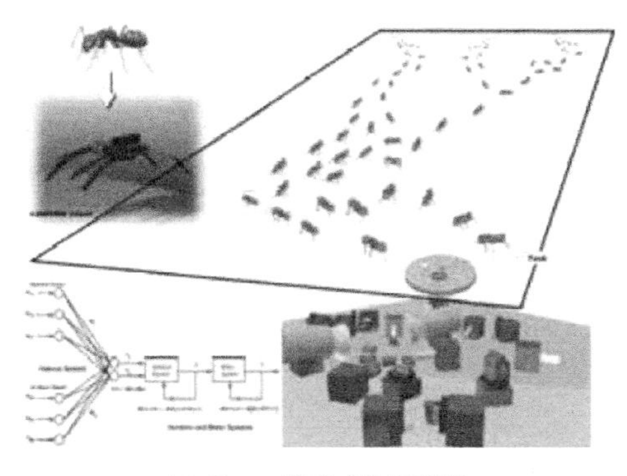

a) I-Swarm蜂窝式智能项目

b) warm-bot蜂窝式智能项目

图 9. 4　蜂窝式多机器人智能项目

（2）自重构机器人系统　自重构机器人系统（self-reconfigurable robotic systems，SRRS）以一些具有不同功能的标准模块为组件，根据目标任务的需要，对这些模块进行相应的组合，进而形成具有不同功能的系统。图 9. 5 所示为自重构多机器人系统，机器人能通过重构变成多种形态的系统，包括轮式滚动系统、蛇式波动系统和四足行走系统。

2. 异构多机器人系统

异构多机器人系统是指由不同类型的机器人所组成的系统，每个机器人都具有独特的硬件构成和功能特性。这些机器人之间的能力和任务分工不同，需要通过复杂的协作和通信来完成共同的目标。异构多机器人系统的优势在于能够更好地适应多样化的任务和环境需求。例如，一个异构多机器人系统可以由移动机器人、飞行器和水下机器人共同组成，它们各自具备不同的移动能力和感知能力，共同参与全域救援任务，其中飞行器负责空中侦察，水下机器人负责水下搜索，移动机器人负责陆地搜救。图 9. 6 所示为空地协同的异构多机器人系统。

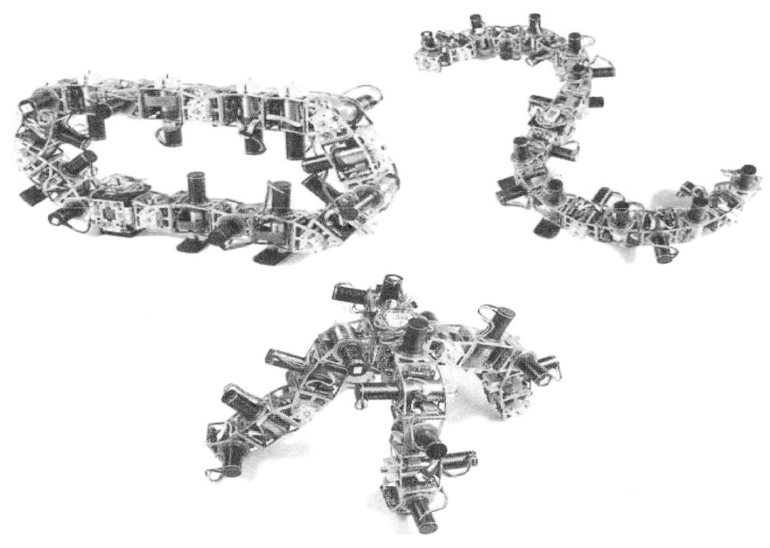

图 9.5　自重构多机器人系统

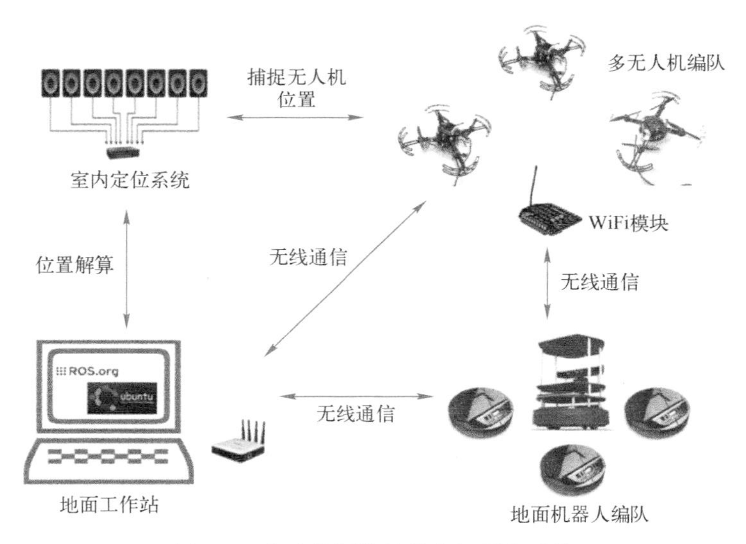

图 9.6　空地协同的异构多机器人系统

异构多机器人系统的应用非常广泛，目前已存在许多成功的多机器人研究项目。美军研发的捕食者 UAV 是由战术控制站控制的，这个控制站可设在航空母舰上，并且其基本配置为 3~10 人。当前操控这种复杂的类似于无人太空装置的系统，需要派上较多操控人员（一般在 2~10 人，具体数量随系统的复杂程度变化而变化）。多机器人系统发展的最终目的是能让一个操作者完全支配空中、地面、水上和水下装置。如图 9.7 所示，由宾夕法尼亚大学、佐治亚理工学院和南加利福尼亚大学联合演示的用于城镇侦查的指挥控制装置（C2 装置）。采用这个 C2 装置，只要一个人即可操控网络化的空中和地面装置。

异构多机器人系统还可用于环境质量监测，如测量海水的盐分梯度、森林中的温湿度变化、海水中的氧气含量等。如图 9.8 所示环境探测的多机器人系统，采用浮标和水下装置网络测量哈得逊湾的氧气含量、盐分及能见度。

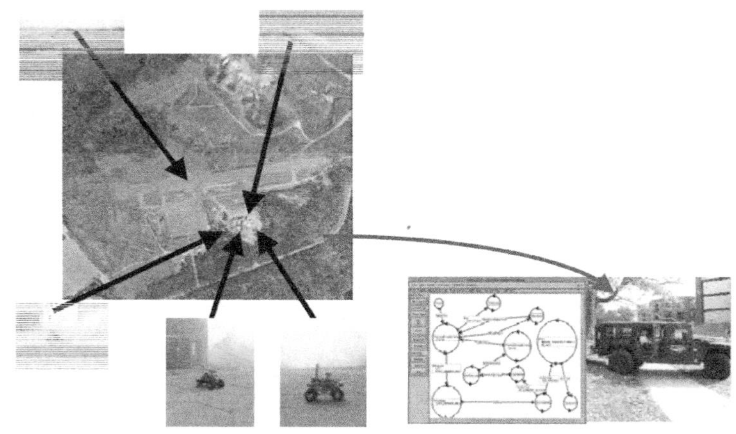

图 9.7　城镇侦查的指挥控制装置

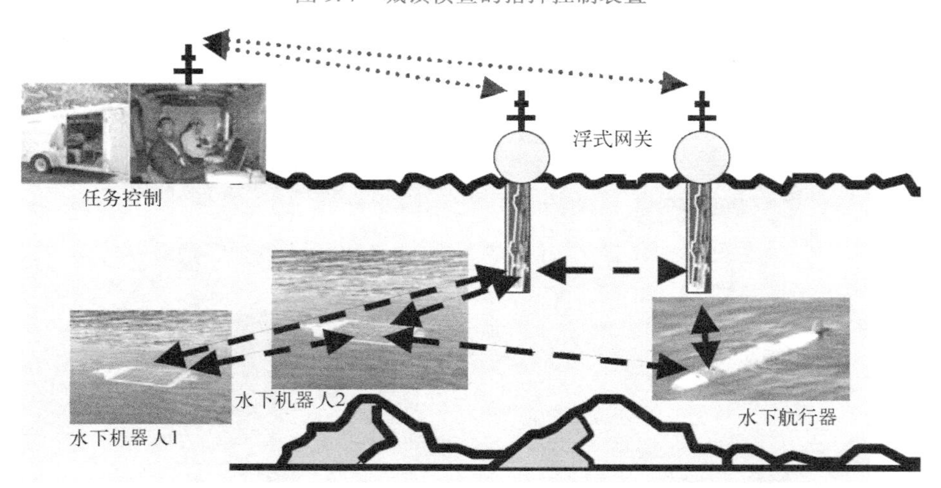

图 9.8　环境探测的多机器人系统

在工业生产领域，采用无线网络的机器人和传感器，可轻易重构已存在的基础设施。如图 9.9a 所示，通过网络化改造原有流水生产设备，操作者可远程监控流水线生产作业，工人可远离条件恶劣的工作环境；图 9.9b 所示为采矿作业中的多机器人系统，它勾画了未来类似的由操作者远距离控制网络自治装置的蓝图。

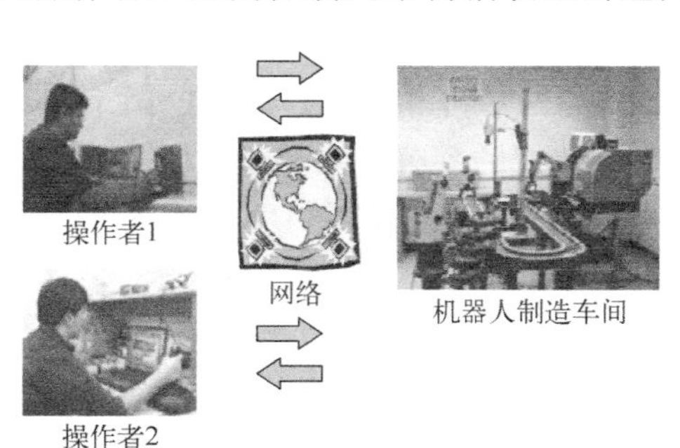

a) 流水线生产作业的多机器人系统

b) 采矿作业的多机器人系统

图 9.9　工业生产中的多机器人系统

此外，多机器人系统还可以实现未知环境下的协同自主探索。协同自主探索是机器人以尽快覆盖整个探索空间为目标，主动在未知环境中通过共享传感器信息并按照一定的策略同步完成探索导航与地图构建的过程。西安电子科技大学李团结等人开发了多机器人协同自主探索系统，如图 9.10 所示。

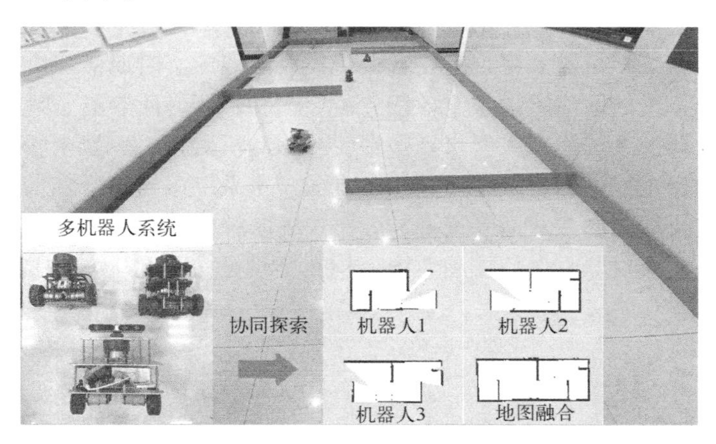

图 9.10　多机器人协同自主探索系统

9.2.2　根据多机器人系统控制方式分类

1. 集中式多机器人系统

集中式多机器人系统是指在系统中存在一个中心节点或中央控制器，负责协调和控制所有机器人的行动。中心节点收集来自机器人的传感器数据，并基于这些数据做出决策，然后将相应的指令发送给每个机器人。这种系统结构通常要求机器人之间具备良好的通信能力，能够实时传输数据和接收指令。集中式多机器人系统的优点是控制简单，能够快速做出集中决策，并且易于实现任务协调。然而，当机器人数量增加时，中心节点的负担会增大，可能会成为系统的瓶颈。Cohen 和 Levy 采用多台 Lego NXT 机器人搭建了一个集中式控制集群系统，该机器人系统具有蓝牙通信和图像处理功能，如图 9.11 所示。

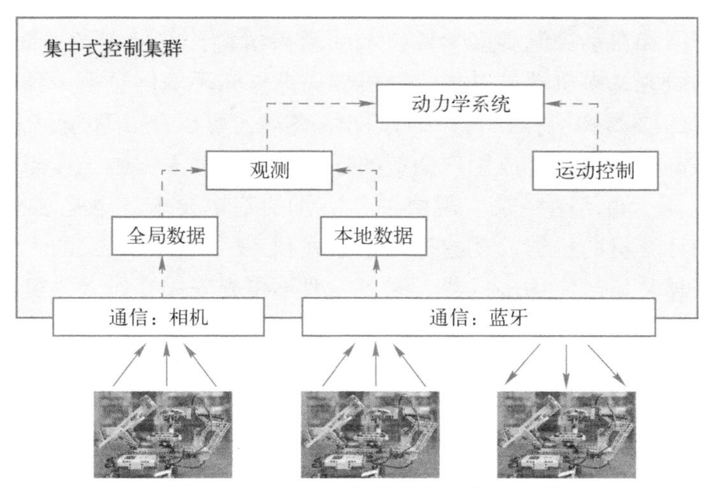

图 9.11　多机器人集中式控制集群系统

2. 分布式多机器人系统

分布式多机器人系统是指在系统中，每个机器人都具有一定的自治性和决策能力，可以根据局部信息做出独立的决策，并与其他机器人进行协作。在这种控制方式下，机器人之间通过局部通信和信息传递来协调行动，而不依赖于中央节点的控制。分布式多机器人系统的优点是具有更好的鲁棒性和扩展性，可以有效应对机器人单元发生故障或添加新机器人单元的情况。然而，分布式多机器人系统需要解决机器人之间的实时通信和协作问题，因此需要更智能的算法和更先进的通信协议来实现任务的分配和协调。西安电子科技大学李团结等人设计了一套足球机器人系统，其主要包括多台轮式移动机器人、一套全域摄影系统、一套无线传输系统以及一台主控计算机。在协同控制方面，该系统采用基于视觉和网络化的协同规划算法，实现了多机器人的在线运动规划与分布式编队控制；在通信控制系统设计方面，采用基于分布式网络的多机器人通信控制系统架构，实现了多机器人的协同编队与信息交互，如图 9.12 所示。

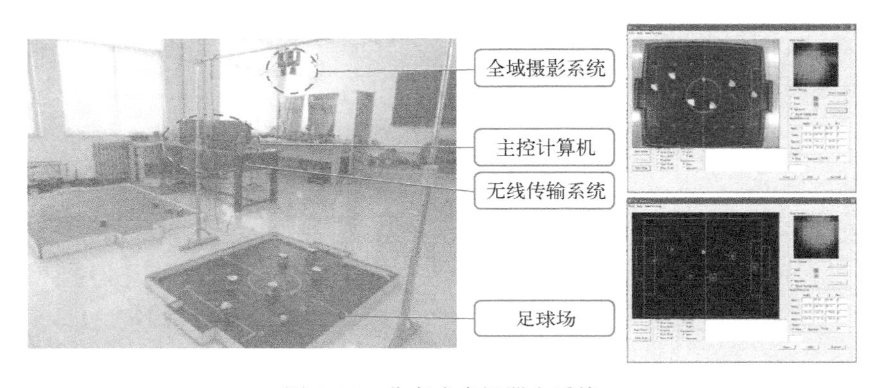

图 9.12 分布式多机器人系统

9.3 多机器人系统研究内容

如今，多机器人系统正在向集成化、网络化的方向发展。多机器人技术是一门综合了机器人、计算机、网络和自动控制等多学科技术的新兴学科，它随着各方面技术的飞速发展，得到了日趋广泛的研究。多机器人是指多个机器人把感知环境信息汇集到同一网络，在网络上实现机器人之间的协调和协作，用户通过网络终端，可以获知环境信息和机器人状态信息，从而监督和控制机器人，完成用户期望的任务。多机器人正常工作需要传感器、通信网络、计算机和操作者。通信网络是实现协调、协作的基本要求，也是多机器人的最重要特点。内嵌传感器和计算机的机器人普遍存在于家庭和工厂中，P2P 式的无线网络和即插即用的无线网络也越来越常见。应用多机器人时，一般不事先安排操作者、机器人和传感器之间的协调，而是通过网络实现彼此的沟通和协作。

多机器人研究已经引起了国内外学者的重视。在国外，有很多关于多机器人的研究成果。在理论方面，Corah（2019）等分析了多机器人的组成，Yara（2019）等给出了多机器人的一种结构体系，Fan（2020）等提出了一种适用于多机器人系统的分布式防撞策略；在实践应用方面，宾夕法尼亚大学研制了用于城镇侦查的指挥控制装置（C2 装置），采用这个 C2 装置，一个人就可操控网络化的多个空中和地面装置。国内在多机器人研究上存在技术差距，总体上处于落后状态，但是有越来越多的研究者参与了这项研究，刘树伟（2016）等探讨了多机器人系统故障预测方法，关英姿（2019）等研究了面向空间在轨装配多机器人的协同运动规划，全燕鸣（2021）等研究了多机器人的任务分配调度。

9.3.1 体系结构

一般来说，一个多机器人系统是由通信网络、机器人、控制机和软件组成，如图 9.13 所示。通信网络有多种，如有线网络的 Internet，无线网络的 GSM/GPRS 等；机器人从广义上说可分为虚拟机器人（如手机）、无意识机器人（如传感器）和狭义机器人；控制机主要用于控制多机器人，多机器人设计者使用的控制机为服务器，而普通用户对控制机要求不高，只要求能连入该系统的网络，一般的个人计算机即可；软件嵌入在硬件中，在外观上不可见，但是在多机器人系统中确实存在，按功能可分为两类，一类是用于实现硬件功能的控制程序，一类是向用户提供使用界面的操作系统，前者一般存在于相应硬件的控制器上，后者一般存在于用户的控制机上。

多机器人体系结构以研究机器人系统组成结构中各模块之间的相互关系和功能分配为对象，即研究系统的功能划分和各层的逻辑结构，以确定一个或多个机器人系统的智能结构和逻辑关系。中国科学院自动化研究所的李佳宁等人定义多机器人体系结构为：移动机器人的体系结构是指如何把感知、建模、规划、决策、行动等多种模块有机地结合起来，从而在动态环境中，完成目标任务的一个或多个机器人的结构框架。体系结构是整个机器人系统的基础，它决定系统的整体行为和整体性能，体系结构设计的合理与否是整个机器人系统高效运行的关键。

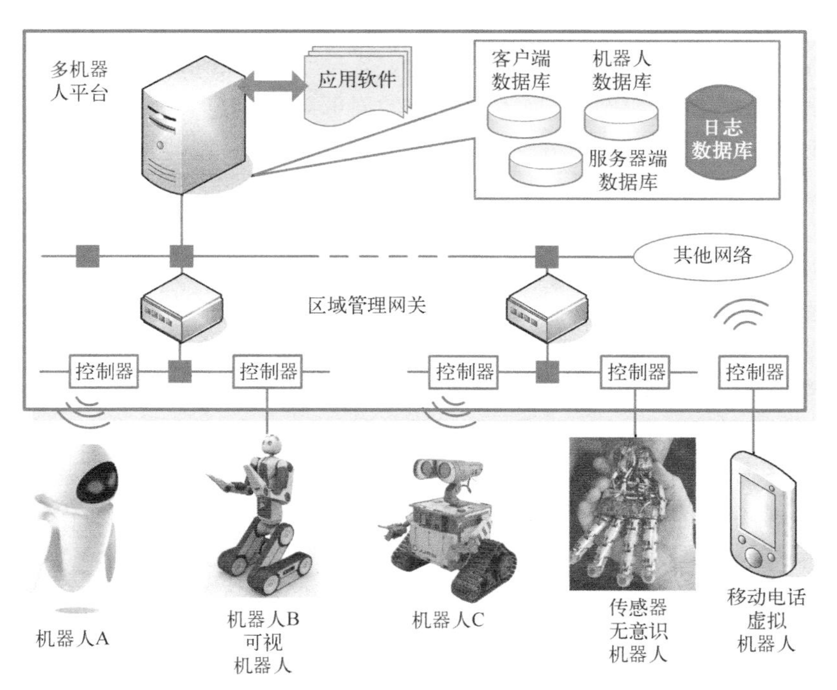

图 9.13 多机器人系统的组成结构

9.3.2 设计方法

多机器人的结构和功能是由用户需求确定的。当用户提出多机器人的使用要求后，设计者首先分析用户需求，经过需求分析，初步确立多机器人的结构和大体功能，把系统划分为若干模块，然后进行具体设计。多机器人的设计方法有系统设计和形式设计两种。

1）系统设计：常用于多机器人的整体系统设计。系统设计包括两个方面，首先是总体结构的设计，其次是具体模型设计。系统设计的主要目的是为下一阶段的系统实现（如组织硬件、编程、调试、试运行等）制定蓝图。在系统设计阶段，主要任务是在各种技术和实施方法中权衡利弊，精心设计，合理地使用各种资源，最终勾画出新系统的详细设计方案。系统设计的主要依据是系统分析报告和开发者的知识与经验，主要内容包括总体结构框架设计、处理流程、代码设计及模块功能的设计，结果是一系列的系统设计文件（蓝图），这些文件是物理实现多机器人系统（包括安装硬件设备和编制软件程序）的重要基础。

2）形式设计：用于实现多机器人组成模块的角色和功能。系统设计蓝图是形式设计的基础，依据模块功能，挑选相应硬件，编写硬件的控制程序，提供用户操作界面，并对所有设计结果进行调试和试运行。形式设计的结果是具体的产品，包括硬件和软件。经过形式设计，可实现多机器人软硬件模块之间相互连接。

设计多机器人时，一般先采用系统设计的方法设计逻辑体系结构，然后采用形式设计的方法连接逻辑体系结构对应的软硬件模块。

9.3.3 感知

机器人的感知包括感觉和理解两个方面的内容。机器人配备多种不同的传感器，可以使其“感觉”到外部环境的变化，获取不同性质的局部环境信息。通过对获取的信息进行有效的融合和处理，机器人可以“理解”这些信息的意义，并将其与机器人的决策和控制紧密地结合起来。

多机器人基于自身的传感器信息，可以在一定程度上实现相互协调。机器人可以通过对公共资源和其他机器人行为的识别来决定采取何种行为进行协作。

在多机器人系统中，由于各机器人分散在环境中，通过通信和相互协调工作，整个系统具有更强的获取外部信息的能力。在一些需要多机器人相互合作的复杂工作中，各机器人仅处理自身传感器获得的信息远远不够，需要将其他机器人的传感器信息与自身传感器信息进行融合，以正确地和较全面地理解外部环境。因此，机器人不仅可以利用自身的传感信息，还可以利用其他机器人所获取的信息进行决策。在这种情况下，多机器人系统的感知问题就需要解决如何选择、融合来自不同机器人的传感信息，如何通过协调和协作实现对外界环境信息乃至机器人自身信息的全面了解。

在机器人的感知中，探测信息分析和处理具体操作起来很有挑战性，是当今多机器人研究的一个关键技术。多机器人在执行任务之前，一般需要探测工作环境。多机器人探测工作环境的设备由具体任务和环境状况决定，常用的设备有视频摄像器材、音效部件、距离感知设备及其他一些专业设备。设备性能的好坏对网络化机器人的性能有重要影响，目前我国的硬件性能大大落后于美日等国家，由于硬件开发的滞后，极大地阻碍了我国多机器人产业的前进步伐。

一般来说，高精度优质的硬件，能更加真实完整地描述环境，但是仅有高级硬件，还不能保证系统充分获取环境信息。硬件探测信息一般是离散的，且存在波动现象，如视频设备获取图像信息，任何摄像器材在摄像时都有一定的频率，且由于机器人的运动和振动，摄像头的角度和位置是不断变化的，要把脉冲拍摄的图片还原成一个真实的环境，对图像分析和处理的技术要求很高。

9.3.4　通信

通信是指机器人之间进行交互和组织的基础。通过通信，各机器人可了解其他机器人的意图、目标、动作以及当前环境状态等信息，进而进行有效协商，协作完成任务。机器人之间的通信可以分为隐式通信和显示通信两类。

使用隐式通信的多机器人系统通过自身传感器获取外界环境信息并实现相互之间的协作，机器人之间没有通过某种共有的规则和方式进行数据转移和信息交换来实现特定含义信息的传递。使用隐式通信的多机器人系统，由于各机器人不存在相互之间数据、信息的显示交换，所以可能无法使用一些高级的协调协作策略，从而影响了完成某些复杂任务的能力。

使用显示通信的多机器人系统利用特定的通信介质，通过某种共有的规则和方式实现特定含义信息的传递，因此可以快速、有效地完成各机器人间数据、信息的转移和交换，实现许多隐式通信下无法完成的高级协调协作策略。

隐式通信和显式通信是多机器人系统各具特色的两种通信模式，如果将两者各自的优势结合起来，则多机器人系统可以灵活地应对各种动态的未知环境，完成许多复杂任务。利用显式通信进行少量的机器人之间的上层协作，通过隐式通信进行大量的机器人之间的底层协作，在出现隐式通信无法解决的冲突或死锁时，再利用显式通信进行少量的协调工作加以解决。这样的通信结构可以提高系统的协调协作能力和容错能力，同时又可以减少通信量。

通信是实现多机器人合作的关键，是系统动态运行过程中获取信息的最基本手段，也是一种高效的信息交互方法。多机器人的一个重要特点是通信，其通信能力是多机器人研究的一个关键技术，多机器人通信能力的大小直接影响系统的速度，信息控制的时间延迟问题，有可能直接关系到系统的成败。由于多机器人系统中传输的信息量巨大，所以需要从软硬件上提高系统的通信带宽，提高系统的通信能力。

除了上述关键技术，有效提取机器人场景的图像信息、建立机器人自身的动力学模型，以及如何处理、存储和传输捕获到的图像等问题，是当前计算机科学、通信技术、系统科学和自动控制等学科共同关注的焦点和前沿研究领域。

9.3.5　自主学习

自主学习是多机器人领域的一个重要研究方向，其研究成果将对多机器人系统的发展和应用产生巨大影响。受传感器、执行机构、控制器算力等因素的限制，单体机器人仅能够感知局部环境信息，因此仅适用于小规模作业场景。为了得到完备的环境信息并实现大规模场景下的高效作业，采用自主学习方法使得机器人能够通过与环境进行交互来获取知识和经验，实现多机器人的自主规划决策与协同感知。目前，多机器人自主学习方法可分为两类：

1. 强化学习方法

强化学习是一种机器学习方法，多机器人系统中的每个机器人通过与环境的交互来学习最优策略。每个机器人通过观察环境的状态，采取某种动作，并根据环境的反馈（奖励或惩罚）来调整自己的行为。机器人的目标是最大化累积奖励或最小化累积惩罚，以找到最优的行为策略。在多机器人系统中，机器人可以相互交流和共享经验，通过合作和竞争的方式互相影响学习过程。

2. 模仿学习方法

模仿学习是一种通过观察和模仿其他机器人或人类专家的行为来学习的方法。在多机器人系统中，可以指定一个机器人作为专家，展示正确的行为示范，其他机器人则观察并尝试模仿这些行为。通过模仿学习，其他机器人可以逐渐掌握正确的行为策略，并逐渐提高动作执行的熟练度。此外，模仿学习还可以用于传递知识和经验，对于提高整个机器人系统的协同性和鲁棒性具有重要意义。

强化学习和模仿学习可以在多机器人系统中同时使用。强化学习可以用于机器人在未知环境中探索和学习新的行为策略，而模仿学习可以用于机器人之间的知识传递和经验共享，加速学习过程。这两种方法的结合可以为多机器人系统提供更强大的学习能力。

9.3.6 协调协作机制

多机器人系统研究中的一个重要课题是如何实现各机器人之间的协调协作。多机器人系统的协调协作机制与系统的群体体系结构、个体体系结构、感知、通信和学习等方面的研究密切相关。多机器人系统为了顺利、高效完成任务，需要密切协调协作。协调协作主要体现在以下几方面。

1）任务分配：在多机器人系统中，任务分配是一项关键技术，它涉及如何将一组任务有效地分配给多个机器人，以实现系统的高效协同。任务分配算法通常考虑任务的性质、机器人的能力、任务的优先级和机器人之间的通信成本等因素。常见的任务分配方法包括智能优化算法、最大匹配算法、市场拍卖算法等。这些算法根据具体的问题和约束条件，通过优化目标函数来实现任务的最优或近似最优分配。例如，在使用市场拍卖算法进行任务分配时，各机器人将模仿市场交易，找到收益最大化的任务分配序列。

2）路径规划：对于任何群体系统来说，由于个体的盲目性，如果不进行规划，就不能协调整体行动，从而会降低系统的效率，严重情况下甚至会导致系统崩溃。多机器人路径规划是指为机器人规划一条合适的路径，使其能够安全、高效地从起始位置到达目标位置。路径规划算法通常需要考虑机器人的动力学限制、环境的障碍物和约束条件，以及路径的最短或最优性等因素。常见的路径规划方法包括图搜索算法（如 A * 算法和 Dijkstra 算法）、随机采样算法（如 RRT 算法和 PRM 算法）和强化学习算法（如 Q-Learning 算法）。这些算法根据具体问题的需求，通过搜索、优化或端到端训练找到机器人的最佳路径。

3）碰撞规划：为了机器人系统的安全性，各机器人之间必须进行协调，以避免碰撞和防止机器人相互碰撞，引起不必要的损失。

4）故障恢复：为了提高系统的鲁棒性，多机器人系统要能在系统出现故障的情况下，自动进行故障恢复。

5）运动控制：对机器人的高质量运动控制是多机器人研究的另一个关键技术，它能够提高系统的精度和性能。多机器人系统中一般有多个机器人，这些机器人相互协作，以完成预定任务。为了协调各机器人，必须根据其状态和探测信息进行运动规划，使其运动能给系统带来高效益。对机器人进行运动规划时，需要从单个机器人和群体机器人两方面考虑，不断优化运动规划模型。随着科技的发展，多机器人上安装的设备越来越多，越来越先进，控制起来也越来越复杂。

9.3.7 稳定性

多机器人的稳定性也是多机器人研究的一个重要内容。稳定是指网络化的传感器、计算机或机器人要有一个合理的柔性拓扑结构。多机器人的动态化程度越高，就越难以准确预测其行为。当某个机器人发生移动，其相邻的机器人就会适当变化，从而使机器人和环境的关系发生变化，结果导致该机器人接收到的信息和执行的行动发生改变。为了提高多机器人的稳定性，需要增强多机器人系统的实时处理能力和重构能力，以便使其能够适应多种变化因素。

9.3.8 智能分布式计算

智能分布式计算是目前研究的热点，可以从通用对象请求代理体系结构（common object request broker architecture，CORBA）寻找突破。

1. 中间件技术

长期以来，人们一直使用“客户机/服务器”两层结构，即客户机提供用户界面、运行逻辑处理应用，而服务器接受客户机 SQL 语句并对数据库进行查询，然后返回查询结果。两层结构系统给人们带来了相当的灵活性，但也逐渐地暴露出客户机和服务器负担过重的问题。在现代企业面前，两层结构的弊端更加突出，往往在业务处理上对系统提出了更高的要求：

1）适应不同地区、不同标准的具体情况，需具备灵活的可扩展的工作流定制。

2）网络传输量较大，需要保证数据在网络传输的稳定性。

3）涉及关键业务类数据，必须保证网络数据传输的准确性和安全。

4）各地网点总数增多，要求系统具备峰值数据的高负荷处理能力和平衡负载能力。

5）保证数据在广域网传输和业务处理的及时性。

随着网络软件发展的需要，已由两层结构向三层结构转变。三层结构在原有的两层结构（客户机/服务器）之间增加了一组服务，这组服务（应用服务器）包括事务处理逻辑应用服务、数据库查询代理、数据库，随着这组服务的增加，客户端和服务器端负载相应减轻，跨平台、传输不可靠等问题得到了解决。

增加的这组服务就是中间件，其在三层结构中主要充当中间层，完成数据安全、完整传输，通过负载均衡来调节系统的工作效率，从而弥补两层结构的不足。

中间件是处于操作系统和应用程序之间的软件，也可以认为它属于操作系统中的一部分。人们在使用中间件时，往往是把一组中间件集成在一起，构成一个平台（包括开发平台和运行平台），但在这组中间件中必须有一个通信中间件，因此，中间件是平台和通信的集成体。

2. 中间件技术 CORBA

CORBA 为通用对象请求代理体系结构，是由对象管理集团（OMG）制定的标准，它强调在分布式异构环境中的交互性。CORBA 标准代表美国 344 个公司的工业标准。CORBA 设定，在异构环境下不同平台上不同语言实现的对象能够进行互操作，它定义了一个对象请求代理（object request broker，ORB），ORB 作为中间件，使用户程序能够以透明的方式通过访问本地对象来操作远程对象，并与实现远程对象的语言无关。ORB 在当前每一种主流操作系统上均有实现，具有支持跨操作系统的独立性。

CORBA 技术通过在客户端和服务器端间加入一个代理，将客户端和服务器端完全分开，屏蔽了不同计算机和不同软件系统的差异，实现了异构环境下客户端和服务器端的通信。CORBA 的中心部分是对象请求代理程序 ORB，它是该结构的“软件总线”，使得在任何环境下、采用任何语言开发的软件只要符合接口规范的定义，均能够集成到分布式系统中。所以，可以在 Internet 上使用 CORBA 开发一个机器人分布式软件库。

9.3.9 接口设计

接口设计涉及机器人与网络的接口（控制器）和人与计算机的接口界面，该问题关系到计算机如何更好地为人类提供服务，以及机器人如何使用统一的标准连入网络，以便在工业上经济、有效、方便和可靠地应用，这一问题可以通 Java 网络编程语言的强大功能来实现。

1. 以 Java 编程语言作为接口软件

JavaScript 是一个平台独立的、事件驱动的、解释性的编程语言，它被嵌入在生成 WEB 页面的 HTML 编码中，并且通过观看页面资源能够阅读到该语言的描述。JavaScript 语言提供一个处理有限区域数据的功能，并允许 WEB 页面对浏览器功能的某些方面进行控制。它已经被用于克服公共网关接口（common gateway interface，CGI）设备的不足。例如，当通过单击图像说明机器人空间位置时，需要用两幅不同图像中的点来说明三维空间中的位置，在标准的 CGI 设备控制下，每单击一次图像就会产生一个发往 WEB 服务器的请求，而使用 JavaScript 语言能够说明提交到 WEB 服务器的机器人运动。然而，由于浏览器之间的不一致，会使该语言失去作用。随着电子商务的发展和广泛应用，浏览器标准有望得到统一。Java 语言也已用于生成机器人的框架模型。

2. 人-机接口界面友好

机器人的动力学、异常性以及活动空间边界的复杂性应该对用户隐藏，同时还应允许灵活的操作封装。如果有可能的话，应该滤掉非常复杂的各种因素。例如，远程机器人系统允许用户以完整的 6 个自由度说明机器人的位置和方向，而方向定义为摇晃、倾斜和偏航，值得注意的是，对所有使用的积木块操作，只需要说明两个方向，即倾斜和旋转。旋转被定义为绕桌面的 Z 轴转动，而倾斜就是机器人夹爪与 Z 轴的角度，这样就能保证通过手爪末端的两点所做出的线路总是与 XY 平面平行。与摇晃、倾斜和偏航相比，这种方式更加容易理解，可在不丢失任何有用功能的情况下，可以简化对机器人的操作。

3. 采用 Java 编程语言提高系统性能

Java 语言的引入以及把这些技术推广到 WEB 网络上，使提供持续地更新机器人信息（图像和位置信息）成为可能。这一方法已经在某些机器人上得到了实现。Java 语言在减少带宽方面极为有用，同时也能辅助操作者规划任务。我们知道，操纵器和场景的图形学模型能够提高网络机器人系统的性能。研究人员发现，有了操作者预测，会使操作器和积木块之间发生碰撞的错误率减小 57%。目前，Java 语言接口界面已经实现了让操作者通过拖动放置在单摄像摄取的图像上的光标来控制机器人。这项技术能够充分利用可用的宽带资源，通过传输机器人状态中的变化来刷新操作者计算机中的模型。

人-机接口界面是影响用户兴趣的关键因素，是目前 WEB 机器人系统待改进的一个重要方面。在设计多机器人接口界面时，原则上应考虑以下几个方面：

1）接口界面必须具有可交互性。

2）接口界面具有智能化或自主学习功能。

3）接口界面视图简单、清晰、易理解和易操作。

4）图像界面所占数据尽可能少，以减小传输带宽。

5）界面提供用户操作网络机器人的功能应尽可能详细和可靠。

以人为中心的多机器人系统性能及完成任务的能力，很大程度上取决于操作者必须具备感知和理解任务的能力，并能够有效地控制操纵器。在这样的人-机合作中，机器的性能是重要的，它必须提供精确的、稳定的以及灵敏的控制，必须具备一定的鲁棒性以防止外界的干扰。最近的研究集中在改进网络机器人系统中跟踪问题的一些基本方面，主要包括改进机器人图像显示质量、控制界面以及机器人控制器。这些控制器需要阻力控制和预测建模。

由于采用这种策略进行远程控制仍然受到许多限制，所以，在未来的研究中，主要加强开发智能增强间接寻址（indirect addressing，IA），它的目标就是要发挥人和机器的特长。在这种方法中用计算机取代人的所有思维是不可能的，相反可以让计算机、机器人和人进行合作，以获得大于各自单独完成任务获得的功能总和。因为人擅长判断、理解任务、辨认对象、推理和问题求解，甚至在相当大的压力下，具有创新能力；计算机非常擅长存取和搜索大量的数据、重复记忆和执行多任务。多机器人技术的应用领域通过共同控制和协作控制获得极大的益处，从而在整体上提高了系统的性能。前面提到的那些具有挑战性的问题，需要通过跨学科的研究途径来开发人机界面，并且将依赖于人类感知和认知的研究，更多地从控制和工程的角度加以考虑以寻求解决途径。

多机器人研究人员长期以来重视和关注着人类操作者在控制闭环回路中的重要作用。人类强有力的判断、理解、推理以及问题求解等能力，确保在未来的网络化多机器人操作系统中将继续起核心作用。在这些系统中，我们将会看到人与机器在互相补充、相互加强的基础上更加紧密地结合在一起。

9.4　多机器人系统面临的挑战

多机器人系统的出现使得机器人之间可以协同工作，相互配合完成任务。这种协同工作的能力为许多领域带来了前所未有的机会，然而，多机器人系统的发展也引发了一系列技术的挑战。面临的主要挑战如下：

1. 实时性问题

一般来说，为提供临场感、提高操作效能，机器人远程控制系统应有音频、视频和力感知等反馈功能。目前，最主要的问题是由于网络延时造成的控制指令与机器人做出反应之间存在的时间差。这个问题也同时存在于控制者观看反馈视频画面和感受反馈力的时候。如果控制滞后过久，或者视频画面和力反馈不同步，都会破坏控制的同步感，增加机器人运动的难度。

2. 通信协议

目前，Internet 是基于 TCP/IP 协议的，它的传输层有传输控制协议（transmission control protocol，TCP）和用户数据报协议（user datagram protocol，UDP）两种协议。TCP 是一种面向连接的协议，它有错误处理、重发、包重排序和确认到达机制，因此，使用 TCP 不会发生数据包丢失问题。但是，从实时应用的角度看，这种协议却有引起不确定传输时延和大时延的缺陷。UDP 能够克服 TCP 的缺陷，不会阻塞，但是它不是一种面向连接的协议，没有确认到达机制，因此无法解决数据包丢失的问题。而且由于 UDP 在网络层上也是基于包交换技术来发送数据的，所以也会出现不确定时延和乱序等问题。

对于实时控制系统来说，重新传输丢失或破坏的视频等数据是没有意义的，传送新的实时信息比较而言更加有效。可以设定每帧数据包包含系统的全部信息，上下帧之间没有相互关联，每一帧数据相对上一帧都是新的。这样，唯一需要确定的是新接收到的数据是否比上一帧数据更新，如果数据较旧，则表示接收到的是乱序的数据，需要舍弃。因此，选择 UDP 进行视频等数据的传输是合适的，数据可以允许丢失、被破坏或无序发送。

对于实时控制指令数据来说，必须按照理想的数据来传输，并且不能丢失和重复，TCP 和 UDP 都不适合。解决的办法是采用特别的通信手段（如在“跨洋手术”中采用多路串行通信叠加在 UDP 数据流中），或者使用独立于现有 Internet 通信协议的一种全新的通信协议标准，如目前正在研究的实时传输协议（real-time transport protocol，RTP）等。

3. 控制策略

除了提高网络带宽和协议性能，还可以在控制层面上应用一些方法来改善数据传输质量，如直接控制、监督控制、预测显示控制、基于事件的智能控制、无源性及耗散理论等。这些控制方法和理论最初应用于空间和深海探索等远程操作控制领域中，而在远程手术领域，将多机器人系统应用于实际并进一步发展仍面临着技术挑战。

4. 可测量性的技术挑战

目前为止，还尚未实现自我重组织的多机器人系统。自我重组织多机器人系统具有可标记（编号）性、完全的分散控制性和监督性、合理的紧急反应能力，这需要控制、感知和通信交互技术的基础研究。

习　　题

9.1　多机器人系统有哪几种主流的分类方式？考虑按照自己的理解对其进行分类。

9.2　国内外多机器人系统的发展有何特点？你对多机器人系统的发展与应用有何建议。

9.3　多机器人系统的主要研究内容包括哪些？

9.4　多机器人系统相比单机器人系统有哪些优势？

9.5　多机器人系统在协同作业过程中可能会用到哪些传感器？

9.6　尝试在 Gazebo、Webots 或 CoppeliaSim 等仿真软件中搭建仿真场景，并进行多机器人协同作业仿真。

9.7　讨论未来哪些新兴技术将在多机器人系统领域得到应用？

参考文献

[1] 代维，卢惠民，周宗谭．多机器人系统的动态任务分配与共享控制［M］．北京：国防工业出版社，2023.

[2] 李一平，许真珍．多自主水下机器人协同控制［M］．北京：科学出版社，2020.

[3] BOISSIER O，BORDINI R H，HÜBNER J F，et al. 多 Agent 系统编程实践［M］．黄智濒，译．北京：机械工业出版社，2023.

[4] 范波，张雷．多智能体机器人系统信息融合与协调［M］．北京：科学出版社，2015.

[5] CAZAURANG F，COHEN K，KUMAR M. 多旋翼无人机系统：理论、算例和硬件实验［M］．李德栋，李鹏，译．北京：机械工业出版社，2021.

[6] KYPRIANOU G，DOITSIDIS L，CHATZICHRISTOFIS S A. Towards the achievement of path planning with multi-robot systems in dynamic environments［J］. Journal of intelligent & robotic systems，2022，104（1）：15.

[7] 宁宇铭，李团结，姚聪，等．基于快速扩展随机树-贪婪边界搜索的多机器人协同空间探索方法［J］．机器人，2022，44（06）：708-719.

[8] ROLDÁN-GÓMEZ J J，BARRIENTOS A. Special issue on multi-robot systems：challenges，trends，and applications［J］. Applied sciences，2021，11（24）：11861.

[9] 王伟嘉，郑雅婷，林国政，等．集群机器人研究综述［J］．机器人，2020，42（2）：232-256.

[10] TELLURI P，BULUSU S，RAMESH T K. Centralized swarm network［J］. Journal of computational and theoretical nanoscience，2020，17（1）：109-114.

[11] ZHOU Z，LIU J，YU J. A survey of underwater multi-robot systems［J］. IEEE/CAA journal of automatica sinica，2021，9（1）：1-18.

[12] 雷斌，金彦彤，王致诚，等．仓储物流机器人技术现状与发展［J］．现代制造工程，2021（12）：143-153.

[13] 贾永楠，李擎．多机器人编队控制研究进展［J］．工程科学学报，2018，40（8）：893-900.

[14] KAGEN E，SHVALB N，BEN-GAL I. 自主移动机器人与多机器人系统：运动规划、通信和集群［M］．喻俊志，译．北京：机械工业出版社，2021.

[15] CORAH M，O'MEADHRA C，GOEL K，et al. Communication-efficient planning and mapping for multi-robot exploration in large environments［J］. IEEE robotics and automation letters，2019，4（2）：1715-1721.

[16] FAN T X，LONG P X，LIU W X，et al. Distributed multi-robot collision avoidance via deep reinforcement learning for navigation in complex scenarios［J］. The international journal of robotics research，2020，39（7）：856-892.

[17] RIZK Y，AWAD M，TUNSTEL E W. Cooperative heterogeneous multi-robot systems：a survey［J］. ACM computing surveys，2020，52（2）：1-31.

[18] 关英姿，刘文旭，焉宁，等．空间多机器人协同运动规划研究［J］．机械工程学报，2019，55（12）：37-43.

第 10 章　机器人的空间应用

近年来，机器人的应用领域不断扩大，已经由汽车组装、仓储搬运、食品包装等传统制造领域逐渐向高端装备制造、安防巡检、深空探测等新兴领域加快布局，并带动相关产业发展。特别是，随着人类对太空探索的不断深入，空间机器人开始逐渐走进人们的视线。空间机器人具备的灵巧性、自主性和环境适应性，使其成为在太空环境中承担复杂任务和降低人类风险的理想选择。

10.1　空间机器人应用概述

自人类开展载人航天活动以来，美国率先提出了空间机器人这一概念。空间机器人最初被用于协助航天员在轨完成一些复杂的舱外操作。人类第一个空间机械臂是由加拿大公司 Spar 设计制造的，如图 10.1 所示。空间机器人通常被用来代替人类在太空中进行科学试验、出舱操作、在轨维护等活动。通过空间机器人代替宇航员出舱活动可以大幅降低风险和成本。人类第一个实现在月球上自动取样并送回地球的探测机器人是苏联研发的月球 16 号，如图 10.2 所示。

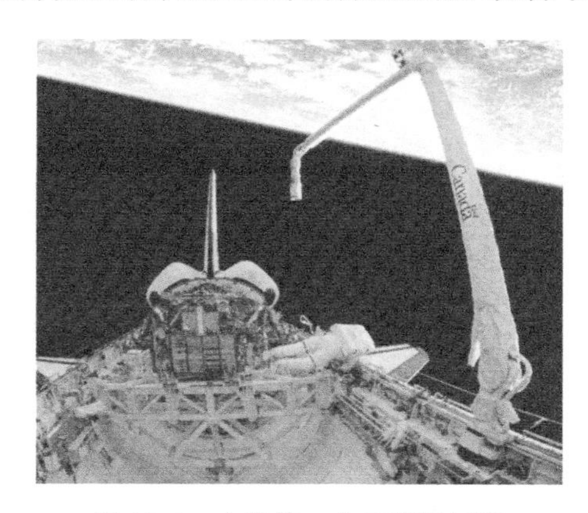

图 10.1　人类第一个空间机械臂

图 10.2　月球 16 号

目前，空间机器人主要包括在轨服务机器人和星表探测机器人两类。其中，在轨服务机器人主要承担燃料补给、轨道碎片清理、系统维修、空间态势感知等任务，可分为空间站舱内/外作业机器人和自由飞行机器人。空间站舱内/外作业机器人一般是指安装并工作于空间站中，协助航天员完成各种任务的机器人系统，最典型的是安装在国际空间站上的大型机械臂。自由飞行机器人一般是指机械臂安装在小卫星上的空间机器人系统。该类空间机器人系统通常作业在具有真空、强辐射、微重力、高低温交变等特点的太空环境中，主要承担在轨装配、系统维护等操作任务。

星表探测机器人主要是指在行星表面、小天体或空间环境中开展探测活动的机器人，包括但不限于：无人/载人巡视探测机器人、行星勘探机器人、星表建造机器人等。过去几十年，美国、俄罗斯、欧洲航天局及日本等先后发射了 100 多个星表探测机器人，分别用来探测火星、土星等行星表面，该类空间机器人通常具有轮式或腿式移动机座，并配备有灵巧的机械臂，所执行的任务一般兼具移动和操作两个方面，如行星表面巡视、极端区域探测、样品采集、科学试验以及星表基地建设等。

10.2　在轨装配机器人

在轨装配是指在太空中将部件组装起来并构建成复杂空间结构的过程，如模块化天线的拼接组装、空间站独立舱段的在轨对接以及空间太阳能电站的建设等。目前在轨装配大体可分为人工在轨装配方式和机器人自主装配方式两种。然而，受到缺氧、低重力、低气压等极端太空环境的影响，航天员无法承受长时间、高负荷的工作，空间碎片、航天器故障、宇航服破裂等也对航天员的生命构成了极大威胁。因此，人工在轨装配方式通常只适用于轨道环境安全且工作强度较小的组装任务，不具有普适性。机器人自主装配方式则是通过空间机器人进行在轨装配，从而形成整个航天器或大型载荷结构。

10.2.1　在轨装配机器人分类

随着空间机器人技术的不断发展与完善，机器人自主装配逐渐成为超大型空间结构在轨装配的主要途径。作为在轨服务机器人领域中最具代表性的一类，在轨装配机器人主要分为在轨装配机械臂和仿生类在轨装配机器人两种类型。

1. 在轨装配机械臂

在轨装配技术并非近些年才提出的新概念，1957 年，美国成功完成“双子星座”的交会对接在轨验证，迈出了在轨装配技术的第一步。1992 年，美国奋进号航天飞机给已偏离轨道的 Intelsat VI 卫星在轨更换推进器，如图 10.3 所示。1993 年，奋进号航天飞机首次对哈勃望远镜进行了在轨维修，如图 10.4 所示。据了解，加利福尼亚工程研究中心开展了 100 m 口径伞状天线的在轨装配技术研究，如图 10.5 所示。从以往在轨装配和系统维护的案例来看，人工在轨装配方式可以发挥人的主观能动性、可实施性强，但易受到极端太空环境的影响。因此，人工在轨装配方式通常只适用于轨道环境安全且工作强度较小的组装任务。

图 10.3　Intelsat VI 卫星维修

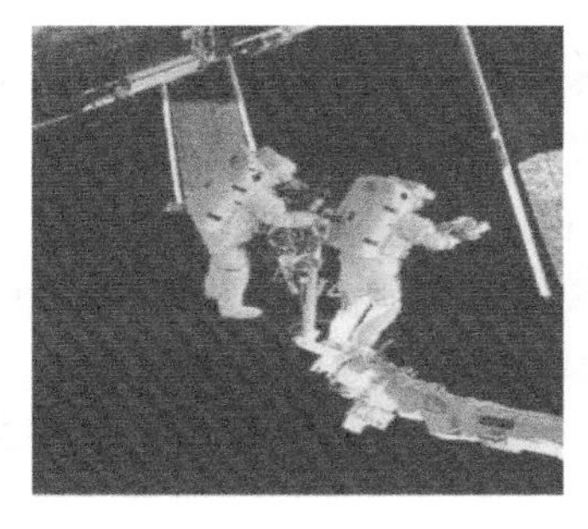

图 10.4　哈勃望远镜维修

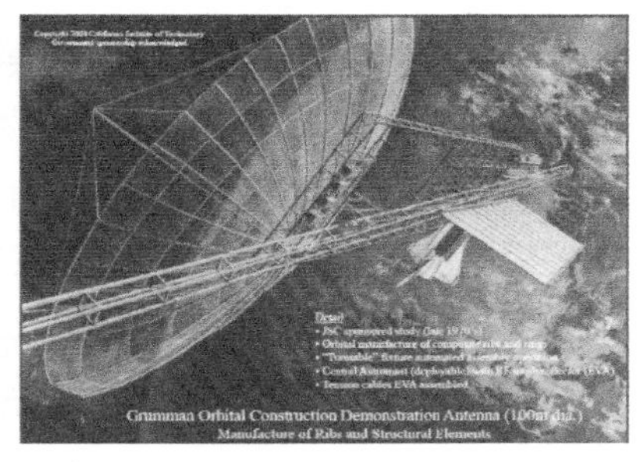

图 10.5　大口径伞状天线在轨装配

随着空间机器人技术的不断发展与完善，机器人自主装配方式逐渐成为空间在轨组装的主要途径。1984年，挑战者号航天飞机使用在轨装配机械臂成功捕获已出现故障的Solar Maximum Mission（SMM）卫星，并辅助宇航员在轨更换了新的姿态控制模块，如图10.6所示。1985年，美国国家航天局（NASA）和欧洲航天局（ESA）合作，完成了EASE/ACCESS桁架结构的在轨组装实验，如图10.7所示。2021年5月，中国空间站"天和"核心舱成功发射并实现在轨运行，位于舱体外的空间机械臂可以自主或协助宇航员完成太空舱外的在轨装配或系统维护工作，如图10.8所示。

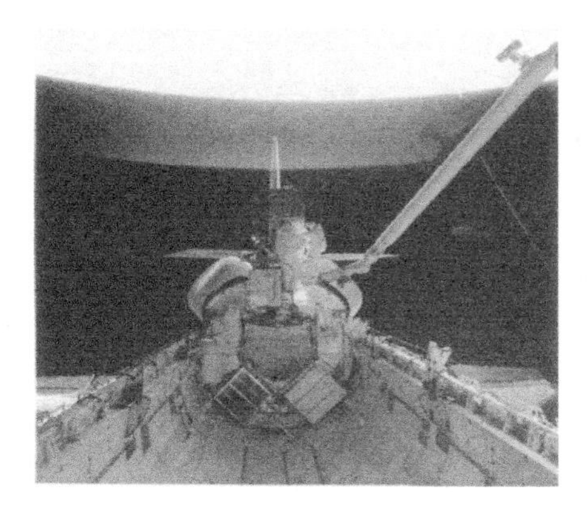

图10.6 SMM卫星维护

图10.7 航天器在轨维护

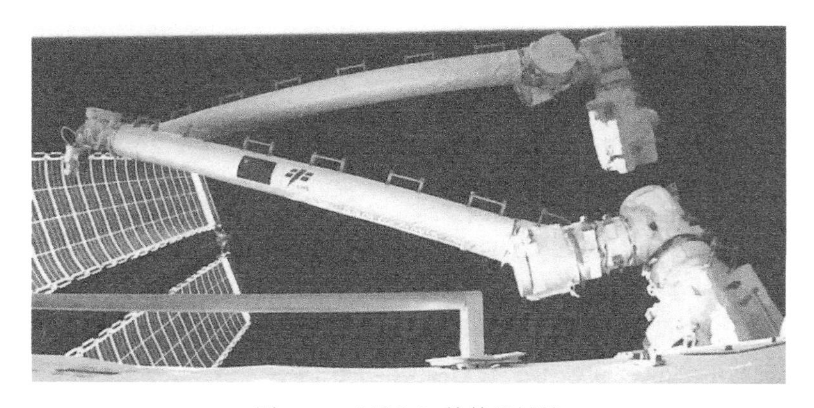

图10.8 "天和"舱外机械臂

2. 仿生类在轨装配机器人

NASA最早提出了仿生类在轨装配机器人的概念，2013年NASA开始资助空间大型结构3D打印项目（SpiderFab），该项目提出将纤维制品或聚合物等极度压缩的原材料发射到太空中，通过仿生机器人SpiderFab在轨制造出大型桁架结构，再利用3D打印技术焊接装配桁架，从而形成空间大型复杂三维结构，如图10.9所示。2015年，美国劳拉公司在美国国防部高级研究计划局（DARPA）的资助下开展了大型反射器在轨组装项目——"蜻蜓项目"的研究，期望在地球同步轨道利用机器人实现大型射频天线反射器的安装与重构，如图10.10所示。NASA的喷气推进实验室研发了LemurⅡ六足机器人，其腿部由6个4自由度的机械臂构成，利用该机械臂可以实现机器人的移动和装配操作，如

图 10.11 所示。西安电子科技大学李团结等人也设计了一种腿臂融合型在轨装配机器人，如图 10.12 所示。该机器人的腿部由 6 个 7 自由度冗余机械臂组成，配置较多的自由度能够提高机器人的运动灵巧性，使其可以在多种复杂环境中执行装配作业。NASA 于 2020 年 5 月宣布，在轨服务、装配和制造任务 OSAM-1 已成功通过技术部门评估，将进入全面的硬件生产和测试阶段，并于 2023 年发射入轨。OSAM-1 组装任务借助空间灵巧机器人“蜘蛛”（SPIDER）得以实现。SPIDER 将通过组装 7 个关键部件，构建一个口径为 9 ft（1 ft=0.3048 m）的通信天线，如图 10.13 所示。该项目将验证空间机器人在轨组装大型航天器结构的能力。

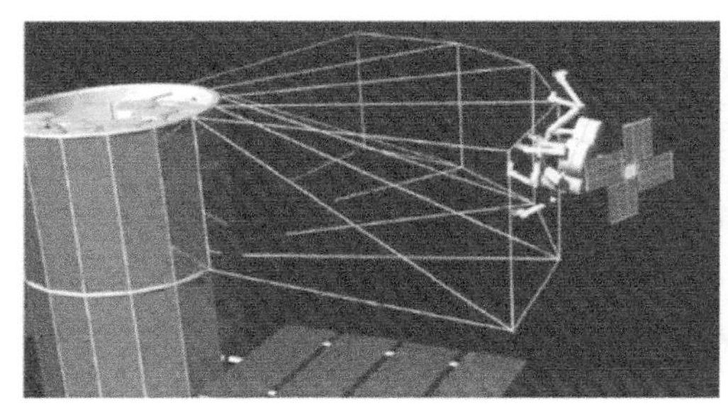
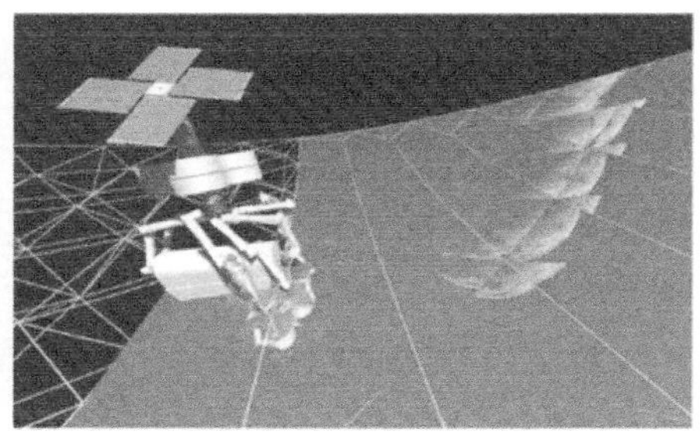

图 10.9　空间大型结构 3D 打印项目（SpiderFab）概念图

a) 概念图

b) 地面实验图

图 10.10　蜻蜓项目

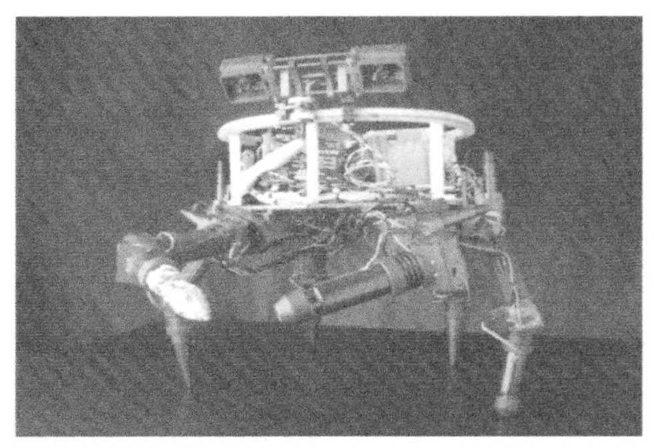

图 10.11　Lemur Ⅱ 六足机器人

图 10.12　腿臂融合型在轨装配机器人

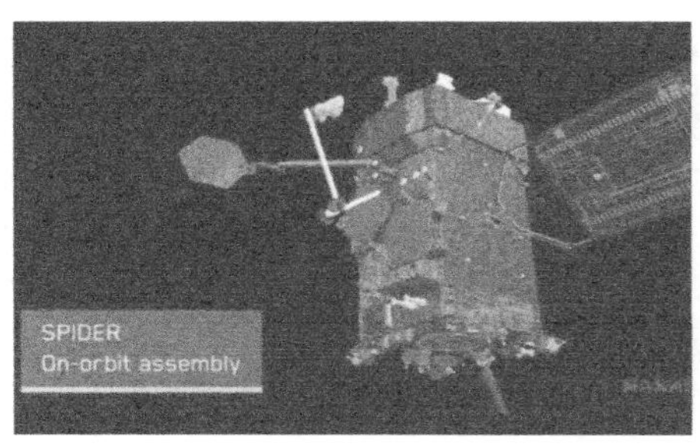

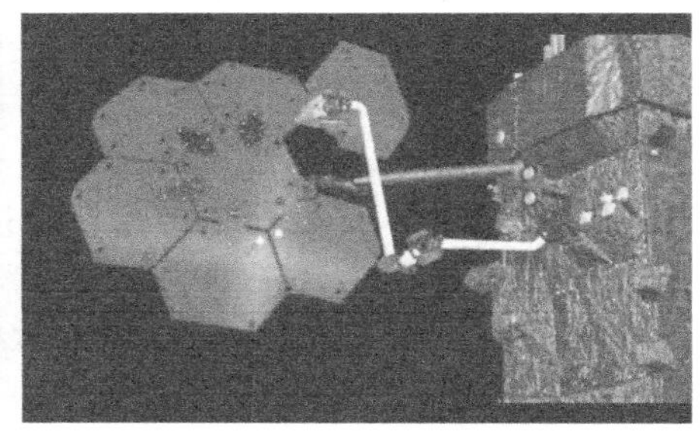

图 10.13 美国 OSAM-1 任务中的组装天线模拟实验

10.2.2 在轨装配机器人研究内容

1. 结构设计

在轨装配机器人的结构设计是一项关键任务，旨在确保机器人能够在宇宙空间中有效地执行装配和维修任务。在轨装配机器人集光、机、电、热等多学科于一体，是一种高端和先进的航天装备，具有强大的功能和广阔的应用前景。在轨装配机器人的构型直接影响其工作性能，合理的构型设计可以减少发射阶段占用的空间资源，降低系统复杂度，从而提高在轨作业的可靠性。在设计机器人构型时，参考与其设计目标相似的设计经验是一种常用的方法。首先，应明确在轨装配机器人的功能和性能需求，以便为其构型设计提供方向。其次，为了满足机器人在轨作业过程中对其关节模组、连杆等核心部件的结构刚度和强度要求，需要选用具备高强度、高弹性模量、高韧性、低密度、低膨胀系数、低热导率和高电磁率等特点的特种材料。最后，为了确保在轨装配机器人的各个核心部件能够满足极端苛刻的温度条件，还需要对其进行热防护。热防护通常采用被动热控制技术和主动热控制技术相结合的方案。此外，还需要对同类可更换部件采取通用化的热设计以保证机器人的可维修性。

2. 装配序列规划

装配序列规划是确定机器人执行在轨装配任务时应遵循的零部件装配顺序和操作步骤的过程，是实现在轨装配自动化的关键，也是影响机器人装配效率的重要因素之一。合理的装配序列规划方案，能够确保机器人高效、准确地完成装配任务，装配序列规划的一般步骤为：

（1）任务分解 将整个装配任务分解为更小的子任务。这将有助于理解任务的结构和依赖关系，并确定每个子任务的装配顺序。

（2）零部件依赖关系 分析零部件之间的依赖关系和装配限制。某些零部件需要先装配在一起，再装配到其他部件上。理解这些依赖关系将有助于确定正确的装配顺序。

（3）约束条件 首先，分析零部件的几何形状、连接方式和装配工艺。了解零部件之间的物理约束和装配顺序要求，避免装配过程产生无法解决的冲突或错误。其次，考虑机器人所处环境的空间约束，确定机器人在执行装配任务时的作业位姿，确保机器人装配过程中不会出现位形奇异或受到空间限制等问题。

（4）优化策略 采用优化算法或启发式方法确定最佳的装配序列。这些方法可以考虑时间、机器人能耗、资源利用效率等因素。例如，基于能量最小原则的最优装配序列生成方法，其工作原理如图 10.14 所示。为了实现模块的高效率、低能耗装配，从姿态扰动和装配距离这两个角度考虑空间模块化在轨装配的序列规划问题。首先，建立卫星系统的姿态动力学模型，计算装配模块给卫星本体带来的姿态扰动及装配过程的飞行距离。然后，基于能量最小原则，确定模块最优装配点，进而得到所有模块的最优装配序列。

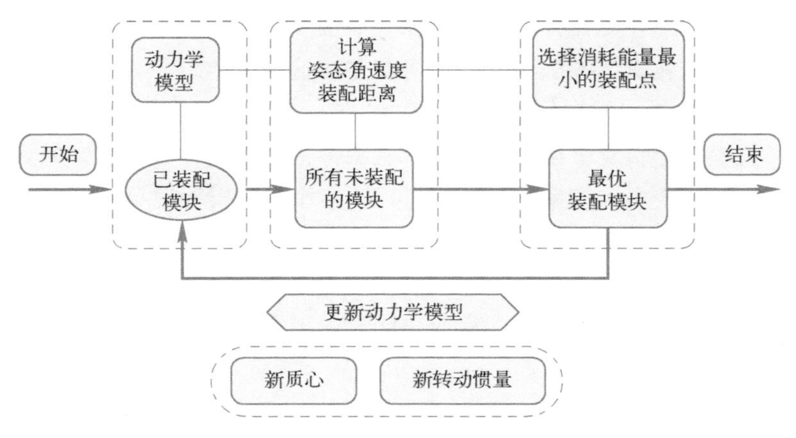

图 10.14　最优装配序列生成方法工作原理

由于模块在装配过程中会引起整个卫星姿态的扰动，因此卫星一般通过自身携带的动量轮来调整和控制整个卫星的姿态。动量轮在姿态调整过程中需要消耗一定的能量，同时，装配机器人需要将单个模块转运到指定的装配位置，这个过程也会消耗一定的能量。因此，当卫星的姿态扰动以及装配机器人所飞行的距离较小时，装配过程所消耗的能量也会相对较少。为了实现装配过程能量消耗的最小化，需要在装配过程中同时考虑卫星姿态扰动和装配距离两个影响因素。

3. 装配协同规划

随着空间装配需求日益严苛，在轨装配任务逐渐从标准化向个性化方向发展。然而，由于单个机器人的工作能力有限，无法胜任零部件传递和转运、复杂系统测试和维护等任务，装配协同规划这一概念应运而生。装配协同规划的研究可以追溯到 20 世纪 80 年代，随着多智能体和人工智能技术的不断进步，多机器人装配协同规划的理论研究和工程应用都得到了快速发展。加拿大团队研发了著名的 Dextre 空间站多臂机器人，如图 10.15 所示。西北工业大学航天飞行动力学重点实验室解决了自由漂浮模式下双臂空间机器人的协调轨迹规划问题。

图 10.15　Dextre 空间站多臂机器人

多个机器人通过协作来实现共同目标的协同规划方法可以解决系统目标和资源的冲突问题。研究人员致力于开发高效的装配协同规划算法，以确保多机器人在执行任务时能够有效避免碰撞、冲突以及交叉干扰等情况的发生。装配协同规划方法一般需考虑机器人之间的物理约束、动力学特性以及装配任务的优化目标，如最小时间、最小能耗等。目前的装配协同规划方法可以分为层次化协调方法和分布式协调方法这两大类。

（1）层次化协调方法　层次化协调是通过设立一个主控制器或协调者来实现装配任务的规划和协调。主控制器负责分配任务给各个机械臂，并规划各个机械臂的无碰撞路径。例如，在装配任务中，一个中央调度系统通常可以为多个机械臂同时分配任务，并确保它们在不发生碰撞的情况下完成装配任务。

（2）分布式协调方法　分布式协调是指每个机械臂本体都具有一定的智能和决策能力，机械臂之间可以通过消息传递、状态共享或协同学习等方式进行通信和协调。这种方式可以提高系统的灵活性和鲁棒性。

4. 装配控制

装配控制是指在装配过程中对机器人系统进行状态监测和控制的过程。装配控制主要体现在以下几个方面：

（1）动力学和力控制　在装配过程中，需要对机器人的接触力和关节力矩进行控制，以确保机器人对零部件的施加力处于安全范围内。常用的力控制方法包括力反馈控制、阻抗控制和模糊控制等。

（2）视觉引导和感知　利用视觉传感器和图像处理技术，对装配目标进行识别、跟踪和定位，以实现准确的装配操作。视觉引导和感知包括特征提取、目标检测和机器视觉算法等。

（3）协同控制　在多机器人装配过程中，机器人之间需要相互通信和协作。常用的协同控制方法包括分布式协同控制、集中式协同控制等。通过协同控制能够实现多机器人的高效装配作业。

（4）路径规划和轨迹生成　在装配过程中，机器人需要按照预定的路径和轨迹进行移动和操作。路径规划和轨迹生成的目的是根据装配目标和相关约束，生成满足装配要求的机器人轨迹，并将其转化为机器人执行装配作业的控制指令。

（5）安全控制　在装配过程中，安全控制是至关重要的。机器人系统需要采取安全措施，以保护人员、零部件和设备的安全。安全控制主要包括碰撞检测、力限制和安全停止机制等。

（6）位姿控制　位姿控制是通过传感器和执行器，实时监测和控制机器人的装配位姿，以确保装配操作的准确性。常用的位姿控制方法包括 PID 控制、模型预测控制和自适应鲁棒控制等。西安电子科技大学李团结等人提出了一种基于非线性模型预测控制（NMPC）的姿态控制方法，其工作原理如图 10.16 所示。首先，建立已装配模块的系统动力学模型，并将其改写为离散化形式。然后，基于卫星本体的姿态控制目标和离散化模型，建立系统的 NMPC 模型。最后，通过该 NMPC 模型完成卫星系统的姿态控制。

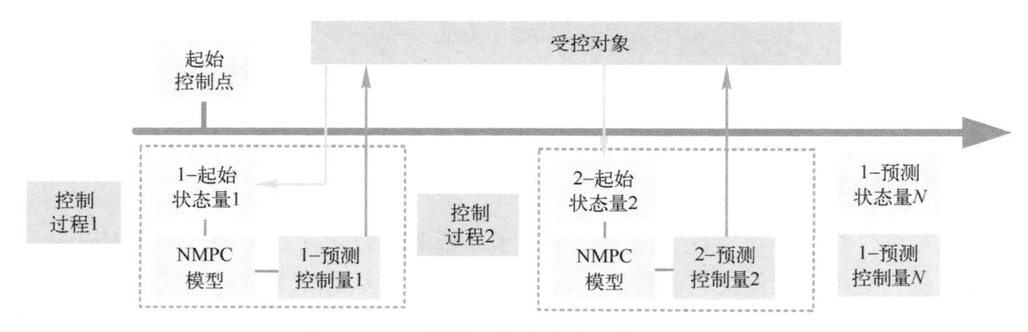

图 10.16　非线性模型预测控制工作原理

10.2.3　在轨装配机器人发展趋势

随着空间机器人技术的不断进步与发展，在轨装配机器人正逐渐成为航天领域的热门研究方向。下文列举了在轨装配机器人的 3 个发展趋势：

1. 多机器人协同在轨装配

随着空间装配需求日益严苛，在轨装配任务逐渐从标准化向个性化方向发展。目前，空间机器人正在从单一机器人系统向多机器人协同系统发展。在轨装配任务需要机器人具备多种协作能力，如人-机协作、机-机协作等，因此要求机器人支持远程操作、自主编程、视觉闭环等功能。此外，未来空间机器人还需具备脑机接口、增强现实等设备，具备人脑控制、语音控制、眼动控制等智能交互能力。

2. 环境感知与自主决策

未来，在轨装配机器人需要具备对太空极端环境中的物体进行多源信息感知的能力，如力感知、位置感知、速度感知、触觉感知、光条件感知和温度感知等环境感知能力。同时，机器人在执行装配作业时，还需要具备自主决策、故障诊断、自主修复和自主学习等能力。

3. 功能多样化的在轨装配机器人

大型空间结构的几何尺寸往往可以达到数百米甚至上千米，如巨型桁架结构、高精度光学设备、空间太阳能电站等。为了实现这类空间结构的在轨构建，机器人不仅需要具备远距离转移和移动的能力，还需要具备完成高精度作业的操作能力，如夹紧、旋转、拉动、切割和连接等操作。此外，为了提高机器人的单次装配作业时间，机器人还需要具备自主充电和电源管理能力，以确保自身能够得到持续不断的能源供应。

总体而言，未来在轨装配机器人将朝着智能化程度更高、协作性更好以及环境适应性更强的方向发展。同时，这些发展趋势也将进一步推动在轨装配技术的不断发展，加快人类探索太空的脚步。

10.3　星表探测机器人

除了在轨装配机器人外，还有一类空间机器人被用在行星表面进行科学研究，这类机器人被称为星表探测机器人。它们通常具有良好的机动性和适应性，能够在极端恶劣的环境中工作。星表探测机器人可以有效减轻人类工作强度、保护人身安全以及代替人类完成极端恶劣环境下的科研探测工作。星表探测既是航天活动发展的必然选择，也是人类进一步了解宇宙、探索生命的起源和演化、获取更多科学认识、开发和利用空间资源的重要手段，对科技进步和人类文明的发展具有重要意义。

10.3.1 星表探测机器人分类

月球陨石坑、洞穴中可能存在较为丰富的水冰资源和微量元素资源，因此对这类极端地形的探索被认为是极具价值的科学探索。此外，未来月球基地和太空城市的建设，也需要大量机器人进行地质勘测与日常维护，从而降低成本和风险。这些实际需求促进了星表探测机器人技术的发展。根据机器人结构和运动方式的不同，星表探测机器人可以分为足式、轮式、球形和张拉整体式四类。

1. 足式星表探测机器人

足式星表探测机器人是负责在行星或卫星表面开展环境探测任务的一类仿生机器人，其运动和稳定性主要依赖于腿部或足部的设计。

瑞士苏黎世联邦理工学院和苏黎世应用科技大学联合研发的四足机器人 SpaceBok，如图 10.17 所示，其配备了高功率密度的力矩电动机作为关节驱动单元，腿部一体化弹簧可以有效缓解四足机器人足端着地时的冲击力和高频响应。与其他足式星表探测机器人不同，SpaceBok 还可以进行跳跃，在月球上可以跳到 4 ft（1 ft = 0.3048 m）的高度。这将为机器人在月球表面实现快速前进提供一种全新途径。

为了探索月球上的陨石坑、洞穴等特殊地形，英国的 Spacebit 公司研发了一款四足月球探测机器人，如图 10.18 所示。Spacebit 机器人质量仅有 1 kg，具有 4 条机械腿，具备多种运动模式和一定的跳跃能力。

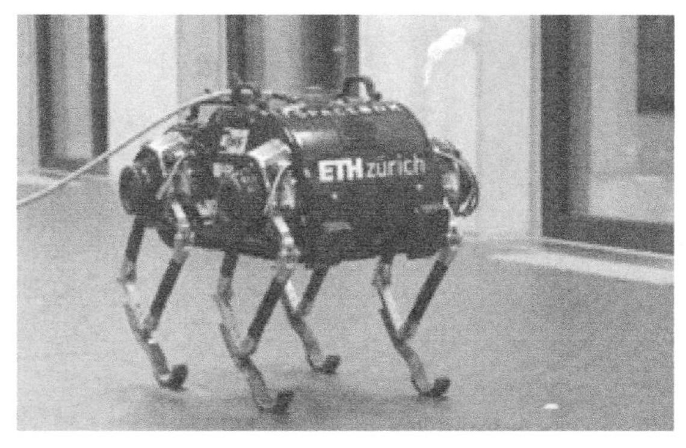

图 10.17 SpaceBok 月球探测机器人

图 10.18 Spacebit 月球探测机器人

德国宇航中心研发了微型探测机器人 Coyote Ⅲ，如图 10.19 所示。其配备的新型移动机构能够轻松驶过崎岖不平的地形。

图 10.20 所示为美国国家航天局开发的月球探测机器人 ATHLETE，其设计灵感来源于昆虫的腿部结构。其采用轮-腿混合驱动系统，能够适应多种地形，既可以借助车轮实现快速移动，又可以借助机械腿实现攀爬和简易操作。

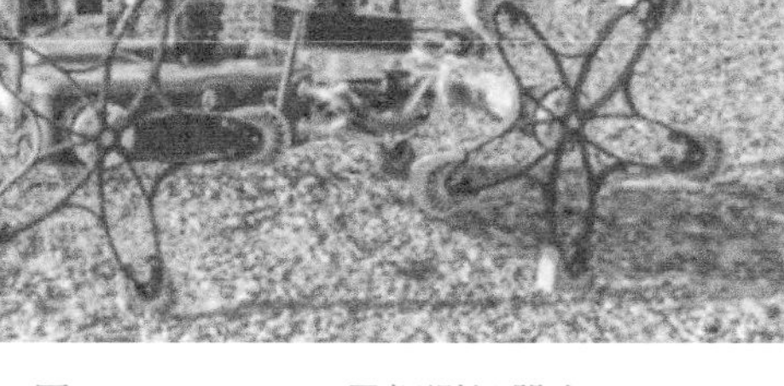

图 10.19 Coyote Ⅲ探测机器人

图 10.20 ATHLETE 月球探测机器人

2. 轮式星表探测机器人

轮式星表探测机器人的运动稳定性主要依赖于轮子的设计。日本宇航科学研究所和明治大学联合研发了五轮机器人 Micro5，如图 10.21 所示。Micro5 搭载了五点悬吊结构，有较强机动性，能够辅助巡逻与越障。日本戴蒙（Dymon）公司与美国太空机器人技术公司（Astrobotic）签署了一项合作协议，计划在 2024 年研发 Yaoki 月球巡视机器人，如图 10.22 所示。

图 10.21 Micro5 机器人

图 10.22 Yaoki 月球巡视机器人

1997 年 7 月 4 日，美国的旅居者号火星车成功登陆火星克里斯平原阿瑞斯谷，首次实现了火星车星表着陆任务，如图 10.23 所示。这辆火星车长 65 cm、宽 48 cm、高 30 cm、重 11.5 kg。其配备了一个由 3 对独立轮组成的支架，这些轮子在电动机的驱动下运动。旅居者号在火星表面工作了 3 个月，行进约 100 m，传回 550 张照片，分析了 15 份火星表面的化学样本。

2004 年 1 月 4 日和 25 日，勇气号和机遇号先后从两个相对方向在火星登陆。勇气号在火星工作了 6 年多，行程 7.73 km。2009 年末，它被困在一个沙坑中，并于 2010 年 3 月 22 日后失去联系。机遇号则工作了 15 年，行程 45.16 km，向地球传输了约 22.5 万张火星表面图像。2018 年 6 月至 8 月间，受火星全球性沙尘暴阻隔阳光的影响，机遇号进入低电量休眠状态。2019 年 2 月 13 日，NASA 正式宣布机遇号完成了它的使命，如图 10.24 所示。

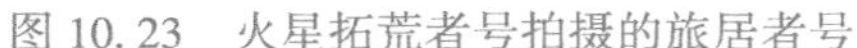

图 10.23 火星拓荒者号拍摄的旅居者号

图 10.24 无尘室中的机遇号

美国第四辆火星车好奇号于 2012 年 8 月 6 日成功登陆火星伊奥利亚沼。好奇号的动力装置是放射性同位素热电动机，燃料是钚-238。由于火星上经常有沙尘暴，NASA 决定放弃使用太阳能电池。此外，这种动力装置能够让好奇号在夜间也能工作。到目前为止，这辆火星车已经行驶 24.4 km，拍摄了约 76.5 万张火星表面的图像，如图 10.25 所示。

图 10.25 好奇号成功登陆火星

2021 年 2 月 19 日，美国的第五台火星车毅力号抵达火星，并于 4 时 55 分成功降落在杰泽罗陨石坑，如图 10.26 所示。毅力号质量约 1043 kg，其上装有导航摄像头、光谱仪、成像仪、高分辨率相机等精密传感器。这些传感器将用来增强毅力号火星车的行驶和岩心采样能力。

图 10.26 毅力号火星车安全降落在火星上

祝融号，是我国首次火星探测任务的核心探测器，也是我国首个真正意义上的火星车，如图 10.27 所示。祝融号火星车与美国的火星探测漫游者系列（勇气号和机遇号）的设计结构十分相似，长为 3.3 m、宽 3.2 m、高 1.85 m，质量为 240 kg。为了达成预定的科学目标，祝融号火星车带有导航与地形相机、火星车次表层探测雷达、火星表面磁场探测仪、火星气象测量仪、火星表面成分探测仪和多光谱相机等多个科学仪器。

图 10.27　祝融号火星车与着陆器

3. 球形星表探测机器人

球形星表探测机器人是负责在行星或卫星表面进行地质勘探和岩石研究的机器人。这些机器人通常具有球形外形和灵活的驱动系统，以适应复杂多变的行星表面环境。

NASA 艾姆斯研究中心与麻省理工学院合作研发了球形机器人 SPHERES，如图 10.28 所示。该机器人仅有一枚保龄球大小，搭载有一系列传感器、推进系统和对接机构，并通过二氧化碳推进器实现三维空间中的精确运动。此外，NASA 还提出了一种球形概念机器人 Tumbleweed Rover，如图 10.29 所示。其设计灵感来源于沙漠中的风滚草，可以在星表上随风滚动，以探测大范围的地形和环境。除此之外，Tumbleweed Rover 还可以携带各种科学仪器，如地质雷达、光谱仪、气象传感器等，并利用太阳能电池为其携带的电子设备供电。

图 10.28　SPHERES 机器人

图 10.29　Tumbleweed Rover 机器人

受到 NASA 研究的启发，国内部分高校和研究所也相继开展了球形机器人研究。西安交通大学研发的智能全地形球形机器人，直径 60 mm，如图 10.30 所示。这款机器人具备多项出色功能，其移动速度可达 2 m/s，能够自主转弯、爬坡和越过障碍物。此外，该机器人具备水陆两栖能力，能够在水下执行任务。最为重要的是，该机器人配备了一套全景视觉系统，可实现360°全景观测，从而能够代替人类执行一些危险的工作，如星表样本的采集和环境监测等。

图 10.30 西安交通大学研发的智能全地形球形机器人

西安电子科技大学李团结等人研发了一款球形机器人。该机器人由球形塑料外壳、电动机轴、转向杆、连接件、配重和内部驱动系统组成，包括直线步进电动机及其无线遥控装置，如图 10.31 所示。该机器人采用偏心质量块+陀螺姿态控制的驱动设计方案，实现了球形机器人的原地自旋和滚动。

图 10.31 西安电子科技大学研发的球形机器人

4. 张拉整体式星表探测机器人

张拉整体式星表探测机器人是一种根据张力结构原理设计的机器人，通过张拉和松弛部件来实现机器人的运动和变形。这种设计使机器人能够适应不同的表面和地形，并能有效躲避环境障碍物。

Super Ball Bot 是一种基于张拉整体结构的星表探测机器人，如图 10.32 所示。其具有成本低、可靠性高的特点，可以在不规则地形中滚动行走，并通过改变形状来适应不同的环境。此外，它还可以携带各种科学仪器进行探测任务。

Tensegrity Robot 是美国喷气推进实验室开发的一款张拉整体式机器人，如图 10.33 所示。Tensegrity Robot 由 6 根刚性杆、24 根弹性索和 12 个执行器组成，是目前世界上最复杂的张拉整体式机器人。

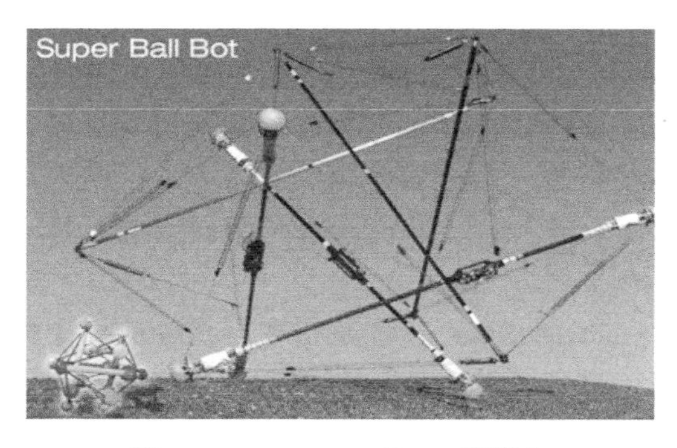

图 10.32　Super Ball Bot 机器人

图 10.33　Tensegrity Robot 机器人

西安电子科技大学李团结等人研发了基于张拉整体结构的探测机器人，如图 10.34 所示。该机器人采用基于索变化量组合挑选法的运动规划算法，实现了张拉整体式机器人的高稳定性行走和自适应误差补偿。

图 10.34　张拉整体结构探测机器人

10.3.2　星表探测机器人研究内容

星表探测机器人是多学科交叉融合的产物，也是世界各国争先抢占的科技阵地之一。其研究内容涉及广泛，包括定位、导航、感知、通信等多个方面，本节将从以下几个方面展开介绍。

1. 定位与导航技术

星表探测机器人定位与导航（localization and navigation）技术是指机器人在星表探测过程中能够自主定位和导航。这通常涉及视觉里程估计、惯性导航系统和多源定位系统等的结合，如火星车上安装的火星轨道激光高度计。这些系统对于确保机器人能够在未知或危险地形中安全行驶至目标地点至关重要。

2. 自主避障与路径规划技术

自主避障与路径规划（autonomous obstacle avoidance and path planning）技术是指机器人

在行进过程中能够自主感知、分析和规划路径，以避开环境障碍物并有效达到目标位置的技术。通过使用激光雷达、摄像头和其他传感器，机器人可以实时生成地形图并规划安全的行进路径。这些技术对于保护机器人免受损坏并提高任务效率至关重要。

3. 机械臂与末端工具操作技术

机械臂与末端工具操作（robotic arm and end tool manipulation）技术是指利用星表探测机器人所搭载的机械臂和各种末端工具来实现精确操作的技术。星表探测机器人常配备多关节机械臂和各种末端工具，如钻头、夹持器和采样器。通过精确控制这些工具，使得机器人能够执行多种任务，如采集样本、拍摄照片和进行实验等，从而实现科学研究的目标。

4. 通信与数据传输技术

通信与数据传输（communication and data transmission）技术是指在行星探测任务中，星表探测机器人与地面或其他控制中心之间进行信息交流和数据传输的技术。这通常涉及使用高增益天线和中继卫星进行通信。有效的通信和数据传输技术对于确保探测任务成功和获取科学数据至关重要。

5. 能源管理与供应技术

能源管理与供应（energy management and supply）技术可为星表探测机器人提供持续可靠的能源，并进行有效的电源管理。这可能涉及使用太阳能电池板、热电发电动机或其他能源系统。有效的能源管理和供应技术可以确保机器人在任务期间稳定持续的运行。

6. 环境适应与保护技术

环境适应与保护（environmental adaptation and protection）技术是指机器人在恶劣的星表环境中适应和保护自身的技术。在行星探测任务中，机器人必须能够适应极端温度、低压、粗糙地表和可能存在的有害物质等环境。因此，它们需要具备环境适应和保护技术，如热防护、尘埃过滤和辐射屏蔽等。这些技术有助于确保机器人在恶劣环境中正常运行，并能有效延长机器人的使用寿命。

10.3.3 星表探测机器人发展趋势

1. 自主性和智能化

目前，星表探测任务正朝着多样化和复杂化方向发展，因此，未来星表探测机器人需要具备更强的自主性和更高的智能化水平，这包括环境感知、自主决策、路径规划等方面的能力，以便在与地球通信受限的情况下最大限度完成任务，减少对地球控制中心的依赖。人工智能的发展将有助于提高机器人的自主性和智能化水平。

目前的研究存在以下问题。

1）小样本数据训练问题：目前的智能学习算法大多需要庞大的训练数据集和强大的算力，如何在有限的计算资源和能源条件下提高机器人自主性成为亟待解决的问题之一。

2）自主决策和学习问题：星表探测机器人面对在地面很难模拟出的真实空间环境，面临在复杂空间环境下难以自主决策和学习的问题。

3）自适应调整和优化问题：星表探测机器人面临不可预测的空间环境，如何实现机器人在不同任务场景下的自适应调整和优化成为提高其自主性和智能化水平的关键问题之一。

2. 机动性和适应性

为了适应不同种类的星表环境，未来星表探测机器人需要具备更高的机动性和适应性。例如，开发新型的行走、爬行或飞行机构，以适应不同的地形和环境。同时，为了提高机器人在极端环境下的耐用性和可靠性，需要对机器人的结构进行优化，并优选合适的材料，确保机器人能够在恶劣条件下正常运行。

目前的研究存在以下问题。

1）机构设计：如何设计和制造适应多种地形和环境的行走、爬行或飞行等机构。

2）结构设计：如何在保证机器人性能的同时，降低其质量和体积，以便发射和运输。

3）新型材料研制：如何研制合适的材料，以提高机器人在极端环境下的耐用性和可靠性。

3. 多机器人协同

由于单机器人系统工作能力有限，难以完成一些复杂的操作任务。因此，未来需要多个行星探测机器人协同工作，以提高探测效率和覆盖范围。

目前，在多机器人协同领域需要攻克的关键技术有：

（1）通信与网络　多机器人之间需要通过可靠的通信来实现协同作业。在星表探测任务中，受到远距离和复杂地形的影响，机器人相互通信是一个技术挑战，需要解决通信延迟、信号干扰、高带宽需求等问题。

（2）定位与导航　多机器人协同需要精确的定位与导航系统。星表的环境可能是未知的、具有挑战性的，如陡峭的山地、岩石地形等。机器人需要能够准确地确定自己的位置，并规划出有效的路径来避开障碍物，同时避免与其他机器人发生碰撞。

（3）分布式感知与协同建图　多机器人协同需要共享环境信息，以便更好地协调行动。机器人需要在不同环境中进行感知和建图，并将这些信息传输给其他机器人，以帮助它们做出决策。

（4）任务分配与协调　多机器人需要进行任务的分配和协调，以实现高效的合作。这包括确定每个机器人的任务角色、任务优先级、资源分配序列等。研究需要解决任务分配中的冲突和协调问题，以确保多机器人能够协同工作而不产生冲突。

习　　题

10.1　国内外空间机器人技术的发展有何特点？

10.2　简述在轨装配机器人和星表探测机器人的定义。

10.3　在轨装配机器人可以分为哪几类？是否还有其他的分类方法？

10.4　在轨装配机器人和星表探测机器人有哪些关键的技术？与哪些学科有密切的联系？

10.5　目前在轨装配机器人常用的装配序列规划方法可以分为哪几步？常用的优化策略有哪些？如何基于能量最小原则生成最优序列？

10.6　为了确保在轨装配机器人装配操作的准确性，需要通过传感器和执行器，实时监测和控制机器人的位置和姿态。目前常用的位置和姿态控制方法有哪些？如何通过非线性模型预测控制的方法完成姿态控制？

10.7 星表探测机器人可以分为哪几类？是否还有其他的分类方法？

10.8 随着机器人技术和人工智能等学科的发展，简述未来空间机器人的发展趋势。

参考文献

[1] 陈钢，梁常春．空间机器人总论［M］．北京：人民邮电出版社，2021.

[2] 郭继峰，王平，崔乃刚．空间在轨装配任务规划［M］．北京：国防工业出版社，2014.

[3] FLORES-ABAD A, MA O, PHAM K, et al. A review of space robotics technologies for on-orbit servicing [J]. Progress in aerospace sciences, 2014, 68: 1-26.

[4] 王琪，闵华松．双臂机器人的协调控制算法综述［J］．计算机工程与应用，2021，57（1）：1-16.

[5] HOYT R P, CUSHING J, SLOSTAD J, et al. Trusselator: on-orbit fabrication of high-performance composite truss structures [J]. AIAA space 2014 conference and exposition, San Diego, 2014.

[6] 朱力，李团结，宁宇铭，等．腿臂融合型在轨装配机器人运动建模与步态规划［J］．中国空间科学技术，2023，43（1）：100-108.

[7] HOYT R P, CLISHING J I, SLOSTAD J T, et al. SpiderFab: an architecture for self-fabricating space systems [C]. AIAA space 2013 conference and exposition, San Diego, 2013.

[8] 苏春建，张敏，张帅等．多机械臂协作系统耦合运动自适应协调约束控制［J］．机械设计与研究，2023，39（1）：26-30.

[9] 原劲鹏，葛连正，李德伦．双臂空间机器人闭链系统的协同柔顺控制策略研究［J］．空间控制技术与应用，2023，49（2）：42-50.

[10] LI T, WANG Z, JI Z. Dynamic modeling and simulation of the internal-and external-driven spherical robot [J]. Journal of aerospace engineering, 2012, 25 (4): 636-640.

[11] 张元勋，黄靖，韩亮亮．星表移动探测机器人研究现状综述［J］．航空学报，2021，42（1）：55-72.

[12] THOESEN A, MARVI H. Planetary surface mobility and exploration: a review [J]. Current robotics reports, 2021, 2 (3): 239-249.

[13] RODRÍGUEZ-MARTÍNEZ D, VAN WINNENDAEL M, YOSHIDA K. High-speed mobility on planetary surfaces: a technical review [J]. Journal of field robotics, 2019, 36 (8): 1436-1455.

[14] WESTERN A, HAGHSHENAS-JARYANI M, HASSANALIAN M. Golden wheel spider-inspired rolling robots for planetary exploration [J]. Acta astronautica, 2023, 204: 34-48.

[15] LORENZ R D, TURTLE E P, BARNES J W, et al. Dragonfly: A rotorcraft lander concept for scientific exploration at Titan [J]. Johns Hopkins APL Technical Digest, 2018, 34 (3): 374-387.

[16] BLACKSBERG J, ALERSTAM E, MARUYAMA Y, et al. Miniaturized time-resolved Raman spectrometer for planetary science based on a fast single photon avalanche diode detector array [J]. Applied optics, 2016, 55 (4): 739-748.

[17] SCHUSTER M J, MÜLLER M G, BRUNNER S G, et al. The ARCHES space-analogue demonstration mission: towards heterogeneous teams of autonomous robots for collaborative scientific sampling in planetary exploration [J]. IEEE robotics and automation letters, 2020, 5 (4): 5315-5322.